手把手教你

RISC-V CPU 上
处理器设计

胡振波◎主编

芯来科技生态组◎编著

人民邮电出版社

北 京

图书在版编目（CIP）数据

手把手教你RISC-V CPU. 上，处理器设计 / 胡振波
主编；芯来科技生态组编著. -- 北京：人民邮电出版
社，2021.10
ISBN 978-7-115-56800-7

Ⅰ. ①手… Ⅱ. ①胡… ②芯… Ⅲ. ①微处理器—设
计 Ⅳ. ①TP332

中国版本图书馆CIP数据核字(2021)第130332号

内 容 提 要

本书系统地介绍了 CPU 设计技巧和新兴开源 RISC-V 架构，内容全面，涵盖开源蜂鸟 E203 处理器
各模块的具体实现，以及可扩展协处理器的实现机制。为了让读者学以致用，本书还集成了大量的实例，
用实例把各个模块的实现方式贯穿起来。

本书适合从事 CPU 设计的工程师和技术爱好者阅读。

◆ 主　　编　胡振波
　　编　　著　芯来科技生态组
　　责任编辑　张　涛
　　责任印制　王　郁　焦志炜
◆ 人民邮电出版社出版发行　　北京市丰台区成寿寺路 11 号
　　邮编　100164　　电子邮件　315@ptpress.com.cn
　　网址　https://www.ptpress.com.cn
　　北京九州迅驰传媒文化有限公司印刷
◆ 开本：800×1000　1/16
　　印张：24.5　　　　　　　　　2021 年 10 月第 1 版
　　字数：547 千字　　　　　　　2025 年 1 月北京第 13 次印刷

定价：109.80 元

读者服务热线：**(010)81055410**　印装质量热线：**(010)81055316**
反盗版热线：**(010)81055315**
广告经营许可证：京东市监广登字 20170147 号

序 一

芯片是信息技术的引擎，推动着人类社会的数字化、信息化与智能化。

20 世纪六七十年代是集成电路的飞速发展期，令人遗憾的是，我们错过了这个黄金时代。经过半个多世纪的发展，世界范围内半导体产业已经取得了巨大的成绩。由于我们错失了先发优势，因此芯片技术已经成为我国芯片行业快速发展的瓶颈。

CPU 是芯片里的运算和控制中心，其中指令集架构是运算和控制的基础。过去的数十年，世界范围内相继诞生了数十种指令集架构，大多数指令集架构为国外商业公司私有，几乎见不到开放的指令集架构。在这些架构中逐渐主导市场的是 x86 和 ARM，这两种指令集分别在 PC 与移动领域成为事实标准，但 x86 架构是垄断的，ARM 架构的授权费用很高。因此当前推行开放的指令集架构是开发人员期待的，这将是一个激活行业创新的切入点。

既然指令集架构大多是国外私有的，那么我们自建一套不就解决了这个问题？事实上，我们面临着以下两个巨大的挑战。

- 虽然设计一个指令集架构不难，但是真正难在生态建设，而生态建设中昂贵的成本是教育成本和接受成本。教育成本取决于人们普遍的熟悉程度，接受成本取决于人们愿意投入的时间，这两个成本昂贵到让人无法承担。

- 自建一套指令集架构也许可以从某种程度上实现"自主""可控"，但是难以实现"繁荣"的产业生态，这也是多年来无论在国内还是在国外，都存在过一些私有指令集架构，但它们始终停留在小众市场而无法成为被广泛接受的主流指令集架构的原因。

当前，开放指令集架构——RISC-V 通过定义一套开放的指令集架构标准，朝着繁荣芯片生态这一目标迈出了第一步。RISC-V 是指令集标准，就如同 TCP/IP 定义了网络包的标准，POSIX 定义了操作系统的系统调用标准，全世界任何公司、大学、研究机构与个人都可以自由地开发兼容 RISC-V 指令集的处理器软硬件，都可以融入基于 RISC-V 构建的软硬件生态系统。它有望像开源软件生态中的 Linux 系统那样，成为计算机芯片与系统创新的基石。未来 RISC-V 很可能发展成为世界主流 CPU 架构之一，从而在 CPU 领域形成 x86（Intel/AMD）、ARM、RISC-V 三分天下的格局。而国产 CPU 一直面临指令集架构之忧，采用 RISC-V 这样开放的指令集架构将成为国产 CPU 的一个良好选择。

纵观国际形势，政府部门在大力支持基于 RISC-V 的研究项目，许多国际企业逐渐将 RISC-V 集成到其产品中。RISC-V 不仅在国际领域受到广泛关注，还在中国呈现出风起云涌之势，国内目前与 RISC-V 芯片、投资、知识产权及生态相关的公司就超过百家。

　　胡振波是国内 RISC-V 社区活跃的贡献者，创办了国内提供 RISC-V 全栈 IP 与软硬件整体解决方案的公司——芯来科技。

　　2017 年，胡振波在开源社区贡献了国内第一个开源 RISC-V 处理器核——蜂鸟 E203，在业内取得了良好的反馈。在积累了更多的一线开发经验后，为了继续给开源社区提供更详细的资料，作者撰写了本书。

　　当前，发展集成电路被提升为重大国家战略，借此祝愿本书能够帮助更多的从业者了解 RISC-V。我希望 RISC-V 能乘中国建设科技强国的春风，帮助本土集成电路行业的发展，让世界用上越来越多的中国"芯"。

中国工程院院士
中国开放指令生态（RISC-V）联盟理事长

序 二

2010 年，加州大学伯克利分校的实验室项目需要一个易于实施的、高效的、可扩展的且与他人分享时不受限制的指令集，但当时没有一个现成的指令集满足以上需求。于是，在 David Patterson 教授的支持下，Krste Asanovic 教授和 Andrew Waterman、Yunsup Lee 等开发人员一起创建了 RISC-V 架构。2014 年，该指令集架构一经公开，便迅速在全球范围内得到广泛欢迎。事实上，从 RISC-I 到 RISC-V，这 5 代 RISC 架构皆由 David Patterson 教授带领研制，这代表了 RISC 处理器技术的一个演进过程——越来越简洁、高效和灵活。

RISC-V 是一个开放、开源的架构，人人都可获取，因此，企业、学校和个人都可以积极参与相关的研发，这势必带来更多的创新。凭借简洁、模块化且扩展性强的特点，基于 RISC-V 的芯片产品源源不断地被推向市场，芯片行业蓬勃发展。这样的发展势头终将推动 RISC-V 成为 ISA 领域的一项开放标准。

2018 年 7 月，上海市经济和信息化委员会发布了国内第一个与 RISC-V 相关的扶持政策。2018 年 9 月 20 日，在上海半导体行业协会的支持下，芯原微电子（上海）股份有限公司牵头建立了中国 RISC-V 产业联盟（CRVIC）。至今，已有百余家企业加入了这个联盟，RISC-V CPU IP 供应商——芯来科技公司是联盟中重要的一员。芯来科技公司的创始人——本书的作者胡振波极具开放精神，他曾以个人名义推出了开源超低功耗内核处理器——蜂鸟 E203，这是国内最早被 RISC-V 基金会官方主页收录的开源内核。2018 年，他出版了一本 RISC-V 中文图书——《手把手教你设计 CPU——RISC-V 处理器篇》，目前该书已成为众多工程师的案头书。现在，胡振波编写了《手把手教你 RISC-V CPU（上）——处理器设计》与《手把手教你 RISC-V CPU（下）——工程与实践》。

每一次技术变迁都会带来一个新生产业的崛起。从主机时代到 PC 时代，成就了 Intel；从 PC 时代到移动时代，成就了 ARM；从移动时代到 AIoT 时代，我们能否抓住 RISC-V 的机遇？

对于立志从事 CPU 处理器设计或想要深入了解 RISC-V 技术的读者，本书是不可多得的好书。本书主要介绍如何开发蜂鸟 E203 处理器，且极具指导性。阅读本书后，我希望更多的读者投入 RISC-V 生态的建设中，成为推动技术革新的实践者。

戴伟民（Wei Dai）

芯原微电子（上海）股份有限公司董事长
中国 RISC-V 产业联盟理事长

前　言

- 您是否想学习工业级 Verilog RTL 数字 IC 设计的精髓与技巧？
- 您是否阅读了众多计算机体系结构的图书仍不明就里？
- 您是否想揭开 CPU 设计神秘的面纱，并亲自设计一款处理器？
- 您是否想学习国际一流公司真实的 CPU 设计案例？
- 您是否想用最短的时间熟悉并掌握 RISC-V 架构？
- 您是否想深入理解并使用一款免费可靠的开源 RISC-V 处理器和完整的 SoC 平台？

如果您对上述任意一个问题感兴趣，本书都将是您很好的选择。

芯来科技公司的团队总结了国际一流公司多年从事 CPU 设计工作的丰富经验，开发了一款超低功耗 RISC-V 处理器（蜂鸟 E203），蜂鸟 E203 处理器也是一款开源的 RISC-V 处理器。

本书将用通俗易懂的语言，深入浅出地剖析 RISC-V 处理器的微架构以及代码实现，为读者揭开 CPU 设计的神秘面纱，打开深入了解计算机体系结构的大门。

作为一本系统介绍 RISC-V 架构且结合实际 RISC-V 开源示例进行讲解的技术图书，本书对配套的开源实例蜂鸟 E203 项目进行全面介绍。通过对本书的学习，读者能够快速掌握并轻松使用 RISC-V 处理器。本书旨在为推广 RISC-V 架构起到促进作用，同时通过对蜂鸟 E203 处理器的开源与解析，为 RISC-V 处理器在国内的普及贡献绵薄之力。

本书共分 3 部分，各部分主要内容如下。

第一部分概述 CPU 与 RISC-V，包括第 1～4 章。该部分将介绍 CPU 的一些基础背景知识、RISC-V 架构的诞生和特点。

第 1 章主要介绍 CPU 的基础知识、指令集架构的历史、国产 CPU 的发展现状及原因、CPU 的应用领域、各领域的主流架构、RISC-V 架构的诞生背景等。

第 2 章主要介绍 RISC-V 架构及其特点，着重分析其大道至简的设计理念，并阐述 RISC-V 和以往曾经出现过的开放架构有何不同。

第 3 章主要对当前全球范围内的商业或者开源 RISC-V 处理器进行盘点，分析其优缺点。

第 4 章主要对蜂鸟 E203 处理器核和 SoC 的特性进行介绍。

第二部分主要讲解如何使用 Verilog 设计 CPU，包括第 5～16 章。该部分将对蜂鸟 E203 处理器核的微架构和源代码进行深度剖析，结合该处理器核进行处理器设计案例分析。

第 5 章主要从宏观的角度着手，介绍若干处理器设计的技巧、蜂鸟 E203 处理器核的总体设计思想和顶层接口，帮助读者整体认识蜂鸟 E203 处理器的设计要点，为后续各章针对不同部分展开详述奠定基础。

第 6 章讲述处理器的一些常见流水线结构，并介绍蜂鸟 E203 处理器核的流水线结构。

第 7 章讲述处理器的取指功能，并介绍蜂鸟 E203 处理器核取指单元的微架构和源码。

第 8 章讲述处理器的执行功能，并介绍蜂鸟 E203 处理器核执行单元的微架构和源码。

第 9 章讲述处理器的交付功能和常见策略，并介绍蜂鸟 E203 处理器核交付单元的微架构和源码。

第 10 章讲述处理器的写回功能和常见策略，并介绍蜂鸟 E203 处理器核的写回硬件实现和源码。

第 11 章讲述处理器的存储器架构，并介绍蜂鸟 E203 处理器核存储器子系统的微架构和源码。

第 12 章讲述蜂鸟 E203 处理器核的总线接口模块，介绍其使用的总线协议，以及该模块的微架构和源码。

第 13 章讲述 RISC-V 架构定义的中断和异常机制，讨论蜂鸟 E203 处理器核中断和异常的硬件微架构及其源码。

第 14 章讲述处理器的调试机制，介绍 RISC-V 架构定义的调试方案、蜂鸟 E203 处理器调试机制的硬件实现微架构和源码。

第 15 章讲述处理器的低功耗技术，并以蜂鸟 E203 处理器为例阐述其低功耗设计的诀窍。

第 16 章讲述如何利用 RISC-V 的可扩展性，并以蜂鸟 E203 的协处理器接口为例详细阐述如何定制一款协处理器。

第三部分是开发实战，包括第 17 章和第 18 章。该部分将对蜂鸟 E203 开源项目结构及内容进行介绍，并详细讲解蜂鸟 E203 的系统仿真平台以及如何进行 Verilog 仿真测试。关于如何基于蜂鸟 E203 SoC 进行嵌入式开发，《手把手教你 RISC-V CPU（下）——工程与实践》将详细介绍。

第 17 章主要介绍在蜂鸟 E203 开源平台上如何运行 Verilog 仿真测试。

第 18 章主要概括基于蜂鸟 E203 SoC 进行嵌入式开发与工程实践的大纲。

附录 A～附录 G 将对 RISC-V 架构进行详细介绍，对 RISC-V 架构细节感兴趣的读者可以先行阅读附录部分。

附录 A 主要介绍 RISC-V 架构的指令集。

附录 B 主要介绍 RISC-V 架构的 CSR。

附录 C 主要介绍 RISC-V 架构定义的平台级中断控制器（Platform Level Interrupt Controller，PLIC）。

　　附录 D 主要介绍存储器模型（memory model）的相关背景知识，帮助读者更深入地理解 RISC-V 架构的存储器模型。

　　附录 E 主要结合多线程"锁"的示例对存储器原子操作指令的应用背景进行简介。

　　附录 F 和附录 G 分别介绍 RISC-V 指令编码列表和 RISC-V 伪指令列表。

　　图书出版和咨询联系邮箱是 zhangtao@ptpress.com.cn。

目　录

第一部分　CPU 与 RISC-V 综述

第二部分　手把手教你使用 Verilog 设计 CPU

第三部分 开发实战

第一部分

CPU 与 RISC-V 综述

第 1 章　CPU 之三生三世

三生三世

本章通过几个轻松的话题，讨论一下 CPU 的"三生三世"。

1.1 眼看他起高楼，眼看他宴宾客，眼看他楼塌了——CPU 众生相

　　CPU 的全称为中央处理器单元，简称为处理器，是一个不算年轻的概念。早在 20 世纪 60 年代第一款 CPU 便已诞生了。

　　请注意区分"处理器"（CPU）和"处理器核"（core）的概念。严格来说，"处理器核"是指处理器内部最核心的部分，是真正的处理器内核；而"处理器"往往是一个完整的 SoC，包含了处理器核和其他的设备或者存储器。但是在现实中，大多数文章往往并不会严格地区分两者，时常混用，因此读者需要根据上下文自行甄别，体会其具体的含义。

　　经过几十年的发展，到今天为止，几十种不同的 CPU 架构相继诞生或消亡。表 1-1 展示了近几十年来知名 CPU 架构的诞生时间。什么是 CPU 架构？下面让我们来探讨区分 CPU 的主要标准——指令集架构（Instruction Set Architecture，ISA）。

表 1-1　知名 CPU 架构的诞生时间

CPU 架构	诞生时间
IBM 701	1953 年
CDC 6600	1963 年
IBM 360	1964 年
DEC PDP-8	1965 年
Intel 8008	1972 年
Motorola 6800	1974 年
DEC VAX	1977 年
Intel 8086	1978 年
Intel 80386	1985 年
ARM	1985 年
MIPS	1985 年
SPARC	1987 年
Power	1992 年
Alpha	1992 年
HP/Intel IA-64	2001 年
AMD64（EMT64）	2003 年

1.1.1 ISA——CPU 的灵魂

顾名思义，指令集是一个指令集合，而指令是指处理器进行操作（如加减乘除运算或者读/写存储器数据）的最小单元。

指令集架构有时简称为"架构"或者"处理器架构"。有了指令集架构，开发人员便可以使用不同的处理器硬件实现方案来设计不同性能的处理器。处理器的具体硬件实现方案称为微架构（microarchitecture）。虽然不同的微架构实现可能会造成性能与成本上的差异，但软件无须做任何修改便可以完全运行在任何一款遵循同一指令集架构实现的处理器上。因此，指令集架构可以理解为一个抽象层，如图 1-1 所示。该抽象层构成处理器底层硬件与运行于其上的软件之间的桥梁与接口，也是现代计算机处理器中重要的一个抽象层。

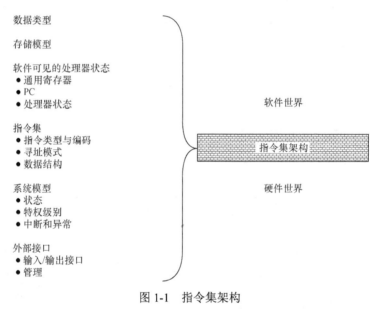

图 1-1 指令集架构

为了让软件程序员能够编写底层的软件，指令集架构不仅要包括一组指令，还要定义任何软件程序员需要了解的硬件信息，包括支持的数据类型、存储器（memory）、寄存器状态、寻址模式和存储器模型等。如图 1-2 所示，IBM 360 指令集架构是第一个里程碑式的指令集架构。它第一次实现了软件在不同 IBM 硬件上的可移植性。

综上可见，指令集架构才是区分不同 CPU 的主要标准，这也是 Intel 和 AMD 等公司多年来分别推出了几十款不同的 CPU 芯片产品的原因。虽然这些 CPU 来自两个不同的公司，但是它们仍被统称为 x86 架构 CPU。

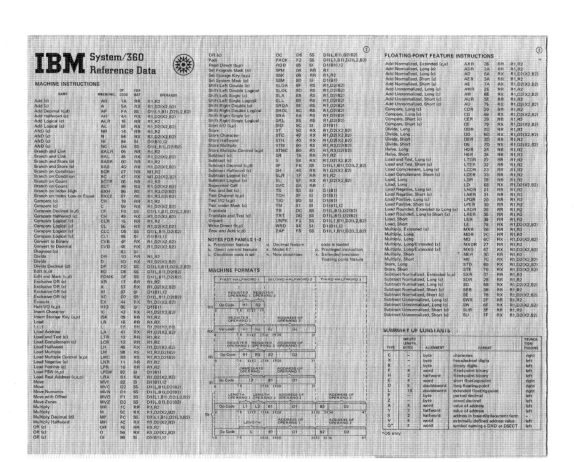

图 1-2 IBM 360 指令集架构

1.1.2 CISC 架构与 RISC 架构

指令集架构主要分为复杂指令集（Complex Instruction Set Computer，CISC）架构和精简指令集（Reduced Instruction Set Computer，RISC）架构，两者的主要区别如下。

- CISC 架构不仅包含了处理器常用的指令，还包含了许多不常用的特殊指令。
- RISC 架构只包含处理器常用的指令，而对于不常用的操作，则通过执行多条常用指令的方式来达到同样的效果。

在 CPU 诞生的早期，CISC 架构曾经是主流，因为它可以使用较少的指令完成更多的操作。但是随着指令集的发展，越来越多的特殊指令被添加到 CISC 架构中，CISC 架构的诸多缺点开始显现出来。

- 典型程序运算过程中用到的 80% 指令，只占所有指令类型的 20%。也就是说，CISC

架构定义的指令中，常用的只有 20%，80%的指令则很少用到。

- 那些很少用到的特殊指令让 CPU 设计变得极复杂，大大增加了硬件设计的时间成本与面积开销。

出于以上原因，自从 RISC 架构诞生之后，所有现代指令集架构都选择使用 RISC 架构。

1.1.3　32 位架构与 64 位架构

除分成 CISC 架构与 RISC 架构之分，处理器指令集架构的位数也是一个重要的概念。通俗来讲，处理器架构的位数是指通用寄存器的宽度，它决定了寻址范围的大小、数据运算能力的强弱。例如，对于 32 位架构的处理器，通用寄存器的宽度为 32 位，拥有 4GB（即 2^{32}B）的寻址空间，运算指令可以操作的操作数有 32 位。

注意：处理器指令集架构的位数和指令的编码长度无任何关系。并不是说 64 位架构的指令长度为 64 位，这是一个常见的误区。从理论上来讲，指令本身的编码长度越短越好，因为这可以节省代码的存储空间。因此即使在 64 位的架构中，也存在大量 16 位的指令，且基本上很少出现 64 位的指令。

综上所述，在不考虑任何实际成本和实现技术的前提下，以下两条结论成立。

- 通用寄存器的宽度（即指令集架构的位数）越多越好，因为这可以带来更大的寻址范围和更强的运算能力。
- 指令的长度越短越好，因为这可以节省更多的代码存储空间。

常见的架构分为 8 位、16 位、32 位和 64 位架构。

- 早期的单片机以 8 位架构和 16 位架构为主，如知名的 8051 单片机属于 8 位架构。
- 目前主流的嵌入式微处理器均在向 32 位架构开发。对此内容感兴趣的读者可以在网上搜索作者曾在媒体上发表的文章"进入 32 位时代，谁能成为下一个 8051"。
- 目前主流的移动设备、个人计算机和服务器均使用 64 位架构。

1.1.4　ISA 众生相

经过几十年的发展，全世界范围内至今几十种不同的指令集架构相继诞生或消亡。下面针对几款比较知名的指令集架构加以论述。

注意：本节所列举的信息来自撰写本书时的公开信息，仅供参考，请读者以最新的官方信息为准。

1. x86 架构

x86 是 Intel 公司推出的一种 CISC 架构，在该公司于 1978 年推出的 Intel 8086 处理器（见图 1-3）中首度出现。8086 在 3 年后为 IBM 所选用，之后 Intel 与微软公司结成了所谓的

Windows-Intel（Wintel）商业联盟，垄断个人计算机（Personal Computer，PC）软硬件平台至今，在长达几十年中获得了丰厚的利润。x86 架构也因此几乎成为个人计算机的标准处理器架构，而 Intel 的广告语更是深入人心，如图 1-4 所示。

图 1-3　Intel 8086 处理器　　　　　　　　图 1-4　Intel 的广告语

除 Intel 之外，另一家成功的制造商为 AMD。Intel 与 AMD 是现今主要的 x86 处理器芯片提供商。其他几家公司也曾经制造过 x86 架构的处理器，包括 Cyrix（为 VIA 所收购）、NEC、IBM、IDT 以及 Transmeta。

x86 架构由 Intel 与 AMD 共同经过数代的发展，相继从最初的 16 位架构发展到如今的 64 位架构。在 x86 架构刚诞生的时代，CISC 还是业界主流，因此，x86 架构是具有代表性的可变指令长度的 CISC 架构。虽然之后 RISC 已经取代 CISC 成为现代指令集架构的主流，但为了维持软件的向后兼容性，x86 作为一种 CISC 架构被一直保留下来。事实上，Intel 公司通过内部"微码化"的方法克服了 CISC 架构的部分缺点，加上 Intel 高超的 CPU 设计水平与工艺制造水平，使得 x86 处理器一直在性能上遥遥领先，不断刷新个人计算机处理器芯片性能的极限。"微码化"是指将复杂的指令先用硬件解码器翻译成对应的内部简单指令（微码）序列，然后送给处理器流水线的方法。它使 x86 架构的处理器核也变成 RISC 架构的形式，从而能够借鉴 RISC 架构的优点。不过，额外的硬件解码器同样会带来额外的复杂度与面积开销，这是 x86 架构作为一种 CISC 架构不得不付出的代价。

x86 架构不仅在个人计算机领域取得了统治性的地位，还在服务器市场取得了巨大成功。相比 x86 架构，IBM 的 Power 架构和 Sun 的 SPARC 架构都曾有很明显的性能优势，也曾占据相当可观的服务器市场。但是 Intel 采用仅提供处理器芯片而不直接生产服务器的策略，利用广大的第三方服务器生产商，结合 Wintel 的强大软硬件联盟，成功地将从处理器芯片到服务器系统一手包办的 IBM 与 Sun 公司击败。至今 x86 架构占据了超过 90% 的服务器市场份额。

2．SPARC

1985 年，Sun 公司设计出 SPARC，其全称为可扩展处理器架构（Scalable Processor

Architecture，SPARC），这是一种非常有代表性的高性能 RISC 架构。之后，Sun 公司和 TI 公司合作开发了基于该架构的处理器芯片。SPARC 处理器为 Sun 公司赢得了当时高端处理器市场的领先地位。1995 年，Sun 公司推出了 UltraSPARC 处理器，开始使用 64 位架构。设计 SPARC 架构的出发点是服务于工作站，它被应用在 Sun、富士通等公司制造的大型服务器上，如图 1-5 所示。1989 年，SPARC 还作为独立的公司而成立，其目的是向外界推广 SPARC，以及为该架构进行兼容性测试。Oracle 收购 Sun 公司之后，SPARC 归 Oracle 所有。

图 1-5 基于 SPARC 架构的服务器

由于 SPARC 是面向服务器领域而设计的，因此其最大的特点是拥有一个大型的寄存器窗口。SPARC 处理器需要实现 72~640 个通用寄存器，每个寄存器的宽度为 64 位。它们共同组成一系列的寄存器组，称为寄存器窗口。这种寄存器窗口的架构由于可以切换不同的寄存器组，快速地响应函数调用与返回，因此具有非常高的性能。但是这种架构的功耗大、占用的芯片面积多，并不适用于 PC 与嵌入式领域的处理器。

前面提到，Sun 公司在服务器领域与 Intel 的竞争中逐渐落败，因此 SPARC 在服务器领域的份额逐步地缩减，而 SPARC 不适用于 PC 与嵌入式领域，因此它的处境十分尴尬。

SPARC 的另外一个比较知名的应用领域是航天领域。由于美国的航天星载系统普遍使用的 Power 架构，欧洲太空局为了独立发展自己的航天能力而选择开发了基于 SPARC 的 LEON 处理器，并对其进行了抗辐射加固设计，使之能够应用于航天环境中。

值得强调的是，欧洲太空局选择在航天领域使用 SPARC，并不代表该架构特别适用于航天领域，而是因为它在当时是一种相对开放的架构。SPARC 更谈不上垄断或占据航天领域的优势地位，因为从本质上来讲，航天领域所需的处理器对于指令集架构本身并无特殊要求，它需求的主要特性是提供工艺上的加固单元和硬件系统的容错性处理（为了防止外太空强辐射造成电路失常）。因此，很多的航天处理器采用了其他的处理器架构，目前新开发的很多航天处理器使用新的 ARM 或者 RISC-V 架构（参见 1.5 节）。

2017 年 9 月，Oracle 公司宣布正式放弃硬件业务，自然也包括从 Sun 收购的 SPARC 处理器。至此，SPARC 处理器正式退出了历史舞台。此消息一出，业内人士纷纷表示惋惜。感兴趣的读者请在网上自行搜索"再见 SPARC 处理器，再见 Sun"一文。

3. MIPS 架构

MIPS（Microprocessor without Interlocked Piped Stages）架构是一种简洁、优化的 RISC 架构。MIPS 架构出身名门，由曾任斯坦福大学校长的 Hennessy 教授（计算机体系结构领域的泰斗之一）领导的研究小组研制开发。

由于 MIPS 架构是经典的 RISC 架构，因此是如今除 ARM 之外耳熟能详的 RISC 架构。最早的 MIPS 架构是 32 位架构，最新的版本已有 64 位架构。

自从 1981 年由 MIPS 科技公司开发并授权后，MIPS 架构曾经作为最受欢迎的 RISC 架构被广泛应用在网络设备、个人娱乐装置与商业装置上。它曾经在嵌入式设备与消费领域里占据很大的份额，如 SONY 和任天堂的游戏机、Cisco 的路由器和 SGI 超级计算机中都有 MIPS 的身影。

但是出于一些商业运作的原因，MIPS 架构被同属 RISC 阵营的 ARM 架构反超。2013 年，MIPS 科技公司被英国公司 Imagination Technologies 收购。可惜的是，MIPS 科技公司被收购后，非但没有得到发展，反而日渐衰落。2017 年，Imagination Technologies 公司由于自身出现危机而决定整体出售。2018 年 6 月，MIPS 科技公司被出售给 AI 公司 Wave Computing，同年年底宣布开源。由于未取得预期效果，2019 年 11 月 14 日，Wave Computing 公司宣布关闭 MIPS 开源计划。目前，Wave Computing 公司已申请破产保护，MIPS 架构的命运再次变为未知数。

4. Power 架构

Power 架构是 IBM 开发的一种 RISC 架构。1980 年，IBM 推出了全球第一台基于 RISC 架构的原型机，继而证明了相比 CISC 架构，RISC 架构在高性能领域的优势更明显。1994 年，IBM 基于此推出 PowerPC604 处理器，其强大的性能在当时处于全球领先地位。

基于 Power 架构的 IBM Power 服务器系统在可靠性、可用性和可维护性等方面表现出色，使得 IBM 从芯片到系统所设计的整机方案有着独有的优势。Power 架构的处理器在超算、银行金融、大型企业的高端服务器等多个方面的应用十分成功。IBM 至今仍在不断开发新的 Power 架构处理器。

2013 年，IBM 推出了新一代服务器处理器 Power8。Power8 的内核有 12 个，而且每个内核都支持 8 线程，总线程多达 96 个。它采用了 8 派发、10 发射、16 级流水线的设计。

2016 年 IBM 公司公布了其 Power9 处理器。IBM 于 2017 年推出的 Power9 拥有 24 个计算内核，这是 Power8 芯片中内核数量的两倍。

IBM 在 2020 年推出了 Power10，并计划在 2023 年推出 Power11 处理器。

5. Alpha

Alpha 也称为 Alpha AXP，是一种 64 位的 RISC 架构处理器，由美国 DEC（Digital Equipment Corporation）设计开发，被用于 DEC 自己的工作站和服务器中。

Alpha 是一款优秀的处理器，它不仅是最早主频超过 1GHz 的企业级处理器，还是最早计划采用双核甚至多核架构的处理器。然而，Alpha 芯片和采用此芯片的服务器并没有得到整个市场的认同，只有少数人选择了 Alpha 服务器。其价格高昂，安装复杂，部署实施的难度远远超过一般企业 IT 管理人员所能承受的范围。2001 年，康柏收购 DEC 之后，逐步将其全部 64 位服务器系列产品转移到 Intel 的安腾处理器架构之上。2004 年，惠普收购康柏，从此 Alpha 架构逐渐淡出了人们的视野。

6. ARM 架构

由于 ARM 架构过于声名显赫，因此 1.4 节会重点论述它，这里不过多介绍了。

7. ARC 架构

ARC 架构处理器是 Synopsys 公司推出的 32 位 RISC 架构微处理器系列 IP。ARC 处理器的 IP 产品线覆盖了从低端到高端的嵌入式处理器，如图 1-6 所示。

ARC 架构处理器以极高的能效比见长，其出色的硬件微架构使得 ARC 架构处理器的各项指标均令人印象深刻。ARC 架构处理器 IP 以追求功耗效率比（DMIPS/mW）和面积效率比（DMIPS/mm^2）最优化为目标，以满足嵌入式市场对微处理器产品日益提高的效能要求。

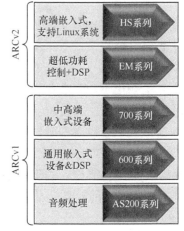

图 1-6　ARC 处理器的 IP 系列产品线

ARC 架构处理器的另外一大特点是高度可配置性。它可通过增加或删除功能模块，满足不同的应用需求，通过配置不同属性实现快速系统集成，做到"量体裁衣"。

Synopsys 公司是除 ARM 公司之外的全球第二大嵌入式处理器 IP 供应商，全球已有超过 170 家客户使用 ARC 架构处理器，这些客户每年总共产出高达 15 亿块基于 ARC 架构的芯片。

8. Andes 架构

Andes 架构处理器是晶心（Andes）公司推出的一系列 32 位 RISC 架构处理器 IP（知识产权）。截至 2016 年，采用 Andes 架构的系统芯片出货量超过 4.3 亿。2017 年，Andes 发布了最新一代的 AndeStar™处理器架构，成为商用主流 CPU IP 公司中第一家纳入开放 RISC-V 架构的公司。

9. C-SKY 架构

C-SKY 架构处理器是由杭州中天微系统有限公司开发的一系列 32 位高性能低功耗嵌入式处理器 IP。杭州中天微系统有限公司是国内 CPU IP 公司中的翘楚。C-SKY 系列嵌入式 CPU 内核具有功耗低、性能高、代码密度高、易使用等特点。2018 年 4 月 20 日，杭州中天微系统有限公司被阿里巴巴集团全资收购，并入平头哥半导体有限公司，开始转向 RISC-V 架构。

10. RISC-V 架构

RISC-V 架构由美国加州大学伯克利分校的 Krste Asanovic 教授、Andrew Waterman 和

Yunsup Lee 等开发人员于 2010 年发明，由 RISC-V 基金会负责维护架构标准。第 2 章会重点介绍 RISC-V 架构，在此不单独论述。

目前能够提供 RISC-V 处理器商用 IP 的公司包括国外的 Sifive 公司，以及国内的芯来科技公司、平头哥半导体有限公司与晶心科技公司。

1.1.5 CPU 的领域之分

本节将对 CPU 的不同应用领域加以探讨。

传统上，CPU 主要应用于 3 个领域——服务器领域、PC 领域和嵌入式领域。

- 服务器领域在早期还存在着多种不同的架构，它们呈群雄分立之势，不过，由于 Intel 公司商业策略上的成功，目前 Intel 的 x86 处理器芯片几乎成为这个领域的霸主。
- PC 领域本身由于 Windows/Intel 的软硬件组合而发展壮大，因此，x86 架构是目前 PC 领域的垄断者。
- 嵌入式领域是除服务器和 PC 领域之外，处理器的主要应用领域。所谓"嵌入式"是指，在很多芯片中，所包含的处理器就像嵌入在里面不为人知一样。

近年来，随着各种新技术的进一步发展，嵌入式领域本身也分化成几个不同的子领域。

- 移动领域。随着智能手机和手持设备的发展，移动领域逐渐发展成规模可匹敌甚至有可能超过 PC 领域的一个独立领域，主要由 ARM 的 Cortex-A 系列处理器架构所垄断。由于移动领域的处理器需要加载 Linux 操作系统，同时涉及复杂的软件生态，因此它和 PC 领域一样，对软件生态严重依赖。目前 ARM Cortex-A 系列已经取得了绝对的统治地位，其他的处理器架构很难再进入该领域。
- 实时（real time）嵌入式领域。该领域相对而言没有那么严重的软件依赖性，因此没有形成绝对的垄断。但是由于 ARM 处理器 IP 商业推广的成功，目前 ARM 架构处理器仍占大多数市场份额，ARC 等其他架构处理器也有不错的市场份额。
- 深嵌入式（deep embedded）领域。该领域更像前面提到的嵌入式领域。该领域的市场非常大，但往往注重低功耗、低成本和高能效比，无须加载像 Linux 这样的大型应用操作系统，软件大多需要定制的裸机程序或者简单的实时操作系统，因此对软件生态的依赖性相对较低。在该领域很难形成绝对的垄断，但是由于 ARM 处理器 IP 商业推广的成功，目前 ARM 的 Cortex-M 处理器仍占据大多数市场份额，ARC 和 Andes 等架构也有非常不错的表现。

综上所述，由于移动领域逐渐成为一个独立的分领域，因此现在通常所说的嵌入式领域是指深嵌入式领域或者实时嵌入式领域。

表 1-2 是对目前 CPU 典型应用领域及主流架构进行的总结。

表 1-2 CPU 典型应用领域及主流架构

领 域	主 流 架 构
服务器领域	Intel 公司 x86 架构的高性能 CPU 占垄断地位
桌面个人计算机领域	Intel 或者 AMD 公司 x86 架构的 CPU 占垄断地位
嵌入式移动手持设备领域	ARM Cortex-A 架构占垄断地位
嵌入式实时设备领域	ARM 架构占最大份额,其他 RISC 架构的嵌入式 CPU 也有不错的表现
深嵌入式领域	ARM 架构占最大份额,其他 RISC 架构的嵌入式 CPU 也有不错的表现

1.2 ISA 请扛起这口锅——为什么国产 CPU 尚未足够成熟

众所周知,芯片是我国信息产业发展的核心领域,而 CPU 则代表了芯片中的核心技术。在这方面,我国与发达国家相比有着明显的差距。虽然经过多年的努力,技术差距已经显著缩小,但是在民用商业领域内,仍然没有看到太多国产 CPU 的身影。是什么原因造成国产商业 CPU 技术尚未足够成熟这一现状呢?本节介绍国内自主开发 CPU 的公司与现状,以及它们选择的指令集流派。通过阅读本节,读者能够得到答案。

1.2.1 MIPS 系——龙芯和君正

1. 龙芯

龙芯 CPU 由中国科学院计算技术所龙芯课题组研制,由中国科学院计算技术所授权的北京神州龙芯集成电路设计公司研发。以下是龙芯 CPU 芯片的相关简介。

- 龙芯 1 号的频率为 266MHz,最早在 2002 年开始使用,如图 1-7 所示。
- 龙芯 2 号的最高频率为 1GHz。
- 龙芯 3A 系列是国产商用 4 核处理器。龙芯 3A3000 基于中芯 28nm FDSOI 工艺,设计为 4 核 64 位处理器,主频为 1.5GHz,功耗仅为 30W,非常适合笔记本平台。

图 1-7 龙芯 1 号

- 龙芯 3B 系列是国产商用 8 核处理器,主频超过 1GHz,支持向量运算加速,峰值计算速度达到每秒 1.28×10^3 亿次浮点运算,具有很高的能耗比。龙芯 3B 系列主要用于高性能计算机、高性能服务器、数字信号处理等领域。

2．君正

国内的 MIPS 系由北京君正公司（简称君正）生产。君正和龙芯同属于 MIPS 阵营，与龙芯着力于桌面 PC 处理器不同，君正是国内较早专注于可穿戴设备、物联网领域的 IC 设计公司之一。嵌入式芯片的软件一般按需定制，这导致在智能可穿戴市场，相当一部分可穿戴产品和应用软件具有专用性。另外，由于软件生态链相对较短，应用需求多样化，因此不能用一套通用方案来满足所有人的要求。于是，在智能可穿戴领域不容易像 PC 和移动手机领域那样出现垄断的情况。

智能可穿戴芯片和物联网芯片对性能要求不高，大部分应用场景更关注低功耗、廉价和尺寸等因素，x86 处理器不可能应用于该领域，ARM 阵营 IC 设计公司受制于相对较高的授权费，在芯片产量较小的情况下，并不具备价格上的竞争力。君正的产品完全满足性能要求，该公司拥有十多年的芯片设计经验和技术积累，其最大的特点就是具有较高的能耗比。国内第一批上市的智能手表（包括果壳的第一代智能手表、土曼一代智能手表和土曼二代智能手表等产品）都采用了君正的方案。

1.2.2　x86 系——北大众志、上海兆芯和天津海光

1．北大众志

北京北大众志微系统科技有限责任公司（简称北大众志）成立于 2002 年 11 月，是国家集成电路设计行业的重要骨干企业。2005 年，AMD 与中国政府达成了协议，中华人民共和国科学技术部指定北大微电子中心接受 AMD Geode-2 处理器的技术授权，AMD 的处理器无疑是 x86 架构，中国因此获得了 x86 技术的授权。不过 Geode 处理器属于 AMD 嵌入式处理器，因此 AMD 授权给北大的 x86 技术属于嵌入式架构。

2．上海兆芯

另外一家使用 x86 架构的国内企业——上海兆芯集成电路有限公司（简称上海兆芯），也许被更多的人所熟知。众所周知，x86 架构是 Intel 和 AMD 公司的核心技术。不过，除 Intel 和 AMD 之外，另外一家公司——威盛（VIA）也曾经拥有 x86 架构授权。如图 1-8 所示，上海兆芯自主研发的 ZX-C 处理器于 2015 年 4 月量产，采用 28nm 工艺，属于 4 核处理器，主频可达 2.0GHz，并且支持国密算法。2017 年上

图 1-8　兆芯处理器芯片

海兆芯宣布自主研发的 ZX-D 系列 4 核和 8 核通用处理器已经成功流片。2019 年，上海兆

芯正式发布新一代 ZX-E 8 核 CPU，主频高达 3.0GHz，采用 8 核 16nm 工艺。

3．天津海光

除上海兆芯之外，还有一家诞生不久的新锐公司——天津海光先进技术投资有限公司（简称天津海光）。2016 年，AMD 宣布与天津海光达成协议，将 x86 技术授权给海光公司，获得授权费，并且双方还会成立合资公司，授权其生产服务器处理器。为了打开中国高性能服务器市场，AMD 这次授权给中国公司的 x86 技术是尖端的。对于天津海光的表现，我们值得拭目以待。

1.2.3 Power 系——中晟宏芯

IBM 的 Power 架构一直是高性能的代表。IBM 于 2013 年联合 NVIDIA 等公司成立 OpenPower 开放联盟，其他公司可以获得 Power 架构授权。此后该联盟还推动成立了中国 POWER 技术产业生态联盟，与多家中国公司签署了授权协议，中晟宏芯就是其中的一家。中晟宏芯成立于 2013 年，相信中晟宏芯能用若干年的时间实现技术的消化吸收和推陈出新。

1.2.4 Alpha 系——申威

申威处理器或申威 CPU 简称"SW 处理器"。

申威对自主的 Alpha 架构在不断深化升级，在双核 Alpha 基础上拓展了多核架构和 SIMD 等特色扩展指令集，主要面向高性能计算、服务器领域。在 2016 年国际超算大会评比中，基于申威 26010 处理器的"神威·太湖之光"超级计算机系统（如图 1-9 所示）首次亮相并夺冠，其峰值计算速度达每秒 12.5×10^8 亿次浮点运算，成为世界上首台计算速度超过每秒 10^9 亿次浮点运算的超级计算机。

图 1-9　基于申威处理器的"神威·太湖之光"超级计算机

1.2.5 ARM 系——飞腾、海思、展讯

为了更好地理解 ARM 系，本节先对 ARM 的授权模式进行介绍。简而言之，ARM 公司的主要授权模式可以分为以下两种。

- 授权 ARM 处理器 IP 给其他的芯片生产商（合作伙伴），后者直接使用 ARM 处理器 IP 设计 SoC。

- 授权 ARM 架构给其他的芯片生产商（合作伙伴），后者基于 ARM 架构自研其处理器核，然后使用自研处理器核设计 SoC。

注意： 购买 ARM 的处理器 IP 进行 SoC 开发的国内公司众多，但是因为这属于直接使用 ARM 公司的处理器 IP，并不能够真正自主地开发处理器核，所以不在本书的讨论范围。而要借由 ARM 架构授权进行处理器核的自主研发，目前国内只有飞腾、海思和展讯等少数企业具备这样的实力，下面分别予以介绍。

1. 飞腾

天津飞腾公司（简称飞腾）是国防科技大学高性能处理器研究团队建立的企业。国防科技大学多年来在 CPU 领域的耕耘使之积累了雄厚的技术实力。2016 年飞腾公布了新产品 FT2000，它最早亮相于 2015 年的 HotChips 大会，代号"火星"，定位于高性能服务器、行业业务主机等。FT2000 采用 ARMv8 架构，但是使用自研内核，不同于市面上 ARMv8 的 Cortex-A53/A57/A72（直接购买于 ARM 公司的内核）。

FT2000 之所以引人注目还因为它在性能方面（包括 64 个 FTC661 处理器核，其公布的 Spec 2006 测试中，整数计算的得分为 672，浮点数计算的得分为 585），足以和 Xeon E5-2699v3 相媲美。这也是国产服务器芯片第一次在性能上追平 Intel，存储器控制芯片总聚合带宽为 204.8GB/s，超过目前的 E5V3 和 E7V3，接近 IBM POWER8（总带宽高达 230GB/s）。跑分与 Intel 的 Xeon E5-2699v3 相媲美意味着 FT2000 对于很多商业应用来说已经完全够用了。只要软件生态跟得上，FT2000 完全可以在商业市场上取代 Intel 的某些产品。

2. 海思

海思（前身为华为集成电路设计中心）目前是我国技术最雄厚的芯片开发商之一。海思的麒麟芯片在性能上与高通、三星这些领先芯片企业的某些产品处于一个水平。同时华为目前也是国内四大服务器提供商之一，华为、联想、浪潮等国产服务器企业在中国服务器市场的份额已经超过 65%。海思在几年前便已经购买了 ARM 架构授权，开始研发自有的处理器核，主攻服务器市场。

在"十二五"科技创新成就展上，华为展出了其第一台 ARM 平台服务器"泰山"，配备海思自主研发的 ARM 架构 64 位处理器"Hi1612"，采用台积电 16nm 工艺，拥有 16 个核心，兼容 ARMv8-A 指令集。

3. 展讯

除海思之外，展讯是另一家国内手机芯片的翘楚。2016 年展讯的芯片出货达到 6.7 亿套，2017 年 6 月它宣布成功研发其自主的 ARM 架构处理器，宣称在与 SC9850 4 核（Cortex-A7）芯片同样大的面积上实现了 6 核的设计，功耗和性能都可以按照自己的需求调配。这标志着展讯成为除苹果、三星这两家智能手机厂商之外（三星和苹果的自主芯片主要是自用的），继高通之后，第二家拥有自主 ARM CPU 关键技术的手机芯片厂商。

1.2.6 RISC-V 系——平头哥、芯来科技

RISC-V 系在中国也开始快速成长，目前在中国已经出现平头哥、芯来科技两家采用 RISC-V 架构并推出自主可控产品的商业 IP 公司。

1．平头哥

平头哥半导体有限公司（简称平头哥）于 2018 年 10 月 31 日成立，是阿里巴巴旗下半导体公司，其 CPU 团队来源于收购的杭州中天微系统有限公司。在 2019 年 7 月 25 日，平头哥发布了基于 RISC-V 的处理器内核 IP 玄铁 910，玄铁 910 可用于设计制造高性能端上芯片，应用于 5G、人工智能以及自动驾驶等领域。

2．芯来科技

芯来科技（Nuclei System Technology）成立于 2018 年 6 月，是国内一家专业的 RISC-V 处理器内核 IP 和芯片解决方案公司。其自研推出的 RISC-V 处理器内核 IP 处于国内自主研发与产业化的最前列，具备高性能、低功耗和易用等特点，能满足 AIoT（人工智能物联网）时代的各类需求，且已授权多家知名芯片公司进行量产，实测结果达到业界一流指标。

2019 年 8 月，芯来科技携手兆易创新（GigaDevice）合作研发的 GD32VF103 系列 MCU 是全球首款基于 RISC-V 内核的量产通用 MCU 产品。2020 年 2 月，在德国纽伦堡举办的嵌入式展览会上，GD32VF103 系列 RISC-V 内核 MCU 在硬件领域的提名中脱颖而出并赢得冠军，一举捧得年度最佳硬件产品大奖。

芯来科技目前是 RISC-V 基金会战略会员，中国 RISC-V 产业联盟（CRVIC）发起单位和副理事长单位，以及中国开放指令集生态联盟（CRVA）会员单位。

1.2.7 背锅侠 ISA

从上述几节中，我们已经了解了国内 CPU 设计的排行榜。但是如前所述，目前在民用商业领域内，仍然没有太多国产 CPU 的身影。国产处理器在民用商业领域至今尚未足够成功的主要原因在于 ISA，这口锅 ISA 必背无疑。

对于一款 CPU 而言，绝对的硬件技术水平不是最重要的。

目前商业主流的指令集架构在不同的领域已经各自出现了明显的霸主格局。

- x86 架构统治着桌面 PC 与服务器领域。
- ARM 架构统治着移动手持领域，同时向桌面 PC 和服务器领域全面进军。
- ARM 在嵌入式领域占据绝对优势。

因此，只有依附于 x86 与 ARM 阵营的商业公司，才能够真正地实现全面的商用化。这也是近几年来国内 CPU 设计的排行榜上涌现出来的产品大多为 x86 或者 ARM 系的原因。

但是，国产自主对我国的国计民生至关重要，追求"国产、自主、安全、可控"是我国在战略上必须坚持的方向。从这个角度上来看，选择 x86 或者 ARM 架构终究有局限性。

1．x86 架构

由于 Intel 与 AMD 本身是芯片公司而不是知识产权（Intellectual Property，IP）公司，因此 x86 架构是其生命线，假设其他得到授权的芯片公司使用 x86 架构生产的芯片对 Intel 和 AMD 造成了实质威胁，那么 Intel 与 AMD 完全可以停止授权。

x86 架构的授权费用极高昂，远非普通公司或者组织能够承担。

2．ARM 架构

ARM 架构的局面会乐观很多，因为 ARM 架构虽然也是属于 ARM 公司且受专利保护的架构，但是 ARM 公司的商业模式以开放共赢为基本原则。ARM 公司是 ARM 生态的主导者和核心规则的制定者，通过基础架构授权、内核 IP 授权等方式获得收益。而生态系统中大量的上下游软硬件企业则遵循 ARM 统一制定的标准规范，对接众多客户需求而实现经济利益的获取。

国内基于 ARM 生态的 CPU 产业已有较好基础，海思、展讯、联芯和飞腾等众多企业均已累积多年的 ARM 芯片研发经验，在移动终端领域我国芯片设计技术已与国际主流水平同步，国外的巨头高通、三星和谷歌等也属于 ARM 生态系统阵营的成员。因此，从全球范围来看，国内外的芯片公司能够在开放共赢的生态下进行公平的竞争。出于上述原因，国内 CPU 排行榜上使用 ARM 架构的 CPU 公司的成就更加令人可期。

尽管如此，ARM 架构毕竟属于 ARM 公司。一方面，其用户需要向 ARM 公司支付极其高昂的授权费（一次数千万美金）；另一方面，被日本软银集团收购后的 ARM 现在属于一家日本公司。因此，从绝对自主可控的角度来看，受制于人是在所难免的。

所谓"成也萧何，败也萧何"，难道就没有一种 ISA 具备如下几个特点吗？

- 它开源共享，不属于某一家商业公司，因此其用户也就不会有受制于人与自主可控的隐忧，更加不需要向商业公司支付高昂的授权费。
- 它以开放共赢为基本原则，任何公司和个人都可以永久免费地使用该架构。
  - 生态系统中大量的上下游软硬件企业应遵循该组织统一制定的标准规范，对接众多客户需求而实现经济利益的获取。
  - 同样从全球范围来看，国内外的芯片公司能够在此开放共赢的生态下进行公平的竞争。

相信很多人都与作者一样，在很长的一段时间内，非常期待有这样一种 ISA 的出现，即由国家主导指定一种国家标准 ISA，从而统一国内 CPU 的 ISA 派系。然而，在当今全球化的趋势下，国家标准 ISA 这种被局限在一国范围内的技术必然是格格不入且不可能成功的。于是，所有人都认为不可能出现这样一种 ISA 了。作为一名 CPU 设计师，作者不得不用一首诗来表达一下当时的心情："死去元知万事空，但悲不见九州同。王师北定中原日，家祭无忘告乃翁。"

然而，在 2016 年，RISC-V 突然带主角光环登场。它完全符合上述提到的两个条件，即属于全人类的免费开放架构，无任何专利的桎梏，众多国际知名公司均可使用该架构，在开放共赢的生态下进行公平的竞争。如果这个 ISA 真能够发展起来，这似乎是国产 CPU 崛起的真正机会。刚才我们提到曾有人建议制定一种国家标准的指令集架构，而 RISC-V 诞生不久，印度迅速地采用 RISC-V 作为其标准的指令集，推荐其国内的大学和研究机构采用 RISC-V 架构，同时已经制定规划且投入专项资金用于开发几个不同系列的 RISC-V 处理器。

有道是"山重水复疑无路，柳暗花明又一村"，1.5 节会详细介绍新生的 RISC-V 架构。

1.3 人生已如此艰难，你又何必拆穿——CPU 从业者的无奈

每一个行业的普通从业者都希望所在行业能够蓬勃发展、欣欣向荣，能够涌现大量的商业公司并产生大量岗位需求。倘使所在的行业日暮西山，或成为一潭死水，自然就无法产生大量的岗位需求，普通的从业者可能就只有"寻寻觅觅，冷冷清清，凄凄惨惨戚戚"，或者"门前冷落鞍马稀，老大嫁作商人妇"了。

处理器设计便是一个典型的例子。处理器设计是一门开放的学科，它所需的技术均已成熟，很多的工程师与从业人员都已经掌握，也具备开发处理器的能力。然而，由于处理器架构长期以来主要由以 Intel（采用 x86 架构）与 ARM（采用 ARM 架构）为代表的商业巨头公司所掌控，其软件生态环境衍生出寡头排他效应，因此处理器设计成为普通公司与个人无法逾越的天堑。

由于寡头排他效应，众多的处理器体系结构走向消亡，国产的商用 CPU 无法足够成熟，因此 CPU 设计这项工作变成了极少数商业公司的"堂前燕"，普通平民"只可远观，而不可亵玩焉"，国内长期没有形成有足够影响力的相关产业与商业公司。

作者作为曾经在国际一流公司任职的 CPU 高级设计工程师，竟一度在换工作时面临择业无门的窘境，更对众多同事被迫转行的情形扼腕叹息。正可谓曲高和寡，"英雄无用武之地"，CPU 设计从业者颇为无奈。读至此处，被迫转行的同事可能已经老泪纵横："人生已

如此艰难，你又何必拆穿？"

好消息是最近几年来国内 CPU 产业的情形终于发生了改观，由于中国巨大的市场与产业支持，国内涌现出了上海兆芯、飞腾、海思、展讯、海光和华芯通等从事 CPU 设计的公司。随着 RISC-V 架构的诞生，将催生出更多的市场需求。

1.4　无敌者是多么寂寞——ARM 统治着的世界

ARM（Advanced RISC Machines）是一家诞生于英国的处理器设计与软件公司，总部位于英国的剑桥，其主要业务是设计 ARM 架构处理器，同时提供与 ARM 处理器相关的配套软件，以及各种 SoC IP、物理 IP、GPU 等产品。

虽然在普通人眼中，ARM 公司的知名度远没有 Intel 公司高，甚至也不如华为、高通、苹果、联发科和三星等这些厂商那般耳熟能详，但 ARM 架构处理器以"润物细无声"的方式渗透到我们生活中的每个角落。从我们每天日常使用的电视、手机、平板电脑以及手环、手表等电子产品，到不起眼的遥控器、智能灯和充电器等，均有着 ARM 架构处理器的身影。在白色家电与汽车电子等领域，ARM 架构处理器更是无处不在，乃至我们熟知的桌面 PC、服务器和超级计算机领域，ARM 架构也开始渗透。ARM 处理器在这些领域有相当高的话语权。

1.4.1　独乐乐与众乐乐——ARM 公司的盈利模式

ARM 公司虽然设计开发基于 ARM 架构的处理器核，但是其商业模式并不是直接生产处理器芯片，而是作为知识产权供应商，转让授权许可给其合作伙伴。目前，在全世界，几十家大的半导体公司都使用 ARM 公司的授权，从 ARM 公司购买其设计的 ARM 处理器核，根据各自的应用领域，加入适当的外围电路，从而形成自己的 ARM 处理器芯片，进入市场。

至此，我们提到了"ARM 架构""ARM 架构处理器""ARM 处理器芯片""芯片"。为了能够阐述清楚它们的关系，并理解 ARM 公司的商业模式，下面通过一个形象的比喻加以阐述。

如同市场上有几十家品牌汽车生产商（如"大众""丰田""本田"等）一样，芯片领域也有众多的芯片生产商，如高通、联发科、三星、德州仪器等。有的芯片以处理器的功能为主，因此它们称为"处理器芯片"；有的芯片中处理器只是辅助的功能，因此它们称为"普通芯片"或"芯片"。

每一辆汽车都需要一台发动机，汽车生产商需要向其他的发动机生产商采购发动机。同理，每一款芯片都需要一个或者多个处理器，因此高通、联发科、三星和德州仪器等芯片生产商需要采购处理器，它们可以从 ARM 公司采购处理器。

所谓 ARM 架构就好像是发动机的设计图样一样，是由 ARM 公司发明并申请专利保护的"处理器架构"，ARM 公司基于此架构设计的处理器便是"ARM 架构处理器"或"ARM 处理器"。由于 ARM 主要以 IP 的形式授权其处理器，因此 ARM 处理器常称为"ARM 处理器 IP"。

通过直接授权 ARM 处理器 IP 给其他的芯片生产商（合作伙伴）是 ARM 公司的主要盈利模式。

芯片公司每设计一款芯片时，如果购买了 ARM 公司提供的 ARM 处理器 IP，芯片公司需要支付一笔前期授权费（upfront license fee）。如果该芯片之后被大规模生产、销售，则每卖出一块芯片，芯片公司均需要按其售价向 ARM 公司支付一定比例（如 1%~2%）的版税（royalty fee）。

由于 ARM 架构占据了绝大多数的市场份额，形成了完整的软件生态环境，因此在移动和嵌入式领域，购买 ARM 处理器 IP 几乎成为这些厂商的首选。

就像有些有实力的汽车生产商可以自己设计制造发动机一样，有实力的芯片公司也可以考虑自己设计处理器，因此有 3 个选择。

- 自己发明一种处理器架构。
- 购买其他商业公司的非 ARM 架构处理器 IP。
- 购买 ARM 公司的 ARM 架构授权而不是直接购买 ARM 处理器 IP，自己定制开发基于 ARM 架构的处理器。

由前面的章节可知，上述第 1 个选择和第 2 个选择在 ARM 架构占主导（如移动手持设备）的领域具有极大的风险，于是第 3 个选择便成为这些有实力的芯片公司的几乎唯一选择。

就像汽车公司可以购买发动机公司的图样，然后按照自己的产品需求深度定制其发动机一样，芯片公司也可以通过购买 ARM 公司的 ARM 架构授权，按照自己的产品需求深度定制其自己的处理器。

转让 ARM 架构授权给其他的芯片生产商（合作伙伴）是 ARM 公司的另外一种盈利模式。

使用这种自主研发的处理器芯片公司在大规模生产、销售芯片后无须向 ARM 公司逐片支付版税，从而达到降低产品成本和提高产品差异性的效果。

只有实力最雄厚的芯片公司才具备购买 ARM 架构授权的能力。首先，因为 ARM 架构授权价格极其昂贵（高达千万美元量级），远远高于直接购买 ARM 处理器 IP 所需的前期授权费；其次，深度定制其自研处理器需要解决技术难题并投入高昂的研发成本。目前有能力坚持做到这一点的仅有苹果、高通、华为等巨头。

综上可以看出，ARM 架构处理器可以分为两种。

- 由 ARM 公司开发并出售的 IP，也称为公版 ARM 架构处理器。
- 由芯片公司基于 ARM 架构授权自主开发的私有内核，也称为定制自研 ARM 架构处理器。

相对应地，ARM 公司的主要盈利模式也可以分为两种。

- 授权 ARM 处理器 IP 给其他的芯片生产商（合作伙伴），收取对应的前期授权费以及量产后的版税。
- 转让 ARM 架构授权给其他的芯片生产商（合作伙伴），收取对应的架构授权费。

ARM 公司的强大之处便在于它与众多合作伙伴一起构建了强大的 ARM 阵营，ARM 公司合作关系图谱如图 1-10 所示。全世界目前大多数主流芯片公司直接或者间接地使用 ARM 架构处理器。

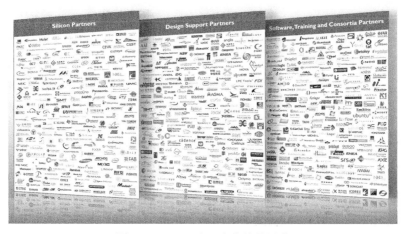

图 1-10　ARM 公司合作伙伴图谱

ARM 公司自 2004 年推出 ARMv7 内核架构时，便摒弃了以往"ARM+数字"这种处理器命名方法（之前的处理器统称经典处理器系列），使用 Cortex 来命名，并将 Cortex 细分为三大系列，如图 1-11 所示。

- Cortex-A：面向性能密集型系统的应用处理器核。
- Cortex-R：面向实时应用的高性能核。
- Cortex-M：面向各类嵌入式应用的微控制器核。

图 1-11　Cortex 系列的分类

其中，Cortex-A 系列与 Cortex-M 系列的成功尤其引人注目。接下来的章节将对 Cortex-M 系列与 Cortex-A 系列的成功分别加以详细论述。

1.4.2 小个子有大力量——无处不在的 Cortex-M 系列

Cortex-M 是一组用于低功耗微控制器领域的 32 位 RISC 处理器系列，包括 Cortex-M0、Cortex-M0+、Cortex-M1、Cortex-M3、Cortex-M4(F)、Cortex-M7(F)、Cortex-M23 和 Cortex-M33(F)。如果 Cortex-M4/M7/M33 处理器包含了浮点运算单元（FPU），也称为 Cortex-M4F/M7F/M33F。表 1-3 列出了 Cortex-M 系列处理器的发布时间和特点。

表 1-3　Cortex-M 系列处理器的发布时间和特点

型　　号	发布时间	流水线深度	描述
Cortex-M3	2004 年	3 级	面向标准嵌入式市场的高性能、低成本的 ARM 处理器
Cortex-M1	2007 年	3 级	专门面向 FPGA 的 ARM 处理器
Cortex-M0	2009 年	3 级	面积最小且功耗极低的 ARM 处理器
Cortex-M4	2010 年	3 级	在 Cortex-M3 基础上增加单精度浮点、DSP 功能以满足数字信号控制市场的 ARM 处理器
Cortex-M0+	2012 年	2 级	在 Cortex-M0 基础上进一步降低功耗的 ARM 处理器
Cortex-M7	2014 年	6 级	超标量设计，配备分支预测单元，不仅支持单精度浮点，还增加了硬件双精度浮点能力，进一步提升计算性能和 DSP 能力，主要面向高端嵌入式市场
Cortex-M23	2016 年	2 级	在 Cortex-M0+的基础上增加了整数除法器，应用了 TrustZone 技术
Cortex-M33	2016 年	3 级	在 Cortex-M4 的基础上应用了 TrustZone 技术

Cortex-M 系列的应用场景虽然不像 Cortex-A 系列那样光芒四射，但是它在嵌入式领域需求量巨大。2018 年，物联网设备的数量超过了移动设备，2021 年，我们拥有 18 亿台 PC、86 亿台移动设备和 157 亿台物联网设备。一些物联网设备可能需要在几年的时间里运转，而且仅依靠自身所带的电池，由于 Cortex-M0 体积非常小而且功耗极低，因此它非常适合这类产品，比如传感器。而 Cortex-M3 系列是 Cortex 产品家族中广泛使用的一款芯片，它本身的体积也非常小，可以广泛应用于各种各样嵌入智能设备，比如智能路灯、智能家居温控器和智能灯泡等。2009 年 Cortex-M0 系列这款超低功耗的 32 位处理器问世后，打破了一系列的授权记录，成了各制造商竞相争夺的香饽饽，仅 9 个月时间，就有 15 家厂商与 ARM 签约。至今全球已有超过 60 家公司获得了 ARM Cortex-M 系列的授权，其中，中国厂商有近十家。Cortex-M3 系列与 Cortex-M0 系列的合计出货量已经超过 200 亿，其中有一半的出货是在过去几年完成的，每 30 分钟的出货量就可以达到 25 万。

Cortex-M 系列另一个取得巨大成功的领域便是微控制器。随着越来越多的电子厂商不断为物联网（IoT）推出新产品，全球微控制器市场出货量不断增长，且呈现出量价齐升的情况。2016～2020年全球微控制器出货量与销售额持续创新高。

在ARM推出Cortex-M处理器之前，全球主要的几个微控制器芯片公司大多采用8位、16位内核或者其自有的32位架构的处理器。ARM推出Cortex-M处理器之后，迅速受到市场青睐，一些主流微控制器供应商开始选择基于这款内核生产微控制器。

2007年6月，意法半导体（ST）公司推出基于ARM Cortex-M3处理器核的STM32 F1系列MCU并使Cortex-M处理器大放光芒。

2009年3月，恩智浦半导体（NXP）公司率先推出了第一款基于ARM Cortex-M0处理器的LPC1100系列MCU。

2010年8月，飞思卡尔半导体（Freescale）公司（2015年被NXP公司并购）率先推出了第一款基于ARM Cortex-M4处理器的Kinetis K系列MCU。

2012年11月，恩智浦半导体公司继续率先推出了第一款基于ARM Cortex-M0+处理器的LPC800系列MCU。

2014年9月，意法半导体公司率先推出了第一款基于ARM Cortex-M7处理器的STM32 F7系列MCU。

各家供应商采用Cortex-M处理器核，并进行定制研发，在市场中提供差异化的微控制器产品，有些产品专注最佳能效、最高性能，而有些产品则专门应用于某些细分市场。

至今，主要的MCU厂商几乎都有使用ARM的Cortex-M内核的产品线。Cortex-M之于32位MCU就如同8051（受到众多供应商支持的工业标准内核）之于8位MCU。未来Cortex-M系列的MCU产品替代传统的8051或其他专用架构是大势所趋。甚至有声音表示："未来，微控制器产品将不再按8位，16位和32位来分，而是会按照M0核、M3核以及M4核等ARM内核的种类来分。"作者不得不替非ARM架构的商业处理器厂商们拊膺长叹："既生瑜，何生亮。"

1.4.3 移动王者——Cortex-A系列在手持设备领域的巨大成功

Cortex-A是一组用于高性能低功耗应用处理器领域的32位和64位RISC处理器系列。32位架构的处理器包括Cortex-A5、Cortex-A7、Cortex-A8、Cortex-A9、Cortex-A12、Cortex-A15、Cortex-A17和Cortex-A32。64位架构的处理器包括ARM Cortex-A35、ARM Cortex-A53、ARM Cortex-A57、ARM Cortex-A72和ARM Cortex-A73。Cortex-A、Cortex-M和Cortex-R架构的最大区别是包含了存储器管理单元（Memory Management Unit，MMU），因此前两个系列可以支持操作系统的运行。

ARM在2005年向市场推出Cortex-A8处理器，是第一款支持ARMv7-A架构的处理器。在当时的主流工艺下，Cortex-A8处理器的主频可以在 $6 \times 10^8 \sim 1 \times 10^9$ Hz 的范围调节，能够满足那些工作在 300mW 以下的功耗优化的移动设备的要求，以及满足那些需要性能高达 2000 DMIPS 的消费类应用的要求。当 Cortex-A8 芯片在 2008 年投入批量生产时，高带宽无线连接（3G）网络已经问世，大屏幕也用于移动设备，Cortex-A8 芯片的推出正好赶上了智能手机迅速发展的时期。

推出 Cortex-A8 芯片之后不久，ARM 又推出了首款支持 ARMv7-A 架构的多核处理器 Cortex-A9。Cortex-A9 处理器利用硬件模块来管理 CPU 集群中 1～4 个核的高速缓存一致性，加入了一个外部二级高速缓存。在 2011 年年底和 2012 年年初，当移动 SoC 设计人员可以采用多个核之后，性能得到进一步提升。旗舰级高端智能手机迅速切换到 4 核 Cortex-A9。除开启多核性能大门之外，与 Cortex-A8 处理器相比，每个 Cortex-A9 处理器的单时钟周期指令吞吐量提高了大约 25%。性能的提升是在保持相似功耗和芯片面积的前提下，通过缩短流水线并乱序执行，以及在流水线早期阶段集成 NEON SIMD 和浮点功能而实现的。

如果说 Cortex-A8 牛刀小试让 ARM 初尝甜头，那么 Cortex-A9 则催生了智能手机的井喷期，Cortex-A9 几乎成了当时智能手机的标配，大量的智能手机采用了该内核，ARM 为此获得了大量利润。自此，ARM 便开始了它开挂的"下饺子"模式，以平均每年一款或多款的速度推出各款不同的 Cortex-A 处理器，迅速拉开与竞争对手的差距。Cortex-A 系列处理器的发布时间和特点见表 1-4。

表 1-4 Cortex-A 系列处理器的发布时间和特点

型　　号	发布时间	位数	架构	流水线深度	指令发射类型	乱序执行还是顺序执行	核数
Cortex-A8	2005 年	32	ARMv7-A	13 级	双发射	乱序执行	1
Cortex-A9	2007 年	32	ARMv7-A	8 级	双发射	乱序执行	1～4
Cortex-A5	2009 年	32	ARMv7-A	8 级	单发射	顺序执行	1～4
Cortex-A15	2010 年	32	ARMv7-A	15 级	三发射	乱序执行	1～4
Cortex-A7	2011 年	32	ARMv7-A	8 级	部分双发射	顺序执行	1～8
Cortex-A53	2011 年	64	ARMv8-A	可以理解为 Cortex-A7 的 64 位版			
Cortex-A57	2010 年	64	ARMv8-A	可以理解为 Cortex-A15 的 64 位版			
Cortex-A12	2013 年	32	ARMv7-A	可以理解为 Cortex-A9 的性能提升优化版本			
Cortex-A17	2014 年	32	ARMv7-A	可以理解为 Cortex-A12 性能提升后的优化版本			
Cortex-A35	2015 年	64	ARMv8-A	8 级	部分双发射	顺序执行	1～8
Cortex-A72	2015 年	64	ARMv8-A	可以理解为 Cortex-A57 的性能提升后的优化版本			
Cortex-A73	2015 年	64	ARMv8-A	可以理解为 Cortex-A72 的性能进一步提升后的优化版本			
Cortex-A32	2016 年	32	ARMv8-A	可以理解为 Cortex-A35 的 32 位版本			
Cortex-A55	2017 年	64	ARMv8.2-A	可以理解为 Cortex-A53 的功耗进一步降低后的优化版本			
Cortex-A75	2017 年	64	ARMv8.2-A	可以理解为 Cortex-A73 的性能进一步提升后的优化版本			

　　Cortex-A 系列处理器的推出速度之快、数量之多，显示了 ARM 研发机器的超强生产力。由于其推出的处理器型号太多，型号的编码规则逐渐令人分不清，甚至令众多授权 ARMv7/8-A 架构进行自研处理器的巨头都疲于奔命。在 Cortex-A8/A9 流行的时期，多家有实力的巨头均选择基于授权的 ARMv7/8-A 架构自研处理器以差异化其产品并降低成本。这些巨头包括高通、苹果、Marvell、博通、三星、TI 以及 LG 等。作者便曾经在其中的一家巨头担任 CPU 高级设计工程师，开发其自研的 Cortex-A 系列高性能处理器。如前所述，研发一款高性能的应用处理器需要解决技术难题并投入数年时间，而当 ARM 以年均一款新品之势席卷市场之时，各家自研处理器往往来不及推出便已过时。众巨头纷纷弃甲丢盔，TI、博通、Marvell 和 LG 等巨头相继放弃了自研处理器业务。自研处理器做得最成功的高通（以其 Snapdragon 系列应用处理器风靡市场）也在其低端 SoC 产品中放弃了自研处理器，转而采购 ARM 的 Cortex-A 系列处理器，仅在高端 SoC 中保留了自研的处理器。值得一提的是，得益于中国的巨大市场与产业支持，在巨头们放弃自研处理器的趋势下，中国的手机巨头华为与展讯逆势而上，开始基于授权的 ARMv8-A 架构研发处理器，并取得了令人欣喜的成果。

　　Cortex-A 系列的巨大成功彻底奠定了 ARM 在移动领域的统治地位。由于 Cortex-A 系列的先机与成功，ARM 架构在移动领域构筑了城宽池阔的软件生态环境。至今，ARM 架构已经应用到全球 85% 的智能移动设备中，其中超过 95% 的智能手机的处理器基于 ARM 架构，这使其他架构的处理器失去了进入该领域的可能性。ARM 携 Cortex-A 系列在移动领域一统江山。ARM 在一步步提升 Cortex 架构性能之余，还找到了很多“志同道合”的伙伴，比如高通、谷歌和微软等，并与合作伙伴们形成了强大的生态联盟。携此余威，传统 x86 架构的 PC 与服务器领域就成为 ARM 的下一步发展目标。有道是“驱巨兽鼎定移动地，Cortex-A 剑指服务区”。预知后事如何，且听下节分解。

1.4.4　进击的巨人——ARM 进军 PC 与服务器领域的雄心

　　PC 与服务器市场是一个超千亿元规模的大蛋糕，而这个市场长时间由巨头 Intel 把持，同为 x86 阵营的 AMD 常年屈居老二，分享着有限的蛋糕份额。Intel 在 PC 与服务器领域的巨大成功，使这两个领域成为该公司的主要利润来源。

　　上一节提到 ARM 剑指 PC 与服务器领域，谷歌 ChromeBook 就是 ARM 挥师 PC 市场的先行军，在（海外的）入门级市场受到了广泛好评，ARM 处理器可以帮助此类设备变得更轻薄、更省电。微软对 ARM 的支持力度同样很大，2016 年 12 月举行的 WinHEC 上，微软与高通宣布将在采用下一代骁龙处理器（基于 ARM 架构）的移动计算终端上支持 Windows 10 系统，微软演示了在搭载骁龙 820 处理器的笔记本电脑上运行的 Windows 10。在 4GB 存储器的支撑下，搭载骁龙 820 处理器的 Windows 10 企业版笔记本电脑能够流畅地运行 Edge、外接绘图板、播放高清视频等，同时支持多后台任务。

2017 年，高通宣布正在对其自研的骁龙 835 进行优化，将这款处理器扩展到搭载 Windows 10 的移动 PC 当中，而搭载骁龙 835 的 Windows 10 移动 PC 在 2017 年第四季度推出。除此之外，在数据中心领域，高通也与微软达成了合作，未来运行 Windows Server 的服务器也可以搭载高通 10nm Centriq 处理器，这也是业内首款 10nm 服务器处理器。微软还宣布将在未来的 Windows 10 RedStone 3 当中正式对 ARM 设备提供对完整版 Windows 10 的兼容支持，这意味着基于 ARM 处理器的设备可以运行 x86 程序，跨平台融合正式到来。

至此，我们已经介绍了 ARM 公司与 ARM 架构的强大之处，了解了 Cortex-M 处理器在嵌入式领域内的巨大成功，Cortex-A 处理器在移动领域内的王者之位以及在 PC 与服务器领域内的雄心。

1.4.5 ARM 当前发展

2016 年 7 月，日本软银集团高价收购了 ARM 公司。软银集团高价收购 ARM 是因为 ARM 正在成为智能硬件和物联网设备的标配。在收购 ARM 公司时，软银集团 CEO 孙正义曾表示："这是我们有史以来最重要的收购，软银集团正在捕捉物联网带来的每一个机遇，ARM 则非常符合软银集团的这一战略，期待 ARM 成为软银集团物联网战略方面的重要支柱。"近年来，投资上的一些失败导致软银集团出现了巨额亏损。近来，软银集团宣布出售美国第三大电信商 T-Mobile 的股份以及阿里巴巴的股份以填补营业亏损。由于 ARM 的投资回报率比不高，软银集团近期已开始考虑 ARM 的出售或重新上市。

考虑到中国市场的庞大以及蓬勃发展，于是 ARM 开始接受中资的注入，2018 年 4 月 ARM 中国合资公司正式运营，中方投资者占股 51%，ARM 占股 49%，新成立的安谋中国有限公司将接管 ARM 在中国的所有业务。ARM 中国合资公司的成立主要是为了依托 ARM 世界领先的生态系统资源与技术优势，立足本土创新，开发本土化产品，实现自主可控。成立至今，安谋中国有限公司成功推出了"星辰"处理器与"周易"人工智能处理单元以及"山海"安全方案 IP 等自研产品。

但是，近来安谋中国有限公司也出现了一些问题，爆出"换帅"风波，使得大家对这种合资模式是否能实现真正的自主可控产生了不少质疑。

1.5 东边日出西边雨，道是无晴却有晴——RISC-V 登场

1.5.1 缘起名校

RISC-V（英文读作"risk-five"）架构主要由美国加州大学伯克利分校的 Krste Asanovic

教授、Andrew Waterman 和 Yunsup Lee 等开发人员于 2010 年发明，并且得到了计算机体系结构领域的泰斗 David Patterson 的大力支持。加州大学伯克利分校的开发人员之所以发明一套新的指令集架构，而不是使用成熟的 x86 或者 ARM 架构，是因为这些架构经过多年的发展变得极复杂和冗繁，并且存在着高昂的专利和架构授权问题。修改 ARM 处理器的 RTL 代码是不被支持的，而 x86 处理器的源代码则根本不可能获得。其他的开源架构（如 SPARC、OpenRISC）均有着或多或少的问题（第 2 章将详细论述）。计算机体系结构和指令集架构经过数十年的发展已非常成熟，但是像加州大学伯克利分校这样的研究机构竟然"无米下锅"（选择不出合适的指令集架构供其使用），所以加州大学伯克利分校的教授与研发人员决定发明一种全新的、简单且开放免费的指令集架构，于是 RISC-V 架构诞生了。

RISC-V 是一种全新的指令集架构。"V"包含两层意思，一是这是加州大学伯克利分校从 RISC I 开始设计的第五代指令集架构；二是它代表了变化（variation）和向量（vector）。

1.5.2　兴于开源

经过几年的开发，加州大学伯克利分校为 RISC-V 架构开发出了完整的软件工具链以及若干开源的处理器实例，使 RISC-V 架构得到越来越多的关注。2015 年，RISC-V 基金会正式成立并开始运作。RISC-V 基金会是一个非营利性组织，负责维护标准的 RISC-V 指令集手册与架构文档，并推动 RISC-V 架构的发展。

RISC-V 架构的发展目标如下。

- 成为一种完全开放的指令集，可以被任何学术机构或商业组织自由使用。
- 成为一种真正适合硬件实现且稳定的标准指令集。

RISC-V 基金会负责维护 CPU 所需的标准的 RISC-V 架构文档和编译器等软件工具链，任何组织和个人可以随时在 RISC-V 基金会网站上免费下载（无须注册）。

RISC-V 架构的推出及其基金会的成立，受到了学术界与工业界的巨大欢迎。著名的科技行业分析公司 Linley Group 将 RISC-V 架构评为"2016 年最佳技术"。RISC-V 架构的标志如图 1-12 所示。

开放而免费的 RISC-V 架构的诞生，不仅对于高校与研究机构是好消息，而且为前期资金缺乏的创业公司、成本极其敏感的产品、对现有软件生态依赖不大的领域，都提供了另外一种选择。此外，它还得到了业界主要科技公司的拥戴，谷歌、惠普、Oracle 和西部数据等硅谷巨头都是RISC-V 基金会的创始会员。RISC-V 基金会的会员图谱如图 1-13 所示。众多的芯片公司已经开始使用（如三星、英伟达等）或者计划使用 RISC-V架构开发其自有的处理器。

图 1-12　RISC-V
架构的标志

图 1-13 RISC-V 基金会的会员图谱

RISC-V 基金会组织每年举行两次公开的研讨会（workshop），以促进 RISC-V 阵营的交流与发展，任何组织和个人均可以从 RISC-V 基金会的网站下载每次研讨会上演示的 PPT 与文档。RISC-V 第六次研讨会于 2017 年 5 月在中国的上海交通大学举办，如图 1-14 所示，吸引了大批的中国公司和爱好者参与。

图 1-14 上海交通大学举办的 RISC-V 第六次研讨会

RISC-V 基金会在 2020 年 3 月 17 日给他们的会员发了一封邮件，确定将总部迁往瑞士。邮件指出，RISC-V 基金会的法律实体已经过渡到瑞士，不再续签美国基金会会员资格。另外，在将总部搬迁到瑞士后，RISC-V基金会将会提出新的分级制度，将会员分为普通会员、战略会员和高级会员三个等级。

由于现在许多主流的计算机体系结构翻译版教材（如《计算机体系结构：量化研究方法》、《计算机组成与设计：软件/硬件接口》等书）的作者本身也是RISC-V架构的发起者，因此这些教材都相继推出了以RISC-V架构为基础的新版本。这意味着美国的大多数高校将开始采用RISC-V架构作为教学范例，也意味着若干年后的高校毕业生都将对RISC-V架构非常熟知。

但是，一款指令集架构最终能否取得成功，很大程度上取决于软件生态环境。罗马不是一天建成的，经过多年的经营，x86与ARM架构已具有城宽池阔的软件生态环境，二者兵精粮足，非常强大。因此，作者认为RISC-V架构在短时间内还无法对x86和ARM架构形成撼动。但是随着越来越多的公司和项目开始采用RISC-V架构的处理器，相信RISC-V的软件生态环境也会逐步壮大起来。

1.5.3 本土发展

芯片是我国当前工业体系中的少数"关键短板"之一，对国民经济发展与国家安全影响较大，同时又经常受制于先发国家。RISC-V开源架构的出现，为国产芯片产业提供了"弯道超车"的契机。相比传统ARM架构，RISC-V开源架构具有灵活的扩展性，从而可以满足从微控制器到超级计算机等不同复杂程度的处理器设计需求，并且显著降低芯片开发成本。因此，RISC-V架构能够适应由5G及人工智能催生出的碎片化计算需求。2015年以来，以谷歌、微软、IBM、华为等为代表的全球顶级企业开始纷纷加入面向RISC-V架构的研究和开发；以色列等国家从政府层面大力资助基于RISC-V架构的研究，而印度政府在近几年大力资助基于RISC-V的处理器项目，使RISC-V架构成为印度的指令集架构。

目前，国内部分地区的政府正在推动RISC-V成为国产芯片架构发展标准，并采取一系列鼓励措施。上海市发起成立了中国RISC-V产业联盟（简称CRVIC联盟），服务于RISC-V技术产业交流平台。深圳市支持中科院计算技术研究所发起成立了中国开放指令生态（RISC-V）联盟，并支持成立鹏城实验室。苏州市推动建设"IP共享社区"（作为苏州的RISC-V设计及工艺IP库，为制造企业投入设计资源，为设计公司提供客户接口），创造集成电路研发制造一体化新模式。北京市也高度重视国产开源芯片，以国产开源芯片作为集成电路产业突围的抓手，它对5G、区块链、人工智能等重点推动的新兴产业的发展，以及医疗、消费电子等产业的升级有显著的促进效应。2020年年初，北京市发布了关于支持RISC-V开放生态创新引领发展的若干措施，依托中关村科学城发起成立了源码开源芯片创新中心，并成为支撑科技创新首都核心职能的关键亮点。随着采用RISC-V架构的芯片产品越来越多，特别是完全国产的芯片产品面世，产学研市场上对RISC-V架构芯片的应用有了越来越多的需求。

本节虽然陈述了若干 RISC-V 蓬勃发展的具体案例，但是由于 RISC-V 阵营正在快速地向前发展，可能在本书成书之时，RISC-V 阵营又诞生了更加令人欣喜的案例，请读者自行查阅互联网。

第 2 章将详细介绍 RISC-V 架构的技术细节。

1.6 旧时王谢堂前燕，飞入寻常百姓家——你也可以设计自己的处理器

本章系统地论述了 CPU 的"三生三世"，并简述了 ARM 的如何强大以及 RISC-V 架构的诞生。

一言以蔽之，开放而免费的 RISC-V 架构使得任何公司与个人均可使用，极大地降低了 CPU 设计的准入门槛。有了 RISC-V 架构，CPU 设计将不再是"权贵的游戏"，有道是"旧时王谢堂前燕，飞入寻常百姓家"，你也可以设计自己的处理器。

本书第 2 章将详细介绍 RISC-V 架构的细节，本书第二部分将结合开源的蜂鸟 E203（基于 RISC-V 架构）实例详细介绍如何设计一款 RISC-V 处理器。

第 2 章 大道至简——RISC-V 架构之魂

Simplicity is a great virtue but it requires hard work to achieve it and education to appreciate it. And to make matters worse: complexity sells better.

—— Edsger W. Dijkstra

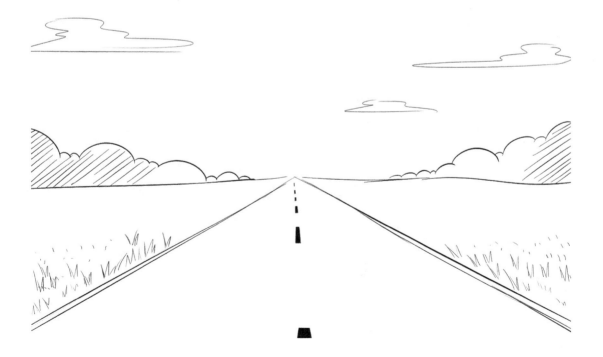

关于 RISC-V 架构的诞生初衷和背景，请参见 1.5 节，本章不做赘述，而重点对 RISC-V 架构的设计思想进行深入浅出的介绍。

注意：本章中将会多次出现"RISC 处理器""RISC 架构""RISC-V 处理器"和"RISC-V 架构"等关键词。请初学者务必注意加以区别，详见第 1 章内容。

RISC 表示精简指令集计算机（Reduced Instruction Set Computer，RISC）。

RISC-V 只是加州大学伯克利分校发明的一种指令集架构（属于 RISC 类型）。

2.1 简单就是美——RISC-V 架构的设计理念

RISC-V 架构为一种指令集架构，在介绍细节之前，本节先介绍设计理念。设计理念便是人们推崇的一种策略，例如，日本车的设计理念是经济省油，美国车的设计理念是霸气等。RISC-V 架构的设计理念是什么呢？答案是"大道至简"。

作者最推崇的一种设计理念便是简单就是美，简单便意味着可靠。无数的实际案例已经佐证了"简单即可靠"这一真理。越复杂的机器则越容易出错。

在格斗界，初学者往往容易陷入花拳绣腿的泥淖，而顶级的格斗高手最终使用的都是简单、直接的招式。大道至简，在 IC 设计的实际工作中，简洁的设计可以提高安全性、可靠性，复杂的设计可能造成系统长时间无法稳定。简洁的设计往往是可靠的，这在大多数的项目实践中一次次得到检验。IC 设计的工作性质非常特殊，其最终的产出是芯片，而一款芯片的设计和制造周期均很长，无法像软件代码那样轻易地进行升级和打补丁，每一次芯片从改版到交付都需要几个月的周期。不仅如此，芯片的制造成本高昂，从几十万美元到成百上千万美元不等。这些特性都决定了 IC 设计的试错成本极高昂，因此能够有效地减少错误的发生就显得非常重要。现代的芯片设计规模越来越大，复杂度越来越高，这并不要求设计者一味地逃避复杂的技术，而是应该将好钢用在刀刃上，将最复杂的设计用在最关键的场景，在大多数的情况下，尽量选择简洁的实现方案。

作者在第一次阅读 RISC-V 架构文档之时，就不禁为之赞叹。因为 RISC-V 架构在其文档中不断地明确强调其设计理念是"大道至简"，力图通过架构的定义使硬件的实现足够简单。至于简单就是美的理念，后续几节将一一加以论述。

2.1.1 无病一身轻——架构的篇幅

第 1 章论述过目前主流的架构——x86 与 ARM 架构。作者曾经参与设计 ARM 架构的应用处理器，因此需要阅读 ARM 的架构文档。对 ARM 的架构文档熟悉的读者应该了解其篇幅。经过几十年的发展，现在的 x86 与 ARM 架构的文档多达数千页，打印出来能有半个桌子高，可真是"著作等身"。

x86 与 ARM 架构在诞生之初，其文档篇幅也不至于像现在这般长篇累牍。之所以架构文档长达数千页，且版本众多，一个主要的原因是架构发展的过程中现代处理器架构技术不断发展，作为商用的架构，为了能够保持架构的向后兼容性，x86 与 ARM 架构不得不保留许多过时的定义，或者在定义新的架构部分时，为了能够兼容已经存在的技术部分，文档显得非常别扭。久而久之 x86 与 ARM 架构的文档更加冗长。

那么现代成熟的架构是否能够选择重新定义一个简洁的架构呢？几乎不可能。Intel 曾经在推出 Itanium 架构之时另起灶炉，放弃向后兼容性，最终 Intel 的 Itanium 遭遇惨败，其中一个重要的原因便是它无法向后兼容，因而无法得到用户的认可。试想一下，如果我们买了一款具有新的处理器的计算机或者手机，之前所有的软件都无法运行，那肯定是无法让人接受的。

现在推出的 RISC-V 架构则具备了后发优势。由于计算机体系结构经过多年的发展已经是一个比较成熟的技术，多年来暴露的问题都已经被研究透彻了，因此新的 RISC-V 架构能够加以规避，并且没有背负向后兼容的历史包袱，可以说是无病一身轻。

目前 RISC-V 架构的文档分为指令集文档和特权架构文档。指令集文档的篇幅为 200 多页，而特权架构文档的篇幅仅为 100 页。熟悉体系结构的工程师仅需一两天便可将其通读，虽然 RISC-V 架构的文档还在不断地丰富，但是相比 x86 架构的文档与 ARM 架构的文档，RISC-V 架构的文档篇幅可以说是极其短小精悍。

感兴趣的读者可以访问 RISC-V 基金会的网站，无须注册便可免费下载文档，如图 2-1 所示。

图 2-1　RISC-V 基金会网站上的架构文档

2.1.2 能屈能伸——模块化的指令集

RISC-V 架构相比其他成熟的商业架构，最大的不同在于它是一个模块化的架构。因此 RISC-V 架构不仅短小精悍，其不同的部分还能以模块化的方式组织在一起，从而可以试图通过一套统一的架构满足各种不同的应用。

这种模块化是 x86 与 ARM 架构所不具备的。以 ARM 架构为例，ARM 架构分为 A、R 和 M 这 3 个系列，分别针对应用操作系统、实时和嵌入式 3 个领域，彼此之间并不兼容。但是模块化的 RISC-V 架构能够使得用户灵活地选择不同的模块组合，以满足不同的应用场景，该架构"老少咸宜"。例如，针对小面积、低功耗的嵌入式场景，用户可以选择 RV32IC 组合的指令集，仅使用机器模式（machine mode）；而针对高性能应用操作系统场景，则可以选择诸如 RV32IMFDC 的指令集，使用机器模式与用户模式（user mode）两种模式。

2.2.1 节将会介绍 RISC-V 指令集的模块化特性。

2.1.3 浓缩的都是精华——指令的数量

短小精悍的架构和模块化的哲学使得 RISC-V 架构的指令数目非常少。RISC-V 架构的基本指令仅有 40 多条，加上其他的模块化扩展指令总共几十条指令。图 2-2 是 RISC-V 指令集图卡。

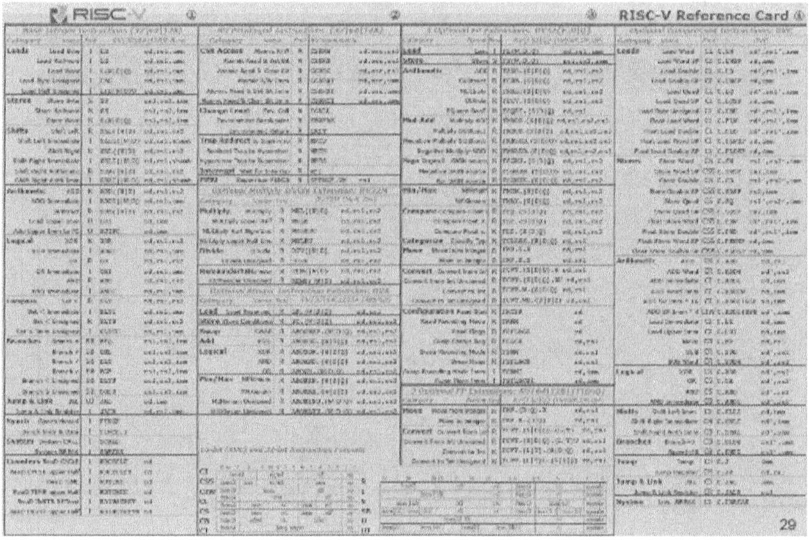

图 2-2 RISC-V 指令集图卡

2.2 RISC-V 架构简介

本节将对 RISC-V 架构多方面的特性进行简要介绍。

注意：本节仅对 RISC-V 架构的特点进行概述和横向比较。有关 RISC-V 架构的详情，请参见附录 A。本节涉及处理器设计的许多常识和背景知识，对于完全不了解 CPU 的初学者而言，这些内容可能难以理解，请参考后面各章来理解本节的内容。

2.2.1 模块化的指令集

RISC-V 的指令集使用模块化的方式进行组织。RISC-V 的基本指令集部分见表 2-1。使用整数指令子集（以字母 I 结尾），便能够实现完整的软件编译器。其他的指令集均为可选的模块，具有代表性的模块包括 M/A/F/D/C，如表 2-2 所示。

表 2-1 RISC-V 的基本指令集

基本指令集	指 令 数	描 述
RV32I	47	支持 32 位地址空间与整数指令，支持 32 个通用整数寄存器
RV32E	47	RV32I 的子集，仅支持 16 个通用整数寄存器
RV64I	59	支持 64 位地址空间与整数指令及一部分 32 位的整数指令
RV128I	71	支持 128 位地址空间与整数指令及一部分 64 位和 32 位的指令

表 2-2 RISC-V 的扩展指令集

扩展指令集	指 令 数	描 述
M	8	整数乘法与除法指令
A	11	存储器原子（atomic）操作指令和 Load-Reserved/Store-Conditional 指令
F	26	单精度（32 位）浮点指令
D	26	双精度（64 位）浮点指令，必须支持 F 扩展指令集
C	46	压缩指令，指令长度为 16 位

以上模块的一个特定组合"IMAFD"也称为"通用组合"，用英文字母 G 表示。因此 RV32G 表示 RV32IMAFD，同理 RV64G 表示 RV64IMAFD。

为了提高代码密度，RISC-V 架构提供可选的"压缩"指令子集，用英文字母 C 表示。

压缩指令的编码长度为 16 位，而普通的非压缩指令的编码长度为 32 位。

为了进一步减小芯片面积，RISC-V 架构还提供一种"嵌入式"架构，末尾用英文字母 E 表示。该架构主要用于追求极低面积与功耗的深嵌入式场景。该架构仅需要支持 16 个通用整数寄存器，而非嵌入式的普通架构则需要支持 32 个通用整数寄存器。

通过以上的模块化指令集，开发人员能够选择不同的组合来满足不同的需求。例如，在追求小面积、低功耗的嵌入式场景中，选择使用 RV32EC 架构；而对于大型的 64 位架构，则选择 RV64G。

除上述模块之外，还有若干的模块（如 L、B、P、V 和 T 等）。目前这些扩展模块大多还在不断完善和定义中，尚未最终确定，因此本节不做详细论述。

2.2.2　可配置的通用寄存器组

RISC-V 架构支持 32 位或者 64 位架构，32 位架构由 RV32 表示，其每个通用寄存器的宽度为 32 位；64 位架构由 RV64 表示，其每个通用寄存器的宽度为 64 位。

RISC-V 架构的整数通用寄存器组包含 32 个（I 架构）或者 16 个（E 架构）通用整数寄存器，其中整数寄存器 x0 是为常数 0 预留的，其他的 31 个（I 架构）或者 15 个（E 架构）通用整数寄存器为普通的通用整数寄存器。

如果使用浮点模块（F 或者 D），则需要另外一个独立的浮点寄存器组，该组包含 32 个通用浮点寄存器。如果仅使用 F 模块的浮点指令子集，则每个通用浮点寄存器的宽度为 32 位；如果使用 D 模块的浮点指令子集，则每个通用浮点寄存器的宽度为 64 位。

2.2.3　规整的指令编码

在流水线中尽快地读取通用寄存器组，往往是处理器流水线设计的期望之一，这可以提高处理器性能和优化时序。这个看似简单的目标在很多现存的商用 RISC 架构中都难以实现，因为经过多年反复修改并不断添加新指令后，其指令编码中的寄存器索引位置变得非常凌乱，给译码器造成了负担。

得益于后发优势和总结了多年来处理器发展的经验，RISC-V 架构的指令集编码非常规整，指令所需的通用寄存器的索引（index）都放在固定的位置。RV32I 规整的指令编码格式如图 2-3 所示。因此指令译码器（instruction decoder）可以非常便捷地译码出寄存器索引，然后读取通用寄存器组（Register File，Regfile）。

请参见附录 F 了解 RISC-V 架构指令集列表和编码细节。

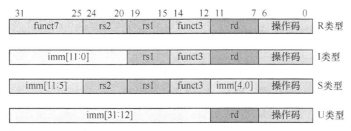

图 2-3　RV32I 规整的指令编码格式

2.2.4　简洁的存储器访问指令

与所有的 RISC 架构一样，RISC-V 架构使用专用的存储器读（load）指令和存储器写（store）指令访问存储器（memory），使用其他的普通指令无法访问存储器，这种架构是 RISC 架构常用的一个基本策略。这种策略使得处理器核的硬件设计变得简单。存储器访问的基本单位是字节（byte）。RISC-V 架构的存储器读和存储器写指令支持以一字节（8 位）、半字（16 位）、单字（32 位）为单位的存储器读写操作。64 位架构还可以支持以双字（64 位）为单位的存储器读写操作。

RISC-V 架构的存储器访问指令还有如下显著特点。

- 为了提高存储器读写的速度，RISC-V 架构推荐使用地址对齐的存储器读写操作，但是也支持地址非对齐的存储器操作 RISC-V 架构。处理器既可以选择用硬件来支持，也可以选择用软件来支持。

- 由于现在的主流应用是小端（little-endian）格式，因此 RISC-V 架构仅支持小端格式。有关小端格式和大端格式的定义和区别，在此不做过多介绍。对此不太了解的初学者可以自行查阅学习。

- 很多的 RISC 处理器支持地址自增或者自减模式，这种自增或者自减模式虽然能够提高处理器访问连续存储器地址区间的性能，但是增加了设计处理器的难度。RISC-V 架构的存储器读和存储器写指令不支持地址自增自减模式。

- RISC-V 架构采用松散存储器模型（relaxed memory model），松散存储器模型对于访问不同地址的存储器读写指令的执行顺序没有要求，除非使用明确的存储器屏障（fence）指令加以屏蔽。有关存储器模型（memory model）和存储器屏障指令的更多信息，请参见附录 A。

这些选择都清楚地反映了 RISC-V 架构力图简化基本指令集，从而简化硬件设计的理念。RISC-V 架构如此定义是具有合理性的，它能屈能伸。例如，对于低功耗的简单 CPU，使用非常简单的硬件电路即可完成设计；而对于追求高性能的超标量处理器，使用复杂的动态硬件调度功能可以提高性能。

2.2.5 高效的分支跳转指令

RISC-V 架构有两条无条件跳转（unconditional jump）指令，即 jal 指令与 jalr 指令。跳转链接（jump and link，jal）指令可用于进行子程序调用，同时将子程序返回地址存放在链接寄存器（link register，由某一个通用整数寄存器担任）中。跳转链接寄存器（jump and link register，jalr）指令能够用于从子程序返回。通过将 jal 指令所在的链接寄存器作为 jalr 指令的基地址寄存器，jalr 指令可以从子程序返回。请参见 A.14.2 节了解 jal 和 jalr 指令的详细内容。

RISC-V 架构有 6 条带条件的跳转指令，这种带条件的跳转指令与普通的运算指令一样直接使用两个整型操作数，然后对其进行比较。如果比较的条件满足，则进行跳转，因此此类指令将比较与跳转两个操作放在一条指令里完成。作为比较，很多其他的 RISC 架构的处理器需要使用两条独立的指令。第一条指令先使用比较指令，比较的结果保存到状态寄存器之中；第二条指令使用跳转指令，当前一条指令保存在状态寄存器当中的比较结果为真时，则进行跳转。相比而言，RISC-V 的这种带条件的跳转指令不仅减少了指令的条数，还简化了硬件设计。

对于没有配备硬件分支预测器的低端 CPU，为了保证其性能，RISC-V 架构明确要求采用默认的静态分支预测机制。如果指令是向后跳转的条件跳转指令，则预测为"跳"；如果指令是向前跳转的条件跳转指令，则预测为"不跳"，并且 RISC-V 架构要求编译器也按照这种默认的静态分支预测机制来编译、生成汇编代码，从而让低端的 CPU 也具有不错的性能。

在低端的 CPU 中，为了使硬件设计尽量简单，RISC-V 架构特地定义了所有带条件的跳转指令跳转目标的偏移量（相对于当前指令的地址）都是有符号数，并且其符号位被编码在固定的位置。因此这种静态预测机制在硬件上非常容易实现，硬件译码器可以轻松地找到固定的位置，若该位置的值为 1，表示负数（反之，表示正数）。根据静态分支预测机制，如果偏移量是负数，则表示跳转的目标地址为当前地址减去偏移量，也就是向后跳转，因此预测为"跳"。当然，对于配备有硬件分支预测器的高端 CPU，采用高级的动态分支预测机制来保证性能。

2.2.6 简洁的子程序调用

为了理解子程序调用，本节先对一般 RISC 架构中程序调用子函数的过程予以介绍，其过程如下。

（1）进入子函数之后需要用存储器写指令来将当前的上下文（通用寄存器等的值）保存

到系统存储器的栈区内，这个过程通常称为保存现场。

（2）在退出子程序时，需要用存储器读指令来将之前保存的上下文（通用寄存器等的值）从系统存储器的栈区读出来，这个过程通常称为恢复现场。

保存现场和恢复现场的过程通常由编译器编译生成的指令完成，使用高级语言（例如 C 语言或者 C++）的开发者对此可以不用太关心。在使用高级语言的程序中直接实现一个子函数调用即可，但是保存现场和恢复现场的过程实实在在地发生着（编译出的汇编程序展示了那些保存现场和恢复现场的汇编指令），并且还需要消耗 CPU 的执行时间。

为了加速保存现场和恢复现场的过程，有的 RISC 架构发明了一次写多个寄存器的值到存储器中（store multiple）的指令，或者一次从存储器中读多个寄存器的值（load multiple）的指令。此类指令的好处是一条指令就可以完成很多事情，从而减少汇编指令的数量，节省代码占用的空间。但是一次读多个寄存器的指令和一次写多个寄存器的指令的弊端是会让 CPU 的硬件设计变得复杂，增加硬件的开销，这可能会影响时序，使得 CPU 的主频无法提高，作者设计此类处理器时曾经深受其害。

RISC-V 架构则放弃使用一次读多个寄存器的指令和一次写多个寄存器的指令。如果开发人员比较介意保存现场和恢复现场的指令条数，那么使用公用的程序库（专门用于保存和恢复现场），可以避免在每个子函数的调用过程中都放置数目不等的保存现场和恢复现场的指令。此选择再次印证了 RISC-V 架构追求硬件简单的哲学，因为放弃一次读多个寄存器的指令和一次写多个寄存器的指令可以大幅简化 CPU 的硬件设计，对于低功耗、小面积的CPU，选择非常简单的电路进行实现；而高性能超标量处理器由于硬件动态调度能力很强，由强大的分支预测电路保证 CPU 能够快速地跳转执行，因此选择使用公用的程序库（专门用于保存和恢复现场）可以减少代码量，同时提高性能。

2.2.7　无条件码执行

很多早期的 RISC 架构支持带条件码的指令，例如，指令编码的头几位表示的是条件码（conditional code），只有该条件码对应的条件为真，该指令才真正执行。

这种将条件码编码到指令中的形式可以使编译器将短小的分支指令块编译成带条件码的指令，而不用编译成分支跳转指令，这样便减少了分支跳转的出现。一方面，这减少了指令的数目；另一方面，这避免了分支跳转带来的性能损失。然而，这种指令会使 CPU 的硬件设计变得复杂，增加硬件的开销，也可能影响时序使得 CPU 的主频无法提高。

RISC-V 架构则放弃使用这种带条件码的指令的方式，对于任何的条件判断都使用普通的带条件分支的跳转指令。此选择再次印证了 RISC-V 追求硬件简单的理念，因为放弃带"条件码"指令可以大幅简化 CPU 的硬件设计，对于低功耗、小面积的 CPU，选择非常简单的电路进行实现,而高性能超标量处理器由于硬件动态调度能力很强,由强大的分支预测电路保证 CPU 能够快速地执行指令。

2.2.8 无分支延迟槽

早期的很多 RISC 架构使用了分支延迟槽(delay slot),具有代表性的便是 MIPS 架构。很多经典的计算机体系结构教材使用 MIPS 对分支延迟槽进行介绍。分支延迟槽就是指在每一条分支指令后面紧跟的一条或者若干条指令,它们不受分支跳转的影响,不管分支是否跳转,这些指令都会执行。

早期的很多 RISC 架构采用了分支延迟槽,其诞生的原因主要是当时的处理器流水线比较简单,没有使用高级的硬件动态分支预测器,使用分支延迟槽能够取得可观的性能。然而,这种分支延迟槽使得 CPU 的硬件设计变得很别扭,设计人员对此苦不堪言。

RISC-V 架构则放弃了分支延迟槽,这再次印证了 RISC-V 架构力图简化硬件的哲学,因为现代的高性能处理器的分支预测算法精度已经非常高,由强大的分支预测电路保证 CPU 能够准确地预测跳转、提高性能。而对于低功耗、小面积的 CPU,由于无须支持分支延迟槽,因此硬件得到极大简化,这也能进一步降低功耗并提高时序。

2.2.9 零开销硬件循环指令

很多 RISC 架构还支持零开销硬件循环(zero overhead hardware loop)指令,其思想是通过硬件的直接参与,设置某些循环次数(loop count)寄存器,然后让程序自动地进行循环,每循环一次则循环次数寄存器自动减 1,这样持续循环直到循环次数寄存器的值变成 0,则退出循环。

之所以提出这种硬件协助的零开销循环是因为在软件代码中 for 循环极常见,而这种软件代码通过编译器往往会编译成若干条加法指令和条件分支跳转指令,从而达到循环的效果。一方面,这些加法和条件跳转指令增加了指令的条数;另一方面,条件分支跳转指令存在分支预测的性能问题。而零开销硬件循环指令则由硬件直接完成,省掉了加法和条件跳转指令,减少了指令条数且提高了性能。

然而,此类零开销硬件循环指令大幅地增加了硬件设计的复杂度。因此零开销硬件循环指令与 RISC-V 架构简化硬件的理念是完全相反的,RISC-V 架构自然没有使用此类零开销硬件循环指令。

2.2.10 简洁的运算指令

RISC-V 架构使用模块化的方式组织不同的指令子集,基本的整数指令子集(用字母 I

表示）支持的操作包括加法、减法、移位、按位逻辑操作和比较操作。这些基本的操作能够通过组合或者函数库的方式完成更多的复杂操作（例如乘除法和浮点操作），从而完成大部分的软件操作。

整数乘除法指令子集（用字母 M 表示）支持的运算包括有符号或者无符号的乘法和除法。乘法运算能够支持两个 32 位的整数相乘，除法运算能够支持两个 32 位的整数相除。请参见 A.14.3 节了解 RISC-V 架构整数乘法运算和除法运算指令的细节。单精度浮点指令子集（用字母 F 表示）与双精度浮点指令子集（D 字母表示）支持的运算包括浮点加减法、乘除法、乘累加、开平方根和比较等，同时提供整数与浮点、单精度与双精度浮点之间的格式转换操作。

很多 RISC 架构的处理器在运算指令产生错误（例如上溢（overflow）、下溢（underflow）、和除以零（divide by zero））时，都会产生软件异常。RISC-V 架构的一个特殊之处是对任何的运算指令错误（包括整数与浮点指令）均不产生异常，而是产生某个特殊的默认值，同时设置某些状态寄存器的状态位。RISC-V 架构推荐软件通过其他方法来找到这些错误。这再次清楚地反映了 RISC-V 架构力图简化基本的指令集，从而简化硬件设计的理念。

2.2.11 优雅的压缩指令子集

基本的 RISC-V 整数指令子集（字母 I 表示）规定的指令长度均为等长的 32 位，这种等长指令使得仅支持整数指令子集的基本 RISC-V CPU 非常容易设计，但是等长的 32 位编码指令会造成代码量相对较大的问题。

为了适用于某些对于代码量要求较高的场景（例如嵌入式领域），RISC-V 定义了一种可选的压缩（compressed）指令子集，用字母 C 表示，也可以用 RVC 表示。RISC-V 具有后发优势，从一开始便规划了压缩指令，预留了足够的编码空间，16 位长指令与普通的 32 位长指令可以无缝地交织在一起，处理器也没有定义额外的状态。

RISC-V 压缩指令的另一个特别之处是，16 位指令的压缩策略是将一部分常用的 32 位指令中的信息进行压缩重排（例如，假设一条指令使用了两个同样的操作数索引，则可以省去其中一个索引的编码空间），因此每一条 16 位长的指令都具有对应的 32 位指令。于是，在汇编器阶段，开发人员就可以将程序编译成压缩指令，极大地简化编译器工具链的负担。

RISC-V 架构的研究者进行了详细的代码量分析，如图 2-4 所示，通过分析结果可以看出，RV32C 的代码量比 RV32 的代码量降低了 40%，并且与 ARM、MIPS 和 x86 等架构相比有不错的表现。

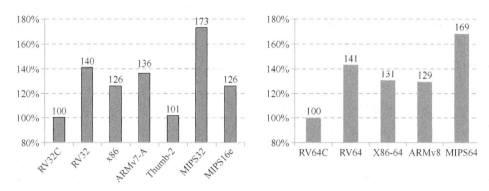

图 2-4 各指令集架构的代码量比较（数据越少越好）

2.2.12 特权模式

RISC-V 架构定义了 3 种工作模式，又称为特权模式（privileged mode）。

- 机器模式（machine mode），简称 M 模式。
- 监督模式（supervisor mode），简称 S 模式。
- 用户模式（user mode），简称 U 模式。

RISC-V 架构定义机器模式为必选模式，另外两种为可选模式，通过不同的模式组合可以实现不同的系统。

RISC-V 架构支持几种不同的存储器地址管理机制，包括对物理地址和虚拟地址的管理机制，使得 RISC-V 架构能够支持从简单的嵌入式系统（直接操作物理地址）到复杂的操作系统（直接操作虚拟地址）的各种系统。

2.2.13 CSR

RISC-V 架构定义了一些控制与状态寄存器（Control and Status Register，CSR），用于配置或记录一些运行的状态。CSR 是处理器核内部的寄存器，使用自己的地址编码空间，和存储器寻址的地址区间完全无关系。

CSR 的访问采用专用的 CSR 指令，包括 csrrw、csrrs、csrrc、csrrwi、csrrsi 以及 csrrci 指令。

2.2.14 中断和异常

中断和异常机制往往是处理器指令集架构中最复杂与关键的部分。RISC-V 架构定义了一套相对简单的中断和异常机制，但是允许用户对其进行定制和扩展。第 13 章会系统地介绍

RISC-V 中断和异常机制。

2.2.15 P 扩展指令子集

P 扩展指令子集即封装的单指令多数据（Packed-SIMD）指令子集，代表了一种合理复用现有宽数据通路的设计，实现了数据级并行。RISC-V 架构提供了 P 扩展指令子集的架构文档，可在 GitHub 中搜索 "riscv-p-spec" 进行查看。在芯来科技自研的 RISC-V 处理器内核中，300 及以上系列均可配置 P 扩展指令子集，感兴趣的读者可以访问芯来科技官方网站进行了解。

2.2.16 矢量指令子集

由于后发优势及借助矢量架构经多年发展得到的成熟结论，RISC-V 架构将使用可变长度的矢量指令子集，而不是矢量定长的 SIMD 指令集（例如 ARM 的 NEON 和 Intel 的 MMX），从而能够灵活地支持不同的实现。追求低功耗、小面积的 CPU 可以使用较短的硬件矢量实现，而高性能的 CPU 则可以使用较长的硬件矢量实现，并且同样的软件代码能够互相兼容。

结合当前人工智能和高性能计算的强烈需求，倘若一种开放、开源的矢量指令集能够得到大量开源算法软件库的支持，它必将对产业界产生非常积极的影响。

2.2.17 自定义指令扩展

除模块化指令子集的可扩展性与可选择性的特点之外，RISC-V 架构还有一个非常重要的特性，那就是支持第三方的扩展。用户可以扩展自己的指令子集，RISC-V 预留了大量的指令编码空间用于用户的自定义扩展，同时还定义了 4 条自定义指令供用户直接使用。每条自定义指令都预留了几位的子编码空间，因此用户可以直接使用 4 条自定义指令扩展出几十条自定义指令。

2.2.18 比较

经过几十年的演进，随着大规模集成电路设计技术的发展，直至今天，处理器设计技术呈现如下特点。

- 由于高性能处理器的硬件调度能力已经非常强且主频很高，因此硬件设计人员希望指令集尽可能地规整、简单，从而使处理器具有更高的主频与更小的面积。
- 以 IoT 应用为主的极低功耗处理器更加苛求低功耗与小面积。

- 存储器的资源比早期的 RISC 处理器更加丰富。

以上种种因素使得很多早期的 RISC 架构设计理念（依据当时技术背景而诞生）不但不能帮助现代处理器设计，反而成了负担。某些早期 RISC 架构定义的特性一方面使得高性能处理器的硬件设计束手束脚，另一方面使得极低功耗的处理器硬件设计具有不必要的复杂度。

得益于后发优势，全新的 RISC-V 架构能够规避所有这些已知的负担，同时，利用其先进的设计理念，设计出一套"现代"的指令集。RISC-V 架构与 x86 或 ARM 架构的差异如表 2-3 所示。

表 2-3　RISC-V 架构与 x86 或 ARM 架构的差异

对比项	RISC-V 架构	x86 或 ARM 架构
架构文档的篇幅	少于 300 页	数千页
模块化	支持模块化可配置的指令子集	不支持
可扩展性	支持可扩展定制指令	不支持
指令数目	一套指令集支持所有架构。基本指令子集仅有 40 余条指令，以此为基础，加上其他常用指令子集模块，指令仅有几十条	指令数繁多，不同的架构分支彼此不兼容
易实现性	硬件设计与编译器实现非常简单 • 仅支持小端格式 • 存储器每次访问指令时只访问一个元素 • 去除存储器访问指令的地址自增/自减模式 • 具有规整的指令编码格式 • 具有简化的分支跳转指令与静态预测机制 • 不使用分支延迟槽 • 不使用指令条件码 • 运算指令的结果不产生异常 • 16 位的压缩指令有对应的普通 32 位指令 • 不使用零开销硬件循环指令	硬件实现的复杂度高

RISC-V 架构的特点在于极简、模块化以及可定制扩展，通过这些指令集的组合或者扩展，开发人员几乎可以构建适用于任何一个领域（比如云计算、存储、并行计算、虚拟化/容器和 DSP 等）的微处理器。

2.3　RISC-V 软件工具链

软件生态对于 CPU 非常重要，运行于 CPU 之上的软件赋予了 CPU 生命与灵魂，而软件工具链的完备则是 CPU 能够真正运行的第一步。

作为一种开放、免费的架构，RISC-V 的软件工具链由开源社区维护，所有的工具链源代码均公开。你可以通过 RISC-V 基金会网站的 Software Status 页面了解其相关工具链，如图 2-5 所示。

图 2-5 RISC-V 基金会网站的 Software Status 页面

以下主要介绍本书后续内容会涉及的两个软件工具链项目。

1. riscv-tools

riscv-tools 的源代码在 GitHub 上被维护成一个宏项目（在 GitHub 中搜索 "riscv-tools" 可了解更多内容），它包含了 RISC-V 仿真器和测试套件等子项目，如图 2-6 所示。

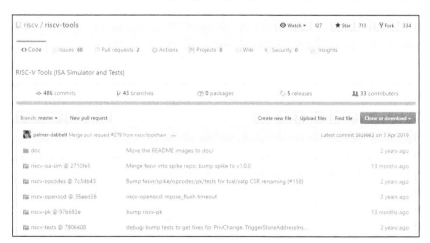

图 2-6 GitHub 上的 riscv-tools 项目

其中，riscv-isa-sim 是基于 C/C++开发的指令集模拟器，它还有一个更通俗的名字——"Spike"；riscv-opcodes 是一个 RISC-V 操作码信息转换脚本；riscv-openocd 是基于 OpenOCD 的 RISC-V 调试器（debugger）软件；riscv-pk 为 RISC-V 可执行文件提供运行环境，同时提供最简单的 bootloader；riscv-tests 是一组 RISC-V 指令集测试用例。

2．riscv-gnu-toolchain

riscv-gnu-toolchain 的源代码在 GitHub 上被维护成一个宏项目（在 GitHub 中搜索 "riscv-gnu-toolchain" 可了解详细信息），它包含了 RISC-V 的 GNU 相关工具链等子项目，如图 2-7 所示。

图 2-7　GitHub 上的 riscv-gnu-toolchain 项目

其中，riscv-gcc 表示 GCC；riscv-binutils 是一组二进制程序处理工具（链接器、汇编器等）；riscv-gdb 表示 GDB 工具；riscv-glibc 是 Linux 系统下的 C 标准库实现；riscv-newlib 是面向嵌入式系统的 C 标准库实现；qemu 是一个支持 RISC-V 的 QEMU 模拟器，有关 QEMU 模拟器的更多信息请读者自行查阅。

如需使用 RISC-V 的工具链，除按照 GitHub 上的说明下载源代码并进行编译之外，你还可以在网络上直接下载已经预先编译好的 GNU 工具链和 Windows IDE 开发工具。图 2-8 所示为芯来科技在其官方网站的文档与工具页面中所提供的预编译好的 RISC-V GNU 工具链和 Windows IDE（Nuclei Studio IDE）工具。关于 GNU 工具链的更多信息，请参见《手把手教你 RISC-V CPU（下）——工程与实践》。

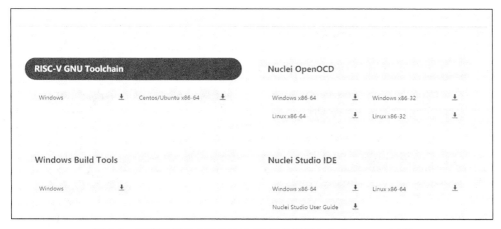

图 2-8　预编译好的 RISC-V GNU 工具链和 Windows IDE 工具

2.4　RISC-V 和其他开放架构有何不同

如果仅从"免费"或"开放"这两点来评判，RISC-V 架构并不是第一个做到免费或开放的处理器架构。

下面将通过论述几个具有代表性的开放架构，来分析 RISC-V 架构的不同之处以及为什么其他开放架构没能取得成功。

2.4.1　平民英雄——OpenRISC

OpenRISC 是 OpenCores 组织提供的基于 GPL 协议的开源 RISC 处理器，它具有以下特点。

- 采用免费、开放的 32/64 位 RISC 架构。
- 用 Verilog HDL（硬件描述语言）实现了基于该架构的处理器源代码。
- 具有完整的工具链。

OpenRISC 被应用到很多公司的项目之中。OpenRISC 是应用非常广泛的一种开源处理器实现。

OpenRISC 的不足之处在于它侧重实现一种开源的 CPU 内核，而非立足于定义一种开放的指令集架构，因此其架构不够完整。指令集的定义不但不具备 RISC-V 架构的优点，并且没有上升到成立专门的基金会组织的高度。OpenRISC 更多的时候被视为一个开源的处理器核，而非一种优美的指令集架构。此外，OpenRISC 的许可证为 GPL，这意味着所有的指令集改动都必须开源（而 RISC-V 则无此约束）。

2.4.2 豪门显贵——SPARC

第 1 章已介绍过 SPARC 架构，作为经典的 RISC 微处理器架构之一，SPARC 于 1985 年由 Sun 公司所设计。SPARC 也是 SPARC 国际公司的注册商标之一。SPARC 公司于 1989 年成立，目的是向外界推广 SPARC 架构以及为该架构进行兼容性测试。该公司为了推广 SPARC 的生态系统，将标准开放，并授权多家生产商（包括德州仪器、Cypress 半导体和富士通等）使用。由于 SPARC 架构也对外完全开放，因此也出现了完全开源的 LEON 处理器。不仅如此，Sun 公司还于 1994 年推动 SPARC v8 架构成为 IEEE 标准（IEEE Standard 1754-1994）。

第 1 章介绍过，由于 SPARC 架构的初衷是面向服务器领域，因此其最大的特点是拥有一个大型的寄存器窗口，符合 SPARC 架构的处理器需要实现 72～640 个通用寄存器，每个寄存器的宽度为 64 位，组成一系列的寄存器组，称为寄存器窗口。这种寄存器窗口的架构由于可以切换不同的寄存器组，快速地响应函数调用与返回，因此具有非常高的性能，但是由于功耗、面积代价太大，这种架构并不适用于 PC 与嵌入式领域的处理器。而 SPARC 架构也不具备模块化的特点，使用户无法裁剪和选择。SPARC 架构很难成为一种通用的处理器架构，无法替代商用的 x86 和 ARM 架构。设计这种超大服务器的 CPU 芯片非普通公司与个人所能完成，而有能力设计这种大型 CPU 芯片的公司没有必要投入巨大的成本来挑战 x86 的统治地位。随着 Sun 公司的衰落，SPARC 架构现在基本上退出了人们的视野。

2.4.3 身出名门——MIPS

第 1 章已介绍过 MIPS 架构，作为经典的 RISC 架构之一，MIPS 最初由斯坦福大学的 Hennessy 教授（计算机体系结构领域泰斗之一）领导的研究小组研发，Hennessy 教授随后创立了 MIPS 公司，他研发的 MIPS 架构处理器作为最早的商业化 RISC 架构处理器之一，广泛应用于网络设备、个人娱乐装置与商业装置上，在嵌入式设备与消费领域里占据了很大的份额。MIPS 架构作为学术派的产物，被很多经典的计算机体系结构教材引用。

第 1 章介绍过，出于一些商业运作上的原因，MIPS 架构被同属 RISC 阵营的 ARM 架构后来居上。MIPS 科技公司近些年被转售过几次，如今其所属的 AI 公司 Wave Computing 已申请破产保护，MIPS 架构的命运再次变为未知数。其间，MIPS 架构经历过一段短暂的开源期，最终以关闭开源计划收场。从 MIPS 架构的这一系列的经历可以看出，由单一商业公司来运作、维护的开源架构具备极大的不稳定性，可能会随着商业公司本身的一些运作策略而随时发生性质的转变。

2.4.4 名校优生——RISC-V

1.5 节介绍了 RISC-V 在加州大学伯克利分校诞生的经历，在此不做赘述。

由于多年来在 CPU 领域已经出现过多个免费或开放的架构，很多高校也在科研项目中推出过多种指令集架构，因此当作者第一次听说 RISC-V 时，以为它又是一个玩具，或纯粹学术性质的科研项目。

直到作者通读了 RISC-V 架构的文档，不禁为其先进的设计理念所折服。同时，RISC-V架构的各种优点也得到了众多专业人士的青睐与好评，众多商业公司也相继加盟。2015 年定位为非营利组织的 RISC-V 基金会正式成立，在业界引起了不小的影响。近来，RISC-V基金会确定将总部迁移至瑞士，主要是考虑到瑞士过往对开源技术的大力支持，这更有利于RISC-V 架构的推广。如此种种，使得 RISC-V 成为至今为止最具革命性意义的开放处理器架构。

有兴趣的读者可以自行到网络中查阅文章"RISC-V 登场，Intel 和 ARM 会怕吗""直指移动芯片市场，开源的处理器指令集架构发布"和"三星开发 RISC-V 架构自主 CPU 内核"。

第 3 章　乱花渐欲迷人眼——盘点 RISC-V 商业版本与开源版本

1.5 节和第 2 章分别介绍了 RISC-V 架构的诞生和特点。注意，RISC-V 是一种开放的指令集架构，而不是一款具体的处理器。任何组织与个人均可以依据 RISC-V 架构设计实现自己的处理器，或高性能处理器，抑或低功耗处理器。只要是依据 RISC-V 架构而设计的处理器，就可以称为 RISC-V 架构处理器。

自从 RISC-V 架构诞生以来，在全世界范围内已经出现了数十个版本的 RISC-V 架构处理器，有的是开源、免费的，有的是商业公司私有、用于内部项目的，还有的是商业 IP 公司开发的 RISC-V 处理器 IP。本章将挑选几款比较知名开源、免费 RISC-V 处理器（或 SoC）和商业公司开发的 RISC-V 处理器 IP，一一加以简述。

由于基于开放 RISC-V 架构的处理器在不断涌现，待本书成书之时，有可能已经出现了更多知名的 RISC-V 处理器，因此本书难免有信息不足之处，请读者自行查阅互联网。

3.1　各商业版本与开源版本综述

注意：本节将使用处理器的许多关键特性涉及的参数或名称，对了完全不了解 CPU 的初学者而言，这些内容可能难以理解，详细内容请参考本书第二部分与第三部分。

3.1.1　Rocket Core

Rocket Core 是加州大学伯克利分校开发的一款开源 RISC-V 处理器核，可以由加州大学伯克利分校开发的 SoC 生成器 Rocket-Chip 生成。注意区分 Rocket Core 与 Rocket-Chip，Rocket Core 是一款处理器核；Rocket-Chip 是一款 SoC 生成器，用于生成加州大学伯克利分校开发的若干处理器核，包括 Rocket Core 和 BOOM Core。本节主要介绍 Rocket Core，而 BOOM Core 将在 3.1.2 节介绍。

Rocket Core 是一款 64 位的处理器，其流水线结构如图 3-1 所示。

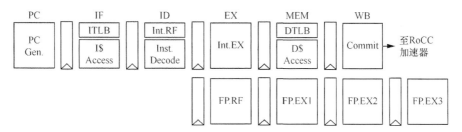

图 3-1　Rocket Core 的流水线结构

Rocket Core 具有以下特点。

- 具备可配置性，支持多种 RISC-V 的指令集扩展组合。
- 具有按序发射、按序执行的五级流水线。
- 配备完整的指令缓存和数据缓存。
- 配备深度为 64 的分支目标缓冲区（Branch Target Buffer, BTB）。
- 配备深度为 256 的分支历史表（Branch History Table, BHT）。
- 配备深度为 2 的返回地址栈（Return Address Stack, RAS）。
- 配备内存管理单元（Memory Management Unit，MMU）以支持操作系统。
- 配备硬件浮点单元。
- 配备可扩展指令接口，可供用户扩展协处理器指令。

加州大学伯克利分校使用 Rocket Core 已经成功地进行了高达 11 次的投片，并且在芯片原型上成功地运行了 Linux 操作系统。

Rocket Core 在性能和面积等方面非常具有竞争力。加州大学伯克利分校将 Rocket Core 与 ARM Cortex-A5 进行了对比。值得注意的是，Rocket Core 是 64 位架构，而 Cortex-A5 是 32 位架构，理论上 64 位架构的处理器的面积和功耗应该远高于 32 位架构的处理器，但是如图 3-2 所示，Rocket Core 与 Cortex-A5 相比性能大幅增加，而面积、功耗却更小。

对比项	Cortex-A5	Rocket Core
ISA	32位ARM v7	64位RISC-V v2
架构	单发射、按序处理器	单发射、按序处理器，具有5级流水线
性能	1.57 DMIPS/MHz	1.72 DMIPS/MHz
工艺	TSMC 40GPLUS	TSMC 40GPLUS
面积（带w/o缓存）	0.27 mm²	0.14 mm²
面积（带16KB缓存）	0.53 mm²	0.39 mm²
面积与效率之比（area efficiency）	2.96 DMIPS/(MHz · mm²)	4.41 DMIPS/(MHz · mm²)
频率	>1GHz	>1GHz
动态功耗	<0.8 mW/MHz	0.034 mW/MHz

图 3-2 Rocket Core 与 Cortex-A5 的对比

由于 Rocket Core 是加州大学伯克利分校推出 RISC-V 架构时，一起推出的开源处理器核，因此它是目前知名的开源 RISC-V Core，很多的公司与个人使用该款处理器进行研究或者开发产品。感兴趣的用户可以查看 GitHub 上使用 Rocket-Chip 项目编译出的 Rocket Core。

Rocket Core 的最大特点是使用 Chisel（Constructing Hardware in an Scala Embedded Language）进行开发，这是加州大学伯克利分校设计的一种开源高级硬件描述语言，其抽象层次比主流的硬件描述语言 Verilog 要高出许多。Chisel 采用了面向对象、类似于 Java 的高级抽象方式描述电路。Chisel 代码可以转换为 Verilog 的 RTL 代码，或者周期精确的 C/C++

仿真模型。得益于面向对象的特性，Chisel 具有更好的可扩展性与可重用性。正是得益于使用了 Chisel，Rocket Core 才具备相当高的可配置性，而如果使用普通的 Verilog 语言开发，很难达到这样高的可配置性和代码可维护性。

Chisel 代码虽抽象层次更高，但其转换成的 Verilog 代码由于是机器生成的，代码类似于电路网表一般，几乎没有可读性，这给用户造成了很大的困扰。而 Chisel 的学习曲线非常陡峭，绝大多数芯片工程师无法看懂，且在繁忙的工作中没有时间重新学习这么有难度的新语言。硬件工程师无法读懂这种机器生成的代码，给后续的 ASIC 流程工作带来了一些麻烦。因此，Rocket Core 是一款非常优秀的处理器，但是在相当长一段时间内，作者对于使用 Chisel 开发硬件将持非常保守的态度。

3.1.2　BOOM Core

BOOM Core 也是加州大学伯克利分校开发的一款开源 RISC-V 处理器核，它也是使用 Chisel 开发的，同样需要由加州大学伯克利分校开发的 SoC 生成器 Rocket-Chip 生成。

BOOM 的全称为 Berkeley Out-of-Order Machine，与 Rocket Core 不同的是，BOOM Core 面向更高的性能目标，是一款超标量乱序发射、乱序执行的处理器核。它也配备高性能的分支预测器，具有指令缓存、数据缓存和硬件浮点运算单元，并且还支持多核结构，实现了二级缓存和多核缓存一致性（coherency），其流水线结构如图 3-3 所示，感兴趣的用户可以从 GitHub 了解其源代码。

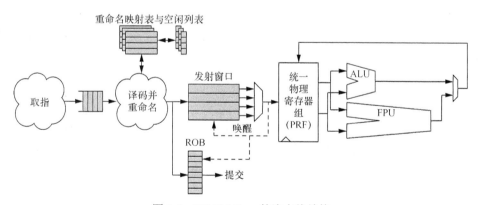

图 3-3　BOOM Core 的流水线结构

BOOM Core 在性能和面积等方面同样非常具有竞争力。同样值得注意的是，BOOM Core 是 64 位架构，而 Cortex-A9 是 32 位架构，理论上 64 位架构的处理器面积和功耗应该远高于 32 位架构的处理器，但是如图 3-4 所示，BOOM Core 与 Cortex-A9 相比，性能大幅增加，而面积、功耗更小。

对比项	Cortex-A9	BOOM Core
ISA	32位ARM v7	64位RISC-V v2 (RV64G)
架构	3+1发射，乱序执行，具有8级流水线	3发射，乱序执行，具有6级流水线
性能	3.59 CoreMarks/MHz	4.61 CoreMarks/MHz
进程	TSMC 40GPLUS	TSMC 40GPLUS
面积(带32KB缓存)	2.5 mm²	1.00 mm²
面积与效率之比	1.4 CoreMarks/(MHz · mm²)	4.6 CoreMarks/(MHz · mm²)
频率	1.4 GHz	1.5 GHz

图 3-4 BOOM Core 与 Cortex-A9 的对比

3.1.3 Freedom E310 SoC

Freedom Everywhere E310-G000（简称 Freedom E310）是由 SiFive 公司推出的一款开源 SoC。SiFive 公司由加州大学伯克利分校几个主要的 RISC-V 发起人创办，它是一家主要负责 RISC-V 架构的处理器开发的商业公司。

Freedom E310 SoC 是基于 Chisel 进行开发的，采用 E31 RISC-V 内核，架构配置为 RV32IMAC，配备 16KB 的指令缓存与 16KB 的数据 SRAM、硬件乘/除法器、调试（debug）模块，以及丰富的外设，如 PWM、UART 和 SPI 等。感兴趣的读者可以在 GitHub 中搜索 "freedom" 来下载其源代码。

3.1.4 LowRISC SoC

LowRISC 是一个非营利组织，同时是由剑桥大学的开发者基于 Rocket Core 而开发的一款开源 SoC 平台名称。LowRISC 组织的口号是希望成为"硬件世界的 Linux 系统"（Linux of the hardware world），目标是提供高质量、安全、开放的平台，计划将实际量产芯片并提供低成本的开发板，详情可以从其官网获得。

3.1.5 PULPino Core 与 SoC

PULPino Core 是由苏黎世瑞士联邦理工学院开发的一款开源的单核 MCU SoC 平台。同时，该校还开发了配套的多款 32 位 RISC-V 处理器核，分别是 RI5CY、Zero-riscy 和 Micro-riscy。

RI5CY 是一款具有 4 级流水线、按序、单发射的处理器，支持标准的 RV32I 指令子集，同时可以配置压缩指令子集（RV32C）、乘/除法指令子集（RV32M）以及单精度浮点指令子集（RV32F）。除此之外，ETH Zurich 增加了很多自定义指令用于低功耗的 DSP 应用。这些指令包括硬件协助的循环、带地址自增/自减的存储器访问指令、位操作、乘累加（MAC）、定点操作和 SIMD 指令等。

Zero-riscy 是一款具有二级流水线、按序、单发射的处理器，它支持标准的 RV32I 指令子集，同时可以配置压缩指令子集（RV32C）、乘/除法指令子集（RV32M），还可以配置成 16 个通用寄存器版本的 RV32E。该处理器核主要面向的是超低功耗、超小面积的场景。

Micro-riscy 是一款面积更加小的处理器核，它仅需要支持 16 个通用寄存器版本的 RV32EC 架构，并且没有硬件的乘除法单元，其面积小于 12000 个逻辑门。

RI5CY、Zero-riscy 和 Micro-riscy 的面积对比如图 3-5 所示。注意，图中 kGE 是表示芯片面积的单位。

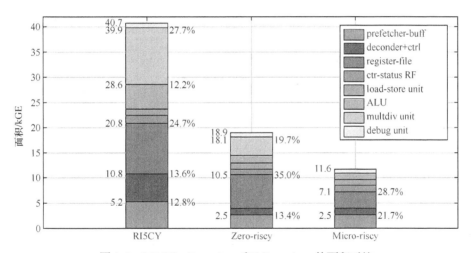

图 3-5 RI5CY、Zero-riscy 和 Micro-riscy 的面积对比

感兴趣的读者可以访问 PULPino 的网站，免费下载丰富的信息与文档。

3.1.6 PicoRV32 Core

PicoRV32 Core 是一款由著名的 IC 设计师 Clifford Wolf 开发并开源的 RISC-V 处理器核。Clifford Wolf 由于撰写多篇知名的数字 IC 设计论文而被人所熟知。PicoRV32 的重点在于追求面积和频率的优化，其公布的数据在 Xilinx7-Series FPGA 上的开销为 750～2000 LUT，并且能够综合到 250~450MHz 的主频。但是此处理器核针对面积做优化，而非针对性能做优化，因此其性能并不是很理想，平均每条指令的周期数（Average cycles Per Instruction，CPI）大约为 4，Dhrystone 的跑分结果仅为 0.521 DMIPS/MHz。

3.1.7 SCR1 Core

SCR1 Core 是一款由 Syntacore 公司使用 System Verilog 语言设计编写的极低功耗开源 RISC-V 处理器核。Syntacore 是一家俄罗斯公司，负责为客户定制开发和授权具有高能效比的可综合可编程处理器核。Syntacore 公司基于 RISC-V 架构开发了多款 MCU 级别的处理器核，被称为 SCRx 系列，并将其中的最简单款 SCR1 开源。

SCR1 具有可配置的特性，可以配置为 RV32I/EMC 指令子集的组合，最低配置 RV32EC 的面积开销为 12000 个逻辑门，最高配置 RV32IMC 的面积开销为 28000 个逻辑门。SCR1 仅支持机器模式，同时还配备了可选的中断控制器与调试器（debugger）模块。

3.1.8 ORCA Core

ORCA Core 是一款由 Vectorblox 公司使用 VHDL 编写的面向 FPGA 的开源 RISC-V 处理器核，可以配置成 RV32I 或者 RV32IM。虽然 ORCA 也可以作为一种单独的处理器核使用，但是其诞生初衷是适配主控制处理器和 Vectorblox 公司的商用协处理器。

3.1.9 Andes Core

晶心（Andes）科技是专门提供处理器 IP 的一家公司，其商业模式与 ARM 这样的处理器 IP 公司相同。晶心科技公司有其自己的处理器指令集架构，且由于其可观的出货量，它一直是商用主流 CPU IP 公司之一。

晶心科技公司于 2017 年年初发布了新一代的 AndeStar 处理器架构，开始使用 RISC-V 指令集，成为商用主流 CPU IP 公司中第一家采用 RISC-V 指令集架构的公司。AndeStarV5 架构不仅兼容 RISC-V，还包含晶心科技公司独创的多项通用功能及应用强化单元。

作为一个有多年历史的商用主流 CPU IP 公司，晶心科技公司在下一代的主要架构中开始全面采用 RISC-V 架构，这具有非常重要的意义。

3.1.10 Microsemi Core

Microsemi 公司的 FPGA 由于其高可靠性被人所熟知，被广泛应用于对可靠性要求苛刻的场景。Microsemi 也是最早支持并使用 RISC-V 处理器的公司之一。Microsemi 公司推出了业界首个基于 RISC-V 内核的 FPGA 系列产品，即 IGLOO2 FPGA、SmartFusion2 SoC FPGA 或 RTG4 FPGA。Microsemi 称完全开源的 RV32IM RISC-V 内核采用开放式指令集架构，具备全面可移植性，而且由于开发人员可以查看 RISC-V 的所有源代码，因此该内核的安全性更高。再加上一向低的功耗与出色的可靠性指标，Microsemi 产品非常符合现在嵌入式应用对于平台架构的要求。

集成 RISC-V 内核的 FPGA 的特色主要是在开放性、可移植性和设计灵活性方面表现得更好。RISC-V 内核特别适合高效的设计实现，开发人员可以根据应用需求灵活裁剪。如今 RISC-V 架构已经固定，全部 RISC-V 指令不超过 50 条，因此 RISC-V 内核面积更小，从而使得芯片整体成本更低，内核越小，相应的功耗也就越低。相比基于 MCU 或集成商用处理器核的 FPGA，基于 RISC-V 内核的 FPGA 最大的优势之一就是可移植性。采用 FPGA 开发的新应用能够快速上市，如果该应用成熟以后有足够多的下载量，那么可以将 FPGA 改为专用芯片来降低成本。采用 ARM 核就没这么方便了，不支付一笔价格不菲的工程费用和专利费是无法完成的。RISC-V 的开放性也是一大优点，若采用 ARM 等封闭式架构的内核，开发人员看不到源代码，所以无法了解门级电路设计细节。但 RISC-V 的用户可以查看内核的所有细节，可以检查每一行代码以确定系统的安全性，甚至根据需要定制自己的安全模块。

3.1.11 Codasip Core

Codasip 是一家专门为嵌入式 IoT 领域定制处理器核并提供处理器 IP 和服务的公司，也是最早正式设计并提供商用 RISC-V 处理器 IP 的公司之一。目前该公司提供 Codix-BK Processor IP，支持多种指令子集配置。其中 Codix-BK3 是一款具有 3 级流水线的 32 位处理器；Codix-BK5 是一款具有 5 级流水线的处理器，可以配置为 32 位或者 64 位，同时还支持硬件单精度浮点运算器。

3.1.12 Nuclei Core

Nuclei Core 是由芯来科技（Nuclei System Technology）开发的全国产自主可控的商用 RISC-V 处理器系列内核，能满足 AIoT 时代的各类需求。芯来科技已授权多家知名芯片公司量产其自研的 RISC-V 处理器 IP，实测结果达到业界一流指标。

Nuclei 系列处理器内核的产品全貌如图 3-6 所示，不同系列的产品可以满足不同应用场景的需求。

- N100 系列主要面向数模混合、IoT 或者其他极低功耗与极小面积的应用场景（例如传感器、小家电和玩具等），可满足传统 8 位或 16 位处理器内核的升级需求。

- N200 系列主要面向超低功耗与嵌入式应用场景（例如物联网终端设备、轻量级智能应用等），可完美替代传统的 8051 和 ARM Cortex M0/M0+/M3/M23 内核。
- N300 系列主要面向要求极致能效比且需要 DSP、FPU 特性的应用场景，对标 ARM Cortex M4/M4F/M33 内核。
- N600 系列和 N900 系列全面支持 Linux 系统与高性能边缘计算与控制。

图 3-6　Nuclei 系列处理器内核的产品全貌

3.1.13　蜂鸟 E203 处理器核与 SoC

芯来科技不仅致力于商业 RISC-V 处理器 IP 产品的研发，还热心于 RISC-V 生态的建设与推动，因此推出了一款独特的开源 RISC-V 处理器内核和配套 SoC——蜂鸟 E203 处理器核与 SoC，它有效地克服了当前开源处理器的诸多缺点。本书后续内容将主要围绕蜂鸟 E203 处理器核展开讨论。关于蜂鸟 E203 处理器核和配套 SoC 的更多介绍，请参见第 4 章。

3.2 小结

得益于 RISC-V 开放免费的特点，在极短的时间内，全球便涌现出了众多版本的 RISC-V 处理器核，有道是"乱花渐欲迷人眼，浅草才能没马蹄"。各开源处理器都有什么优缺点？蜂鸟 E203 开源处理器又有何独特之处呢？欲闻其详，且看下一章。

第 4 章 开源 RISC-V——蜂鸟 E203 处理器核与 SoC

小个子有大力量

蜂鸟 E203 处理器由芯来科技公司开发，是一款开源 RISC-V 处理器。蜂鸟是世界上已知鸟类中个头最小的一种鸟，它却有着极高的飞行速度与敏锐度，可以说是"能效比"最高的鸟。E203 处理器以蜂鸟命名便寓意于此，旨在将其打造成为一款世界上最高能效比的 RISC 处理器。

注意：本章将使用处理器的许多关键特性参数或名称，对于完全不了解 CPU 的初学者而言，这些内容可能难以理解，详细内容请参见本书第二部分与第三部分。

4.1 与众不同的蜂鸟 E203 处理器

第 3 章介绍了诸多的开源与商用 RISC-V 处理器核，对于商业公司提供的付费 IP 本章不加以评述，但是对众多开源实现加以分析之后，你可以发现如下现象。

- 目前开源的 RISC-V 实现主要依靠国外开发人员，难以取得本土开发人员的支持。
- 可以选择的面向 IoT 领域的高性能且超低功耗的开源 RISC-V 处理器并不多，能效表现也难以对目前 IoT 领域的主流商用 ARM Cortex-M 系列处理器（2 级或者 3 级流水线实现）形成有效的替代。
- 绝大多数的开源处理器仅提供处理器核的实现，没有提供配套 SoC 和软件示例，用户若要使用它们，且移植完整软件，仍需要投入大量精力。
- 大多数的开源实现或来自个人爱好者，或来自高校。其开发语言或使用 VHDL，或使用 System Verilog。来自产业界工程团队，且使用稳健的 Verilog RTL 实现的开源 RISC-V 处理器尚不多见。
- 有些开源 RISC-V 处理器把 Chisel 代码转换成 Verilog RTL 代码，造成代码可读性很差，给业界只熟悉 Verilog 的芯片工程师在使用上造成了困难。
- 绝大多数开源处理器仅提供处理器核的实现，但是并没有提供调试方案的实现，支持完整的 GDB 交互调试功能的开源处理器非常少。
- 绝大多数开源处理器的文档比较匮乏。

以上是许多国内用户接触 RISC-V 并选择超低功耗开源处理器核时遇到的困难。蜂鸟 E203 处理器可有效解决以上这些问题，与其他的 RISC-V 开源处理器实现相比，它具有如下显著特点。

- 蜂鸟 E203 处理器是一个开源的 RISC-V 处理器。蜂鸟 E203 由中国的研发团队开发，用户能够轻松与开发人员取得交流。
- 蜂鸟 E203 处理器研发团队拥有在国际一流公司多年开发处理器的经验，使用稳健的 Verilog 2001 语法编写可综合的 RTL 代码，以工业级标准进行开发。
- 蜂鸟 E203 处理器的代码由程序员编写，具有丰富的注释且可读性强，非常易于理解。
- 蜂鸟 E203 处理器专为 IoT 领域量身定做，其具有两级流水线深度，功耗和性能指标均优于目前同等级别的主流商用 ARM Cortex-M 系列处理器，且免费、开源，能够在 IoT 领域完美替代 ARM Cortex-M 处理器。

- 蜂鸟 E203 处理器不仅提供处理器核的实现，还提供完整的配套 SoC、详细的 FPGA 原型平台搭建步骤、详细的软件运行实例。用户可以按照步骤重建整套 SoC 系统，轻松将 E203 处理器核应用到具体产品中。

- 蜂鸟 E203 处理器不仅提供处理器核的实现、SoC 实现、FPGA 平台和软件示例，还实现了完整的调试方案，具备完整的 GDB 交互调试功能。蜂鸟 E203 处理器是从硬件到软件，从模块到 SoC，从运行到调试的一套完整解决方案。

- 蜂鸟 E203 处理器提供丰富的文档、实例以及相关教学资源，本书亦专门对其源代码进行剖析。

蜂鸟 E203 处理器的开源口号是"让免费的蜂鸟 E203 成为中国的下一个 8051，为中国 IoT 领域的发展助力提速"。感兴趣的读者可以在互联网上搜索作者曾发表过的文章"进入 32 位时代，谁能成为下一个 8051"。

蜂鸟 E203 开源项目的源代码托管于著名开源网站 GitHub。GitHub 是一个著名的、免费的项目托管网站，任何用户无须注册即可从网站上下载源代码，众多的开源项目将源代码托管于此。在 GitHub 中搜索"e203_hbirdv2"，即可查看蜂鸟 E203 开源项目的更多内容。关于 GitHub 网站上 e203_hbirdv2 开源项目的完整代码层次结构，请参见 17.1 节。

蜂鸟 E203 处理器的配套文档及相关教学资源托管于 RISC-V MCU 社区的"大学计划"页面，如图 4-1 所示。感兴趣的读者可在 RISC-V MCU 社区访问"Nuclei RV 大学计划"页面，从而获取相关资源。

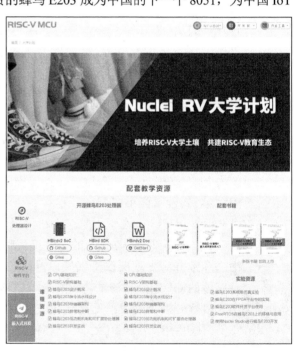

图 4-1 RISC-V MCU 社区的"大学计划"页面

4.2 蜂鸟 E203 处理器简介——蜂鸟虽小，五脏俱全

蜂鸟 E203 处理器主要面向极低功耗与极小面积的场景，非常适合替代传统的 8051 内核

或者 Cortex-M 系列内核并应用于 IoT 或其他低功耗场景。同时，作为结构精简的处理器核，蜂鸟 E203 处理器可谓"蜂鸟虽小，五脏俱全"，其源代码全部开源，文档详细，它非常适合作为大中专院校师生学习 RISC-V 处理器设计（使用 Verilog 语言）的案例。

蜂鸟 E203 处理器的特性如下。

- 采用两级流水线结构，具有一流的处理器架构设计。该 CPU 核的功耗与面积均优于同级 ARM Cortex-M 核，实现了业界很高的能效比与很低的成本。
- 支持 RV32I/E/A/M/C 等指令子集的配置组合，支持机器模式（machine mode）。
- 提供标准的 JTAG 调试接口以及成熟的软件调试工具。
- 提供成熟的 GCC 编译工具链。
- E203 处理器的配套 SoC 提供紧耦合系统 IP 模块，包括了中断控制器、计时器、UART、QSPI 和 PWM 等，以及即时能用（Ready-to-Use）的 SoC 平台与 FPGA 原型系统。

蜂鸟 E203 处理器系统如图 4-2 所示。

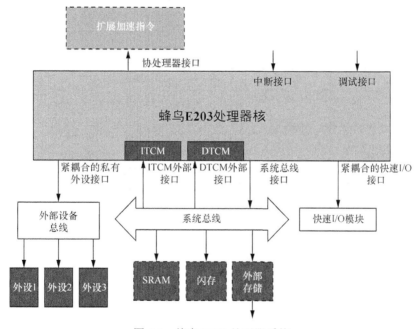

图 4-2　蜂鸟 E203 处理器系统

蜂鸟 E203 处理器不仅具有私有的 ITCM（指令紧耦合存储器）或称为 ILM（指令局部存储器），还具有 DTCM（数据紧耦合存储器）或称为 DLM（数据局部存储器），可实现指令与数据的分离存储，并提高性能。

蜂鸟 E203 处理器具有以下接口。

- 中断接口，用于与 SoC 级别的中断控制器连接。

- 调试接口，用于与 SoC 级别的 JTAG 调试器连接。
- 系统总线接口，用于访存指令或者数据。系统主总线可以接到此接口上，蜂鸟 E203 处理器可以通过该总线访问总线上挂载的片上或者片外存储模块。
- 紧耦合的私有外设接口，用于访存数据。如果将系统中的私有外设直接接到此接口上，蜂鸟 E203 处理器无须通过与数据和指令共享的总线便可访问这些外设。
- 紧耦合的快速 I/O 接口，用于访存数据。如果将系统中紧耦合的快速 I/O 模块直接接到此接口上，蜂鸟 E203 处理器无须通过与数据和指令共享的总线便可访问这些模块。

注意，对于所有的 ITCM、DTCM、系统总线接口、私有外设接口以及紧耦合快速 I/O 接口，开发人员均可以配置地址区间。

4.3 蜂鸟 E203 处理器的性能指标

蜂鸟 E203 处理器的性能优异，性能指标如表 4-1 所示。

表 4-1 蜂鸟 E203 处理器的性能指标

性能指标	描述
Dhrystone (DMIPS/MHz)	1.32
CoreMark (CoreMark/MHz)	2.14
频率	180nm SMIC 工艺下 50～100MHz
流水线深度	2 级
乘法器	有
除法器	有
ITCM	提供内嵌的 ITCM
DTCM	提供内嵌的 DTCM
可扩展性	支持协处理器接口进行指令扩展

注意：蜂鸟 E203 处理器中的乘/除法器为面积优化的多周期硬件乘/除法单元。

4.4 蜂鸟 E203 处理器的配套 SoC

很多开源的处理器核仅提供其实现，为了能够完整使用，用户还需要花费不少精力来构建完整的 SoC 平台、FPGA 平台。很多开源的处理器核不对调试器（debugger）提供支持。为了方便用户快速地上手，蜂鸟 E203 处理器的开发人员不仅开源了自主设计的 Core，还开源了配套组件。

蜂鸟 E203 处理器配套的 SoC 的结构如图 4-3 所示。

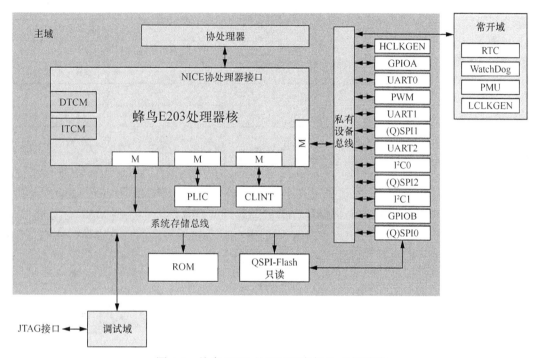

图 4-3　蜂鸟 E203 处理器配套的 SoC 的结构

蜂鸟 E203 处理器配套的 SoC 的特性如表 4-2 所示。

表 4-2　蜂鸟 E203 处理器配套的 SoC 的特性

	特　性	描　述
CPU	使用 Windows/Linux GCC 工具链开发	—
	基于 E203 处理器核	—
	使用标准 JTAG 调试接口，支持 GDB 交互调试功能	—
	支持中断控制器	—
存储	片上 ITCM-SRAM	可配置大小
	片上 DTCM-SRAM	可配置大小
	可通过 QSPI 等接口外接其他片外存储器	片外闪存

续表

	特 性	描 述
外设	提供 PWM	1 组
	提供(Q)SPI	3 组
	提供 GPIO	2 组（64 个引脚）
	提供 UART	3 组
	提供 I^2C	3 组
	提供看门狗	1 组
	提供 RTC（Real Time Counter）	1 组
	提供计时器（timer）	1 组

另外，蜂鸟 E203 处理器还提供软件开发环境 hbird-sdk，为交互式硬件调试工具（GDB）提供支持。

用户可以基于此开源项目快速搭建完整的 SoC 仿真平台、FPGA 原型平台，以及运行软件示例。蜂鸟 E203 处理器开源的不仅是一个处理器核，而且是一个完整 MCU 软硬件实现。关于蜂鸟 E203 处理器配套的 SoC、FPGA 原型平台以及软件平台的更多详情，将在《手把手教你设计 CPU（下）——工程与实践》中展开讨论。

4.5 蜂鸟 E203 处理器的配置选项

蜂鸟 E203 处理器具有一定的可配置性。通过修改其目录下的 config.v 文件中的宏定义，开发人员便可以实现不同的配置。

config.v 文件在 e203_hbirdv2 项目中的结构如下。

```
e203_hbirdv2
 |----rtl                          //存放 RTL 的目录
      |----e203                    //E203 处理器核和 SoC 的 RTL 目录
           |----core               //存放 E203 处理器核相关模块的 RTL 代码
                |----config.v      //设定配置的源文件
```

config.v 的具体配置选项中的宏如表 4-3 所示。

表 4-3　config.v 的具体配置选项中的宏

宏	描 述	推荐默认值
E203_CFG_DEBUG_HAS_JTAG	如果添加了此宏，则使用 JTAG 调试接口。 请参见第 14 章以了解有关调试器的信息	使用

续表

宏	描　述	推荐默认值
E203_CFG_ADDR_SIZE_IS_16、 E203_CFG_ADDR_SIZE_IS_24、 E203_CFG_ADDR_SIZE_IS_32	从这 3 个宏中选择一个，用于配置处理器的总线地址宽度为 16 位、24 位和 32 位	32 位
E203_CFG_SUPPORT_MCYCLE_MINSTRET	如果添加了此宏，则使用 mcycle 和 minstret 这两个 64 位的计数器	使用
E203_CFG_REGNUM_IS_32 E203_CFG_REGNUM_IS_16	从这两个宏中选择一个，用于配置整数通用寄存器组使用 32 个通用寄存器（RV32I）还是 16 个通用寄存器（RV32E）	32 个
E203_CFG_HAS_ITCM	如果添加了此宏，则配置使用 ITCM	使用
E203_CFG_ITCM_ADDR_BASE	配置 ITCM 的基地址	0x8000_0000
E203_CFG_ITCM_ADDR_WIDTH	配置 ITCM 的大小，使用地址总线的宽度作为其大小。例如，假设 ITCM 的大小为 1KB，则此宏的值定义为 10	16 （64KB）
E203_CFG_HAS_DTCM	如果添加了此宏，则配置使用 DTCM	使用
E203_CFG_DTCM_ADDR_BASE	配置 DTCM 的基地址	0x9000_0000
E203_CFG_DTCM_ADDR_WIDTH	配置 DTCM 的大小，使用地址总线的宽度作为其大小，例如，假设 DTCM 的大小为 1KB，则此宏的值定义为 10	16 （64KB）
E203_CFG_REGFILE_LATCH_BASED	如果添加了此宏，则使用锁存器（latch）作为通用寄存器组（Regfile）的基本单元；如果没有添加此宏，则使用 D 触发器作为基本单元	不使用锁存器
E203_CFG_PPI_ADDR_BASE	配置私有外设接口（Private Peripheral Interface，PPI）的基地址	0x1000_0000
E203_CFG_PPI_BASE_REGION	配置 PPI 的地址区间，通过指定高位的区间来界定地址区间。例如，如果该宏定义为 31:28，基地址定义为 0x1000_0000，则表示 PPI 的地址区间为 0x1000_0000～0x1FFF_FFFF	31:28
E203_CFG_FIO_ADDR_BASE	配置快速 IO 接口（Fast IO Interface，FIO）的基地址	0xf000_0000
E203_CFG_FIO_BASE_REGION	配置 FIO 的地址区间，通过指定高位的区间来界定地址区间。例如，如果该宏定义为 31:28，基地址定义为 0xf000_0000，则表示 FIO 的地址区间为 0xf000_0000～0xfFFF_FFFF	31:28
E203_CFG_CLINT_ADDR_BASE	配置 CLINT 接口的基地址	0x0200_0000
E203_CFG_CLINT_BASE_REGION	配置 CLINT 接口的地址区间，通过指定高位的区间来界定地址区间。例如，如果该宏定义为 31:16，基地址定义为 0x0200_0000，则表示 PLIC 的地址区间为 0x0200_0000～0x0200_FFFF	31:16

续表

宏	描 述	推荐默认值
E203_CFG_PLIC_ADDR_BASE	配置 PLIC 接口的基地址	0x0C00_0000
E203_CFG_PLIC_BASE_REGION	配置 PLIC 接口的地址区间，通过指定高位的区间来界定地址区间。例如，如果该宏定义为 31:24，基地址定义为 0x0C00_0000，则表示 PLIC 的地址区间为 0x0C00_0000～0x0CFF_FFFF	31:24
E203_CFG_HAS_ECC	如果添加了此宏，则配置使用 ECC 对 ITCM 和 DTCM 的 SRAM 进行保护。 注意，在 GitHub 上，此选项的功能并未开源，因此相关代码并不具备，即便添加了配置宏也不起作用	不使用 ECC
E203_CFG_HAS_NICE	如果添加了此宏，则使用协处理器接口	具备协处理器接口
E203_CFG_SUPPORT_SHARE_MULDIV	如果添加了此宏，则使用面积优化的多周期乘/除法单元	使用多周期乘除法
E203_CFG_SUPPORT_AMO	如果添加了此宏，则支持 RISC-V 的 A 扩展指令子集	支持 RISC-V 的 "A" 扩展指令子集

第二部分

手把手教你使用 Verilog 设计 CPU

第 5 章　先见森林，后观树木——
蜂鸟 E203 处理器核设计总览和顶层

管中窥豹，只见一斑，
这不是正确的打开方式。
应该先看全局，
再观局部。

在学习或者讲解某个技术要点时，作者比较推崇的方法是"先见森林，后观树木"，即先从宏观着手，然后再切入微观细节。

本书第二部分将以蜂鸟 E203 处理器为具体实例介绍如何设计一款 RISC-V CPU。本章将先从宏观的角度着手，介绍若干处理器设计的总览要诀，以及蜂鸟 E203 处理器核的总体设计思想和顶层接口。

通过对本章的学习，读者可以从整体上认识蜂鸟 E203 处理器的设计要诀，为学习后续各章奠定基础。

注意：蜂鸟 E203 开源项目的所有源代码均托管于著名开源网站 GitHub，本书所有章节中将以 e203_hbirdv2 项目代表 GitHub 网站上蜂鸟 E203 项目的路径（请在 GitHub 中搜索 "e203_hbirdv2"）。关于 GitHub 网站上 e203_hbirdv2 开源项目的完整代码层次结构，请参见 17.1 节。

5.1 处理器硬件设计概述

5.1.1 架构和微架构

在了解处理器的设计细节之前，你必须明确架构和微架构的含义与区别。相关内容请参见 1.1 节，本节不重复讨论。

架构和微架构概念在后续章节中将会被广泛地提及与使用，因此需加以区分。当然，网络上很多的文章时常混用这两个概念，并未严格区分二者，读者可以自行根据上下文子以甄别。

5.1.2 CPU、处理器、Core 和处理器核

在了解处理器的设计细节之前，你还要明确 CPU、处理器、Core 和处理器核的含义和区别。请参见 1.1 节，本节不重复讨论。

CPU、处理器、Core 和处理器核在后续章节中将会被广泛地提及与使用，因此请读者重视并加以区分。

5.1.3 处理器设计和验证

对于不同的 ASIC 设计，开发人员需要掌握不同的背景知识，例如对于通信 ASIC，我们需要了解通信算法的特点，对于音频 ASIC，我们需要了解音频算法的特点。由于处理器

设计是一种特殊的 ASIC 设计，因此我们了解某些方面的背景知识，归纳如下。

- 熟悉汇编语言及其执行过程。
- 了解软件如何编译、汇编、链接，并成为处理器可执行的二进制编码。
- 了解计算机体系结构的知识。
- 处理器对时序和面积的要求一般会非常严格，需不断地优化时序和面积，因此需要对电路和逻辑设计有比较深刻的理解。

通常，我们需要从 3 个不同层面对处理器进行验证。

- 使用传统的模块级验证手段（例如 UVM 等）对处理器的子模块进行验证。
- 使用人工编写或者随机生成的汇编语言测试用例在处理器上进行验证。
- 使用通过高级语言（如 C、C++）编写的测试用例在处理器上进行验证。

综上所述，处理器的设计和验证是一个软硬件联合的过程，牵涉的方面比较多，工作量比较大。

5.2 蜂鸟 E203 处理器核的设计理念

1．模块化和可重用性

蜂鸟 E203 处理器核的设计遵循模块化的原则，将处理器划分为几个主体模块单元，每个单元之间的接口简单清晰，而尽量将盘根错节的关系控制在单元内部。在划分模块单元时还充分考虑到可重用性，即这些单元在下一代的处理器核微架构中还能够继续使用。

2．面积最小化

由于蜂鸟 E203 处理器核在满足一定性能指标的前提下，以追求低功耗、小面积为第一要义，因此设计中尽可能地复用数据通路以节省面积开销。当在某些细节上存在着时序和面积的冲突时，应选择面积优先的策略。

3．结构简单化

蜂鸟 E203 处理器核在设计哲学上与 RISC-V 架构一致，即遵循"简单就是美，简单即可靠"的策略。在微架构的设计上防止陷入繁复的陷阱，在有选择的情形下优先选用最简单的方案，只有在最关键的场景下才使用复杂的设计方案，即所谓"好钢用在刀刃上"。

4．性能不追求极端

处理器对于性能的要求往往是严格的。由于蜂鸟 E203 处理器核是一款超低功耗的处理器核，虽然它追求性能的最大化，但须以面积最小化和结构简单化为前提，在性能方面，提倡够用即可（Good Enough）的理念。

5.3 蜂鸟 E203 处理器核的 RTL 代码风格

蜂鸟 E203 处理器核采用一套统一的 Verilog RTL 编码风格（coding style），该编码风格来自严谨的工业级开发标准，其要点如下。

- 使用标准 DFF 模块例化、生成寄存器。
- 推荐使用 Verilog 中的 assign 语法替代 if-else 和 case 语法。

下面分别予以详述。

5.3.1 使用标准 DFF 模块例化生成寄存器

寄存器是数字同步电路中基本的单元。当使用 Verilog 进行数字电路设计时，最常见的方式是使用 always 块语法生成寄存器。本节介绍蜂鸟 E203 处理器核推荐的原则，本原则来自严谨的工业级开发标准。

对于寄存器，避免直接使用 always 块编写，而应该采用模块化的标准 DFF 模块进行例化。示例如下所示，除时钟（clk）和复位信号（rst_n）之外，一个名为 flg_dfflr 的寄存器还有使能信号 flg_ena 和输入（flg_nxt）/输出信号（flg_r）。

```
wire flg_r;
wire flg_nxt = ~flg_r;
wire flg_ena = (ptr_r == ('E203_OITF_DEPTH-1)) & ptr_ena;

//此处使用例化 sirv_gnrl_dfflr 的方式实现寄存器，而不使用显式的 always 块
sirv_gnrl_dfflr #(1) flg_dfflrs(flg_ena, flg_nxt, flg_r, clk, rst_n);
```

使用标准 DFF 模块例化的好处以下。

- 便于全局替换寄存器类型。
- 便于在寄存器中全局插入延迟。
- 明确的 load-enable 使能信号（如下例中的 flg_ena）可方便综合工具自动插入寄存器级别的门控时钟以降低动态功耗。
- 便于规避 Verilog 语法中 if-else 不能传播不定态的问题。

标准 DFF 模块是一系列不同的模块，相关源代码在 e203_hbirdv2 目录中的结构如下。

```
e203_hbirdv2
   |----rtl                          //存放 RTL 的目录
       |----e203                     //E203 处理器核和 SoC 的 RTL 目录
           |----general              //存放一些通用模块的 RTL 代码
               |----sirv_gnrl_dffs.v
```

sirv_gnrl. dffs.v 文件中有一系列 DFF 模块，列举如下。

- sirv_gnrl_dfflrs：带 load-enable 使能信号、带异步 reset 信号、复位默认值为 1 的寄存器。
- sirv_gnrl_dfflr：带 load-enable 使能信号、带异步 reset 信号、复位默认值为 0 的寄存器。
- sirv_gnrl_dffl：带 load-enable 使能信号、不带 reset 信号的寄存器。
- sirv_gnrl_dffrs：不带 load-enable 使能信号、带异步 reset 信号、复位默认值为 1 的寄存器。
- sirv_gnrl_dffr：不带 load-enable 使能信号、带异步 reset 信号、复位默认值为 0 的寄存器。
- sirv_gnrl_ltch：Latch 模块。

标准 DFF 模块内部则使用 Verilog 语法的 always 块进行编写，以 sirv_gnrl_dfflr 为例，代码如下所示。由于 Verilog if-else 语法不能传播不定态，因此对于 if 条件中 lden 信号为不定态的非法情况使用断言（assertion）进行捕捉。

```
module sirv_gnrl_dfflr # (
  parameter DW = 32
) (

  input               lden,
  input      [DW-1:0] dnxt,
  output     [DW-1:0] qout,

  input               clk,
  input               rst_n
);

reg [DW-1:0] qout_r;

    //使用 always 块编写寄存器逻辑
always @(posedge clk or negedge rst_n)
begin : DFFLR_PROC
  if (rst_n == 1'b0)
    qout_r <= {DW{1'b0}};
  else if (lden == 1'b1)
    qout_r <= dnxt;
end

assign qout = qout_r;

    //使用 assertion 捕捉 lden 信号的不定态
`ifndef FPGA_SOURCE//{
`ifndef SYNTHESIS//{
sirv_gnrl_xchecker # ( //该模块内部是使用 SystemVerilog 编写的断言
  .DW(1)
```

```
) u_sirv_gnrl_xchecker(
  .i_dat(lden),
  .clk  (clk)
);
'endif//}
'endif//}


endmodule


//sirv_gnrl_xchecker 模块的代码片段

//此模块专门捕捉不定态，一旦输入的 i_dat 出现不定态，则会报错并终止仿真
module sirv_gnrl_xchecker # (
  parameter DW = 32
) (
  input  [DW-1:0] i_dat,
  input clk
);


CHECK_THE_X_VALUE:
  assert property (@(posedge clk)
                       ((^(i_dat)) !== 1'bx)
                   )
  else $fatal ("\n Error: Oops, detected a X value!!! This should never happen. \n");

endmodule
```

5.3.2 推荐使用 assign 语法替代 if-else 和 case 语法

Verilog 中的 if-else 和 case 语法存在两大缺点。

- 不能传播不定态。
- 会产生优先级的选择电路而非并行选择电路，从而不利于优化时序和面积。

为了规避这两大缺点，蜂鸟 E203 处理器核推荐使用 assign 语法进行代码编写，本原则来自严谨的工业级开发标准。

Verilog 的 if-else 不能传播不定态，以如下代码片段为例。假设 a 的值为 X（不定态），按照 Verilog 语法它会将等效于 $a == 0$，从而让 out 等于 in2，最终没有将 X（不定态）传播出去。这种情况可能会在仿真阶段掩盖某些致命的 bug，造成芯片功能错误。

```
if(a)
    out = in1;
else
    out = in2;
```

而使用功能等效的 assign 语法，如下所示，假设 a 的值为 X（不定态），按照 Verilog 语

法，则会将 X（不定态）传播出去，从而让 out 也等于 X。通过对 X（不定态）的传播，开发人员可以在仿真阶段将 bug 彻底暴露出来。

```
assign out = a ? in1 : in2;
```

虽然现在有的 EDA 工具提供的专有选项（例如 Synopsys VCS 提供的 xprop 选项）可以将 Verilog 原始语法中定义的"不传播不定态"的情形强行传播出来，但是一方面，不是所有的 EDA 工具支持此功能；另一方面，在操作中此选项也时常被忽视，从而造成疏漏。

Verilog 的 Case 语法也不能传播不定态，与问题一中的 if-else 同理。而使用等效的 assign 语法即可规避此缺陷。

Verilog 的 if-else 语法会被综合成优先级选择电路，面积和时序均没有得到充分优化，如下所示。

```
if(sel1)
    out = in1[3:0];
else if (sel2)
    out = in2[3:0];
else if (sel3)
    out = in3[3:0];
else
    out = 4'b0;
```

如果此处确实要生成一种优先级选择逻辑，则推荐使用 assign 语法等效地写成如下形式，以规避 X（不定态）传播的问题。

```
assign out = sel1 ? in1[3:0] :
             sel2 ? in2[3:0] :
             sel3 ? in3[3:0] :
                    4'b0;
```

而如果此处本来要生成一种并行选择逻辑，则推荐使用 assign 语法明确地使用"与或"逻辑，代码如下。

```
assign out =   ({4{sel1}} & in1[3:0])
             | ({4{sel2}} & in2[3:0])
             | ({4{sel3}} & in3[3:0]);
```

使用明确的 assign 语法编写的"与或"逻辑一定能够保证综合成并行选择的电路。

同理，Verilog 的 case 语法也会被综合成优先级选择电路，面积和时序均未充分优化。有的 EDA 综合工具可以提供注释（例如 synopsys parallel_case 和 full_case）来使综合工具综合出并行选择逻辑，但是这样可能会造成前后仿真不一致的严重问题，从而产生重大的 bug。因此，在实际的工程开发中，注意以下两点。

- 应该明令禁止使用 EDA 综合工具提供的注释（例如 synopsys parallel_case 和 full_case）。
- 应该使用等效的 assign 语法设计电路。

5.3.3　其他若干注意事项

其他编码风格中的若干注意事项如下。

- 由于带 reset 信号的寄存器面积略大，时序稍微差一点，因此在数据通路上可以使用不带 reset 信号的寄存器，而只在控制通路上使用带 reset 信号的寄存器。
- 信号名应该避免使用拼音，使用英语缩写，信号名不可过长，但是也不可过短。代码即注释，应该尽量让开发人员能够从信号名中看出其功能。
- Clock 和 Reset 信号应禁止用于任何其他的逻辑功能，Clock 和 Reset 信号只能接入 DFF，作为其时钟和复位信号。

蜂鸟 E203 处理器核推荐使用的 assign 语法和标准 DFF 例化方法能够使得任何不定态在前仿真阶段无处遁形，综合工具能够综合出很高质量的电路，综合出的电路门控时钟频率也很高。

以上只简述了蜂鸟 E203 处理器核中核心的代码风格，其他的代码风格在此不赘述，感兴趣的读者可以在阅读源代码时自行体会。

5.4　蜂鸟 E203 模块层次划分

蜂鸟 E203 处理器核的模块层次划分如图 5-1 所示。

顶层的 e203_cpu_top 中仅例化两个模块，分别为 e203_cpu 和 e203_srams。

- e203_cpu 为处理器核的所有逻辑部分。
- e203_srams 为处理器核的所有 SRAM 部分（如 ITCM 和 DTCM 的 SRAM）。将 SRAM 和逻辑部分在层次上分开是为了方便 ASIC 实现。

e203_cpu 模块中例化的 e203_clk_ctrl 用于控制处理器各个主要组件的自动时钟门控。

逻辑顶层 e203_cpu 模块中例化的 e203_irq_sync 用于将外界的异步中断信号进行同步。

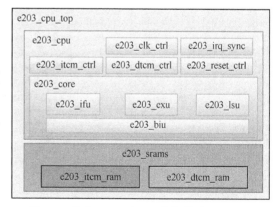

图 5-1　蜂鸟 E203 处理器核的模块层次划分

逻辑顶层 e203_cpu 模块中例化的 e203_reset_ctrl 用于将外界的异步 reset 信号进行同步使之变成"异步置位同步释放"的复位信号。

逻辑顶层 e203_cpu 模块中例化的 e203_itcm_ctrl 和 e203_dtcm_ctrl 分别用于控制 ITCM

与 DTCM 的访问。

逻辑顶层 e203_cpu 模块中例化的 e203_core 则是处理器核的主体部分，其中实现了处理器核的主要功能。

- 取指令单元 e203_ifu，参见第 7 章。
- 执行单元 e203_exu，参见第 8、9、10、13 章。
- 存储器访问单元 e203_lsu，参见第 11 章。
- 总线接口单元 e203_biu，参见第 12 章。

5.5 蜂鸟 E203 处理器核的源代码

蜂鸟 E203 处理器核的源代码在 e203_hbirdv2 目录中的结构如下。关于 GitHub 网站上 e203_hbirdv2 开源项目的完整代码层次结构，请参见 17.1 节。

```
e203_hbirdv2
    |----rtl                     //存放 RTL 的目录
        |----e203                //E203 处理器核和 SoC 的 RTL 目录
            |----general         //存放一些通用 RTL 代码
            |----core            //存放 E203 处理器核的 RTL 代码
                                 //主要文件如下，详细文件列表请参见 GitHub
                    |----config.v        //参数配置文件
                    |----e203_biu.v          //BIU 模块
                    |----e203_reset_ctrl.v   //E203 处理器核的复位控制模块
                    |----e203_clk_ctrl.v     //E203 处理器核的时钟控制模块
                    |----e203_cpu_top.v      //E203 处理器核的顶层模块
                    |----e203_cpu.v          //E203 处理器核去除了 SRAM 之后的逻辑
                                             //顶层模块
                    |----e203_core.v         //E203 处理器核的主体逻辑模块
                    |----e203_dtcm_ctrl.v    //DTCM 的控制模块
                    |----e203_itcm_ctrl.v    //ITCM 的控制模块
                    |----e203_exu.v          //E203 处理器核内部执行单元顶层模块
                    |----e203_ifu.v          //E203 处理器核内部取指令单元顶层模块
                    |----e203_lsu.v          //E203 处理器核内部存储器访问单元顶层模块
                    |----e203_srams.v        //E203 处理器核的所有 SRAM 的顶层模块
                    |----e203_itcm_ram.v     //ITCM 的 SRAM 模块
                    |----e203_dtcm_ram.v     //DTCM 的 SRAM 模块
```

5.6 蜂鸟 E203 处理器核的配置选项

蜂鸟 E203 处理器具有一定的可配置性。通过修改其目录下的 config.v 文件中的宏定义，开发人员可以实现不同的配置。

5.7 蜂鸟 E203 处理器核支持的 RISC-V 指令子集

关于蜂鸟 E203 处理器核支持的 RISC-V 指令子集，请参见附录 A。

5.8 蜂鸟 E203 处理器核的流水线结构

关于蜂鸟 E203 处理器核的流水线结构，请参见第 6 章。

5.9 蜂鸟 E203 处理器核的顶层接口

蜂鸟 E203 处理器核的顶层模块 e203_cpu_top 的接口信号如表 5-1 所示。

表 5-1　蜂鸟 E203 处理器核的顶层模块 e203_cpu_top 的接口信号

信 号 名	方 向	位 宽	描 述
test_mode	Input	1	测试模式信号
clk	Input	1	时钟信号
rst_n	Input	1	异步复位信号，低电平有效
core_mhartid	Input	'E203_HART_ID_W	该处理器核的 HART ID 指示信号，在集成 SoC 时，为此信号赋值
pc_rtvec	Input	'E203_PC_SIZE	该输入信号用于指定处理器复位后的 PC 初始值。在 SoC 层面通过控制此信号控制处理器核上电后 PC 初始值的效果
ext_irq_a	Input	1	外部中断，来自 PLIC 模块。请参见第 13 章以了解 RISC-V 中断和 PLIC 的相关信息
sft_irq_a	Input	1	软件中断，来自 CLINT 模块。请参见第 13 章以了解 RISC-V 中断和 CLINT 的相关信息
tmr_irq_a	Input	1	计时器中断，来自 CLINT 模块。请参见第 13 章以了解 RISC-V 中断和 CLINT 的相关信息
core_wfi	Output	1	该输出信号如果为高电平，则指示此处理器核处于执行 wfi 指令之后的休眠状态。请参见 15.3.2 节以了解 wfi 指令进入低功耗休眠状态的信息

信 号 名	方 向	位 宽	描 述
tm_stop	Output	1	此信号用于与 SoC 中的 CLINT 相连接。该输出信号的值来自蜂鸟 E203 处理器核自定义的 mcounterstop 寄存器中的 TIMER 域
ext2itcm_icb_cmd_valid ext2itcm_icb_cmd_ready ext2itcm_icb_cmd_addr ext2itcm_icb_cmd_read ext2itcm_icb_cmd_wdata ext2itcm_icb_cmd_wmask ext2itcm_icb_rsp_valid ext2itcm_icb_rsp_ready ext2itcm_icb_rsp_err ext2itcm_icb_rsp_rdata	—	—	此组信号为 ITCM 外部接口的 ICB 信号，参见 11.4.4 节
ext2dtcm_icb_cmd_valid ext2dtcm_icb_cmd_ready ext2dtcm_icb_cmd_addr ext2dtcm_icb_cmd_read ext2dtcm_icb_cmd_wdata ext2dtcm_icb_cmd_wmask ext2dtcm_icb_rsp_valid ext2dtcm_icb_rsp_ready ext2dtcm_icb_rsp_err ext2dtcm_icb_rsp_rdata	—	—	此组信号为 DTCM 外部接口的 ICB 信号，参见 11.4.4 节
ppi_icb_cmd_valid ppi_icb_cmd_ready ppi_icb_cmd_addr ppi_icb_cmd_read ppi_icb_cmd_wdata ppi_icb_cmd_wmask ppi_icb_rsp_valid ppi_icb_rsp_ready ppi_icb_rsp_err ppi_icb_rsp_rdata	—	—	此组信号为私有外设接口的 ICB 信号，参见第 12 章
fio_icb_cmd_valid fio_icb_cmd_ready fio_icb_cmd_addr	—	—	此组信号为快速 I/O 接口的 ICB 信号，参见第 12 章

续表

信　号　名	方　　向	位　　宽	描　　述
fio_icb_cmd_read fio_icb_cmd_wdata fio_icb_cmd_wmask fio_icb_rsp_valid fio_icb_rsp_ready fio_icb_rsp_err fio_icb_rsp_rdata	—	—	此组信号为快速 I/O 接口的 ICB 信号，参见第 12 章
mem_icb_cmd_valid mem_icb_cmd_ready mem_icb_cmd_addr mem_icb_cmd_read mem_icb_cmd_wdata mem_icb_cmd_wmask mem_icb_rsp_valid mem_icb_rsp_ready mem_icb_rsp_err mem_icb_rsp_rdata	—	—	此组信号为系统存储接口的 ICB 信号，参见第 12 章
clint_icb_cmd_valid clint_icb_cmd_ready clint_icb_cmd_addr clint_icb_cmd_read clint_icb_cmd_wdata clint_icb_cmd_wmask clint_icb_rsp_valid clint_icb_rsp_ready clint_icb_rsp_err clint_icb_rsp_rdata	—	—	此组信号为 CLINT 接口的 ICB 信号，参见第 12 章
plic_icb_cmd_valid plic_icb_cmd_ready plic_icb_cmd_addr plic_icb_cmd_read plic_icb_cmd_wdata plic_icb_cmd_wmask plic_icb_rsp_valid plic_icb_rsp_ready plic_icb_rsp_err plic_icb_rsp_rdata	—	—	此组信号为 PLIC 接口的 ICB 信号，参见第 12 章

续表

信　号　名	方　　向	位　　宽	描　　述
dbg_irq_r			
cmt_dpc			
cmt_dpc_ena			
cmt_dcause			
cmt_dcause_ena			此组信号用于与 SoC 中的调试模块（debug module）
wr_dcsr_ena	—	—	连接，普通用户无须关注此部分接口信号。请参见
wr_dpc_ena			第 14 章以了解调试模块的更多信息
wr_dscratch_ena			
wr_csr_nxt			
dcsr_r			
dpc_r			
dscratch_r			

5.10 小结

　　本章仅对蜂鸟 E203 处理器核的设计进行宏观介绍，帮助读者从整体认识蜂鸟 E203 处理器的设计要诀。请读者继续阅读后续章节，针对性地学习处理器不同部分的细节，以透彻地了解蜂鸟 E203 处理器核的设计。

第6章 流水线不是流水账——蜂鸟E203处理器核流水线

记账本

买早餐花了5元

坐地铁花了5元

买午饭花了15元

买零食花了20元

买水果花了25元

买晚饭花了20元

总计：90元

本章将讨论关于处理器的一个重要的基础知识——"流水线"。

熟悉计算机体系结构的读者一定知道,言及处理器微架构,几乎必谈其流水线。处理器的流水线结构是处理器微架构中一个基本的要素,它承载并决定了处理器其他微架构的细节。本章将简要介绍处理器的一些常见流水线结构,并介绍蜂鸟 E203 处理器核的流水线微架构。

6.1 处理器流水线概述

6.1.1 从经典的 5 级流水线说起

流水线的概念来源于工业制造领域,本节以汽车装配为例解释流水线的工作方式,假设装配一辆汽车需要 4 个步骤。

(1)冲压,制作车身外壳和底盘等部件。

(2)焊接,将冲压成形后的各部件焊接成车身。

(3)涂装,对车身等主要部件进行清洗、化学处理、打磨、喷漆和烘干。

(4)总装,将各部件(包括发动机和向外采购的零部件)组装成车。

要装配汽车,同时需要完成冲压、焊接、涂装和总装 4 项工作的工人。最简单的方法是一辆汽车依次通过上述 4 个步骤完成装配之后,才开始装配下一辆汽车,最早期的工业制造就采用了这种原始的方式,即同一时刻只有一辆汽车在装配。不久之后人们发现,一辆汽车在某个时段中进行装配时,其他 3 个工人都处于空闲状态。显然,这是对资源的极大浪费,于是人们思考出能有效利用资源的新方法,即在第一辆汽车经过冲压进入焊接工序时,立刻开始进行第二辆汽车的冲压,而不是等到第一辆汽车经过 4 个工序后才开始。这样在后续生产中就能够保证 4 个工人一直处于工作状态,不会造成人员的闲置。这样的生产方式就好似流水一般,因此被称为流水线。

计算机体系结构教材中常常提及的经典 MIPS 5 级流水线如图 6-1 所示。在此流水线中一条指令的生命周期分为如下部分。

(1)取指。取指(Instruction Fetch,IF)是指将指令从存储器中读取出来的过程。

(2)译码。指令译码(Instruction Decode,ID)是指将从存储器中取出的指令进行翻译的过程。经过译码之后得到指令需要的操作数寄存器索引,可以使用此索引从通用寄存器组(Register File,Regfile)中将操作数读出。

(3)执行(Exection,EXE)。指令译码之后所需要进行的计算类型都已得知,并且已经从通用寄存器组中读取出了所需的操作数,因此接下来便执行指令。执行指令是指对指令进行真正运算的过程。如果指令是加法运算指令,则对操作数进行加法运算;如果指令是减法运算指令，则进行减法运算。在执行指令阶段，常见部件为算术逻辑单元（Arithmetic Logical Unit，ALU），它是实施具体运算的硬件功能单元。

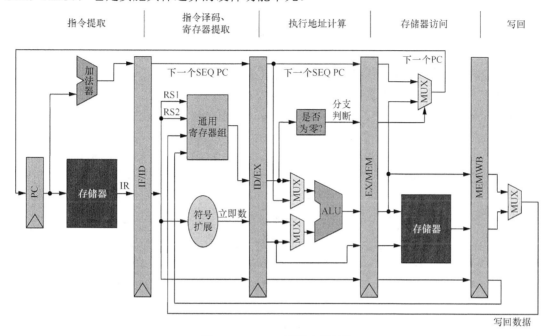

图 6-1　MIPS 5 级流水线结构

（4）访存。存储器访问指令往往是指令集中最重要的指令类型之一，访存（Memory Access，MA）是指存储器访问指令将数据从存储器中读出，或者写入存储器的过程。

（5）写回。写回（Write Back，WB）是指将指令执行的结果写回通用寄存器组的过程。如果指令是普通运算指令，结果来自执行指令阶段的计算结果；如果指令是存储器读指令，结果来自访存阶段从存储器中读取出来的数据。

在工业制造中采用流水线可以提高单位时间的生产量，在处理器中采用流水线设计有助于提高处理器的性能。以上述的 5 级流水线为例，前一条指令在完成取指并进入译码阶段后，下一条指令马上就可以进入取指阶段，依次类推。MIPS 5 级流水线的运行过程如图 6-2 所示。

取指	译码	执行	访存	写回				
	取指	译码	执行	访存	写回			
		取指	译码	执行	访存	写回		
			取指	译码	执行	访存	写回	
				取指	译码	执行	访存	写回

图 6-2　MIPS 5 级流水线的运行过程

6.1.2 可否不要流水线——流水线和状态机的关系

如上一节所述,在绝大多数的情况下,言及处理器微架构,人们几乎必谈流水线。那么,处理器难道就一定需要流水线吗?可否不要流水线呢?

在回答这两问题之前,我们先探讨流水线的本质。

流水线并不限于处理器设计,在所有的 ASIC 实现中都广泛采用流水线的思想。流水线本质上可以理解为一种以面积换性能(trade area for performance)、以空间换时间(trade space for timing)的手段。以 5 级流水线为例,它增加了 5 组寄存器,每一级流水线内部都有各自的组合逻辑数据通路,彼此之间没有复用资源,因此其面积开销是比较大的。但是由于处理器在不同的流水线级同时做不同的事情,因此提高了性能,优化了时序,增加了吞吐率。

与流水线相对应的另外一种策略是状态机,状态机是流水线的“取反”,同样在所有的 ASIC 实现中都广泛采用。状态机本质上可以理解为是一种以性能换面积(trade performance for area)、以时间换空间(trade timing for space)的手段。

流水线和状态机的关系也称为展开和折叠的关系。本质上,二者都是设计电路时,侧重时间(性能)还是空间(面积)的一种取舍。

通过上述分析,假设处理器不采用流水线,而使用一个状态机来完成,则需要多个时钟周期才能完成一条指令的所有操作,每个时钟周期对应状态机的一个状态(分别为取指、译码、执行、访存和写回)。使用状态机不仅可以省掉上述流水线中的寄存器开销,还可以复用组合逻辑数据通路,因此面积开销比较小。但是每条指令都需要 5 个时钟周期才能完成,吞吐率和性能很低。

谈及此处,就不得不提及 8 位单片机时代的 8051 内核,早期原始的 8051 内核微架构就采用了类似于状态机的实现方式而不是流水线。回到最开始我们提出的问题,处理器可否不要流水线?答案是当然可以,8051 内核就没有流水线。

所以,单从功能上来讲,处理器完全可以不使用流水线,而使用状态机来实现,只不过由于性能比较差,状态机在现代处理器设计中比较罕见。

6.1.3 深处种菱浅种稻,不深不浅种荷花——流水线的深度

如上一节所述,流水线能够提高处理器的性能,基本上是现代处理器的必备要素。那么流水线的级数(又称深度)是多少才最好呢?要回答这个问题,就需要了解流水线深浅的优劣。处理器的流水线是否越深越好?在此我们给出答案。

早期的经典流水线是 5 级流水线,分别为取指、译码、执行、访存和写回。现代的处理

器往往具有极深的流水线，如高达十几级，或者二十几级。流水线就像一根黄瓜，切两刀之后每一截的长度和切 20 刀之后每一截的长度肯定是不一样的。流水线的级数越多，意味着流水线切得越细，每一级流水线内容纳的硬件逻辑便越少。熟悉数字同步电路设计的读者应该比较熟悉，在两级寄存器（每一级流水线由寄存器组成）之间的硬件逻辑越少，则处理器能够达到更高的主频。因此，现代处理器的流水线极深主要是处理器追求高频的指标所驱使的。高端的 ARM Cortex-A 系列由于有十几级的流水线，因此能够达到 2GHz 的主频，而 Intel 的 x86 处理器甚至采用几十级的流水线将主频推到 3GHz～4GHz。主频越高，流水线的吞吐率越高，性能也越高。这是流水线加深的正面意义。

由于每一级流水线都由寄存器组成，因此更多的流水线级数要消耗更多的寄存器，占用更多的芯片面积。这是流水线加深的负面意义。

由于每一级流水线需要进行握手，流水线最后一级的反压信号可能会一直串扰到最前一级，造成严重的时序问题，因此需要使用一些比较高级的技巧来解决此类反压时序问题（6.3 节将进一步论述）。这也是流水线加深的负面意义。

较深的处理器流水线还有一个问题，那就是由于在流水线的取指令阶段无法得知条件跳转的结果是跳还是不跳，因此只能进行预测，而到了流水线的末端才能够通过实际的运算得知该分支是该跳还是不该跳。如果发现真实的结果（如该跳）与之前预测的结果（如预测为不跳）不相符，则意味着预测失败，需要将所有预取的错误指令流全部丢弃掉。重新取正确的指令流的过程叫作流水线冲刷（pipeline flush）。虽然使用分支预测器可以保证前期的分支预测尽可能准确，但是无法做到万无一失。那么，流水线的深度越深，意味着已经预取了更多的错误指令流，需要将其全部抛弃，然后重启，这不仅增加了功耗，还造成了性能的损失。流水线越深，浪费和损失越多；流水线越浅，浪费和损失越少。这是流水线加深的另一个主要的负面意义。

综上，所谓"深处种菱浅种稻，不深不浅种荷花"，流水线的不同深度皆有其优缺点，需要根据不同的应用背景进行合理的选择。

根据处理器流水线深浅的优劣与应用场景，当今处理器的流水线深度在向着两个不同的极端发展，一方面级数越来越深，另一方面级数越来越浅。下面结合不同的商用处理器例子予以探讨。

6.1.4 向上生长——越来越深的流水线

现代的高性能处理器相比最早期的处理器来说，明显存在着流水线越来越深的现象，其驱动因素很简单，那就是追求更高的主频以获取更高的吞吐率和性能。

以知名的 ARM Cortex-A 系列处理器 IP 为例，Cortex-A7 系列追求低功耗下的能效比，其流水线级数为 8；而 Cortex-A15 系列追求高性能，其流水线级数为 15。

当然，流水线级数需有其限度，曾有某些商业处理器产品一味地追求极端流水线深度（达到几十级）反而遭遇失败的例子，目前的 Intel 处理器和 ARM 高性能 Cortex-A 系列处理器的流水线深度都在十几级。

6.1.5 向下生长——越来越浅的流水线

现代低功耗处理器的设计也存在着流水线越来越浅的现象，其驱动因素同样很简单，那就是在性能够用的前提下追求极低的功耗。

以知名的 ARM Cortex-M 系列处理器 IP 为例，2004 年发布的 Cortex-M3 处理器核的流水线级数只有 3，2009 年发布的 Cortex-M0 处理器核的流水线级数也只有 3。而 2012 年发布的 Cortex-M0+处理器核的流水线级数反而只有 2，流水线级数变得越来越小，因此 ARM 宣传 Cortex-M0+处理器核为世界上能效比最高的处理器核。

二级的流水线似乎已经浅到底了，那是不是接下来要发布只有一级的流水线了？当深度变为 1 之后，就谈不上流水线了，其整体就变成一个单周期的组合逻辑。在众多的计算机体系结构教学案例中，我们确实见到过很多流水线深度为 1 的处理器核，从功能上来说，它仍然可以完成处理器的所有功能，只不过主频相当低。有没有商业的处理器核真的只有 1 级流水线，作者在此无法确定，但是别忘了早期原始的 8051 内核，别说 1 级的流水线，它连状态机都用上了。

至此，本节简单重温了处理器流水线的相关概念。这些概念是计算机体系结构中很基础的知识，限于篇幅，在此不做赘述。若完全没有处理器知识背景的读者无法理解，可以参见维基百科上的词条网页（请在维基百科中搜索"Classic_RISC_pipeline"）以了解更多信息。

6.2 处理器流水线中的乱序

处理器中发射、派遣、执行、写回的顺序是处理器微架构设计中非常重要的一环，因此衍生出"顺序"和"乱序"的概念，本书将在第 8 章对此进行专门论述。

6.3 处理器流水线中的反压

注意：本节中解决反压的方法可能过于晦涩，需要读者对于 ASIC 设计有较丰富的经验方能理解，初学者可以忽略本节。

　　若流水线越深,由于每一级流水线需要进行握手,流水线最后一级的反压信号可能会一直串扰到最前一级造成严重的反压(back-pressure)时序问题,因此需要使用一些比较高级的技巧来解决这些时序问题。在现代处理器设计中,通常有如下三种方法。

- **取消握手**:此方法能够杜绝反压的发生,使时序表现非常好。但是取消握手,即意味着流水线中的每一级并不会与其下一级进行握手,可能会造成功能错误或者指令丢失。因此这种方法往往需要配合其他的机制,如重执行(replay)、预留大缓存等。简而言之,此方法比较先进,若辅以一系列其他的配置机制,硬件总体的复杂度就会比较大,只有在一些非常高级的处理器设计中才会用到。
- **加入乒乓缓冲区(ping-pong buffer)**:一种用面积换时序的方法,这也是解决反压的最简单方法。若使用乒乓缓冲区(有两个表项)替换掉普通的一级流水线(只有一个表项),就可以使得此级流水线向上一级流水线的握手接收信号仅关注乒乓缓冲区中是否有一个以上有空的表项,而无须将下一级的握手接收信号串扰至上一级。
- **加入前向旁路缓冲区(forward bypass buffer)**:这也是一种用面积换时序的方法,是解决反压的一种非常巧妙的方法。旁路缓冲区仅有一个表项,由于增加一个额外的缓存表项可以使后向的握手信号时序路径中断,但是前向路径不受影响,因此该方法可以广泛使用于握手接口。蜂鸟 E203 处理器在设计中采用此方法,有效地解决了多处反压造成的时序瓶颈。

　　以上解决反压的方法不但在处理器设计中能够用到,而且在普通的 ASIC 设计中会经常用到。

6.4　处理器流水线中的冲突

　　处理器流水线设计中的另外一个问题便是流水线中的冲突。流水线中的冲突主要分为资源冲突和数据冲突。

6.4.1　流水线中的资源冲突

　　资源冲突是指流水线中硬件资源的冲突,最常见的是运算单元的冲突,如除法器需要多个时钟周期才能完成运算,因此在前一个除法指令完成运算之前,新的除法指令如果也需要除法器,则会存在着资源冲突。在处理器的流水线中,硬件资源冲突种类还有很多,在此不加赘述。资源冲突可以通过复用硬件资源或者流水线停顿并等待硬件资源的方法解决。

6.4.2 流水线中的数据冲突

数据冲突是指不同指令之间的操作数存在着数据相关性的冲突。常见的数据相关性如下。

- WAR（Write-After-Read，先读后写）相关性：后序执行的指令需要写回的结果寄存器索引与前序执行的指令需要读取的源操作数寄存器索引相同造成的数据相关性。因此从理论上来讲，在流水线中，后序指令一定不能比和它有 WAR 相关性的前序指令先执行，否则后序指令先把结果写回通用寄存器组中，前序指令在读取操作数时，就会读到错误的数值。

- WAW（Write-After-Write，先写后写）相关性：后序执行的指令需要写回的结果寄存器索引与前序执行的指令需要写回的结果寄存器索引相同造成的数据相关性。因此从理论上来讲，在流水线中，后序指令一定不能比和它有 WAW 相关性的前序指令先执行，否则后序指令先把结果写回通用寄存器组中，前序指令在把结果写回通用寄存器组时就会将其覆盖。

- RAW（Read-After-Write，先写后读）相关性：后序执行的指令需要读取的源操作数寄存器索引与前序执行的指令需要写回的结果寄存器索引相同造成的数据相关性。因此从理论上来讲，在流水线中，后序指令一定不能比和它有 RAW 相关性的前序指令先执行，否则后序指令便会从通用寄存器组中读回错误的源操作数。

以上的 3 种相关性中，RAW 相关性属于真数据相关性。

接下来，介绍解决数据冲突的常见方法。

WAW 和 WAR 可以通过寄存器重命名的方法将相关性去除，从而无须担心其执行顺序。

寄存器重命名技术在 Tomasulo 算法中通过保留站和 ROB（Re-Order Buffer）完成，或者采用纯物理寄存器（而不用 ROB）完成。有关 ROB 和纯物理寄存器的信息在 8.1.5 节中将进一步论述。

之所以称 RAW 相关性为真数据相关性，是因为不能通过寄存器重命名的方法将相关性去除。一旦产生 RAW 相关性，后序的指令一定要使用和它有 RAW 数据相关性的前序指令执行完成的结果，从而造成流水线的停顿。为了尽可能减少流水线停顿带来的性能损失，要使用动态调度的方法。动态调度的思想本质上可以归结为以下方面。

- 采用数据旁路传播（data bypass and forward）技术，尽可能让前序指令的计算结果更快地旁路传播给后序相关指令的操作数。

- 尽可能让后序相关指令在等待的过程中不阻塞流水线，而让其他无关的指令继续顺利执行。

- 早期的 Tomasulo 算法中通过保留站可以达到以上两方面的功效，但是保留站由于保存了操作数，无法具有很高的深度（否则，面积和时序的开销巨大）。

- 最新的高性能处理器普遍采用在每个运算单元前配置乱序发射队列（issue queue）的方式，发射队列仅追踪 RAW 相关性，而并不存放操作数，因此流水线很深（如 16 个表项）。在发射队列中的指令一旦解除相关性之后，再从发射队列中发射出来，读取物理寄存器组（physical register file），然后发送给运算单元，开始计算。

如果阐述清楚处理器的数据相关性问题和包括动态调度技术在内的解决方法，几乎可以单独成书，本书限于篇幅只能予以简述。有关 Tomasulo 算法的细节，请参见维基百科（请在维基百科中搜索"Tomasulo_algorithm"）。有关物理寄存器重命名的细节，也请参见维基百科（请在维基百科中搜索"Register_renaming"）。

6.5 蜂鸟 E203 处理器的流水线

6.5.1 流水线总体结构

蜂鸟 E203 处理器核的流水线结构如图 6-3 所示。

流水线的第一级为取指（由 IFU 完成）。

蜂鸟 E203 处理器核很难严谨界定它的完整流水线级数为几，原因如下。

- 译码（由 EXU 完成）、执行（由 EXU 完成）和写回（由 WB 寄存器组完成）均处于同一个时钟周期，位于流水线的第二级。
- 而访存（由 LSU 完成）阶段处于 EXU 之后的第三级流水线，但是 LSU 写回的结果仍然需要通过 WB 寄存器组模块写回通用寄存器组。

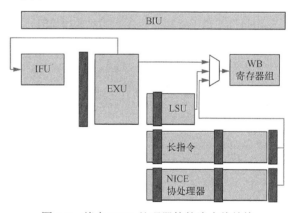

图 6-3　蜂鸟 E203 处理器核的流水线结构

因此严格来讲，蜂鸟 E203 处理器是一个变长流水线结构。

由于蜂鸟 E203 处理器核的流水线的按序主体是位于第一级的取指与位于第二级的执行和写回，因此我们非严谨地定义蜂鸟 E203 处理器核的流水线深度为二级。

本书后续章节将会具体介绍流水线中的各个主要部分和单元。

有关取指的实现细节，请参见第 7 章。

有关执行和长指令的实现细节，请参见第 8、9 章。

有关写回的实现细节，请参见第 10 章。

有关访存的实现细节，请参见第 11 章。

若需要访问外部存储器，均需通过 BIU 完成，有关 BIU 的实现细节，请参见第 12 章。

有关 NICE 协处理器的更多信息，请参见第 16 章。

6.5.2　流水线中的冲突

蜂鸟 E203 处理器核流水线中的冲突处理（包括资源冲突和数据冲突）主要在 EXU 中解决，请参见 8.3.7 节以了解更多实现细节。

6.6　小结

蜂鸟 E203 处理器核的设计目标是超低功耗嵌入式处理器核，因此为了兼顾功耗和性能，采用了以两级按序流水线为主体、辅以其他组件、流水线长度可变的一套小巧而有特点的流水线结构，既实现了低功耗的目标，又达到了一定的性能。

本章仅对蜂鸟 E203 处理器的流水线总体结构加以概述，读者可以通过阅读后续章节来进一步理解蜂鸟 E203 处理器设计的精髓。

第 7 章 万事开头难——
一切从取指令开始

万事开头难

上一章介绍了处理器流水线的总体结构，处理器流水线中第一步是取指。所谓"万事开头难"，本章将简要介绍处理器的"取指"功能，并介绍蜂鸟 E203 处理器核取指单元（Instruction Fetch Unit，IFU）的微架构和源码分析。

7.1 取指概述

7.1.1 取指特点

处理器执行的汇编指令流示例如图 7-1 所示。每条指令在存储器空间中所处的地址称为它的 PC（Program Counter）。取指是指处理器核将指令从存储器中读取出来的过程（按照其指令 PC 值对应的存储器地址）。

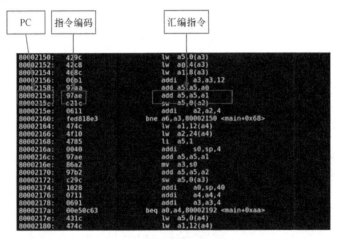

图 7-1　汇编指令流示例

取指的终极目标是以最快的速度且连续不断地从存储器中取出指令供处理器核执行，核心要点是"快"和"连续不断"。为了达到这两个目标，本节先分析常规 RISC 架构汇编指令流的特点。

对于非分支跳转指令，如图 7-1 所示，PC 列中 0x80002150 至 0x8000215e 的指令都是非分支跳转指令，处理器需要按顺序执行这些指令，PC 值逐条指令增加。因此处理器在取指的过程中可以按顺序从存储器中读取出指令。

对于分支跳转指令，处理器执行了这条指令后，如果该跳转指令的条件成立，需要发生跳转，则会跳转至另外一个不连续的 PC 值处。如图 7-1 所示，对于 PC 值为 0x80002160 的 bne 指令，如果 a6 和 a3 寄存器中的值不相等，则需要发生跳转到 PC 值为 0x80002150

的指令。因此，在取指的过程中，处理器理论上也需要从新的 PC 值对应的存储器地址读取出指令。

指令的编码长度可以不相等。如图 7-1 所示，有的指令的编码长度是 16 位，而有的指令的编码长度是 32 位。对于长度为 32 位的指令，其对应的 PC 地址可能与 32 位地址不对齐，图 7-1 中 PC 值为 0x8000217a 的 32 位指令所处的存储器地址（0x8000217a）便与 32 位地址不对齐（无法被 4 整除）。

综上，结合 RISC 架构汇编指令流的特点，处理器要以"快"和"连续不断"的标准从存储器中取出指令，就需要能够做到如下两点。

- 对于非分支跳转指令，能够按顺序将其从存储器中快速读取出来，即使是地址不对齐的 32 位指令，也最好能够连续不断地在每个时钟周期读出一条完整指令。
- 对于分支跳转指令，能够快速地判定其是否需要跳转。如果需要跳转，则从新的 PC 地址处快速取出指令，即使是地址不对齐的 32 位指令，也最好能够在一个时钟周期读出一条完整指令。

下一节将分别予以论述。

7.1.2 如何快速取指

为了能够以更快的速度从存储器中取出指令，首先需要保证存储器的读延迟足够小。不同的存储器类型有不同的延迟，片外的 DDR 存储器或者闪存可能需要几十个时钟周期的延迟，片上的 SRAM 也可能需要几个时钟周期的延迟。为了能够使处理器核以最快的速度取指，通常使用指令紧耦合存储器（Instruction Tightly Coupled Memory，ITCM）和指令缓存（Instruction Cache）。

指令紧耦合存储器是指配置一段较小容量（一般几兆字节）的存储器（通常使用 SRAM），用于存储指令，且在物理上离处理器核很近而专属于处理器核，因此能够实现很小的访问延迟（通常一个时钟周期）。

ITCM 的优点是实现非常简单，容易理解，且能保证实时性。

ITCM 的缺点是由于使用地址区间寻址，因此无法像缓存（cache）那样映射无限大的存储器空间。同时，为了保证足够小的访问延迟，无法将容量做到很大（否则无法在一个时钟周期访问 SRAM 或芯片无法容纳过大的 SRAM），因此 ITCM 只能用于存放容量大小有限的关键指令。

指令缓存是指利用软件程序的时间局部性和空间局部性，将容量巨大的外部指令存储器空间动态映射到容量有限的指令缓存中，将访问指令存储器的平均延迟降低到最低。

由于缓存的容量是有限的，因此访问缓存存在着相当大的不确定性。一旦缓存不命中（cache miss），就需要从外部的存储器中存取数据，这会造成较长的延迟。在实时性要求高的场景中，处理器必须能够实时响应。如果使用了缓存，则无法保证这一点。

大多数极低功耗处理器应用于实时性较高的场景，因此通常使用延迟确定的 ITCM。

此外，缓存几乎是处理器微架构中最复杂的部分之一，请参见 11.1.1 节以了解更多信息。有关缓存的知识以及设计技巧几乎可以单独成书，限于篇幅，在此不做赘述，感兴趣的读者可以参见维基百科。

7.1.3 如何处理地址不对齐的指令

连续不断是处理器取指的另一个目标。如果处理器在每一个时钟周期都能够取出一条指令，就可以源源不断地为处理器提供后续指令流，而不会出现空闲的时钟周期。

但是，不管是从指令缓存，还是从 ITCM 中取指令，若处理器遇到了一条地址不对齐的指令，则会给连续不断取指造成困难，因为 ITCM 和指令缓存的存储单元往往使用 SRAM，而 SRAM 的读端口往往具有固定宽度。以位宽为 32 位的 SRAM 为例，它在一个时钟周期只能读出一个（地址与 32 位对齐）32 位的数据。假设一条 32 位长的指令处于地址不对齐的位置，则意味着需要分两个时钟周期读出两个 32 位的数据，然后各取其一部分并拼接成真正需要的 32 位指令，这样就需要花费至少两个时钟周期才能够取出一条指令。

如何才能使处理器将地址不对齐的指令在一个时钟周期内取出？这个问题对于普通指令和分支跳转指令需要分别论述。

1．普通指令的地址不对齐

对于普通指令按顺序取指（地址连续增长）的情形，使用剩余缓冲区（leftover buffer）保存上次取指令后没有用完的位，供下次使用。假设从 ITCM 中取出一个 32 位的指令字，但是只用了它的低 16 位，这种情形可能是以下两种原因造成的。

- 只需要使用此次取出的 32 位中的低 16 位和上一次取出的高 16 位以组成一条 32 位指令。
- 这条指令的长度本身就是 16 位，因此只需要取出低 16 位。

此次没有使用到的高 16 位则可以暂存于剩余缓冲区中，待下一个时钟周期取出下一个 32 位的指令字之后，拼接出新的 32 位指令字。

2．分支跳转指令的地址不对齐

对于分支跳转指令而言，如果跳转的目标地址与 32 位地址不对齐，且需要取出一个 32 位的指令字，上述剩余缓存就无济于事了（因为剩余缓冲区只有在按顺序取指时，才能预存上次没有用完的指令字）。因此，常见的实现方式是使用多体（bank）化的 SRAM 进行指令存储。以常见的奇偶交错方式为例，使用两块 32 位宽的 SRAM 交错地进行存储，两个连续的 32 位指令字将会分别存储在两块不同的 SRAM 中。这样对于地址不与 32 位地址对齐的指令，则在一个时钟周期可以同时访问两块 SRAM，取出两个连续的 32 位指令字，然后各取其一部分并拼接成真正需要的 32 位指令字。

7.1.4 如何处理分支指令

1. 分支指令类型

在论述如何处理分支指令之前，本节有必要对 RISC 架构处理器的分支指令类型进行介绍。接下来，介绍常见的分支指令。

无条件跳转/分支（unconditional jump/branch）指令是指（不需要判断条件）一定会发生跳转的指令。按照跳转的目标地址计算方式，无条件跳转/分支指令分为以下两种。

- 无条件直接跳转/分支（unconditional direct jump/branch）指令。此处的"直接"是指跳转的目标地址从指令编码中的立即数可以直接计算。RISC-V 架构中的 jal（jump and link）指令便属于无条件直接跳转指令。例如，在"jal x5, offset"中，jal 使用编码在指令字中的 20 位立即数（有符号数）作为偏移量（offset）。该偏移量乘以 2，然后与当前指令所在的地址相加，得到最终的跳转目标地址。
- 无条件间接跳转/分支（unconditional indirect jump/branch）指令。此处的"间接"是指跳转的目标地址需要从寄存器索引的操作数中计算出来。RISC-V 架构中的 jalr（jump and link-register）指令便属于无条件间接跳转指令。例如，在"jalr x1, x6, offset"中，jalr 使用编码在指令字中的 12 位立即数（有符号数）作为偏移量，与 jalr 的另外一个寄存器索引的操作数（基地址寄存器）相加得到最终的跳转目标地址。

带条件跳转/分支（conditional jump/branch）指令是指需要根据判断条件决定是否发生跳转的指令。按照跳转的目标地址计算方式，带条件跳转/分支指令分为以下两种。

- 带条件直接跳转/分支（conditional direct jump/branch）指令。此处的"直接"是指跳转的目标地址从指令编码中的立即数可以直接计算。以 RISC-V 架构为例，它有 6 条带条件分支（conditional branch）指令，这种带条件的分支指令与普通的运算指令一样直接使用两个整型操作数，然后对其进行比较。如果比较的条件满足，则进行跳转。
- 带条件间接跳转/分支（conditional indirect jump/branch）指令。此处的"间接"是指跳转的目标地址需要从寄存器索引的操作数中计算出来。然而，RISC-V 架构中没有此类型指令。

对于带条件跳转/分支指令而言，流水线在取指令阶段无法得知该指令的条件是否成立，因此无法决定是跳还是不跳，理论上指令只有在执行阶段完成之后，才能够解析出最终的跳转结果。假设处理器将取指暂停，一直等到执行阶段完成才继续取指，则会造成大量的流水线空泡周期，从而影响性能。

为了提高性能，现代处理器的取指单元一般会采用分支预测（branch prediction）技术。通俗来讲，分支预测需要解决两个方面的问题。

- 预测分支指令是否真的需要跳转？这简称为预测"方向"。
- 如果跳转，跳转的目标地址是什么？这简称为预测"地址"。

取指时使用预测出的方向和地址进行取指令的行为称为预测取指（speculative fetch），对预取的指令进行执行称为预测执行（speculative execution）。处理器的微架构经过几十年的发展，已经形成了非常成熟的分支预测硬件实现方法，下面予以介绍。

2．预测方向

对方向的预测可以分为静态预测和动态预测两种。

静态预测是最简单的方向预测方法，它不依赖任何曾经执行过的指令信息和历史信息，而仅依靠这条分支指令本身的信息进行预测。

最简单的静态预测方法是总预测分支指令不会发生跳转，因此取指单元便总是顺序取分支指令的下一条指令。在执行阶段之后，如果发现需要跳转，则会冲刷流水线（flush pipeline），重新进行取指。有关冲刷流水线的介绍，请参见 9.1.1 节。早期的处理器流水线（以 MIPS 5 级流水线为例）往往在第 1 级取指，然后在第 2 级译码并对分支的真正结果进行判断，因此冲刷流水线后重新取指令需要两个时钟周期。

为了弥补冲刷流水线造成的性能损失，很多早期的 RISC 架构使用了分支延迟槽（delay slot）。最具有代表性的是 MIPS 架构，很多经典的计算机体系结构教材均使用 MIPS 对分支延迟槽进行介绍。分支延迟槽是指在每一条分支指令后面紧跟的一条或者若干条指令不受分支跳转的影响，不管分支是否跳转，后面的几条指令都一定会执行。分支指令后面的几条指令所在的位置便称为分支延迟槽。由于分支延迟槽中的指令永远执行而不用丢弃、不用重取，因此它不会受到冲刷流水线的影响。

另一种常见的静态预测方法是 BTFN（Back Taken，Forward Not Taken）预测，即对于向后的跳转预测为跳，对于向前的跳转则预测为不跳。向后的跳转是指跳转的目标地址（PC 值）比当前分支指令的 PC 值要小。这种 BTFN 方法的依据是在实际的汇编程序中分支向后跳转的情形要多于向前跳转的情形，如常见的 for 循环生成的汇编指令往往使用向后跳转的分支指令。

动态预测是指依赖已经执行过的指令的历史信息和分支指令本身的信息综合进行"方向"预测。

最简单的分支方向动态预测器为一位饱和计数器（1-bit saturating counter），每次分支指令执行之后，便使用此计数器记录上次的方向。其预测机制是下一次分支指令永远采用上一次记录的"方向"作为本次预测的方向。这种预测器结构最简单，但是预测精度不如两位饱和计数器（2-bit saturating counter）。

两位饱和计数器是最常见的分支方向动态预测器，每次分支指令执行之后，其对应的状态机转换如图 7-2 所示。

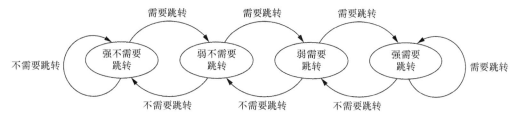

图 7-2 两位饱和计数器的状态机转换

当目前状态为强不需要跳转（strongly not taken）或者弱不需要跳转（weakly not taken）时，预测该指令的方向为不需要跳转（not taken）；当目前状态为弱需要跳转（weakly taken）或者强需要跳转（strongly taken）时，预测该指令的方向为需要跳转（taken）。

每次预测出错之后便会向着相反的方向更改状态机状态，例如，如果当前状态为强需要跳转，会预测为需要跳转，但是实际结果是不需要跳转，则需要将状态机的状态更新为弱需要跳转。

由于总共有 4 个状态，如从强需要跳转状态需要连续两次预测错误后，才能变到弱不需要跳转，因此两位饱和计数器具有一定的切换缓冲，它在复杂程序流中的预测精度比简单的一位饱和计数器具有更高的精度。

两位饱和计数器对于预测一条分支指令很有效，但是处理器执行的指令流中存在着众多的不同分支指令（对应不同的 PC 值）。假设只使用一个两位饱和计数器，在任何分支指令执行时均进行更新，那么必然会互相冲击，预测的结果会很不理想。最理想的情况是为每一条分支指令都分配专有的两位饱和计数器，并对其进行预测，但是指令数目众多（32 位架构理论上有 4GB 的地址空间），不可能提供巨量的两位饱和计数器（硬件资源开销无法接受），所以只能够使用有限个两位饱和计数器组织成一个表格，然后对于每条分支指令使用某种寻址方式来索引某个表项的两位饱和计数器。由于表项数目有限而指令数目众多，因此很多不同的分支指令都会不可避免地指向同样的表项，这种问题称为别名（aliasing）重合。

目前一般使用各种不同的动态分支预测算法，通俗地讲就是通过采用不同的表格组织方式（控制表格的大小）和索引方式（控制别名重合问题），来提供更高的预测精准率。接下来，介绍常见的算法。

最简单的方式是直接将有限个"两位饱和计数器"组织成一维的表格，该表格称为预测器表格（predictor table），并直接使用 PC 值的一部分进行索引。例如，若使用 PC 的后 10

位作为索引，则仅需要维护包含 1000 个表项的表格。

这种方法称为一级预测器，所谓"一级"是指其索引仅仅采用指令本身的 PC 值。

该方法虽然简单易行，但是索引机制过于简单，很多不同的分支指令会指向同样的表项（如低 10 位相同但是高位不相同的 PC）。由于没有考虑到分支指令的上下文执行历史，因此分支预测的精度不如两级预测器。

两级预测器也称为基于相关性的分支预测器（correlation-based branch predictor）。对于每条分支指令而言，将有限个两位饱和计数器组织成模式历史表（Pattern History Table，PHT）。使用该分支的跳转历史（branch history）作为 PHT 的索引。如图 7-3 所示，假设用 n 位记录其历史（1 表示需要跳转，0 表示不需要跳转），则可以索引 2^n 个表项。

分支历史（branch history）又可以分为局部历史（local history）和全局历史（global history）。局部历史是指每条分支指令自己的跳转历史，而全局历史是指所有分支指令的跳转历史。

局部分支预测器（local branch predictor）会使用分立的局部历史缓冲区（local history buffer）来保存不同分支指令的跳转历史，每个局部历史缓冲区有自己对应的 PHT。对于每条分支指令而言，先索引其对

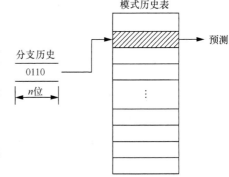

图 7-3　使用分支历史索引 PHT

应的局部历史缓冲区，然后使用局部历史缓冲区中的历史值索引其对应的 PHT。

全局分支预测器（global branch predictor）则仅使用所有分支指令共享的全局历史缓冲区（shared global history buffer）。全局分支预测器的一个很明显的弊端是它无法区分每个分支指令的跳转历史，不同的指令会互相冲击，但是它的优势是比较节省资源。因此全局分支预测器只有在 PHT 容量非常大时，才能体现出其优势。PHT 容量越大，全局分支预测器的优势越明显。

最有代表性的全局分支预测算法是 Gshare 和 Gselect。

GShare 是 Scott Mcfarling 于 1993 年提出的一种动态分支预测算法，在很多现代的处理器中采用。Gshare 算法将分支指令的 PC 值的一部分和共享的全局历史缓冲区进行"异或"运算，然后用运算结果作为 PHT 的索引。

Gselect 算法将分支指令的 PC 值的一部分和共享的全局历史缓存直接进行"拼接"运算，然后使用运算结果作为 PHT 的索引。

3. 预测地址

对于直接跳转/分支指令，分支的目标地址需要使用当前的 PC 值和取回的指令字中的立即数进行加法运算；而对于间接跳转/分支指令，由于分支的目标地址需要使用寄存器索引

的操作数（基地址寄存器）和指令字中的立即数进行加法运算，因此只能在流水线的执行阶段计算出分支的目标地址。在现代高速的处理器中，这些都是不可能在一个时钟周期内完成的。在高速的处理器中连续取下一条指令之前，甚至连译码判断当前取到的指令是否属于分支指令都无法及时在一个时钟周期内完成。

因此，为了能够连续不断地取指，需要预测分支的目标地址。接下来，介绍常见的技术。

分支目标缓冲区（Branch Target Buffer，BTB）技术是指使用容量有限的缓冲区保存最近执行过的分支指令的 PC 值，以及它们的跳转目标地址。对于后续需要取指的每条 PC 值，将其与 BTB 中存储的各个 PC 值进行比较，如果二者匹配，则预测这是一条分支指令，并使用其存储的跳转目标地址作为预测的跳转地址。

BTB 是一种最简单快捷的地址预测方法，但是其缺点之一是 BTB 容量不能太大，否则面积和时序都无法接受。

BTB 的另一个缺点是它对于间接跳转/分支指令的预测效果并不理想。这主要由于间接跳转/分支指令的目标地址是使用寄存器索引的操作数（基地址寄存器）计算的，而寄存器中的值随着程序执行可能每次都不一样，因此 BTB 中存储的上一次跳转的目标地址并不一定等于本次跳转的目标地址。

返回地址栈（Return Address Stack，RAS）技术是指使用容量有限的硬件栈（一种"先进后出"的结构）来存储函数调用的返回地址。

在 RISC-V 架构中，间接跳转/分支指令可以用于函数的调用和返回。而函数的调用和返回在程序中往往是成对出现的，因此可以在调用函数（使用分支跳转指令）时将当前 PC 值加 4（或者 2）。即将函数顺序执行的下一条指令的 PC 值压入 RAS 中，等到函数返回（使用分支跳转指令）时将 RAS 中的值弹出，这样就可以快速地为该函数返回的分支跳转指令预测目标地址。

只要程序在正常执行，其函数的调用和返回成对出现，RAS 就能够提供较高的预测准确率。当然，由于 RAS 的深度有限，如果程序中出现很多函数嵌套，需要不断地压入栈，造成栈溢出，则会影响到预测准确率，硬件需要专门处理该情形。

间接 BTB（indirect BTB）是指专门为间接跳转/分支指令而设计的 BTB，它与普通 BTB 类似，存储较多历史目标地址，但是通过高级的索引方法进行匹配（而不是简单的 PC 值比较）。间接 BTB 结合了 BTB 和两级动态预测器的技术，能够提供较高的跳转目标地址预测成功率。但其缺点是硬件开销非常大，只有在高级的处理器中才会使用。

其他的技术也能够提高间接跳转/分支指令的跳转目标地址预测成功率，在此不做赘述。

4．其他拓展

本书仅对分支预测常见的技术进行了简介。分支预测是处理器微架构中非常重要且比较复杂的内容，若要详细阐述，需要数十页篇幅。很多处理器体系结构的教材详述了分支预测，本书不做赘述。推荐读者阅读维基百科中关于分支预测的词条网页（请在维基百科中搜索 "Branch_predictor"）。

7.2 RISC-V 架构特点对于取指的简化

由上一节可知，取指是处理器微架构中一个比较关键且复杂的部分。第 2 章探讨过 RISC-V 架构追求简化硬件的理念。对于取指而言，RISC-V 架构的如下特点可以大幅简化其硬件实现。

- 规整的指令编码格式。
- 指令长度指示码放于低位。
- 简单的分支跳转指令。
- 没有分支延迟槽指令。
- 提供明确的静态分支预测依据。
- 提供明确的 RAS 依据。

对于上述特点，本节分别予以论述。

7.2.1 规整的指令编码格式

取指时如果能够尽快译码出当前取出的指令类型（如是否属于分支跳转指令），将有利于加快取指逻辑的实现。RISC-V 架构的指令集编码非常规整，可以非常便捷地译码出指令的类型及其使用的操作数寄存器索引（index）或者立即数，从而简化硬件设计。

7.2.2 指令长度指示码放于低位

为了提高代码密度，RISC-V 定义了一种可选的压缩（compressed）指令子集，由字母 C 表示。如果支持此压缩子集，就会有 32 位和 16 位指令混合在一起的情形。

为了支持 16 位指令的取出，取指逻辑每取一条指令之后需要以最快的速度译码并判断出当前指令是 16 位还是 32 位长。得益于后发优势和多年来处理器发展的教训，RISC-V 架构的开发者预先考虑了这个问题。如图 7-4 所示，所有的 RISC-V 指令编码的低几位专门用于表示指令的长度。将指令长度指示码放在指令的低位，可以方便取指逻辑在顺序取指的过程中以最快的速度译码出指令的长度，极大地简化硬件设计。例如，取指逻辑在仅取到 16 位指令字时，就可以进行译码并判断当前指令是 16 位长还是 32 位长，而无须等待另外一半的 16 位指令字取到之后才开始译码。

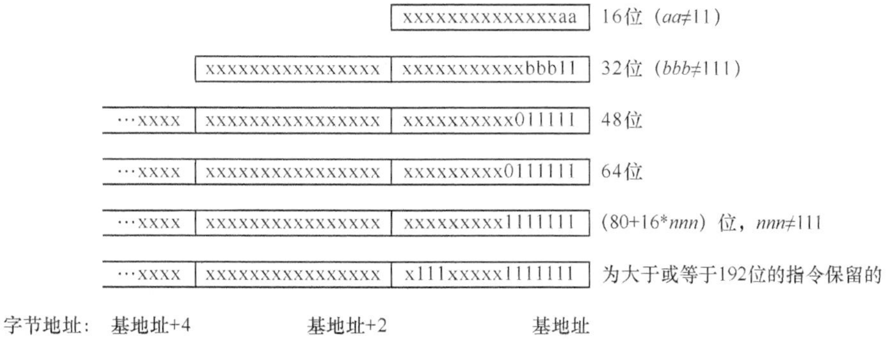

图 7-4　RISC-V 指令长度的编码信息

另外，由于 16 位的压缩指令子集是可选的，假设处理器不支持此压缩指令子集而仅支持 32 位指令，那么将指令字的低 2 位忽略并且不存储（因为它肯定为 11），可以节省 6.25%的指令缓存（I-cache）的开销。

注意： 从图 7-4 中可以看出，RISC-V 架构甚至可以支持 48 位和 64 位等不同的指令长度，但是这些均属于非必需的罕见指令，本书对其不做介绍。

7.2.3　简单的分支跳转指令

RISC-V 架构的基本整数指令子集中的分支跳转指令如表 7-1 所示。

表 7-1　RISC-V 架构的基本整数指令子集中的分支跳转指令

分　　组	指　　令	描　　述
无条件直接跳转/ 分支指令	jal	• jal（jump and link）指令的汇编示例有 "jal x5, offset" • jal 指令一定会发生跳转，它使用编码在指令字中的 20 位立即数（有符号数）作为偏移量。该偏移量乘以 2，然后与当前指令所在的地址相加，得到最终的目标地址 • jal 指令将下一条指令的 PC（当前指令 PC+4）值写入其结果寄存器
无条件间接跳转/ 分支指令	jalr	• jalr（jump and link register）指令的汇编示例有 "jalr x1, x6, offset" • jalr 指令一定会发生跳转，它使用编码在指令字中的 12 位立即数（有符号数）作为偏移量，与 jalr 的另外一个寄存器索引的操作数（基地址寄存器）相加，得到最终的跳转目标地址 • jalr 指令将下一条指令的 PC（当前指令 PC+4）值写入其结果寄存器
带条件直接跳转/ 分支指令	beq	若两个整型操作数相等，则跳转
	bne	若两个整数不相等，则跳转
	blt	若第一个有符号数小于第二个有符号数，则跳转
	bltu	若第一个无符号数小于第二个无符号数，则跳转
	bge	若第一个有符号数大于或等于第二个有符号数，则跳转
	bgeu	若第一个无符号数大于或等于第二个无符号数，则跳转

RISC-V 架构有两条无条件跳转指令——jal 与 jalr 指令。jal 指令可以用于进行子程序调用，同时将子程序返回地址存放在 jal 指令的结果寄存器（链接寄存器）中。jalr 指令可以用于从子程序返回，若将 jal 指令（跳转进入子程序）中的链接寄存器用作 jalr 指令的基地址寄存器，则可以从子程序返回。

RISC-V 架构有 6 条带条件分支指令，这种带条件分支指令与普通的运算指令一样，直接使用两个整型操作数，然后对其进行比较。如果比较的条件满足，则进行跳转，因此这将比较与跳转两个操作在一条指令中完成。这种带条件分支指令使用 12 位的有符号数作为偏移量。该偏移量乘以 2 后与当前指令所在的地址相加，得到最终的目标地址。

对于带条件分支的跳转功能，RISC 架构的很多其他处理器需要使用两条独立的指令。第一条指令使用比较（compare）指令，比较的结果被保存到状态寄存器中。第二条指令使用跳转指令，若前一条指令保存在状态寄存器当中的比较结果为真，则进行跳转。相比而言，RISC-V 架构将比较与跳转两个操作放到一条指令中的方式不但减少了指令的条数，而且在硬件设计上更加简单。

RISC-V 架构中 16 位压缩指令子集也定义了若干分支跳转指令，如表 7-2 所示。但是，RISC-V 架构的一个精妙之处在于其 16 位的指令一定能够对应一条 32 位的等效指令，分支跳转指令也不例外，因此功能与基本整数指令子集中的分支跳转指令一致，在此不再赘述。

表 7-2　RISC-V 架构中 16 位压缩指令子集定义的分支跳转指令

分　　组	指　　令	等效的 32 位指令
无条件直接跳转/分支指令	c.j	jal x0, offset[11:1]
无条件直接跳转/分支指令	c.jal	jal x1, offset[11:1] 注意，由于 c.jal 的指令长度是 16 位，因此下一条指令的 PC 值为当前 PC 值加 2
无条件间接跳转/分支指令	c.jr	jalr x0, rs1, 0
无条件间接跳转/分支指令	c.jalr	jalr x1, rs1, 0 注意，由于 c.jal 的指令长度是 16 位，因此下一条指令的 PC 值为当前 PC 值加 2
带条件直接跳转/分支指令	c.beqz	beq rs1, x0, offset[8:1]
带条件直接跳转/分支指令	c.bnez	bne rs1, x0, offset[8:1]

7.2.4　没有分支延迟槽指令

若每一条分支指令后面紧跟的一条或者若干条指令不受分支跳转的影响，不管分支是否跳转，后面的几条指令都会执行，这些指令所在的位置便称为分支延迟槽。由于分支延迟槽中的指令永远执行而不用被丢弃且不用重取，因此它不会受到流水线冲刷的影响，也降低了对分支预测精度的要求。很多早期的 RISC 架构使用了分支延迟槽的技术，最具有代表性的便是 MIPS 架构，很多经典的计算机体系结构教材介绍过分支延迟槽。

分支延迟槽在早期的 RISC 架构中被采用，主要是因为早期的 RISC 处理器流水线比较简单，没有使用高级的硬件动态分支预测器，使用分支延迟槽能够取得可观的效果。然而，这种分支延迟槽使得处理器的硬件设计变得极别扭，尤其是取指部分的硬件设计将会比较复杂。

RISC-V 架构放弃了分支延迟槽，RISC-V 架构的开发者认为放弃分支延迟槽的得大于失。因为现代的高性能处理器的分支预测算法精度已经非常高，由强大的分支预测电路保证处理器能够准确地预测跳转，达到高性能。而对于低功耗、小面积的处理器，选择非常简单的电路进行实现，由于无须支持分支延迟槽，因此硬件大幅简化，同时进一步降低功耗，优化时序。

7.2.5　提供明确的静态分支预测依据

静态分支预测是一种最简单的预测技术，但是静态分支预测往往预测向后跳转（或者向前跳转）为需要跳转。如果软件实际执行中未必如此，则会造成预测失败。

RISC-V 架构文档明确规定，编译器生成的代码应该尽量优化，使向后跳转的分支指令比向前跳转的分支指令有更大的跳转概率。因此，对于使用静态预测的低端处理器，开发人员可以保证其行为和软件行为匹配，最大化地提高静态预测的准确率。

7.2.6　提供明确的 RAS 依据

RAS 可以用于函数返回地址的预测，这是目前处理器设计的常用技术。但是 RAS 需要能够明确地判定什么指令属于函数调用类型的分支跳转指令以进行入栈，判断什么指令属于"函数返回"类型的分支跳转指令以进行出栈。

RISC-V 架构文档明确规定，如果使用 jal 指令且目标寄存器索引值 rd 等于 x1 寄存器的值或者 x5 寄存器的值，则需要进行入栈；如果使用 jalr 指令，则按照使用的寄存器值（rs1 和 rd）的不同，明确规定了相应的入栈或者出栈行为，如图 7-5 所示（注意，图中的 link 表示 x1 寄存器的值或者 x5 寄存器的值）。

rd	rsl	rsl=rd	RAS操作
!link	!link	—	无
!link	link	—	出栈
link	!link	—	入栈
link	link	0	入栈与出栈
link	link	1	入栈

图 7-5　RISC-V 架构中对 jalr
指令规定的 RAS 操作

通过在架构文档中明确规定，并规定软件编译器必须按照此原则生成汇编代码，开发人员能够保证硬件的行为和软件匹配，从而最大化地提高 RAS 的预测准确性。

7.3 蜂鸟 E203 处理器的取指实现

蜂鸟 E203 处理器核的取指子系统在流水线中的位置如图 7-6 中的圆形区域所示，取指子系统主要包括取指令单元（Instruction Fetch Unit，IFU）和 ITCM。

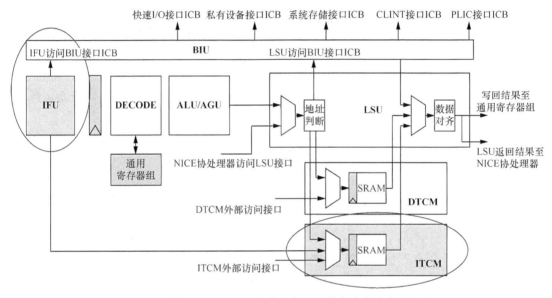

图 7-6　蜂鸟 E203 处理器核的取指子系统在流水线中的位置

7.3.1　IFU 总体设计思路

蜂鸟 E203 处理器核的 IFU 微架构如图 7-7 所示，它主要包括如下功能。
- 对取回的指令进行简单译码。
- 简单的分支预测。
- 生成取指的 PC。
- 根据 PC 的地址访问 ITCM 或 BIU（地址判断和 ICB 控制）。

IFU 在取出指令后，会将其放置于和 EXU 连接的指令寄存器（Instruction Register，IR）中；该指令的 PC 值也会放置于和 EXU 连接的 PC 寄存器中。EXU 将使用此 IR 和 PC 进行后续的操作。有关 EXU 的实现细节，请参见第 8 章。

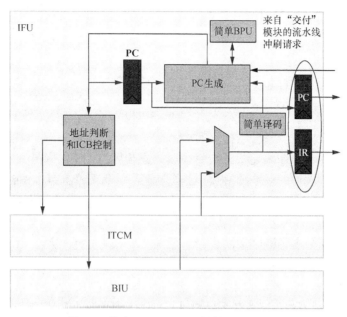

图 7-7 蜂鸟 E203 处理器核的 IFU 微架构

如前所述，取指令的要点是"快"和"连续不断"。

针对"快"，蜂鸟 E203 处理器的设计理念如下。

- 蜂鸟 E203 处理器假定绝大多数的取指发生在 ITCM 中，这种假定具有合理性。因为蜂鸟 E203 处理器是面向嵌入式、超低功耗场景设计的小面积处理器，没有使用指令缓存，主要使用 ITCM 进行存储以满足实时性的要求。这种级别的嵌入式处理器核的代码量不大，往往可以全部在 ITCM 中执行。

- 蜂鸟 E203 处理器的 ITCM 使用单周期访问的 SRAM，即该处理器在一个周期内就可以从 ITCM 中取回一条指令。因此假设指令存放于 ITCM 中，从 ITCM 中取指理论上可以做到"快"。

- 对于某些特殊情况，指令需要从外部存储器中读取（例如，系统上电后的引导程序可能需要从外部闪存中读取）。此时，IFU 需要通过 BIU 使用系统存储接口访问外部的存储器，访问不可能在单个时钟周期内完成。因此，对于外部存储器的取指，蜂鸟 E203 处理器无法做到"快"。但是如前所述，蜂鸟 E203 处理器假定绝大多数的取指发生在 ITCM 中，对于这种外部存储器的访问非常少，因此对这种情况不做优化。

- 运行于蜂鸟 E203 处理器上的软件也应该尽量利用"绝大多数的取指发生在 ITCM 中"的假定，尽可能发挥蜂鸟 E203 处理器核的性能。

针对"连续不断"，蜂鸟 E203 处理器的设计思路如下。

- 为了能够连续不断地取指令，需要在每个时钟周期都能生成下一条待取指令的 PC 值，因此需要判别本指令的类型是普通指令还是分支跳转指令。理论上，这需要对当前取回的指令进行译码。
- 蜂鸟 E203 处理器的 IFU 选择直接将取回的指令在同一个时钟周期内进行部分译码（即简单译码）。如果译码的信息指示当前指令为分支跳转指令，则 IFU 直接在同一个时钟周期内进行分支预测（使用简单 BPU）。最后，使用译码得出的信息和分支预测的信息生成下一条待取指令的 PC。
- 由于在一个时钟周期内完成了指令读取（假设从 ITCM 中取指）、部分译码、分支预测和生成下一条待取指令的 PC 等连贯操作，因此理论上可以做到"连续不断"。
- 当然，由于在一个时钟周期内完成了上述众多步骤，时序上的关键路径可能会制约蜂鸟 E203 处理器能达到的最高主频。一方面，得益于 RISC-V 架构的简单性，指令的部分译码和分支预测造成的逻辑延迟并不算太大；另一方面，蜂鸟 E203 处理器的设计理念强调超低功耗和小面积，对于最高主频适当放弃。

取指令需要使用到分支预测技术，针对分支预测，蜂鸟 E203 处理器的设计理念如下。

- 蜂鸟 E203 处理器作为一款面向超低功耗的处理器，分支预测采用最简单的静态预测。
- 由于 RISC-V 架构文档明确提供了静态预测的依据，因此蜂鸟 E203 处理器的静态预测对于向后跳转的条件分支指令预测为真的跳转，而对于向前跳转的条件分支指令预测为不需要跳转。

下一节对 IFU 的不同子模块予以论述。

7.3.2　简单译码

简单译码模块主要用于对取回的指令进行译码。

简单译码的相关源代码在 e203_hbirdv2 目录中的结构如下。关于 GitHub 网站上 e203_hbirdv2 开源项目的完整代码层次结构，请参见 17.1 节。

```
e203_hbirdv2
    |----rtl                          //存放 RTL 的目录
        |----e203                     //E203 处理器核和 SoC 的 RTL 目录
            |----core                 //存放 E203 处理器核的 RTL 代码
                |----e203_ifu_minidec.v   //简单译码模块
```

之所以称为简单译码，是因为此处的译码并不需要完整译出指令的所有信息，而只需要译出 IFU 所需的部分指令信息，这些信息包括此指令是属于普通指令还是分支跳转指令、分支跳转指令的类型和细节。

简单译码模块内部例化、调用一个完整的译码模块，但是将其不相关的输入信号接零，将输出信号悬空，从而使综合工具将完整译码模块中无关逻辑优化掉。之所以使用这种方式，是因为我们只想维护译码模块的一份源代码，而不是分别写一个完整译码模块和一个简单译码模块，从而避免两头维护同一个模块而出错的情形（在工程中，修改了一份文件而忽略了另外一份文件造成功能出错的情形时有发生）。

简单译码模块的相关源代码片段如下所示。

```verilog
//e203_ifu_minidec.v 的源代码片段

module e203_ifu_minidec(

  //////////////////////////////////////////////////////////
  input  ['E203_INSTR_SIZE-1:0] instr, //对输入进行部分译码

  //////////////////////////////////////////////////////////

  output dec_rs1en,
  output dec_rs2en,
  output ['E203_RFIDX_WIDTH-1:0] dec_rs1idx,
  output ['E203_RFIDX_WIDTH-1:0] dec_rs2idx,

…

  output dec_rv32, //指示当前指令为 16 位还是 32 位
  output dec_bjp,  //指示当前指令属于普通指令还是分支跳转指令
  output dec_jal,  //属于 jal 指令
  output dec_jalr, //属于 jalr 指令
  output dec_bxx,  //属于 bxx 指令（beq、bne 等带条件分支指令）
  output ['E203_RFIDX_WIDTH-1:0] dec_jalr_rs1idx,
  output ['E203_XLEN-1:0] dec_bjp_imm

  );

//此模块内部例化、调用一个完整的译码模块，但是将其不相关的输入信号接零，将输出信号悬空，
//从而使综合工具将完整译码模块中无关逻辑优化掉
  e203_exu_decode u_e203_exu_decode(

  .i_instr(instr),
  .i_pc('E203_PC_SIZE'b0),//不相关的输入信号接零
  .i_prdt_taken(1'b0),
  .i_muldiv_b2b(1'b0),

  .i_misalgn (1'b0),
  .i_buserr  (1'b0),

  .dbg_mode  (1'b0),

  .dec_misalgn(),//不相关的输出信号悬空
  .dec_buserr(),
```

```
        .dec_ilegl(),

        .dec_rs1x0(),
        .dec_rs2x0(),
        .dec_rs1en(dec_rs1en),
        .dec_rs2en(dec_rs2en),
        .dec_rdwen(),
        .dec_rs1idx(dec_rs1idx),
        .dec_rs2idx(dec_rs2idx),
        .dec_rdidx(),
        .dec_info(),
        .dec_imm(),
        .dec_pc(),


        .dec_mulhsu(dec_mulhsu),
        .dec_mul   (dec_mul   ),
        .dec_div   (dec_div   ),
        .dec_rem   (dec_rem   ),
        .dec_divu  (dec_divu  ),
        .dec_remu  (dec_remu  ),

        .dec_rv32(dec_rv32),
        .dec_bjp (dec_bjp ),
        .dec_jal (dec_jal ),
        .dec_jalr(dec_jalr),
        .dec_bxx (dec_bxx ),

        .dec_jalr_rs1idx(dec_jalr_rs1idx),
        .dec_bjp_imm    (dec_bjp_imm    )
        );


    endmodule
```

7.3.3 简单 BPU

简单 BPU 模块主要用于对取回的指令进行简单译码后发现的分支跳转指令进行分支预测。之所以称为简单 BPU，是由于作为一款超低功耗的处理器，蜂鸟 E203 处理器只采用了最简单的静态预测，而未采用其他高级动态预测技术。简单 BPU 的相关源代码在 e203_hbirdv2 目录中的结构如下。

```
e203_hbirdv2
    |----rtl                              //存放 RTL 的目录
        |----e203                         //E203 处理器核和 SoC 的 RTL 目录
            |----core                     //存放 E203 处理器核的 RTL 代码
                |----e203_ifu_litebpu.v          //简单 BPU 模块
```

1. 带条件直接跳转指令

对于带条件直接跳转指令 bxx 指令（beq、bne 等指令），使用静态预测（对于向后跳转，预测为需要跳转；对于其他跳转，预测为不需要跳转）。简单 BPU 按照指令的定义，将其 PC 和立即数表示的偏移量相加，得到其目标地址。相关的源代码片段如下所示。

```
//e203_ifu_litebpu.v 的源代码片段

...
//如果立即数表示的偏移量为负数（符号位为 1），意味着向后跳转，预测为
//需要跳转
  assign prdt_taken   = (dec_jal | dec_jalr | (dec_bxx & dec_bjp_imm['E203_
    XLEN-1]));

//由于 PC 计算需要使用到加法器，为了节省面积，所有的 PC 计算均共享同一个加法器
//此处生成分支预测器进行 PC 计算所需的操作数，并通过共享的加法器进行计算
//如果指令是 bxx 指令，便使用它本身的 PC，生成加法器的操作数一
  assign prdt_pc_add_op1 = (dec_bxx | dec_jal) ? pc['E203_PC_SIZE-1:0]
                    : (dec_jalr & dec_jalr_rs1x0) ? 'E203_PC_SIZE'b0
                    : (dec_jalr & dec_jalr_rs1x1) ? rf2bpu_x1['E203_PC_SIZE-1:0]
                    : rf2bpu_rs1['E203_PC_SIZE-1:0];

//使用立即数表示的偏移量，生成加法器的操作数二
  assign prdt_pc_add_op2 = dec_bjp_imm['E203_PC_SIZE-1:0];

...
```

2. 无条件直接跳转指令 jal

由于无条件直接跳转指令 jal 一定会跳转，因此无须预测其跳转方向。简单 BPU 按照指令的定义，将其 PC 和立即数表示的偏移量相加，得到其目标地址。相关的源代码片段如下所示。

```
//e203_ifu_litebpu.v 的源代码片段
...

//由于计算 PC 需要使用到加法器，为了节省面积，所有的 PC 计算均共享同一个加法器
//此处生成分支预测器进行 PC 计算所需的操作数，并通过共享的加法器进行计算

//如果指令是 jal 指令，便使用它本身的 PC，生成加法器的操作数一
  assign prdt_pc_add_op1 = (dec_bxx | dec_jal) ? pc['E203_PC_SIZE-1:0]
                    : (dec_jalr & dec_jalr_rs1x0) ? 'E203_PC_SIZE'b0
                    : (dec_jalr & dec_jalr_rs1x1) ? rf2bpu_x1['E203_PC_SIZE-1:0]
                    : rf2bpu_rs1['E203_PC_SIZE-1:0];

//使用立即数表示的偏移量，生成加法器的操作数二
  assign prdt_pc_add_op2 = dec_bjp_imm['E203_PC_SIZE-1:0];

...
```

3. 无条件间接跳转指令 jalr

由于无条件间接跳转指令 jalr 一定会跳转，因此无须预测其跳转方向。jalr 的跳转目标计算所需的基地址来自其 rs1 索引的操作数，该基地址需要从通用寄存器组中读取，并且还可能和 EXU 正在执行的指令形成 RAW 数据相关性。蜂鸟 E203 处理器采用了一种比较巧妙的方案，根据 rs1 的索引值而采取不同的方案。

如果 rs1 的索引是 x0 寄存器的值，则意味着直接使用常数 0（根据 RISC-V 架构定义，x0 寄存器表示常数 0），无须从通用寄存器组中读取。相关的源代码片段如下所示。

```
//e203_ifu_litebpu.v 的源代码片段

…

//判定 rs1 的索引是否为 x0
  wire dec_jalr_rs1x0 = (dec_jalr_rs1idx == 'E203_RFIDX_WIDTH'd0);
    ……

//由于 PC 计算需要使用到加法器，为了节省面积，所有的 PC 计算均共享同一个加法器
//此处生成分支预测器进行 PC 计算所需的操作数，并通过共享的加法器进行计算

//生成加法器的操作数一
  assign prdt_pc_add_op1 = (dec_bxx | dec_jal) ? pc['E203_PC_SIZE-1:0]
              //如果指令是 jalr 指令且 rs1 为 x0 寄存器的值，便使用常数 0
                : (dec_jalr & dec_jalr_rs1x0) ? 'E203_PC_SIZE'b0
                : (dec_jalr & dec_jalr_rs1x1) ? rf2bpu_x1['E203_PC_SIZE-1:0]
                : rf2bpu_rs1['E203_PC_SIZE-1:0];

//使用立即数表示的偏移量，生成加法器的操作数二
  assign prdt_pc_add_op2 = dec_bjp_imm['E203_PC_SIZE-1:0];

…
```

如果 rs1 的索引是 x1 寄存器的值，由于 x1 寄存器作为链接寄存器用于使函数返回跳转指令，因此蜂鸟 E203 处理器对其进行专门加速，将 x1 寄存器从 EXU 的通用寄存器组中直接取出（不需要占用通用寄存器组的读端口）。为了防止正在 EXU 中执行的指令需要写回 x1 寄存器而形成 RAW 相关性，简单 BPU 不仅需要确保当前的 EXU 指令没有写回 x1 寄存器，还需要确保 OITF 为空。相关的源代码片段如下所示。

```
//e203_ifu_litebpu.v 的源代码片段

…
//判定 rs1 的索引是否为 x1 寄存器的值
  wire dec_jalr_rs1x1 = (dec_jalr_rs1idx == 'E203_RFIDX_WIDTH'd1);
…
```

//判定 x1 寄存器是否可能与 EXU 中的指令存在潜在的 RAW 相关性。在两种情况下可能出现 RAW 相关性。
//若 OITF 不为空，意味着可能有长指令正在执行，其结果可能会写回 x1 寄存器。当然，也有可能长指令

```
//写回的结果寄存器不是 x1 寄存器，但是此处我们采取简单的保守估计，对于造成的性能损失不在意
//若 IR 中指令的写回目标寄存器的索引为 x1 寄存器的值，意味着有 RAW 相关性
  wire jalr_rs1x1_dep = dec_i_valid & dec_jalr & dec_jalr_rs1x1 & ((~oitf_
  empty) | (jalr_rs1idx_cam_irrdidx));


//如果存在 RAW 相关性，则将 bpu_wait 拉高，此信号将阻止 IFU 生成下一个 PC，等待相关性解除，
//因此就性能而言，如果 x1 寄存器依赖 EXU 的 alu 指令（大多数情况下），需要等 alu 指令执行完毕并写
//回通用寄存器组后，bpu_wait 信号才会拉低进而继续取指。流水线中会因此出现 1 个周期的空泡性能损失。
//如果 x1 寄存器和 EXU 中的指令没有数据相关性，则不会造成将 bpu_wait 拉高，不会有任何的性能损失
  assign bpu_wait = jalr_rs1x1_dep | jalr_rs1xn_dep | rs1xn_rdrf_set;


//由于 PC 计算需要使用到加法器，为了节省面积，所有的 PC 计算均共享同一个加法器
//此处生成分支预测器进行 PC 计算所需的操作数，并通过共享的加法器进行计算

//生成加法器的操作数一
  assign prdt_pc_add_op1 = (dec_bxx | dec_jal) ? pc['E203_PC_SIZE-1:0]
                    : (dec_jalr & dec_jalr_rs1x0) ? 'E203_PC_SIZE'b0
           //如果指令是 jalr 指令且 rs1 为 x1 寄存器的值，便使用从通用寄存器组中直接
           //取出的 x1 寄存器的值
                    : (dec_jalr & dec_jalr_rs1x1) ? rf2bpu_x1['E203_PC_SIZE-1:0]
                    : rf2bpu_rs1['E203_PC_SIZE-1:0];

//使用立即数表示的偏移量，生成加法器的操作数二
  assign prdt_pc_add_op2 = dec_bjp_imm['E203_PC_SIZE-1:0];

...
```

如果 rs1 的索引是除 x0 寄存器和 x1 寄存器之外的其他寄存器（简称 xn）的值，蜂鸟 E203 处理器对其不进行专门加速。xn 寄存器需要使用通用寄存器组的第 1 个读端口从通用寄存器组中读取出来，因此需要判定当前第 1 个读端口是否空闲且不存在资源冲突。为了防止正在 EXU 中执行的指令需要写回 xn 寄存器而形成 RAW 相关性，简单 BPU 需要确保当前的 EXU 中没有任何指令。相关的源代码片段如下所示。

```
//e203_ifu_litebpu.v 的源代码片段

...
//判定 rs1 的索引是否是 xn 寄存器的值
  wire dec_jalr_rs1xn = (~dec_jalr_rs1x0) & (~dec_jalr_rs1x1);
...
//判定 xn 寄存器是否可能与 EXU 中的指令存在潜在的 RAW 相关性。
//若 OITF 不为空，意味着可能有长指令正在执行，其结果可能会写回 xn 寄存器。当然，也有可能长指令
//写回的结果寄存器不是 xn 寄存器，但是此处我们采取简单的保守估计，对于造成的性能损失不在意。
//若在 IR 中存在指令，意味着可能会写回 xn 寄存器
wire jalr_rs1xn_dep = dec_i_valid & dec_jalr & dec_jalr_rs1xn & ((~oitf_empty) |
(~ir_empty));
```

...

```
//需要使用通用寄存器组的第 1 个读端口从通用寄存器组中读取 xn 寄存器的值，需要判断第 1 个读端口
//是否空闲，且不存在资源冲突
//如果没有资源冲突和数据冲突，则将使用第 1 个读端口，将其使能信号置 1
  wire rs1xn_rdrf_set = (~rs1xn_rdrf_r) & dec_i_valid & dec_jalr & dec_jalr_
  rs1xn & ((~jalr_rs1xn_dep) | jalr_rs1xn_dep_ir_clr);
  wire rs1xn_rdrf_clr = rs1xn_rdrf_r;
  wire rs1xn_rdrf_ena = rs1xn_rdrf_set |  rs1xn_rdrf_clr;
  wire rs1xn_rdrf_nxt = rs1xn_rdrf_set | (~rs1xn_rdrf_clr);

  sirv_gnrl_dfflr #(1) rs1xn_rdrf_dfflrs(rs1xn_rdrf_ena, rs1xn_rdrf_nxt,
  rs1xn_rdrf_r, clk, rst_n);
```

```
//生成使用第 1 个读端口的使能信号，该信号将加载和 IR 位于同一级的 rs1 索引（index）寄存器，
//从而读取通用寄存器组
  assign bpu2rf_rs1_ena = rs1xn_rdrf_set;
```

```
//如果存在 RAW 相关性，则将 bpu_wait 置 1，不仅如此，在使用第 1 个读端口的时钟周期内
//也会将 bpu_wait 置 1。此信号将阻止 IFU 生成下一个 PC，直到相关性解除并且从通用寄存器组中
//已经读出 xn 的值，因此就性能而言，由于需要使用通用寄存器组的第 1 个读端口读取 xn 寄存器的值，
//即使没有数据相关性，最少也需要等待 1 个时钟周期
 assign bpu_wait = jalr_rs1x1_dep | **jalr_rs1xn_dep** | **rs1xn_rdrf_set**;
```

```
//由于 PC 计算需要使用到加法器，为了节省面积，所有的 PC 计算均共享同一个加法器
//此处生成分支预测器进行 PC 计算所需的操作数，并通过共享的加法器进行计算
```

```
//生成加法器的操作数一
  assign prdt_pc_add_op1 = (dec_bxx | **dec_jal**) ? **pc['E203_PC_SIZE-1:0]**
                     : (dec_jalr & dec_jalr_rs1x0) ? 'E203_PC_SIZE'b0
                     : (dec_jalr & dec_jalr_rs1x1) ? rf2bpu_x1['E203_PC_SIZE-1:0]
          //如果指令是 jalr 指令且 rs1 为 xn 寄存器的值，便使用从通用寄存器组的第 1 个
          //读端口中读取出来的 xn 寄存器的值
                     : rf2bpu_rs1['E203_PC_SIZE-1:0];
//使用立即数表示的偏移量，生成加法器的操作数二
  assign prdt_pc_add_op2 = **dec_bjp_imm['E203_PC_SIZE-1:0]**;
```

...

7.3.4 PC 生成

PC 生成逻辑用于产生下一个待取指令的 PC，PC 生成根据情形需要不同的处理方式。

- 对于复位后的第一次取指，使用蜂鸟 E203 处理器的 CPU-TOP 层输入信号 pc_rtvec

指示的值作为第一次取指的 PC 值。用户可以通过在集成 SoC 顶层时，为此信号赋予不同的值来控制 PC 的复位默认值。

- 对于顺序取指的情形，根据当前指令是 16 位指令还是 32 位指令判断自增值。如果当前指令是 16 位指令，顺序取指的下一条指令的 PC 为当前 PC 值加 2；如果是 32 位指令，则顺序取指的下一条指令的 PC 为当前 PC 值加 4。
- 对于分支指令，则使用简单 BPU 预测的目标地址。
- 对于来自 EXU 的流水线冲刷，则使用 EXU 送过来的新 PC 值。

生成 PC 的相关源代码在 e203_hbirdv2 目录中的结构如下。

```
e203_hbirdv2
    |----rtl                                    //存放 RTL 的目录
        |----e203                               //E203 处理器核和 SoC 的 RTL 目录
            |----core                           //存放 E203 处理器核的 RTL 代码
                    |----e203_ifu_ifetch.v            //包含 PC 生成的 fetch 模块
```

生成 PC 的相关源代码片段如下所示。

```
//e203_ifu_ifetch.v 的源代码片段

//如果当前指令为 32 位指令，则顺序取指的下一条指令的 PC 需要加 4；否则，加 2
  wire [2:0] pc_incr_ofst = minidec_rv32 ? 3'd4 : 3'd2;

  wire ['E203_PC_SIZE-1:0] pc_nxt_pre;
  wire ['E203_PC_SIZE-1:0] pc_nxt;

//如果当前指令是分支跳转指令，且简单 BPU 预测需要跳转，则跳转取指
  wire bjp_req = minidec_bjp & prdt_taken;

//由于 PC 计算需要使用到加法器，为了节省面积，所有的 PC 计算均共享同一个加法器
//此处选择加法器的输入

  wire ['E203_PC_SIZE-1:0] pc_add_op1 =
                        //如果跳转取指，则使用简单 BPU 产生的加法操作数一
                            bjp_req ? prdt_pc_add_op1      :
                        //如果在复位后取指，则使用 pc_rtvec 信号的值
                            ifu_reset_req   ? pc_rtvec :
                        //否则，顺序取指，使用当前的 PC 值
                                        pc_r;

  wire ['E203_PC_SIZE-1:0] pc_add_op2 =
                        //如果跳转取指，则使用简单 BPU 产生的加法操作数二
                            bjp_req ? prdt_pc_add_op2      :
                        //如果在复位后取指，操作数二为 0，则相加后仍等于 pc_rtvec
                            ifu_reset_req   ? 'E203_PC_SIZE'b0 :
                        //否则，顺序取指，使用 PC 自增值
                                        pc_incr_ofst ;
```

```
//在没有复位，没有刷新，指令不是分支跳转指令的情况下，顺序取指
  assign ifu_req_seq = (~pipe_flush_req_real) & (~ifu_reset_req) & (~bjp_req);

    //加法器计算下一条待取指令的 PC 初始值
  assign pc_nxt_pre = pc_add_op1 + pc_add_op2;

  assign pc_nxt =
        //如果 EXU 产生流水线冲刷，则使用 EXU 送过来的新 PC 值
            pipe_flush_req ? {pipe_flush_pc['E203_PC_SIZE-1:1],1'b0} :
            dly_pipe_flush_req ? {pc_r['E203_PC_SIZE-1:1],1'b0} :
        //否则，使用前面计算出的 PC 初始值
            {pc_nxt_pre['E203_PC_SIZE-1:1],1'b0};

  …

    //产生下一条待取指令的 PC 值
  sirv_gnrl_dfflr #('E203_PC_SIZE) pc_dfflr (pc_ena, pc_nxt, pc_r, clk, rst_n);
```

7.3.5 访问 ITCM 和 BIU

1. 支持 16 位指令

RISC-V 架构定义的压缩指令子集为 16 位指令，而蜂鸟 E203 处理器为了提高代码密度选择支持此指令子集，从而会出现程序流中的 32 位和 16 位指令混合在一起的情形，而 32 位指令可能处于与 32 位地址不对齐的位置。处理此种地址不对齐的情形成为蜂鸟 E203 处理器中 IFU 的设计难点，其相关源代码在 e203_hbirdv2 目录中的结构如下。

```
e203_hbirdv2
    |----rtl                                //存放 RTL 的目录
        |----e203                           //E203 处理器核和 SoC 的 RTL 目录
            |----core                       //存放 E203 处理器核的 RTL 代码
                |----e203_ifu_ift2icb.v     //包含地址不对齐访问逻辑的模块
```

7.1.3 节介绍了取出地址不对齐指令的常见技术，蜂鸟 E203 处理器采取了其中的剩余缓冲区技术。

IFU 每次取指的固定宽度为 32 位，即每次试图取回 32 位的指令字。

如果访问的是 ITCM，由于 ITCM 是由 SRAM 构成的，因此上一次访问 SRAM 之后，SRAM 的输出值会一直保持不变（直到 SRAM 被再次读或者写过）。蜂鸟 E203 处理器的 IFU 会利用 SRAM 输出保持不变的这个特点，而不是将 ITCM 的输出使用 D 触发器寄存，此方法可以节省一个 64 位的寄存器开销。

由于 ITCM 的 SRAM 宽度为 64 位，因此其输出为一个与 64 位地址区间对齐的数据，在此称为一个通道。假设按地址自增的顺序取指，由于 IFU 每次只取 32 位，因此会连续两次或者多次在同一个通道里面访问。如果上一次已经访问了 ITCM 的 SRAM，下一次在同一个

通道的访问不会再次真的读 SRAM（即不会打开 SRAM 的 CS 信号），而利用 SRAM 的输出保持不变的特点，可以避免 SRAM 重复打开造成的动态功耗。

如果顺序取出一条 32 位的指令且地址未对齐地跨越了 64 位边界，那么会将 SRAM 当前输出的最高 16 位存入 16 位宽的剩余缓冲区之中，并发起新的 ITCM SRAM 访问操作，然后将新访问 ITCM SRAM 返回的低 16 位与剩余缓冲区中的值拼接成一条 32 位的完整指令。因此，只需要在一个时钟周期内访问 ITCM 便可取回 32 位指令，不会造成性能损失。

如果非顺序取指（分支跳转或者流水线冲刷等），且地址未对齐地跨越了 64 位边界，那么就需要连续发起两次 ITCM 读操作。将第一次读回的高 16 位并存入剩余缓冲区中，将第二次读回的低 16 位与剩余缓冲区中的值拼接成一条 32 位的完整指令。因此需要两个时钟周期的访问才能取回 32 位指令，这会造成额外性能损失。由于蜂鸟 E203 处理器的 IFU 并没有设计多体化的 ITCM，因此一个时钟周期的损失在所难免。由于蜂鸟 E203 处理器重点关注超低功耗的小面积，因此对此特性选择放弃。

相关的源代码片段如下所示。

```
//e203_ifu_ift2icb.v 的源代码片段


//处理地址未对齐取指的主要状态机控制

localparam ICB_STATE_IDLE = 2'd0;
localparam ICB_STATE_1ST     = 2'd1; //地址未对齐的情况下，需要发起两次读取操作的第一
                                     //次读取状态
localparam ICB_STATE_WAIT2ND  = 2'd2;//第一次和第二次读取之间的等待状态
localparam ICB_STATE_2ND   = 2'd3; //地址未对齐的情况下，需要发起两次读取操作的第二
                                   //次读取状态


wire [ICB_STATE_WIDTH-1:0] icb_state_nxt;
wire [ICB_STATE_WIDTH-1:0] icb_state_r;
wire icb_state_ena;
wire [ICB_STATE_WIDTH-1:0] state_idle_nxt    ;
wire [ICB_STATE_WIDTH-1:0] state_1st_nxt     ;
wire [ICB_STATE_WIDTH-1:0] state_wait2nd_nxt;
wire [ICB_STATE_WIDTH-1:0] state_2nd_nxt     ;
wire state_idle_exit_ena     ;
wire state_1st_exit_ena      ;
wire state_wait2nd_exit_ena  ;
wire state_2nd_exit_ena      ;

wire icb_sta_is_idle   = (icb_state_r == ICB_STATE_IDLE   );
wire icb_sta_is_1st    = (icb_state_r == ICB_STATE_1ST    );
wire icb_sta_is_wait2nd = (icb_state_r == ICB_STATE_WAIT2ND);
```

```
    wire icb_sta_is_2nd     = (icb_state_r == ICB_STATE_2ND    );

...
//具体的状态转换请读者自行阅读源代码
...

    assign icb_state_nxt =
            ({ICB_STATE_WIDTH{state_idle_exit_ena    }} & state_idle_nxt )
          | ({ICB_STATE_WIDTH{state_1st_exit_ena     }} & state_1st_nxt  )
          | ({ICB_STATE_WIDTH{state_wait2nd_exit_ena}} & state_wait2nd_nxt)
          | ({ICB_STATE_WIDTH{state_2nd_exit_ena     }} & state_2nd_nxt  )
           ;

    sirv_gnrl_dfflr #(ICB_STATE_WIDTH) icb_state_dfflr (icb_state_ena, icb_
    state_nxt, icb_state_r, clk, rst_n);

...


    //加载剩余缓冲区的使能信号
    assign leftover_ena =
          //顺序取指的过程中，若地址跨界，加载当前ITCM输出的高16位
              holdup2leftover_ena |
          //非顺序取指的过程中，若地址跨界且发起两次读操作，第一次读操作返回后，加载输出的高16位
              uop1st2leftover_ena;

    assign leftover_nxt =
                      put2leftover_data[15:0] //总是加载输出的高16位
                      ;
//实现剩余缓冲区的寄存器
    sirv_gnrl_dffl #(16)leftover_dffl(leftover_ena, leftover_nxt,leftover_r,
clk);
```

上述代码片段只是 e203_ifu_ift2icb 的全部代码的很小一部分，e203_ifu_ift2icb 模块可能是蜂鸟 E203 处理器的 IFU 中最复杂的模块。感兴趣的读者请自行阅读 GitHub 中的源代码。

2. 生成 ICB 接口访问 ITCM 和 BIU 的模块

蜂鸟 E203 处理器的 IFU、ITCM 和 BIU 分开实现，IFU 使用标准的 ICB 协议进行接口连接。ICB 是蜂鸟 E203 处理器自定义的接口协议，有关此接口协议的详细信息，请参见 12.2 节。

生成 ICB 接口访问 ITCM 和 BIU 的模块的相关源代码在 e203_hbirdv2 目录中的结构如下。

```
e203_hbirdv2
    |----rtl                        //存放RTL的目录
        |----e203                   //E203处理器核和SoC的RTL目录
```

```
          |----core                //存放 E203 处理器核的 RTL 代码
                  |----e203_ifu_ift2icb.v //生成 ICB 接口访问 ITCM 和 BIU 的模块
```

IFU 有两个 ICB 接口，一个用于访问 ITCM（数据宽度为 64 位），另一个用于访问 BIU（数据宽度为 32 位）。

根据 IFU 访问的地址区间进行判断。如果访问的地址落在 ITCM 区间，则通过 ITCM 的 ICB 接口对其进行访问；否则，通过 BIU 的 ICB 对外部存储器进行访问。

相关源代码片段如下所示。

```
//e203_ifu_ift2icb.v 的源代码片段


//访问 ITCM 的 ICB 接口
 `ifdef E203_HAS_ITCM //{
 //////////////////////////////////////////////////////////////
 //////////////////////////////////////////////////////////////
 input ['E203_ADDR_SIZE-1:0] itcm_region_indic,
 output ifu2itcm_icb_cmd_valid,
 input  ifu2itcm_icb_cmd_ready,
 output ['E203_ITCM_ADDR_WIDTH-1:0]   ifu2itcm_icb_cmd_addr,

 input  ifu2itcm_icb_rsp_valid,
 output ifu2itcm_icb_rsp_ready,
 input  ifu2itcm_icb_rsp_err,
 input  ['E203_ITCM_DATA_WIDTH-1:0] ifu2itcm_icb_rsp_rdata,

 `endif//}


//访问 BIU 的 ICB 接口

 `ifdef E203_HAS_MEM_ITF //{
 //////////////////////////////////////////////////////////////
 //////////////////////////////////////////////////////////////
 output ifu2biu_icb_cmd_valid,
 input  ifu2biu_icb_cmd_ready,
 output ['E203_ADDR_SIZE-1:0]   ifu2biu_icb_cmd_addr,

 input  ifu2biu_icb_rsp_valid,
 output ifu2biu_icb_rsp_ready,
 input  ifu2biu_icb_rsp_err,
 input  ['E203_SYSMEM_DATA_WIDTH-1:0] ifu2biu_icb_rsp_rdata,

  `endif//}

//判断地址访问地址区间是否落在 ITCM 区间
 `ifdef E203_HAS_ITCM //{
    //使用比较逻辑比较地址的高位基地址是否与 ITCM 的基地址相等
```

```
assign ifu_icb_cmd2itcm = (ifu_icb_cmd_addr['E203_ITCM_BASE_REGION] == itcm_
region_indic['E203_ITCM_BASE_REGION]);

    //将ITCM的ICB命令通道的valid信号拉高（如果访问ITCM）
assign ifu2itcm_icb_cmd_valid = ifu_icb_cmd_valid & ifu_icb_cmd2itcm;
…
    'endif//}

    'ifdef E203_HAS_MEM_ITF //{
        //如果没有落在ITCM区间，则需要访问BIU
    assign ifu_icb_cmd2biu = 1'b1
            'ifdef E203_HAS_ITCM //{
                & ~(ifu_icb_cmd2itcm)
            'endif//}
                ;

    //将BIU的ICB命令通道的valid信号拉高（如果访问BIU）
    wire ifu2biu_icb_cmd_valid_pre  = ifu_icb_cmd_valid & ifu_icb_cmd2biu;
    'endif//}
…
```

7.3.6　ITCM

　　蜂鸟 E203 处理器采用 ITCM 作为指令存储器，IFU 有专门访问 ITCM 的数据通道（64位宽），同时 ITCM 也能够通过 load、store 指令访问，因此 ITCM 本身也是存储器子系统重要的一部分。有关 ITCM 的微架构细节，请参见 11.4.4 节，在此不做赘述。

　　值得强调的是，蜂鸟 E203 处理器的 ITCM 主体由一块数据宽度为 64 位的单口 SRAM 组成。ITCM 的大小和基地址（位于全局地址空间中的起始地址）可以通过 config.v 中的宏定义参数配置。

　　ITCM 采用的数据宽度为 64 位，这能够取得更低的功耗开销，这样做出于如下原因。

　　首先，对于容量不是特别大的 SRAM，使用数据宽度为 64 位的 SRAM 在物理大小上比数据宽度为 32 位的 SRAM 更加紧凑。因此在同样容量大小下，ITCM 使用 64 位的数据宽度比使用 32 位的数据宽度面积更小。

　　其次，在执行程序的过程中，在大多数情形下 ITCM 顺序取指令，而 64 位宽的 ITCM 可以一次取出 64 位的指令流，相比于从 32 位宽的 ITCM 中连续读两次取出 64 位的指令流，只读一次 64 位宽的 SRAM 能够降低动态功耗。

7.3.7　BIU

　　如果取指令的地址不落在 ITCM 所在的区间，IFU 则会通过 BIU 访问外部的存储器。有关 BIU 的微架构细节，请参见 12.4 节，在此不做赘述。

7.4 小结

取指是处理器设计中非常重要且复杂的一部分内容，为了"快"和"连续不断"地取指，尤其是在涉及高级的动态分支预测时，取指部分的设计将会非常复杂。

处理器微架构设计本身就是一个取舍的过程，与 RISC-V 架构的设计理念一样，作者比较欣赏"简单就是美"的硬件设计理念。硬件设计应该追求可靠、简单而不是复杂，所谓"好钢用在刀刃上"，只对最常见的情形进行性能优化，而对不常见的情形，牺牲性能以换来硬件结构的简单、可靠。

蜂鸟 E203 处理器的取指设计便始终贯穿此设计理念。蜂鸟 E203 处理器核的设计目标是面向超低功耗的嵌入式处理器核，它采取有取有舍的理念。

一方面，为了实现低功耗、小面积，蜂鸟 E203 处理器舍弃了很多复杂的技术，例如，只采用静态分支预测而未采用动态分支预测，只对 ITCM 访问进行优化，而对 BIU 访问放弃优化。

另一方面，蜂鸟 E203 处理器保证常见的情形下性能可观，例如，对 ITCM 区间内的顺序取指，不管地址是否对齐，都能做得到"快"和"连续不断"地取指。

因此，蜂鸟 E203 处理器最终的基准测试（benchmark）跑分在同级别的处理器核中更具竞争力，同时仍然保持了相当小的面积和相当低的功耗。有关蜂鸟 E203 处理器运行基准测试的跑分信息，请参见《手把手教你 RISC-CPU（下）——工程与实践》。

第8章　一鼓作气，执行力是关键——执行

一鼓作气，再而衰，三而竭。彼竭我盈，故克之。

上一章介绍了处理器流水线的取指单元，在流水线中取指之后便要译码和执行。执行力是关键，本章将简要介绍处理器的执行功能，并介绍蜂鸟 E203 处理器核中执行单元（Execution Unit，EXU）的微架构和源码分析。

8.1 执行概述

8.1.1 指令译码

在经典 5 级流水线中，取指之后的下一级流水线是译码。由于指令所包含的信息编码在有限长度的指令字中（16 位指令或者 32 位指令），因此需要译码，将信息从指令字中翻译出来。常见的信息如下。

- 指令所需要读取的操作数寄存器索引。
- 指令需要写回的寄存器索引。
- 指令的其他信息，如指令类型、指令的操作信息等。

在经典的 5 级流水线中，在译码阶段直接使用译出的读操作数寄存器索引，将操作数从通用寄存器组中读取出来。

在此需要顺便提及的是，并非所有的处理器流水线都会在译码阶段读取操作数。在目前众多高性能处理器中，普遍采用在每个运算单元前配置乱序发射队列的方式，待指令的相关性解除之后并从发射队列中发射出来时读取通用寄存器组，然后送给运算单元开始计算。

8.1.2 指令执行

在经典的 5 级流水线中，译码且将操作数从通用寄存器组中读取出来后的下一级流水线是执行。顾名思义，执行便是根据指令的具体操作类型发射给具体的运算单元以进行操作。常见的运算单元有以下几种。

- 算术逻辑运算单元（Arithmetic Logical Unit，ALU），主要负责普通逻辑运算、加减法运算和移位运算等基本运算。
- 整数乘法单元，主要负责有符号数或无符号数中整数的乘法运算。
- 整数除法单元，主要负责有符号数或无符号数中整数的除法运算。
- 浮点运算单元，主要负责浮点指令的运算。由于浮点指令种类较多，因此浮点运算单元本身常分为多个不同的运算单元。

包含特殊指令（或者扩展指令）的处理器核会相应地包含特殊的运算单元。

8.1.3 流水线的冲突

除根据指令的具体类型运算之外，指令执行阶段另外一个最重要的职能就是维护并解决流水线的冲突，包括资源冲突和数据冲突（包括 WAW、WAR 和 RAW 等相关性）。流水线冲突的基本概念和常见解决方法在第 6 章已经有所介绍，在此不赘述。

8.1.4 指令的交付

在经典的 5 级流水线模型中，处理器的流水线分为取指、译码、执行、访存和写回，其中并没有提及交付，但指令的交付（commit）是处理器微架构中非常重要的一个功能。由于阐述交付功能需要较多篇幅，因此本书第 9 章会对其进行详述。

8.1.5 指令发射、派遣、执行、写回的顺序

将指令发射给运算单元，由运算单元执行，然后写回的相对顺序，是执行阶段需要解决的重要问题。此处涉及两个概念。

- 派遣（dispatch）：可以按顺序派遣，也可以乱序派遣。
- 发射（issue）：可以按顺序发射，也可以乱序发射。

对于派遣和发射，由于并没有在经典的 5 级流水线中提及，因此有必要先解释其概念。

在处理器设计中，派遣和发射是两个时常混用的定义。在简单的处理器中，二者往往是同一个概念，都表示指令经过译码之后，被派发到不同的运算单元并执行的过程，因此派遣或者发射一般发生在流水线的执行阶段。

根据每个时钟周期一次能够发射的指令数，处理器可以分为单发射处理器和多发射处理器。单发射处理器是指处理器在每个时钟周期只能发射一条指令；多发射处理器是指处理器在每个时钟周期能够发射多条指令，常见的有双发射、三发射或四发射处理器。

注意，蜂鸟 E203 处理器核的流水线中使用"派遣"这个术语。

在一些比较高端的超标量处理器核中，流水线级数甚多，派遣和发射便可能有了不同的含义。派遣往往表示指令经过译码之后被派发到不同的运算单元的等待队列中的过程，而发射往往表示指令从运算单元的等待队列中（解除了数据依赖性之后）发射到运算单元并开始执行的过程。

处理器中发射、派遣、执行和写回的顺序是处理器微架构设计中非常重要的一环。根据

顺序，处理器可以分为很多种流派，简述如下。

1）顺序发射，顺序执行，顺序写回

这种策略往往出现在使用最简单流水线的处理器核中，如经典的 5 级流水线中，指令按顺序发射，在运算单元中执行和写回通用寄存器组。

这种策略是性能比较低的做法，硬件实现最简单，面积最小。

2）顺序发射，乱序执行，顺序写回

由于不同的指令类型往往需要不同的时钟周期，如除法指令往往要耗费几十个时钟周期，而最简单的逻辑运算仅需要一个时钟周期便可由 ALU 计算出来，因此如果一味地顺序执行，则性能太差。

乱序执行是指在指令的执行阶段由不同的运算单元同时执行不同的指令，如在除法器执行除法指令期间，ALU 可以执行其他指令，从而提高性能。

但是在最终的写回阶段仍然要严格地按顺序写回，因此很多时候运算单元要等待其他的指令先写回而将其运算单元本身的流水线停滞。

3）顺序发射，乱序执行，乱序写回

在上述乱序执行的基础上，如果让运算单元也乱序地写回，则可以进一步提高性能。

运行单元的乱序写回方式繁多，可以分为很多种不同的实现，举例如下。

有的处理器会配备重排序缓冲区（Re-Order Buffer，ROB），因此运算单元一旦执行完毕后，结果就将写回 ROB，而非直接写回通用寄存器组，最后由 ROB 按顺序写回通用寄存器组。这是一种典型的乱序写回实现，性能很好，不过这种方案存在着 ROB 往往因占用的空间过大、数据被写回两次（先从运算单元到 ROB，再从 ROB 到通用寄存器组）而增加动态功耗的问题。

有的处理器并不使用 ROB，而使用统一的物理寄存器组实现。由一个统一的物理寄存器组动态地管理逻辑寄存器组的映射关系，运算单元一旦执行完毕后，就将结果乱序地写回物理寄存器组中。此方法相比上述 ROB 方法而言数据只被写回一次，因此功耗更低，不过流程控制更加复杂。

有的处理器既没有 ROB，也没有统一的物理寄存器组，但是仍然支持乱序写回。各个运算单元一旦执行完毕后，如果它和其他运算单元中的指令没有数据相关性，便可直接写回通用寄存器组。

乱序写回还可以有很多其他的实现方法，本书限于篇幅在此不加以赘述。

4）顺序派遣，乱序发射，乱序执行，乱序写回

这种区分了派遣和发射功能的处理器往往属于高性能的超标量处理器。如前所述，在这种超标量处理器中，指令经过译码后被顺序地派遣到不同运算单元的等待队列中，在等待队列中可以有多条指令，先把解除了数据依赖性的指令发射到运算单元中并开始执行，因此发

射是乱序的。

这种高性能处理器往往会配备 ROB 或者统一的物理寄存器组，因此运算单元的乱序执行和乱序写回可谓小菜一碟。

8.1.6　分支解析

在取指阶段，对于带条件分支指令，由于其条件的解析需要进行操作数运算（如大小比较操作），因此流水线在取指阶段无法得知该指令的条件跳转结果是跳还是不跳，只能进行预测。

在执行阶段，通常需要使用 ALU 对指令进行条件判断（如大小比较）。ALU 进行条件判断的结果将用于解析分支指令是否真的需要跳转，并且和之前预测的跳转结果进行对比。如果真实的结果和预测的结果不一致，则意味着之前的预测错误，需要进行流水线冲刷，将预测取指中所取的指令都舍弃掉，重新按照真实的跳转方向进行取指。

分支预测错误导致的流水线冲刷会造成性能损失。流水线越深，流水线冲刷造成的性能损失越大。因此，从理论上来讲，分支指令解析如果能够发生在比较靠前端（取指）的流水线，则其带来的性能损失会相对小一些；反之，造成的性能损失就会相对大一些。在功能正确且满足时序的情况下，如何尽量在比较靠前端的流水线进行分支指令解析，是处理器微架构设计经常需要考虑的问题。

总之，指令执行阶段的概念相对容易理解，但是执行阶段不能够被孤立地视为大量简单的运算单元。执行阶段处于衔接前端取指和后端写回的中枢位置，是决定处理器性能高低的主要部分。尤其是在高性能的处理器中，执行阶段是整个动态调度的核心部分，因此应该将执行阶段的功能与整体流水线微架构综合在一起。

8.2　RISC-V 架构的特点对于执行的简化

上一节讨论了处理器执行（包括译码）的相关背景和技术，执行是处理器微架构的核心阶段。第 2 章曾经探讨过 RISC-V 架构追求简化硬件的设计理念，具体对于执行（包括译码）而言，RISC-V 架构的如下特点可以大幅简化其硬件实现。

- 规整的指令编码格式。
- 优雅的 16 位指令。
- 精简的指令个数。
- 整数指令的操作数个数是 1 或 2。

以下几节分别予以论述。

8.2.1　规整的指令编码格式

得益于后发优势和多年来处理器发展的教训，RISC-V 的指令集编码非常规整，指令所需的通用寄存器的索引都放在固定的位置。因此指令译码器（instruction decoder）可以非常便捷地译码出寄存器索引，然后从通用寄存器组中读取出操作数，同样可以很容易地译码出指令的类型和具体信息。

8.2.2　优雅的 16 位指令

RISC-V 架构为了提高代码密度，定义了一种可选的压缩指令子集，由字母 C 表示。RISC-V 架构的一个精妙之处在于每一条 16 位长的指令都有对应的 32 位指令。因此译码逻辑可以利用此特点将 16 位指令展开成对应的 32 位指令，从而使得流水线后续部分看到的都是统一的 32 位指令，执行阶段无须区分指令是 16 位指令还是 32 位指令。

8.2.3　精简的指令个数

RISC-V 架构的指令集数目非常少，基本的 RISC-V 指令仅有 40 多条，加上其他的模块化扩展指令总共有几十条指令。指令数目精简意味着只需处理更少的情形，这可以简化执行阶段的硬件设计负担。

关于蜂鸟 E203 处理器支持的 RISC-V 指令列表，详见附录 A。

8.2.4　整数指令的操作数个数是 1 或 2

RISC-V 的整数指令的操作数个数是 1 或者 2，没有 3，这可以简化操作数读取和数据相关性检测部分的硬件设计。

8.3　蜂鸟 E203 处理器的执行实现

蜂鸟 E203 处理器是两级流水线架构，其译码、执行、交付和写回功能均处于流水线的第二级，由 EXU 完成，如图 8-1 所示。

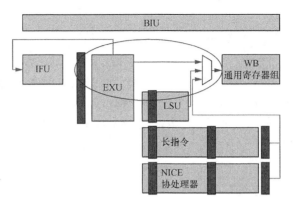

图 8-1 蜂鸟 E203 处理器流水线中的 EXU

8.3.1 执行指令列表

蜂鸟 E203 处理器支持的所有 RISC-V 指令集均需由 EXU 进行译码、派遣和写回。关于蜂鸟 E203 处理器支持的 RISC-V 架构的指令列表，详见附录 A。

8.3.2 EXU 总体设计思路

蜂鸟 E203 处理器核的 EXU 微架构如图 8-2 所示，其主要功能如下。

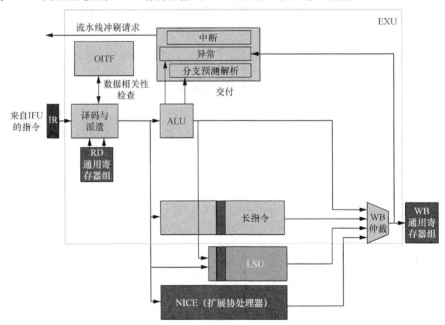

图 8-2 蜂鸟 E203 处理器核的 EXU 微架构

- 将 IFU 通过 IR 发送给 EXU 的指令进行译码和派遣（见图 8-2 中的译码与派遣）。
- 通过译码出的操作数寄存器索引读取通用寄存器组（见图 8-2 中的 RD 通用寄存器组）。
- 维护指令的数据相关性（见图 8-2 中的 OITF）。
- 将指令派遣给不同的运算单元并执行（见图 8-2 中的 ALU、长指令、LSU 以及 NICE）。
- 将指令交付（见图 8-2 中的交付）。
- 将指令运算的结果写回通用寄存器组（见图 8-2 中的 WB 仲裁）。

下面几节对 EXU 的不同子模块予以论述。

8.3.3　译码

译码模块主要用于对 IR 中的指令进行译码。

译码的相关源代码在 e203_hbirdv2 目录中的结构如下。

```
e203_hbirdv2
      |----rtl                            //存放 RTL 的目录
          |----e203                       //E203 处理器核和 SoC 的 RTL 目录
              |----core                   //存放 E203 处理器核的 RTL 代码
                  |----e203_exu_decode.v          //译码模块
```

译码模块完全由组合逻辑组成。其主要逻辑即根据 RISC-V 架构的指令编码规则进行译码，产生不同的指令类型信息、操作数寄存器索引等。相关源代码片段如下所示。

```
//e203_exu_decode.v 的源代码片段

module e203_exu_decode(

    /////////////////////////////////////////////////////

//以下为从 IFU 输入译码模块的信号

    input   ['E203_INSTR_SIZE-1:0] i_instr, //来自 IFU 的 32 位指令
    input   ['E203_PC_SIZE-1:0] i_pc,       //来自 IFU 的当前指令对应 PC 值
    input   i_prdt_taken,
    input   i_misalgn,                      //表明当前指令出现了取指未对齐异常
    input   i_buserr,                       //表明当前指令出现了取指存储器访问错误

    /////////////////////////////////////////////////////

//以下为对指令进行译码得到的信息

    output dec_rs1x0, //该指令的源操作数 1 的寄存器索引为 x0
    output dec_rs2x0, //该指令的源操作数 2 的寄存器索引为 x0
    output dec_rs1en, //该指令需要读取源操作数 1
    output dec_rs2en, //该指令需要读取源操作数 2
    output dec_rdwen, //该指令需要写结果操作数
```

```
    output ['E203_RFIDX_WIDTH-1:0] dec_rs1idx,//该指令的源操作数 1 的寄存器索引
    output ['E203_RFIDX_WIDTH-1:0] dec_rs2idx,//该指令的源操作数 2 的寄存器索引
    output ['E203_RFIDX_WIDTH-1:0] dec_rdidx, //该指令的结果寄存器索引
    output ['E203_DECINFO_WIDTII 1:0] dcc_info,//该指令的其他信息，将其打包为一组
                                           //宽信号，称为信息总线
    output ['E203_XLEN-1:0] dec_imm,          //该指令使用的立即数的值
...
    output dec_ilegl, //经过译码后，发现本指令是非法指令
...
```

```
//以下为译码器的部分关键代码解析
//对于 32 位指令的译码比较直接，因为指令编码比较规整。而对于 16 位指令的译码相对比较复杂，因为
//指令编码没有 32 位指令规整

//该指令为 32 位指令还是 16 位指令的指示信号
wire rv32 = (~(i_instr[4:2] == 3'b111)) & opcode_1_0_11;

//取出 32 位指令的关键编码段
  wire [4:0]  rv32_rd    = rv32_instr[11:7];  //32 位指令的结果操作数索引
  wire [2:0]  rv32_func3 = rv32_instr[14:12]; //32 位指令的 func3 段
  wire [4:0]  rv32_rs1   = rv32_instr[19:15]; //32 位指令的源操作数 1 索引
  wire [4:0]  rv32_rs2   = rv32_instr[24:20]; //32 位指令的源操作数 2 索引
  wire [6:0]  rv32_func7 = rv32_instr[31:25]; //32 位指令的 func7 段

//同理，取出 16 位指令的关键编码段
  wire [4:0]  rv16_rd    = rv32_rd;
  wire [4:0]  rv16_rs1   = rv16_rd;
  wire [4:0]  rv16_rs2   = rv32_instr[6:2];

  wire [4:0]  rv16_rdd   = {2'b01,rv32_instr[4:2]};
  wire [4:0]  rv16_rss1  = {2'b01,rv32_instr[9:7]};
  wire [4:0]  rv16_rss2  = rv16_rdd;

  wire [2:0]  rv16_func3 = rv32_instr[15:13];


//以下为对 32 位指令的指令类型译码
  wire rv32_load     = opcode_6_5_00 & opcode_4_2_000 & opcode_1_0_11;
  wire rv32_store    = opcode_6_5_01 & opcode_4_2_000 & opcode_1_0_11;
  wire rv32_madd     = opcode_6_5_10 & opcode_4_2_000 & opcode_1_0_11;
  wire rv32_branch   = opcode_6_5_11 & opcode_4_2_000 & opcode_1_0_11;

  wire rv32_load_fp  = opcode_6_5_00 & opcode_4_2_001 & opcode_1_0_11;
  wire rv32_store_fp = opcode_6_5_01 & opcode_4_2_001 & opcode_1_0_11;
  ...

//同理，以下为对 16 位指令的指令类型译码
  wire rv16_addi4spn     = opcode_1_0_00 & rv16_func3_000;//
```

```
wire rv16_lw           = opcode_1_0_00 & rv16_func3_010;//
wire rv16_sw           = opcode_1_0_00 & rv16_func3_110;//

wire rv16_addi         = opcode_1_0_01 & rv16_func3_000;//
wire rv16_jal          = opcode_1_0_01 & rv16_func3_001;//
wire rv16_li           = opcode_1_0_01 & rv16_func3_010;//
...
wire rv16_swsp         = opcode_1_0_10 & rv16_func3_110;//
```

//生成BJP单元所需的信息总线
```
wire bjp_op = dec_bjp | rv32_mret | (rv32_dret & (~rv32_dret_ilgl)) | rv32_
fence_fencei;

wire ['E203_DECINFO_BJP_WIDTH-1:0] bjp_info_bus;
assign bjp_info_bus['E203_DECINFO_GRP      ] = 'E203_DECINFO_GRP_BJP;
assign bjp_info_bus['E203_DECINFO_RV32     ] = rv32;
assign bjp_info_bus['E203_DECINFO_BJP_JUMP ] = dec_jal | dec_jalr;
assign bjp_info_bus['E203_DECINFO_BJP_BPRDT] = i_prdt_taken;
assign bjp_info_bus['E203_DECINFO_BJP_BEQ  ] = rv32_beq | rv16_beqz;
assign bjp_info_bus['E203_DECINFO_BJP_BNE  ] = rv32_bne | rv16_bnez;
...
```

//生成普通ALU所需的信息总线
```
wire alu_op = (~rv32_sxxi_shamt_ilgl) & (~rv16_sxxi_shamt_ilgl)
...
wire need_imm;
wire ['E203_DECINFO_ALU_WIDTH-1:0] alu_info_bus;
assign alu_info_bus['E203_DECINFO_GRP      ]   = 'E203_DECINFO_GRP_ALU;
assign alu_info_bus['E203_DECINFO_RV32     ]   = rv32;
...
assign alu_info_bus['E203_DECINFO_ALU_SUB]     = rv32_sub  | rv16_sub;
assign alu_info_bus['E203_DECINFO_ALU_SLT]     = rv32_slt  | rv32_slti;
assign alu_info_bus['E203_DECINFO_ALU_SLTU]    = rv32_sltu | rv32_sltiu;
 ...
```

//生成CSR单元所需的信息总线
```
wire csr_op = rv32_csr;
wire ['E203_DECINFO_CSR_WIDTH-1:0] csr_info_bus;
assign csr_info_bus['E203_DECINFO_GRP      ]   = 'E203_DECINFO_GRP_CSR;
assign csr_info_bus['E203_DECINFO_RV32     ]   = rv32;
assign csr_info_bus['E203_DECINFO_CSR_CSRRW ] = rv32_csrrw | rv32_csrrwi;
assign csr_info_bus['E203_DECINFO_CSR_CSRRS ] = rv32_csrrs | rv32_csrrsi;
assign csr_info_bus['E203_DECINFO_CSR_CSRRC ] = rv32_csrrc | rv32_csrrci;
assign csr_info_bus['E203_DECINFO_CSR_RS1IMM] = rv32_csrrwi | rv32_csrrsi |
rv32_csrrci;
assign csr_info_bus['E203_DECINFO_CSR_ZIMMM ] = rv32_rs1;
assign csr_info_bus['E203_DECINFO_CSR_RS1IS0] = rv32_rs1_x0;
assign csr_info_bus['E203_DECINFO_CSR_CSRIDX] = rv32_instr[31:20];
```

…

```
//生成乘除法单元所需的信息总线
  wire muldiv_op = rv32_op & rv32_func7_0000001;

  wire ['E203_DECINFO_MULDIV_WIDTH-1:0] muldiv_info_bus;
  assign muldiv_info_bus['E203_DECINFO_GRP           ] = 'E203_DECINFO_GRP_MULDIV;
  assign muldiv_info_bus['E203_DECINFO_RV32          ] = rv32          ;
  assign muldiv_info_bus['E203_DECINFO_MULDIV_MUL    ] = rv32_mul      ;
  assign muldiv_info_bus['E203_DECINFO_MULDIV_MULH   ] = rv32_mulh     ;
  assign muldiv_info_bus['E203_DECINFO_MULDIV_MULHSU] = rv32_mulhsu    ;
  assign muldiv_info_bus['E203_DECINFO_MULDIV_MULHU ] = rv32_mulhu     ;
```
…

```
//生成AGU所需的信息总线。AGU是ALU的一个子单元，用于处理amo和Load、Store指令
  wire   amoldst_op = rv32_amo | rv32_load | rv32_store | rv16_lw | rv16_sw |
  (rv16_lwsp & (~rv16_lwsp_ilgl)) | rv16_swsp;

  wire ['E203_DECINFO_AGU_WIDTH-1:0] agu_info_bus;
  assign agu_info_bus['E203_DECINFO_GRP      ] = 'E203_DECINFO_GRP_AGU;
  assign agu_info_bus['E203_DECINFO_RV32     ] = rv32;
  assign agu_info_bus['E203_DECINFO_AGU_LOAD  ] = rv32_load | rv32_lr_w |
  rv16_lw | rv16_lwsp;
  assign agu_info_bus['E203_DECINFO_AGU_STORE ] = rv32_store | rv32_sc_w |
  rv16_sw | rv16_swsp;
  assign agu_info_bus['E203_DECINFO_AGU_SIZE   ] = lsu_info_size;
  assign agu_info_bus['E203_DECINFO_AGU_USIGN ] = lsu_info_usign;
  assign agu_info_bus['E203_DECINFO_AGU_EXCL  ] = rv32_lr_w | rv32_sc_w;
  assign agu_info_bus['E203_DECINFO_AGU_AMO   ] = rv32_amo & (~(rv32_lr_w |
  rv32_sc_w));
  assign agu_info_bus['E203_DECINFO_AGU_AMOSWAP] = rv32_amoswap_w;
  assign agu_info_bus['E203_DECINFO_AGU_AMOADD ] = rv32_amoadd_w ;
  assign agu_info_bus['E203_DECINFO_AGU_AMOAND ] = rv32_amoand_w ;
```
…

```
//以下逻辑是典型的5输入并行多路选择器（使用Verilog assign语法编码And-Or逻辑），选择信
//号是指令类型信号（如alu_op、bjp_op等），从而根据不同的指令分组，将它们的信息总线经过并行
//多路选择的方式复用到统一的输出信号dec_info上
  assign dec_info =
            ({'E203_DECINFO_WIDTH{alu_op}}    & {{'E203_DECINFO_WIDTH-'E203_
            DECINFO_ALU_WIDTH{1'b0}},alu_info_bus})
          | ({'E203_DECINFO_WIDTH{amoldst_op}} & {{'E203_DECINFO_WIDTH-'E203_
            DECINFO_AGU_WIDTH{1'b0}},agu_info_bus})
          | ({'E203_DECINFO_WIDTH{bjp_op}}    & {{'E203_DECINFO_WIDTH-'E203_
            DECINFO_BJP_WIDTH{1'b0}},bjp_info_bus})
          | ({'E203_DECINFO_WIDTH{csr_op}}    & {{'E203_DECINFO_WIDTH-'E203_
            DECINFO_CSR_WIDTH{1'b0}},csr_info_bus})
```

```
             | (({'E203_DECINFO_WIDTH{muldiv_op}}  & {{'E203_DECINFO_WIDTH-'E203_
         DECINFO_CSR_WIDTH{1'b0}},muldiv_info_bus})
                 ;
```

//判断是否需要读取寄存器操作数 1、寄存器操作数 2，是否需要写回结果寄存器

```
  wire rv32_need_rd =
                (~rv32_rd_x0) & (
              (
                (~rv32_branch) & (~rv32_store)
              & (~rv32_fence_fencei)
              & (~rv32_ecall_ebreak_ret_wfi)
              )
            );
```

…
```
  wire rv32_need_rs1 =
            …

  wire rv32_need_rs2 = (~rv32_rs2_x0) & (
            …
```

//译码出指令的立即数，不同的指令类型有不同的立即数编码形式，需要译码

//首先，译码 32 位指令的不同立即数格式
```
  wire [31:0]  rv32_i_imm = {
                        {20{rv32_instr[31]}}
                        , rv32_instr[31:20]
                        };
                      …
  wire [31:0]  rv32_s_imm = {
                        …

  wire [31:0]  rv32_b_imm = {
                        …

  wire [31:0]  rv32_u_imm = {
                        …

  wire [31:0]  rv32_j_imm = {
                        …
```

//其次，译码 16 位指令的不同立即数格式

```
  wire rv16_imm_sel_cis = rv16_lwsp;
  wire [31:0]  rv16_cis_imm ={
                    24'b0
                    , rv16_instr[3:2]
                    , rv16_instr[12]
                    , rv16_instr[6:4]
```

```
                                  , 2'b0
                                };
                                       …

   wire [31:0]  rv16_cis_d_imm ={
                                       …

   wire [31:0]  rv16_cili_imm ={
                                       …

   wire [31:0]  rv16_cilui_imm ={
                                       …

   wire [31:0]  rv16_ci16sp_imm ={
                                       …
```

//以下逻辑是典型的 5 输入并行多路选择器，根据 32 位立即数的类型，选择生成 32 位指令最终的
//立即数

```
   wire [31:0]  rv32_imm =
                    ({32{rv32_imm_sel_i}} & rv32_i_imm)
                   | ({32{rv32_imm_sel_s}} & rv32_s_imm)
                   | ({32{rv32_imm_sel_b}} & rv32_b_imm)
                   | ({32{rv32_imm_sel_u}} & rv32_u_imm)
                   | ({32{rv32_imm_sel_j}} & rv32_j_imm)
                      ;
```

//以下逻辑是典型的 10 输入并行多路选择器，根据 16 位立即数的类型，选择生成 16 位指令最终的
//立即数
```
   wire [31:0]  rv16_imm =
                    ({32{rv16_imm_sel_cis    }} & rv16_cis_imm)
                   | ({32{rv16_imm_sel_cili   }} & rv16_cili_imm)
                   | ({32{rv16_imm_sel_cilui  }} & rv16_cilui_imm)
                   | ({32{rv16_imm_sel_ci16sp}} & rv16_ci16sp_imm)
                   | ({32{rv16_imm_sel_css    }} & rv16_css_imm)
                   | ({32{rv16_imm_sel_ciw    }} & rv16_ciw_imm)
                   | ({32{rv16_imm_sel_cl     }} & rv16_cl_imm)
                   | ({32{rv16_imm_sel_cs     }} & rv16_cs_imm)
                   | ({32{rv16_imm_sel_cb     }} & rv16_cb_imm)
                   | ({32{rv16_imm_sel_cj     }} & rv16_cj_imm)
                      ;
```

//根据指令是 16 位还是 32 位指令，选择生成最终的立即数
```
   assign dec_imm = rv32 ? rv32_imm : rv16_imm;
```

//根据指令是 16 位还是 32 位指令，选择生成最终的操作数寄存器索引
```
   assign dec_rs1idx = rv32 ? rv32_rs1['E203_RFIDX_WIDTH-1:0] : rv16_rs1idx;
   assign dec_rs2idx = rv32 ? rv32_rs2['E203_RFIDX_WIDTH-1:0] : rv16_rs2idx;
   assign dec_rdidx  = rv32 ? rv32_rd ['E203_RFIDX_WIDTH-1:0] : rv16_rdidx ;
…
```

```
//译码出不同的非法指令情形
assign dec_ilegl =
        (rv_all0s1s_ilgl)
    | (rv_index_ilgl)
    | (rv16_addi16sp_ilgl)
    | (rv16_addi4spn_ilgl)
    | (rv16_li_lui_ilgl)
    | (rv16_sxxi_shamt_ilgl)
    | (rv32_sxxi_shamt_ilgl)
    | (rv32_dret_ilgl)
    | (rv16_lwsp_ilgl)
    | (~legl_ops);
```

8.3.4 整数通用寄存器组

整数通用寄存器组（Integer Register File，Integer-Regfile）模块主要用于实现 RISC-V 架构定义的整数通用寄存器组。

RISC-V 架构的整数指令都是单操作数或者两操作数指令，且蜂鸟 E203 处理器属于单发射（一次发射派遣一条指令）的微架构，因此整数通用寄存器组模块最多只需要支持两个读端口。同时，蜂鸟 E203 处理器的写回策略是按顺序每次写回一条指令，因此 Integer-Regfile 模块只需要支持一个写端口。

基于以上要点，蜂鸟 E203 处理器核的整数通用寄存器组模块的微架构如图 8-3 所示。

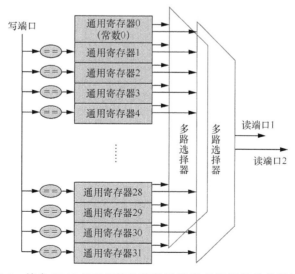

图 8-3 蜂鸟 E203 处理器核的整数通用寄存器组模块的微架构

整数通用寄存器组模块的相关源代码在 e203_hbirdv2 目录中的结构如下。

```
e203_hbirdv2
    |----rtl                               //存放 RTL 的目录
        |----e203                          //E203 处理器核和 SoC 的 RTL 目录
            |----core                      //存放 E203 处理器核的 RTL 代码
                |----e203_exu_regfile.v        //整数通用寄存器组模块
```

如图 8-3 所示，整数通用寄存器组模块的写端口逻辑将输入的结果寄存器索引和各自的寄存器号进行比较，产生写使能信号，使能的通用寄存器将数据写入寄存器（由于 x0 寄存器表示常数，因此无须写入）。

整数通用寄存器组模块的每个读端口都是一个纯粹的并行多路选择器，多路选择器的选择信号即读操作数的寄存器索引。为了降低功耗，读端口的寄存器索引信号（用于并行多路选择器的选择信号）由专用的寄存器寄存，只有在执行需要读操作数的指令时才会加载（否则保持不变），从而降低读端口的动态功耗。请参见第 15 章以了解更多低功耗设计的诀窍。

整数通用寄存器组模块有两个可配置选项，可以通过 config.v 中的宏进行配置。

通用寄存器的个数可以由宏 E203_CFG_REGNUM_IS_32 或者 E203_CFG_REGNUM_IS_16 指定为 32（对于 RV32I 架构）或者 16（对于 RV32E 架构）。

通用寄存器可以用锁存器（latch）实现，可以由宏 E203_CFG_REGFILE_LATCH_BASED 进行配置。如果没有定义此宏，通用寄存器则由 D 触发器（D Flip-Flop，DFF）实现。使用锁存器能够显著地减少整数通用寄存器组模块占用的空间并降低功耗，但是会给 ASIC 流程带来某些困难，用户可以自行选择是否使用。

config.v 文件在 e203_hbirdv2 目录中的结构如下。请参见 4.6 节以了解蜂鸟 E203 处理器的更多可配置信息。

```
e203_hbirdv2
    |----rtl                               //存放 RTL 的目录
        |----e203                          //E203 处理器核和 SoC 的 RTL 目录
            |----core                      //存放 E203 处理器核相关模块的 RTL 代码
                |----config.v              //设定配置的源文件
```

整数通用寄存器组模块的相关源代码片段如下所示。

```
//e203_exu_regfile.v 的源代码片段


//使用二维数组定义通用寄存器组
  wire ['E203_XLEN-1:0] rf_r ['E203_RFREG_NUM-1:0];
  wire ['E203_RFREG_NUM-1:0] rf_wen;

  'ifdef E203_REGFILE_LATCH_BASED //{
//如果使用锁存器实现通用寄存器，则需要将写端口使用 DFF 专门寄存一拍，以防止锁存器带来的
```

```
//写端口至读端口之间的锁存器穿通效应
  wire ['E203_XLEN-1:0] wbck_dest_dat_r;
  sirv_gnrl_dffl #('E203_XLEN)wbck_dat_dffl (wbck_dest_wen, wbck_dest_
  dat, wbck_dest_dat_r, clk);
  wire ['E203_RFREG_NUM-1:0] clk_rf_ltch;
  'endif//}


  genvar i;
  generate //{//通过使用参数化的generate语法生成通用寄存器组的逻辑

      for (i=0; i<'E203_RFREG_NUM; i=i+1) begin:regfile//{

        if(i==0) begin: rf0
          //x0表示常数0，因此无须产生写逻辑
            assign rf_wen[i] = 1'b0;
            assign rf_r[i] = 'E203_XLEN'b0;
          'ifdef E203_REGFILE_LATCH_BASED //{
            assign clk_rf_ltch[i] = 1'b0;
          'endif//}
        end
        else begin: rfno0
          //通过对结果寄存器的索引号和寄存器号进行比较产生写使能信号
            assign rf_wen[i] = wbck_dest_wen & (wbck_dest_idx == i) ;
          'ifdef E203_REGFILE_LATCH_BASED //{
              //如果使用锁存器的配置，则为每一个通用寄存器配置一个门控时钟以
              //降低功耗
            e203_clkgate u_e203_clkgate(
              .clk_in  (clk  ),
              .test_mode(test_mode),
              .clock_en(rf_wen[i]),
              .clk_out (clk_rf_ltch[i])
            );
              //如果使用锁存器的配置，则例化锁存器以实现通用寄存器
            sirv_gnrl_ltch #('E203_XLEN) rf_ltch (clk_rf_ltch[i], wbck_dest_
            dat_r, rf_r[i]);
          'else//}{
              //如果不使用锁存器的配置，则例化DFF以实现通用寄存器
              //由于此处有明确的Load-enable信号，综合工具会自动插入时钟门控
              //以降低功耗

            sirv_gnrl_dffl #('E203_XLEN) rf_dffl (rf_wen[i], wbck_dest_dat,
            rf_r[i], clk);
          'endif//}
        end

      end//}
  endgenerate//}
```

```
                //每个读端口都是一个纯粹的并行多路选择器
                //多路选择器的选择信号即读操作数的寄存器索引
    assign read_src1_dat = rf_r[read_src1_idx];
    assign read_src2_dat = rf_r[read_src2_idx];
```

8.3.5　CSR

RISC-V 架构中定义了一些控制和状态寄存器（Control and Status Register，CSR），用于配置或记录一些运行的状态。CSR 是处理器核内部的寄存器，使用其自己的地址编码空间，与存储器寻址的地址区间完全无关系。请参见附录 B 以了解 CSR 的列表与详细信息。

CSR 的访问采用专用的 CSR 读写指令，包括 csrrw、csrrs、csrrc、csrrwi、csrrsi、csrrci 指令，请参见附录 A 以了解指令的具体信息。

蜂鸟 E203 处理器的 EXU 中的 CSR 模块主要用于实现蜂鸟 E203 处理器所支持的 CSR 功能。

CSR 模块的相关源代码在 e203_hbirdv2 目录中的结构如下。

```
e203_hbirdv2
    |----rtl                                //存放 RTL 的目录
        |----e203                           //E203 处理器核和 SoC 的 RTL 目录
            |----core                       //存放 E203 处理器核的 RTL 代码
                |----e203_exu_csr.v         //CSR 模块
```

在 ALU 模块中的 CSR 读写控制模块会产生 CSR 读写控制信号，而 CSR 模块则严格按照 RISC-V 架构的定义实现各个 CSR 的具体功能。其相关源代码片段如下所示。

```
//e203_exu_csr.v 的源代码片段

  input csr_ena,       //来自 ALU 的 CSR 读写使能信号
  input csr_wr_en,     //CSR 写操作指示信号
  input csr_rd_en,     //CSR 读操作指示信号
  input [12-1:0] csr_idx,//CSR 的地址索引

  output ['E203_XLEN-1:0] read_csr_dat,//读操作从 CSR 模块中读出的数据
  input  ['E203_XLEN-1:0] wbck_csr_dat,//写操作写入 CSR 模块的数据

  …
//以 mtvec 寄存器为例

//实现 mtvec 寄存器
wire sel_mtvec = (csr_idx == 12'h305); //对 CSR 索引进行译码以判断是否选中 mtvec 寄存器
wire rd_mtvec = csr_rd_en & sel_mtvec;
wire wr_mtvec = sel_mtvec & csr_wr_en;
wire mtvec_ena = (wr_mtvec & wbck_csr_wen); //产生写 mtvec 寄存器使能信号
wire ['E203_XLEN-1:0] mtvec_r;
```

```
wire ['E203_XLEN-1:0] mtvec_nxt = wbck_csr_dat;
        //例化生成 mtvec 寄存器的 DFF
sirv_gnrl_dfflr #('E203_XLEN) mtvec_dfflr (mtvec_ena, mtvec_nxt, mtvec_r,
clk, rst_n);
wire ['E203_XLEN-1:0] csr_mtvec = mtvec_r;
…
```

//对于读地址不存在的 CSR，返回数据为 0。对于写地址不存在的 CSR，则忽略此写操作
//蜂鸟 E203 处理器对 CSR 访问不会产生异常

```
//生成 CSR 读操作所需的数据，本质上该逻辑是使用 And-Or 方式实现的并行多路选择器
assign read_csr_dat = 'E203_XLEN'b0
              | (('E203_XLEN{rd_mstatus  }} & csr_mstatus  )
              | (('E203_XLEN{rd_mie      }} & csr_mie      )
              | (('E203_XLEN{rd_mtvec    }} & csr_mtvec    )
              | (('E203_XLEN{rd_mepc     }} & csr_mepc     )
              | (('E203_XLEN{rd_mscratch }} & csr_mscratch )
              | (('E203_XLEN{rd_mcause   }} & csr_mcause   )
              | (('E203_XLEN{rd_mbadaddr }} & csr_mbadaddr )
              | (('E203_XLEN{rd_mip      }} & csr_mip      )
              | (('E203_XLEN{rd_misa     }} & csr_misa     )
              | (('E203_XLEN{rd_mvendorid}} & csr_mvendorid)
              | (('E203_XLEN{rd_marchid  }} & csr_marchid  )
              | (('E203_XLEN{rd_mimpid   }} & csr_mimpid   )
              | (('E203_XLEN{rd_mhartid  }} & csr_mhartid  )
              | (('E203_XLEN{rd_mcycle   }} & csr_mcycle   )
              | (('E203_XLEN{rd_mcycleh  }} & csr_mcycleh  )
              | (('E203_XLEN{rd_minstret }} & csr_minstret )
              | (('E203_XLEN{rd_minstreth}} & csr_minstreth)
              | (('E203_XLEN{rd_mcounterstop}} & csr_mcounterstop)
              | (('E203_XLEN{rd_mcgstop}} & csr_mcgstop)
              | (('E203_XLEN{rd_dcsr     }} & csr_dcsr     )
              | (('E203_XLEN{rd_dpc      }} & csr_dpc      )
              | (('E203_XLEN{rd_dscratch }} & csr_dscratch)
              ;
…
```

蜂鸟 E203 处理器在标准的 RISC-V 架构定义的基础上，还添加了若干自定义的 CSR。
关于蜂鸟 E203 处理器自定义的 CSR 列表，详见附录 B。

8.3.6　指令发射、派遣

8.1.5 节已经详细介绍了发射和派遣的概念，在此不再赘述。

由于蜂鸟 E203 处理器是简单的两级流水线微架构，派遣或者发射发生在流水线的执行
阶段，指的是同一个概念，即表示指令经过译码且从寄存器组中读取操作数之后被派发到不

同的运算单元并执行的过程。蜂鸟 E203 处理器核的流水线中使用派遣这个术语，因此本节之后将统一使用派遣。

蜂鸟 E203 处理器的派遣功能由派遣模块和 ALU 模块联合完成。

派遣和 ALU 的相关源代码在 e203_hbirdv2 目录中的结构如下。

```
e203_hbirdv2
    |----rtl                                  //存放 RTL 的目录
        |----e203                             //E203 处理器核和 SoC 的 RTL 目录
            |----core                         //存放 E203 处理器核的 RTL 代码
                |----e203_exu_disp.v          //Dispatch 模块
                |----e203_exu_alu.v           //ALU 模块
```

蜂鸟 E203 处理器执行阶段的派遣机制的特别之处如下。

其所有指令必须被派遣给 ALU，并且通过 ALU 与交付模块的接口进行交付。有关交付的详细信息，请参见第 9 章。

如果指令是长指令，需通过 ALU 进一步将其发送至相应的长指令运算单元。例如，属于长指令类型的 Load/Store 指令便通过 ALU 的 AGU 子单元被进一步发送至 LSU 并执行。有关长指令的定义，请参见 8.3.7 节，有关 AGU 和 LSU 的实现，请参见 11.4.2 节和 11.4.3 节。

由于所有的指令都需要通过 ALU，因此实际的派遣功能发生在 ALU 的内部。由于蜂鸟 E203 处理器的译码模块在进行译码时，已经根据执行指令的运算单元进行了分组，并且译码出了其相应的指示信号，所以可以按照其指示信号将指令派遣给相应的运算单元。相关源代码片段如下。

```verilog
//e203_exu_disp.v 的源代码片段


//将指令派遣给 ALU 的接口采用 valid-ready 模式的握手信号。由于所有的指令都会被派遣给 ALU，
//因此此处直接对接
  wire    disp_i_ready_pos = disp_o_alu_ready;
  assign disp_o_alu_valid = disp_i_valid_pos;

//将操作数派遣给 ALU
  assign disp_o_alu_rs1   = disp_i_rs1_msked;
  assign disp_o_alu_rs2   = disp_i_rs2_msked;

//将指令信息派遣给 ALU
  assign disp_o_alu_rdwen = disp_i_rdwen; //指令是否写回结果寄存器
  assign disp_o_alu_rdidx = disp_i_rdidx; //指令写回的结果寄存器索引
  assign disp_o_alu_info  = disp_i_info;   //指令的信息


  assign disp_o_alu_imm   = disp_i_imm;//指令使用的立即数的值
  assign disp_o_alu_pc    = disp_i_pc; //该指令的 PC
```

```
assign disp_o_alu_misalgn= disp_i_misalgn; //该指令取指时发生了未对齐错误
assign disp_o_alu_buserr = disp_i_buserr ; //该指令取指时发生了存储器访问错误
assign disp_o_alu_ilegl  = disp_i_ilegl  ; //该指令译码后发现它是一条非法指令
```

//e203_exu_alu.v 的源代码片段

//Dispatch 模块和 ALU 之间的接口采用 valid-ready 模式的握手信号
//熟悉源代码后读者可以发现，蜂鸟 E203 处理器中的模块接口普遍采用这种握手接口。握手接口非常
//稳固
```
  input   i_valid,
  output  i_ready,
```

//ALU 内部将指令派遣给不同的 ALU 子单元

```
    //将发生取指异常的指令单独列为一种类型，这些指令无须被具体的执行单元执行
  wire ifu_excp_op = i_ilegl | i_buserr | i_misalgn;
    //通过译码模块生成的分组信息（包含在信息总线中）进行判断，判别出需要什么
    //单元执行此指令
  wire alu_op = (~ifu_excp_op) & (i_info['E203_DECINFO_GRP] == 'E203_DECINFO_
  GRP_ALU); //由普通 ALU 执行
  wire agu_op = (~ifu_excp_op) & (i_info['E203_DECINFO_GRP] == 'E203_DECINFO_
  GRP_AGU); //由 AGU 执行
  wire bjp_op = (~ifu_excp_op) & (i_info['E203_DECINFO_GRP] == 'E203_DECINFO_
  GRP_BJP); //由 BJP 执行
  wire csr_op = (~ifu_excp_op) & (i_info['E203_DECINFO_GRP] == 'E203_DECINFO_
  GRP_CSR); //由 CSR 执行
'ifdef E203_SUPPORT_SHARE_MULDIV //{
  wire mdv_op = (~ifu_excp_op) & (i_info['E203_DECINFO_GRP] == 'E203_DECINFO_
  GRP_MULDIV); //由 MDV 执行
'endif//E203_SUPPORT_SHARE_MULDIV}
```

//根据不同的指令分组指示信号，将对应子单元的输入 valid 信号置 1，并且选择对应子单元的 ready
//信号作为反馈给上游派遣模块的 ready 握手信号，通过此方式实现指令的派遣
//将对应子单元的输入 valid 信号置 1
```
'ifdef E203_SUPPORT_SHARE_MULDIV //{
  wire mdv_i_valid = i_valid & mdv_op;
'endif//E203_SUPPORT_SHARE_MULDIV}
  wire agu_i_valid = i_valid & agu_op;
  wire alu_i_valid = i_valid & alu_op;
  wire bjp_i_valid = i_valid & bjp_op;
  wire csr_i_valid = i_valid & csr_op;
  wire ifu_excp_i_valid = i_valid & ifu_excp_op;
```
//选择对应子单元的 ready 信号作为反馈给上游派遣模块的 ready 握手信号。本质上该逻辑是
//使用 And-Or 方式实现的并行多路选择器
```
  assign i_ready =   (agu_i_ready & agu_op)
                  'ifdef E203_SUPPORT_SHARE_MULDIV //{
                  | (mdv_i_ready & mdv_op)
                  'endif//E203_SUPPORT_SHARE_MULDIV}
```

```
              | (alu_i_ready & alu_op)
              | (ifu_excp_i_ready & ifu_excp_op)
              | (bjp_i_ready & bjp_op)
              | (csr_i_ready & csr_op)
               ;
```

//为了降低动态功耗，采用逻辑门控的方式，增加一级"与"门，对于子单元输入的信号与分组指示
//信号进行"与"操作，因此在无须使用该子单元之时，其输入信号就都是 0，从而降低动态功耗

```
  wire ['E203_XLEN-1:0] csr_i_rs1   = {'E203_XLEN {csr_op}} & i_rs1;
  wire ['E203_XLEN-1:0] csr_i_rs2   = {'E203_XLEN {csr_op}} & i_rs2;
  wire ['E203_XLEN-1:0] csr_i_imm   = {'E203_XLEN {csr_op}} & i_imm;
  wire ['E203_DECINFO_WIDTH-1:0] csr_i_info = {'E203_DECINFO_WIDTH{csr_op}} & i_info;
  wire                  csr_i_rdwen =                csr_op  & i_rdwen;

  wire ['E203_XLEN-1:0] bjp_i_rs1   = {'E203_XLEN {bjp_op}} & i_rs1;
  wire ['E203_XLEN-1:0] bjp_i_rs2   = {'E203_XLEN {bjp_op}} & i_rs2;
  wire ['E203_XLEN-1:0] bjp_i_imm   = {'E203_XLEN {bjp_op}} & i_imm;
  wire ['E203_DECINFO_WIDTH-1:0] bjp_i_info = {'E203_DECINFO_WIDTH{bjp_op}} & i_info;
  wire ['E203_PC_SIZE-1:0]  bjp_i_pc  = {'E203_PC_SIZE  {bjp_op}} & i_pc;

  wire ['E203_XLEN-1:0] agu_i_rs1   = {'E203_XLEN {agu_op}} & i_rs1;
  wire ['E203_XLEN-1:0] agu_i_rs2   = {'E203_XLEN {agu_op}} & i_rs2;
  wire ['E203_XLEN-1:0] agu_i_imm   = {'E203_XLEN {agu_op}} & i_imm;
  wire ['E203_DECINFO_WIDTH-1:0] agu_i_info = {'E203_DECINFO_WIDTH{agu_op}} & i_info;
  wire ['E203_ITAG_WIDTH-1:0] agu_i_itag = {'E203_ITAG_WIDTH  {agu_op}} & i_itag;

  wire ['E203_XLEN-1:0] alu_i_rs1   = {'E203_XLEN {alu_op}} & i_rs1;
  wire ['E203_XLEN-1:0] alu_i_rs2   = {'E203_XLEN {alu_op}} & i_rs2;
  wire ['E203_XLEN-1:0] alu_i_imm   = {'E203_XLEN {alu_op}} & i_imm;
  wire ['E203_DECINFO_WIDTH-1:0] alu_i_info = {'E203_DECINFO_WIDTH{alu_op}} & i_info;
  wire ['E203_PC_SIZE-1:0]  alu_i_pc  = {'E203_PC_SIZE   {alu_op}} & i_pc;

  wire ['E203_XLEN-1:0] mdv_i_rs1   = {'E203_XLEN {mdv_op}} & i_rs1;
  wire ['E203_XLEN-1:0] mdv_i_rs2   = {'E203_XLEN {mdv_op}} & i_rs2;
  wire ['E203_XLEN-1:0] mdv_i_imm   = {'E203_XLEN {mdv_op}} & i_imm;
  wire ['E203_DECINFO_WIDTH-1:0] mdv_i_info = {'E203_DECINFO_WIDTH{mdv_op}} & i_info;
  wire ['E203_ITAG_WIDTH-1:0] mdv_i_itag = {'E203_ITAG_WIDTH   {mdv_op}} & i_itag;
```

派遣模块还会处理流水线冲突的问题，包括资源冲突和数据相关性造成的数据冲突。以下两节将专门予以论述。

派遣模块还会在某些特殊情况下将流水线的派遣点阻塞，相关源代码片段如下。

```
//e203_exu_disp.v 的源代码片段


//派遣条件信号
 wire disp_condition =
//如果当前派遣指令需要访问 CSR 并改变 CSR 的值，为了保险起见，必须等待 OITF 为空，这就意味
```

```
//着只有所有的长指令都已经执行完毕了，才会允许访问 CSR 的指令派遣从而改变 CSR 的值
                 (disp_csr ? oitf_empty : 1'b1)
//如果当前派遣的指令属于 fence 和 fence.i 指令，同样必须等待 OITF 为空，以保证 fence
//和 fence.i 之前的指令都会执行完毕
              & (disp_fence_fencei ? oitf_empty : 1'b1)
//如果已经交付了一条 wfi 指令，则必须立即阻塞派遣点，不让后续的指令派遣，从而尽快让处理器
//进入休眠状态
              & (~wfi_halt_exu_req)
              //如果有数据相关性，则阻塞派遣点
              & (~dep)
//如果当前派遣的是长指令，由于需要分配 OITF 表项，因此必须等待 OITF 有空
              & (disp_alu_longp_prdt ? disp_oitf_ready : 1'b1);

//只有满足派遣条件时，才会发生派遣
assign disp_i_valid_pos = disp_condition & disp_i_valid;
assign disp_i_ready     = disp_condition & disp_i_ready_pos;
```

8.3.7 流水线冲突、长指令和 OITF

1. 资源冲突

蜂鸟 E203 处理器的执行阶段的一个最重要职能是维护并解决流水线的冲突，包括资源冲突和数据冲突（包括 WAW、WAR 和 RAW 等相关性）。

资源冲突通常发生在将指令派遣给不同的执行单元并执行的过程中。例如，将指令派遣给除法单元并进行运算，但是除法单元需要数十个时钟周期才能完成此指令。后续的除法指令如果也需要派遣给除法单元并执行，便需要等待（出现了资源冲突）前一个指令完成操作，并将除法单元释放出来。在蜂鸟 E203 处理器的实现中，模块与模块的接口均采用严谨的 valid-ready 握手接口。因此一旦某个模块当前不能够使用（出现了资源冲突），它就会使 ready 信号变为低电平，从而无法完成握手。以 ALU 内部将指令派遣至各子单元为例，其源代码片段如下。

```
// e203_exu_alu.v 的源代码片段

//选择派遣子单元的 ready 信号作为反馈给上游派遣模块的 ready 握手信号
//假设指令需要派遣到 AGU 子单元并执行，那么 agu_op 信号为高电平，选择 agu_i_ready 信号，倘
//若此时 AGU 模块不能使用（出现了资源冲突），那么它的 agu_i_ready 信号便会变为低电平，从
//而使得 i_ready 信号为低电平，反馈给上游的派遣模块，无法完成握手，进而造成该指令无法派遣，
//需要一直等待至 agu_i_ready 信号变为高电平（资源冲突被解除）
  assign i_ready =     (agu_i_ready & agu_op)
                  'ifdef E203_SUPPORT_SHARE_MULDIV //{
                  | (mdv_i_ready & mdv_op)
                  'endif//E203_SUPPORT_SHARE_MULDIV}
                  | (alu_i_ready & alu_op)
                  | (ifu_excp_i_ready & ifu_excp_op)
                  | (bjp_i_ready & bjp_op)
```

```
                            | (csr_i_ready & csr_op)
                            ;
```

2. 数据冲突

对于数据相关性引起的数据冲突，蜂鸟 E203 处理器在执行阶段的处理比较巧妙。

首先，蜂鸟 E203 处理器将所有需要执行的指令分为两类。

- 单周期（即时钟周期）执行的指令。如图 8-2 所示，由于蜂鸟 E203 处理器的交付功能和写回功能均处于流水线的第二级，因此单周期执行的指令在流水线的第二级便完成了交付，同时将结果写回了通用寄存器组。
- 多周期执行的指令。这种指令通常需要多个周期才能够完成执行并写回，称为后交付长流水线指令（post-commit write-back long-pipes instruction），简称为长指令（long-pipes instruction）。

之所以如此命名，是因为多周期执行的指令的写回操作要在多个周期后才能完成，而此指令的交付操作已经在流水线的第二级完成，因此写回和交付是在不同的周期内完成的，且写回是在交付完成之后，故称为后交付写回（post-commit write-back）。

蜂鸟 E203 处理器是简单的按顺序单发射（派遣）微架构，在每条指令被派遣时，需要检查它是否和之前派遣、执行、尚未写回的指令存在数据相关性。数据相关性分为 3 种。

- WAR（Write-After-Read）相关性。由于蜂鸟 E203 处理器是按顺序派遣、按顺序写回的微架构，因此在派遣指令时就已经从通用寄存器组中读取了源操作数。后续执行的指令写回通用寄存器组的操作不可能会发生在前序执行的指令从通用寄存器组中读取操作数之前，因此不可能会发生 WAR 相关性造成的数据冲突。
- RAW（Read-After-Write）相关性。正在派遣的指令处于流水线的第二级，假设之前派遣的指令（简称前序指令）是单周期执行的指令（也在流水线的第二级写回），则前序指令肯定已经完成了执行并且将结果写回了通用寄存器组。因此正在派遣的指令不可能与前序单周期执行的指令产生 RAW 相关性方面的数据冲突。但是假设之前派遣的指令（简称前序指令）是长指令，由于长指令需要多个周期才能写回结果，因此正在派遣的指令有可能与前序长指令产生 RAW 相关性。
- WAW（Write-After-Write）相关性。正在派遣的指令处于流水线的第二级，假设之前派遣的指令（简称前序指令）是单周期执行的指令（也在流水线的第二级写回），则前序指令肯定已经完成了执行，并且将结果写回了通用寄存器组。因此正在派遣的指令不可能与前序单周期执行的指令产生 WAW 相关性方面的数据冲突。但是假设之前派遣的指令（简称前序指令）是长指令，由于长指令需要多个周期才能写回结果，因此正在派遣的指令有可能与前序长指令产生 WAW 相关性。

综上，在蜂鸟 E203 处理器的流水线中，正在派遣的指令只可能与尚未执行完毕的长指令之间产生 RAW 和 WAW 相关性。

为了能够检测出与长指令的 RAW 和 WAW 相关性，蜂鸟 E203 处理器使用了一个滞外指令追踪 FIFO（Outstanding Instructions Track FIFO，OITF）模块，如图 8-4 所示。

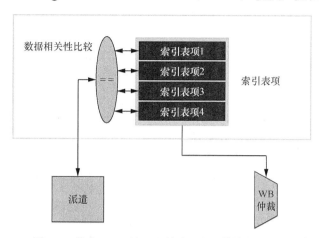

图 8-4　蜂鸟 E203 处理器核中 OITF 模块的微架构

OITF 模块的相关源代码在 e203_hbirdv2 目录中的结构如下。

```
e203_hbirdv2
    |----rtl                              //存放 RTL 的目录
        |----e203                         //E203 处理器核和 SoC 的 RTL 目录
            |----core                     //存放 E203 处理器核的 RTL 代码
                |----e203_exu_oitf.v          //OITF 模块
```

OITF 本质上是一个 FIFO 缓存，FIFO 缓存的深度默认为两个表项。

在流水线的派遣点，每次派遣一条长指令，就会在 OITF 中分配一个表项（entry），在这个表项中会存储该长指令的源操作数寄存器索引和结果寄存器索引。

在流水线的写回点，每次按顺序写回一条长指令之后，就会将此指令在 OITF 中的表项去除，即从其 FIFO 缓存退出，完成其历史使命。为了保证长指令能够按顺序写回，需要借助 OITF 的功能。由于阐述清楚此功能需要较多篇幅，因此本书第 10 章会对其进行详述。OITF 中存储的便是已经派遣且尚未写回的长指令信息。

如图 8-4 所示，在派遣每条指令时，都会将指令的源操作数寄存器索引和结果寄存器索引和 OITF 中的各个表项进行比对，从而判断指令是否与已经派遣且尚未写回，判断长指令是否产生 RAW 和 WAW 相关性。

以上功能的相关源代码片段如下。

```
//e203_exu_oitf.v 的源代码片段


input  dis_ena,//派遣一条长指令的使能信号，该信号将用于分配一个 OITF 表项
```

```
   input    ret_ena,//写回一条长指令的使能信号，该信号将用于移除一个 OITF 表项

//以下为派遣的长指令相关信息，有的会存储于 OITF 的表项中，有的会用于进行 RAW 和 WAW 判断
   input    disp_i_rs1en,    //当前派遣的指令是否需要读取第一个源操作数寄存器
   input    disp_i_rs2en,    //当前派遣的指令是否需要读取第二个源操作数寄存器
   input    disp_i_rs3en,    //当前派遣的指令是否需要读取第三个源操作数寄存器
                             //注意，只有浮点指令才会使用第三个源操作数
   input    disp_i_rdwen,    //当前派遣的指令是否需要写回结果寄存器
   input    disp_i_rs1fpu,   //当前派遣的指令的第一个源操作数是不是要读取浮点通用寄存器组
   input    disp_i_rs2fpu,   //当前派遣的指令的第二个源操作数是不是要读取浮点通用寄存器组
   input    disp_i_rs3fpu,   //当前派遣的指令的第三个源操作数是不是要读取浮点通用寄存器组
   input    disp_i_rdfpu,    //当前派遣的指令的结果寄存器是不是要写回浮点通用寄存器组
   input    ['E203_RFIDX_WIDTH-1:0] disp_i_rs1idx,  //当前派遣的指令的第一个源操作数寄存器
                                                    //的索引
   input    ['E203_RFIDX_WIDTH-1:0] disp_i_rs2idx,  //当前派遣的指令的第二个源操作数寄存器
                                                    //的索引
   input    ['E203_RFIDX_WIDTH-1:0] disp_i_rs3idx,  //当前派遣的指令的第三个源操作数寄存器
                                                    //的索引
   input    ['E203_RFIDX_WIDTH-1:0] disp_i_rdidx,//当前派遣的指令的结果寄存器的索引
   input    ['E203_PC_SIZE    -1:0] disp_i_pc, //当前派遣的指令的 PC

   output oitfrd_match_disprs1, //派遣的指令的第一个源操作数和 OITF 任意表项中的结果寄存器相同
   output oitfrd_match_disprs2, //派遣的指令的第二个源操作数和 OITF 任意表项中的结果寄存器相同
   output oitfrd_match_disprs3, //派遣的指令的第三个源操作数和 OITF 任意表项中的结果寄存器相同
   output oitfrd_match_disprd,  //派遣的指令的结果寄存器和 OITF 任意表项中的结果寄存器相同

   …

//声明各表项的信号
   wire ['E203_OITF_DEPTH-1:0] vld_set;
   wire ['E203_OITF_DEPTH-1:0] vld_clr;
   wire ['E203_OITF_DEPTH-1:0] vld_ena;
   wire ['E203_OITF_DEPTH-1:0] vld_nxt;
   wire ['E203_OITF_DEPTH-1:0] vld_r;       //各表项中是否存放了有效指令的指示信号
   wire ['E203_OITF_DEPTH-1:0] rdwen_r;     //各表项中指令是否写回结果寄存器
   wire ['E203_OITF_DEPTH-1:0] rdfpu_r;
   wire ['E203_RFIDX_WIDTH-1:0] rdidx_r['E203_OITF_DEPTH-1:0];//各表项中浮点指令的
                                                             //结果寄存器索引
   wire ['E203_PC_SIZE-1:0] pc_r['E203_OITF_DEPTH-1:0]; //各表项中指令的 PC

//由于 OITF 本质上是一个 FIFO 缓存，因此需要生成 FIFO 缓存的写指针

   wire alc_ptr_ena = dis_ena;//派遣一条长指令的使能信号，作为写指针的使能信号
   wire ret_ptr_ena = ret_ena;//写回一条长指令的使能信号，作为读指针的使能信号

   wire oitf_full ;

   wire ['E203_ITAG_WIDTH-1:0] alc_ptr_r;
   wire ['E203_ITAG_WIDTH-1:0] ret_ptr_r;
```

```
//与常规的 FIFO 缓存设计一样，为了方便维护空、满标志，为写指针增加一个额外的标志位
   wire alc_ptr_flg_r;
   wire alc_ptr_flg_nxt = ~alc_ptr_flg_r;
   wire alc_ptr_flg_ena = (alc_ptr_r == ($unsigned('E203_OITF_DEPTH-1)))
   & alc_ptr_ena;

   sirv_gnrl_dfflr #(1) alc_ptr_flg_dfflrs(alc_ptr_flg_ena, alc_ptr_flg_
   nxt, alc_ptr_flg_r, clk, rst_n);

   wire ['E203_ITAG_WIDTH-1:0] alc_ptr_nxt;
   //每次分配一个表项，写指针自增 1，如果达到了 FIFO 缓存的深度值，写指针归零
   assign alc_ptr_nxt = alc_ptr_flg_ena ? 'E203_ITAG_WIDTH'b0 : (alc_ptr_
   r + 1'b1);

   sirv_gnrl_dfflr #('E203_ITAG_WIDTH) alc_ptr_dfflrs(alc_ptr_ena, alc_
   ptr_nxt, alc_ptr_r, clk, rst_n);

   //与常规的 FIFO 缓存设计一样，为了方便维护空、满标志，为读指针增加一个额外的标志位
   wire ret_ptr_flg_r;
   wire ret_ptr_flg_nxt = ~ret_ptr_flg_r;
   wire ret_ptr_flg_ena = (ret_ptr_r == ($unsigned('E203_OITF_DEPTH-1)))
   & ret_ptr_ena;

   sirv_gnrl_dfflr #(1) ret_ptr_flg_dfflrs(ret_ptr_flg_ena, ret_ptr_flg_
   nxt, ret_ptr_flg_r, clk, rst_n);

   wire ['E203_ITAG_WIDTH-1:0] ret_ptr_nxt;

   //每次移除一个表项，读指针自增 1，如果达到了 FIFO 缓存的深度值，读指针归零
   assign ret_ptr_nxt = ret_ptr_flg_ena ? 'E203_ITAG_WIDTH'b0 : (ret_ptr_
   r + 1'b1);

   sirv_gnrl_dfflr #('E203_ITAG_WIDTH) ret_ptr_dfflrs(ret_ptr_ena, ret_
   ptr_nxt, ret_ptr_r, clk, rst_n);

 //生成 FIFO 缓存的空、满标志
   assign oitf_empty = (ret_ptr_r == alc_ptr_r) &   (ret_ptr_flg_r == alc_
   ptr_flg_r);
   assign oitf_full  = (ret_ptr_r == alc_ptr_r) & (~(ret_ptr_flg_r == alc_
   ptr_flg_r));
...



wire ['E203_OITF_DEPTH-1:0] rd_match_rs1idx;
wire ['E203_OITF_DEPTH-1:0] rd_match_rs2idx;
wire ['E203_OITF_DEPTH-1:0] rd_match_rs3idx;
wire ['E203_OITF_DEPTH-1:0] rd_match_rdidx;
```

```
    genvar i;
    generate //{//使用参数化的 generate 语法实现 FIFO 缓存的主体部分
        for (i-0; i<'E203_OITF_DEPTH; i=i+1) begin:oitf_entries//{

//生成各表项中是否存放了有效指令的指示信号
            //每次分配一个表项时，若写指针与当前表项编号一样，则将该表项的有效信号设置为高电平
        assign vld_set[i] = alc_ptr_ena & (alc_ptr_r == i);
            //每次移除一个表项时，若读指针与当前表项编号一样，则将该表项的有效信号设置为低电平
        assign vld_clr[i] = ret_ptr_ena & (ret_ptr_r == i);
        assign vld_ena[i] = vld_set[i] |   vld_clr[i];
        assign vld_nxt[i] = vld_set[i] | (~vld_clr[i]);

        sirv_gnrl_dfflr #(1) vld_dfflrs(vld_ena[i], vld_nxt[i], vld_r[i],
        clk, rst_n);
            //其他的表项信息均可视为该表项的载荷，只需要在分配表项时写入，在
            //移除表项时无须清除（为了降低动态功耗）

        sirv_gnrl_dffl #('E203_RFIDX_WIDTH) rdidx_dfflrs(vld_set[i], disp_
        i_rdidx, rdidx_r[i], clk);//各表项中指令的结果寄存器索引
        sirv_gnrl_dffl #('E203_PC_SIZE    ) pc_dfflrs    (vld_set[i], disp_
        i_pc   , pc_r[i]   , clk);//各表项中指令的 PC
        sirv_gnrl_dffl #(1)                      rdwen_dfflrs(vld_set[i], disp_
        i_rdwen, rdwen_r[i], clk);//各表项中指令是否需要写回结果寄存器
        sirv_gnrl_dffl #(1)                      rdfpu_dfflrs(vld_set[i], disp_
        i_rdfpu, rdfpu_r[i], clk);//各表项中指令写回的结果寄存器是否属于浮点寄存器

//将正在派遣的指令的源操作数寄存器索引和各表项中的结果寄存器索引进行比较
        assign rd_match_rs1idx[i] = vld_r[i] & rdwen_r[i] & disp_i_rs1en &
        (rdfpu_r[i] == disp_i_rs1fpu) & (rdidx_r[i] == disp_i_rs1idx);
        assign rd_match_rs2idx[i] = vld_r[i] & rdwen_r[i] & disp_i_rs2en &
        (rdfpu_r[i] == disp_i_rs2fpu) & (rdidx_r[i] == disp_i_rs2idx);
        assign rd_match_rs3idx[i] = vld_r[i] & rdwen_r[i] & disp_i_rs3en &
        (rdfpu_r[i] == disp_i_rs3fpu) & (rdidx_r[i] == disp_i_rs3idx);
    //将正在派遣的指令的结果寄存器索引和各表项中的结果寄存器索引进行比较
        assign rd_match_rdidx [i] = vld_r[i] & rdwen_r[i] & disp_i_rdwen & (rdfpu_
        r[i] == disp_i_rdfpu ) & (rdidx_r[i] == disp_i_rdidx );

        end//}
    endgenerate//}

//派遣的指令的第一个源操作数和 OITF 任意表项中的结果寄存器相同，表示存在着 RAW 相关性
    assign oitfrd_match_disprs1 = |rd_match_rs1idx;
//派遣的指令的第二个源操作数和 OITF 任意表项中的结果寄存器相同，表示存在着 RAW 相关性
    assign oitfrd_match_disprs2 = |rd_match_rs2idx;
//派遣的指令的第三个源操作数和 OITF 任意表项中的结果寄存器相同，表示存在着 RAW 相关性
    assign oitfrd_match_disprs3 = |rd_match_rs3idx;
//派遣的指令结果寄存器和 OITF 任意表项中的结果寄存器相同，表示存在着 WAW 相关性
    assign oitfrd_match_disprd  = |rd_match_rdidx ;
```

在流水线的派遣点，在派遣每条指令时如果发现了数据相关性，则会将流水线的派遣点阻塞，直到相关长指令执行完毕并解除相关性之后才会继续进行派遣。此功能由 Dispatch 模块完成，解除相关性的源代码片段如下：

```
//e203_exu_disp.v 的源代码片段


//只要 3 个源操作数中的任何一个和 OITF 中的表项具有 RAW 相关性，就意味着该指令和前序的
//长指令存在着 RAW 相关性
wire raw_dep =   ((oitfrd_match_disprs1) |
                 (oitfrd_match_disprs2) |
                 (oitfrd_match_disprs3));
//只要结果寄存器和 OITF 中的表项具有 WAW 相关性，就意味着该指令和和前序的长指令存在着 WAW
//相关性
wire waw_dep = (oitfrd_match_disprd);

//RAW 和 WAW 两种相关性都是需要阻塞派遣点的相关性
wire dep = raw_dep | waw_dep;

  wire disp_condition =
                 …
             & (~dep)      //没 RAW 和 WAW 相关性时才会允许派遣
                 …

  assign disp_i_valid_pos = disp_condition & disp_i_valid;
  assign disp_i_ready       = disp_condition & disp_i_ready_pos;
```

从以上介绍可以看出，对于数据相关性造成的冲突，蜂鸟 E203 处理器只采取了阻塞流水线的方法，而并没有将长指令的结果直接快速旁路给后续的待派遣指令。使用该方案主要是因为处理器的设计需要秉承折中的理念，由于蜂鸟 E203 处理器主要追求低功耗和小面积，因此没有使用快速旁路的方法。

8.3.8 ALU

蜂鸟 E203 处理器的 ALU 包括 5 个模块。

蜂鸟 E203 处理器核的 ALU 框图如图 8-5 所示。以上 5 个模块只负责具体指令的执行控制，它们均共享实际的运算数据通路，因此可以控制主要数据通路的面积开销，这是蜂鸟 E203 处理器追求低功耗、小面积的亮点。

1. 普通 ALU 模块

普通 ALU（Regular-ALU）模块主要负责普通的 ALU 指令（逻辑运算、加减法和移位等指令）的执行。

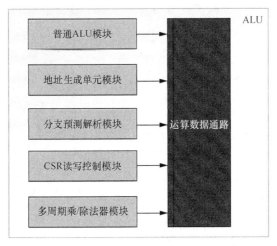

图 8-5 蜂鸟 E203 处理器核的 ALU 框图

普通 ALU 模块的相关源代码在 e203_hbirdv2 目录中的结构如下。

```
e203_hbirdv2
    |----rtl                                //存放 RTL 的目录
        |----e203                           //E203 处理器核和 SoC 的 RTL 目录
            |----core                       //存放 E203 处理器核的 RTL 代码
                |----e203_exu_alu_rglr.v    //普通 ALU 模块
```

普通 ALU 模块完全由组合逻辑组成，普通 ALU 模块本身并没有运算数据通路，其主要逻辑即根据普通 ALU 指令类型，发起对共享运算数据通路的操作请求，并且从共享的运算数据通路中取回计算结果。相关源代码片段如下所示。

```
//e203_exu_alu_rglr.v 的源代码片段


//从信息总线中取出相关信息

        //本指令的第二个源操作数是否使用立即数
  wire op2imm   = alu_i_info ['E203_DECINFO_ALU_OP2IMM ];
        //本指令的第一个源操作数是否使用 PC
  wire op1pc    = alu_i_info ['E203_DECINFO_ALU_OP1PC  ];
      //将第一个源操作数发送给共享的运算数据通路。如果使用 PC，则选择 PC；否则，选择源寄存器 1
  assign alu_req_alu_op1 = op1pc  ? alu_i_pc  : alu_i_rs1;
      //将第二个源操作数发送给共享的运算数据通路。如果使用立即数，则选择立即数；否则，选择源寄存器 2
  assign alu_req_alu_op2 = op2imm ? alu_i_imm : alu_i_rs2;
      //根据指令的类型，产生所需计算的操作类型，并将其发送给共享的运算数据通路
  assign alu_req_alu_add = alu_i_info ['E203_DECINFO_ALU_ADD ] & (~nop);
  assign alu_req_alu_sub = alu_i_info ['E203_DECINFO_ALU_SUB ];
  assign alu_req_alu_xor = alu_i_info ['E203_DECINFO_ALU_XOR ];
```

```
assign alu_req_alu_sll  = alu_i_info ['E203_DECINFO_ALU_SLL ];
assign alu_req_alu_srl  = alu_i_info ['E203_DECINFO_ALU_SRL ];
assign alu_req_alu_sra  = alu_i_info ['E203_DECINFO_ALU_SRA ];
assign alu_req_alu_or   = alu_i_info ['E203_DECINFO_ALU_OR  ];
assign alu_req_alu_and  = alu_i_info ['E203_DECINFO_ALU_AND ];
assign alu_req_alu_slt  = alu_i_info ['E203_DECINFO_ALU_SLT ];
assign alu_req_alu_sltu = alu_i_info ['E203_DECINFO_ALU_SLTU];
assign alu_req_alu_lui  = alu_i_info ['E203_DECINFO_ALU_LUI ];

        //将共享运算数据通路的结算结果取回
assign alu_o_wbck_wdat = alu_req_alu_res;
```

2．地址生成单元模块

地址生成单元（Address Generation Unit，AGU）模块主要负责 Load、Store 和 A 扩展指令的地址生成，以及 A 扩展指令的微操作拆分和执行。AGU 模块的相关源代码在 e203_hbirdv2 目录中的结构如下。

```
e203_hbirdv2
    |----rtl                               //存放 RTL 的目录
        |----e203                          //E203 处理器核和 SoC 的 RTL 目录
            |----core                      //存放 E203 处理器核的 RTL 代码
                |----e203_exu_alu_lsuagu.v      //AGU 模块
```

由于 AGU 模块是整个存储器访问指令执行过程中所需的一部分，因此我们需要结合完整的存储器访问微架构进行理解。

3．分支预测解析模块

分支预测解析（Branch and Jump resolve，BJP）模块主要负责分支与跳转指令的结果解析和执行。BJP 模块的相关源代码在 e203_hbirdv2 目录中的结构如下。

```
e203_hbirdv2
    |----rtl                               //存放 RTL 的目录
        |----e203                          //E203 处理器核和 SoC 的 RTL 目录
            |----core                      //存放 E203 处理器核的 RTL 代码
                |----e203_exu_alu_bjp.v         //BJP 模块
```

BJP 模块是分支跳转指令进行交付的主要依据，在此不做赘述，请读者参考第 9 章。

4．CSR 读写控制模块

CSR 读写控制（CSR-CTRL）模块主要负责 CSR 读写指令（包括 csrrw、csrrs、csrrc、csrrwi、csrrsi 以及 csrrci 指令）的执行。

CSR 读写控制模块的相关源代码在 e203_hbirdv2 目录中的结构如下。

```
e203_hbirdv2
    |----rtl                               //存放 RTL 的目录
        |----e203                          //E203 处理器核和 SoC 的 RTL 目录
```

```
                  |----core              //存放 E203 处理器核的 RTL 代码
                        |----e203_exu_alu_csrctrl.v          //CSR-CTRL 模块
```

CSR 读写控制模块完全由组合逻辑组成，其根据 CSR 读写指令的类型产生读写 CSR 模块的控制信号。相关源代码片段如下所示。

```verilog
//e203_exu_alu_csrctrl.v 的源代码片段

  output csr_ena,       //送给 CSR 模块的 CSR 读写使能信号
  output csr_wr_en,     //CSR 写操作指示信号
  output csr_rd_en,     //CSR 读操作指示信号
  output [12-1:0] csr_idx,//CSR 的地址索引

  input   ['E203_XLEN-1:0] read_csr_dat,//读操作从 CSR 模块中读出的数据
  output ['E203_XLEN-1:0] wbck_csr_dat,//写操作写入 CSR 模块的数据

…

//从信息总线中取出相关信息
  wire         csrrw  = csr_i_info['E203_DECINFO_CSR_CSRRW ];
  wire         csrrs  = csr_i_info['E203_DECINFO_CSR_CSRRS ];
  wire         csrrc  = csr_i_info['E203_DECINFO_CSR_CSRRC ];
  wire         rs1imm = csr_i_info['E203_DECINFO_CSR_RS1IMM];
  wire         rs1is0 = csr_i_info['E203_DECINFO_CSR_RS1IS0];
  wire [4:0]   zimm   = csr_i_info['E203_DECINFO_CSR_ZIMMM ];
  wire [11:0] csridx = csr_i_info['E203_DECINFO_CSR_CSRIDX];

    //生成操作数 1，如果使用立即数，则选择立即数；否则，选择源寄存器 1
  wire ['E203_XLEN-1:0] csr_op1 = rs1imm ? {27'b0,zimm} : csr_i_rs1;

    //根据指令的信息生成读操作指示信号
  assign csr_rd_en = csr_i_valid &
    (
      (csrrw ? csr_i_rdwen : 1'b0)
      | csrrs | csrrc
    );

    //根据指令的信息生成写操作指示信号
  assign csr_wr_en = csr_i_valid & (
              csrrw
            | ((csrrs | csrrc) & (~rs1is0))
          );

    //生成访问 CSR 的地址索引
  assign csr_idx = csridx;

    //生成送给 CSR 模块的 CSR 读写使能信号
```

```
assign csr_ena = csr_o_valid & csr_o_ready;

    //生成写操作写入 CSR 模块的数据
assign wbck_csr_dat =
            ({`E203_XLEN{csrrw}} & csr_op1)
          | ({`E203_XLEN{csrrs}} & (  csr_op1  | read_csr_dat))
          | ({`E203_XLEN{csrrc}} & ((~csr_op1) & read_csr_dat));
```

5. 多周期乘/除法器模块

蜂鸟 E203 处理器使用低性能、小面积的多周期乘/除法器支持乘/除法指令。

要实现多周期的乘法和除法器，先了解其知识背景。

对于有符号整数乘法操作，使用常用的 Booth 编码算法计算部分积，然后使用迭代的方法，在每个周期使用加法器对部分积进行累加，经过多个周期的迭代之后得到最终的乘积。使用加法器进行迭代的乘法器实现如图 8-6 所示。

在此仅对乘法器的实现进行简介。对于使用 Booth 编码算法进行乘法器设计的详细原理，本书不做赘述，请读者自行查阅相关资料。

对于有符号整数除法，使用常用的加减交替法，然后使用迭代的方法，在每个周期使用加法器得到部分余数，经过多个周期的迭代之后得到最终商和余数。使用加法器进行迭代的除法器实现如图 8-7 所示。

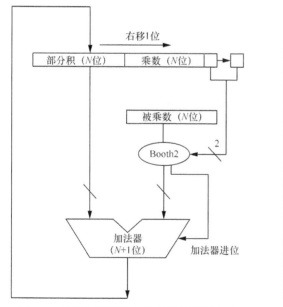

图 8-6　使用加法器进行迭代的乘法器实现

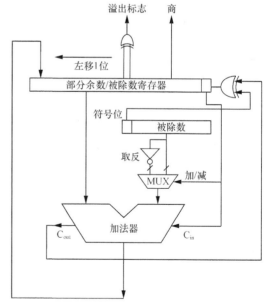

图 8-7　使用加法器进行迭代的除法器实现

在此仅对除法器的实现进行简介。对于使用加减交替法进行除法器设计的详细原理，在此不做赘述，请读者自行查阅相关资料。

通过对多周期乘法器和多周期除法器的实现进行比较，你可以发现，二者的结构非常类似，二者都使用加法器作为主要的运算通路，使用一组寄存器保存部分积或者部分余数，因此二者可以进行资源复用，从而节省面积。

根据上述的设计思路，在蜂鸟 E203 处理器中，多周期乘除法器（MDV）模块是 ALU 的一个子单元，通过复用 ALU 共享数据通路中的加法器，经过多个时钟周期完成乘法或者除法操作。

MDV 模块的相关源代码在 e203_hbirdv2 目录中的结构如下。

```
e203_hbirdv2
    |----rtl                                    //存放 RTL 的目录
        |----e203                               //E203 处理器核和 SoC 的 RTL 目录
            |----core                           //存放 E203 处理器核的 RTL 代码
                |----e203_exu_alu_muldiv.v      //多周期乘除法模块
```

对于乘法操作，为了减少乘法操作所需的时钟周期数，MDV 模块对乘法采用基 4（Radix-4）的 Booth 编码算法，并且对无符号乘法进行符号位扩展后，统一当作有符号数进行运算，因此需要 17 个时钟周期。

对于除法操作，采用普通的加减交替法，同样对无符号乘法进行符号位扩展后，统一当作有符号数进行运算，因此需要 33 个时钟周期。另外，由于加减交替法迭代所得的结果存在着1位精度的问题，因此不仅需要额外 1 个时钟周期以判断是否需要进行商和余数的校正，还需要额外 2 个时钟周期的商和余数校正（如果需要校正），最终得到完全准确的除法结果，总共最多需要 36 个时钟周期。

MDV 模块只进行运算控制，并没有自己的加法器，加法器与其他的 ALU 子单元复用共享的运算数据通路，也没有存储部分积或者部分余数的寄存器，寄存器与 AGU 复用寄存器。因此 MDV 模块本身仅使用一些状态机进行控制和选择，硬件实现非常节省面积，是一种相当低功耗的实现。

MDV 模块的相关源代码片段如下所示。

```verilog
//e203_exu_alu_muldiv.v 的源代码片段


//从信息总线中取出相关信息
  wire i_mul    = muldiv_i_info['E203_DECINFO_MULDIV_MUL    ];
  wire i_mulh   = muldiv_i_info['E203_DECINFO_MULDIV_MULH   ];
  wire i_mulhsu = muldiv_i_info['E203_DECINFO_MULDIV_MULHSU];
  wire i_mulhu  = muldiv_i_info['E203_DECINFO_MULDIV_MULHU ];
  wire i_div    = muldiv_i_info['E203_DECINFO_MULDIV_DIV    ];
  wire i_divu   = muldiv_i_info['E203_DECINFO_MULDIV_DIVU   ];
  wire i_rem    = muldiv_i_info['E203_DECINFO_MULDIV_REM    ];
```

```
  wire i_remu    = muldiv_i_info['E203_DECINFO_MULDIV_REMU  ];
```

//对操作数进行符号位扩展
```
  wire mul_rs1_sign = (i_mulhu)          ? 1'b0 : muldiv_i_rs1['E203_XLEN-1];
  wire mul_rs2_sign = (i_mulhsu | i_mulhu) ? 1'b0 : muldiv_i_rs2['E203_XLEN-1];

  wire [32:0] mul_op1 = {mul_rs1_sign, muldiv_i_rs1};
  wire [32:0] mul_op2 = {mul_rs2_sign, muldiv_i_rs2};
```

//译码出是乘法还是除法操作
```
  wire i_op_mul = i_mul | i_mulh | i_mulhsu | i_mulhu;
  wire i_op_div = i_div | i_divu | i_rem   | i_remu;
```

//使用统一的状态机控制多周期乘法或者除法操作
```
  localparam MULDIV_STATE_WIDTH = 3;

  wire [MULDIV_STATE_WIDTH-1:0] muldiv_state_nxt;
  wire [MULDIV_STATE_WIDTH-1:0] muldiv_state_r;
  wire muldiv_state_ena;

  localparam MULDIV_STATE_0TH = 3'd0;
  localparam MULDIV_STATE_EXEC = 3'd1;
  localparam MULDIV_STATE_REMD_CHCK = 3'd2;
  localparam MULDIV_STATE_QUOT_CORR = 3'd3;
  localparam MULDIV_STATE_REMD_CORR = 3'd4;
  …


  wire [MULDIV_STATE_WIDTH-1:0] state_0th_nxt;
  wire [MULDIV_STATE_WIDTH-1:0] state_exec_nxt;
  wire [MULDIV_STATE_WIDTH-1:0] state_remd_chck_nxt;
  wire [MULDIV_STATE_WIDTH-1:0] state_quot_corr_nxt;
  wire [MULDIV_STATE_WIDTH-1:0] state_remd_corr_nxt;
  wire state_0th_exit_ena;
  wire state_exec_exit_ena;
  wire state_remd_chck_exit_ena;
  wire state_quot_corr_exit_ena;
  wire state_remd_corr_exit_ena;

  …

    sirv_gnrl_dfflr #(MULDIV_STATE_WIDTH) muldiv_state_dfflr (muldiv_state_
  ena, muldiv_state_nxt, muldiv_state_r, clk, rst_n);

  wire state_exec_enter_ena = muldiv_state_ena & (muldiv_state_nxt == MULDIV_
  STATE_EXEC);
```

```
localparam EXEC_CNT_W  = 6;
localparam EXEC_CNT_1  = 6'd1 ;
localparam EXEC_CNT_16 = 6'd16; //指示乘法需要总共 17 个时钟周期
localparam EXEC_CNT_32 = 6'd32; //指示乘法需要总共 33 个时钟周期
```

//实现迭代周期的计数
```
wire[EXEC_CNT_W-1:0] exec_cnt_r;
wire exec_cnt_set = state_exec_enter_ena;
wire exec_cnt_inc = muldiv_sta_is_exec & (~exec_last_cycle);
wire exec_cnt_ena = exec_cnt_inc | exec_cnt_set;
wire[EXEC_CNT_W-1:0] exec_cnt_nxt = exec_cnt_set ? EXEC_CNT_1 : (exec_cnt_
r + 1'b1);
sirv_gnrl_dfflr #(EXEC_CNT_W) exec_cnt_dfflr (exec_cnt_ena, exec_cnt_nxt,
exec_cnt_r, clk, rst_n);
```

…

//使用基 4 编码算法得到乘法的部分积
…
```
wire [2:0] booth_code = cycle_0th  ? {muldiv_i_rs1[1:0],1'b0}
           : cycle_16th ? {mul_rs1_sign,part_prdt_lo_r[0],part_prdt_sft1_r}
                        : {part_prdt_lo_r[1:0],part_prdt_sft1_r};
    //booth_code == 3'b000 =  0
    //booth_code == 3'b001 =  1
    //booth_code == 3'b010 =  1
    //booth_code == 3'b011 =  2
    //booth_code == 3'b100 = -2
    //booth_code == 3'b101 = -1
    //booth_code == 3'b110 = -1
    //booth_code == 3'b111 = -0
wire booth_sel_zero = (booth_code == 3'b000) | (booth_code == 3'b111);
wire booth_sel_two  = (booth_code == 3'b011) | (booth_code == 3'b100);
wire booth_sel_one  = (~booth_sel_zero) & (~booth_sel_two);
wire booth_sel_sub  = booth_code[2];
```

//生成乘法每次迭代所需加法或者减法的操作数，使用 And-Or 的编码方式产生并行选择器
```
wire ['E203_MULDIV_ADDER_WIDTH-1:0] mul_exe_alu_op2 =
    (({'E203_MULDIV_ADDER_WIDTH{booth_sel_zero}} & 'E203_MULDIV_ADDER_WIDTH'b0)
 | (({'E203_MULDIV_ADDER_WIDTH{booth_sel_one }} & {mul_rs2_sign,mul_rs2_
sign,mul_rs2_sign,muldiv_i_rs2})
 | (({'E203_MULDIV_ADDER_WIDTH{booth_sel_two }} & {mul_rs2_sign,mul_rs2_
sign,mul_rs2_sign,muldiv_i_rs2,1'b0}))
    ;
wire ['E203_MULDIV_ADDER_WIDTH-1:0] mul_exe_alu_op1 =
    cycle_0th ? 'E203_MULDIV_ADDER_WIDTH'b0 : {part_prdt_hi_r[32],part_
    prdt_hi_r[32],part_prdt_hi_r};
```

…

```
    //生成乘法每次迭代所需加法或者减法的指示信号
  wire mul_exe_alu_add = (~booth_sel_sub);
  wire mul_exe_alu_sub = booth_sel_sub;

…


//使用加减交替法生成除法的部分余数与商

…
    //生成除法每次迭代所需加法或者减法的操作数
  wire [33:0] div_exe_alu_op1 = cycle_0th ? dividend_lsft1[66:33] : {part_
  remd_sft1_r, part_remd_r[32:0]};
  wire [33:0] div_exe_alu_op2 = divisor;
  wire div_exe_alu_add = (~prev_quot);
  wire div_exe_alu_sub =   prev_quot ;

 …

//判定是否需要进行商和余数的校正，此判定需要用到加法器，将操作数发送给共享的数据通路
  wire [33:0] div_remd_chck_alu_res = muldiv_req_alu_res[33:0];
  wire [33:0] div_remd_chck_alu_op1 = {part_remd_r[32], part_remd_r};
  wire [33:0] div_remd_chck_alu_op2 = divisor;
  wire div_remd_chck_alu_add = 1'b1;
  wire div_remd_chck_alu_sub = 1'b0;

  wire remd_is_0 = ~(|part_remd_r);
  wire remd_is_neg_divs = ~(|div_remd_chck_alu_res);
  wire remd_is_divs = (part_remd_r == divisor[32:0]);
  assign div_need_corrct = i_op_div & (
                              ((part_remd_r[32] ^ dividend[65]) & (~remd_is_0))
                            | remd_is_neg_divs
                            | remd_is_divs
                          );

  wire remd_inc_quot_dec = (part_remd_r[32] ^ divisor[33]);

…

//进行商的校正所需的加法运算，将操作数和操作类型发送给共享的数据通路
  assign div_quot_corr_alu_res = muldiv_req_alu_res[33:0];
  wire [33:0] div_quot_corr_alu_op1 = {part_quot_r[32], part_quot_r};
  wire [33:0] div_quot_corr_alu_op2 = 34'b1;
  wire div_quot_corr_alu_add = (~remd_inc_quot_dec);
  wire div_quot_corr_alu_sub = remd_inc_quot_dec;

…

//进行余数校正所需的加法运算，将操作数和操作类型发送给共享的数据通路
  assign div_remd_corr_alu_res = muldiv_req_alu_res[33:0];
```

```
wire [33:0] div_remd_corr_alu_op1 = {part_remd_r[32], part_remd_r};
wire [33:0] div_remd_corr_alu_op2 = divisor;
wire div_remd_corr_alu_add = remd_inc_quot_dec;
wire div_remd_corr_alu_sub = ~remd_inc_quot_dec;

...


//为了与 ALU 的其他子单元共享运算数据通路，将运算所需要的操作数发送给运算数据通路并进行运算
    //操作数 1
assign muldiv_req_alu_op1 =
            ...
    //操作数 2
assign muldiv_req_alu_op2 =
            ...
    //指示需要进行加法操作
assign muldiv_req_alu_add  =
            (req_alu_sel1 & mul_exe_alu_add        )
        |   (req_alu_sel2 & div_exe_alu_add        )
        |   (req_alu_sel3 & div_quot_corr_alu_add)
        |   (req_alu_sel4 & div_remd_corr_alu_add)
        |   (req_alu_sel5 & div_remd_chck_alu_add);
    //指示需要进行减法操作
assign muldiv_req_alu_sub  =
            (req_alu_sel1 & mul_exe_alu_sub        )
        |   (req_alu_sel2 & div_exe_alu_sub        )
        |   (req_alu_sel3 & div_quot_corr_alu_sub)
        |   (req_alu_sel4 & div_remd_corr_alu_sub)
        |   (req_alu_sel5 & div_remd_chck_alu_sub);

//为了与 AGU 共享运算数据通路，将需要存储的部分积或者部分余数发送给运算数据通路并进行寄存
    assign muldiv_sbf_0_ena = part_remd_ena | part_prdt_hi_ena;
    assign muldiv_sbf_0_nxt = i_op_mul ? part_prdt_hi_nxt : part_remd_nxt;

    assign muldiv_sbf_1_ena = part_quot_ena | part_prdt_lo_ena;
    assign muldiv_sbf_1_nxt = i_op_mul ? part_prdt_lo_nxt : part_quot_nxt;

    assign part_remd_r = muldiv_sbf_0_r;
    assign part_quot_r = muldiv_sbf_1_r;
    assign part_prdt_hi_r = muldiv_sbf_0_r;
    assign part_prdt_lo_r = muldiv_sbf_1_r;

...
```

6. 运算数据通路

运算数据通路模块是 ALU 真正用于计算的数据通路模块。运算数据通路模块的相关源代码在 e203_hbirdv2 目录中的结构如下。

```
e203_hbirdv2
    |----rtl                                //存放 RTL 的目录
        |----e203                           //E203 处理器核和 SoC 的 RTL 目录
            |----core                       //存放 E203 处理器核的 RTL 代码
                |----e203_exu_alu_dpath.v   //运算数据通路模块
```

运算数据通路的功能比较简单，它被动地接受其他 ALU 子单元的请求并进行具体运算，然后将计算结果返回给其他子单元的运算数据通路，相关源代码片段如下所示。

```
//e203_exu_alu_dpath.v 的源代码片段

…

//不同的子单元公用 ALU 的运算数据通路
  assign  {
     mux_op1
    ,mux_op2
…
    ,op_cmp_eq
    ,op_cmp_ne
    ,op_cmp_lt
    ,op_cmp_gt
    ,op_cmp_ltu
    ,op_cmp_gtu
    }
=
//来自普通 ALU 子单元的运算请求
        ({DPATH_MUX_WIDTH{alu_req_alu}} & {
…
        })
//来自 BJP 子单元的运算请求
    | ({DPATH_MUX_WIDTH{bjp_req_alu}} & {
            bjp_req_alu_op1
           ,bjp_req_alu_op2
        …
           ,bjp_req_alu_cmp_eq
           ,bjp_req_alu_cmp_ne
           ,bjp_req_alu_cmp_lt
           ,bjp_req_alu_cmp_gt
           ,bjp_req_alu_cmp_ltu
           ,bjp_req_alu_cmp_gtu

        })
//来自 AGU 模块的运算请求
    | ({DPATH_MUX_WIDTH{agu_req_alu}} & {
         …
        })
        ;
```

…

```verilog
    //复用移位器

wire ['E203_XLEN-1:0] shifter_in1;
wire [5-1:0] shifter_in2;
wire ['E203_XLEN-1:0] shifter_res;


wire op_shift = op_sra | op_sll | op_srl;

    //为了节省面积开销，将右移统一转化为左移操作

assign shifter_in1 = {'E203_XLEN{op_shift}} &
        (
            (op_sra | op_srl) ?
                {
    shifter_op1[00],shifter_op1[01],shifter_op1[02],shifter_op1[03],
    shifter_op1[04],shifter_op1[05],shifter_op1[06],shifter_op1[07],
    shifter_op1[08],shifter_op1[09],shifter_op1[10],shifter_op1[11],
    shifter_op1[12],shifter_op1[13],shifter_op1[14],shifter_op1[15],
    shifter_op1[16],shifter_op1[17],shifter_op1[18],shifter_op1[19],
    shifter_op1[20],shifter_op1[21],shifter_op1[22],shifter_op1[23],
    shifter_op1[24],shifter_op1[25],shifter_op1[26],shifter_op1[27],
    shifter_op1[28],shifter_op1[29],shifter_op1[30],shifter_op1[31]
                } : shifter_op1
        );
assign shifter_in2 = {5{op_shift}} & shifter_op2[4:0];

assign shifter_res = (shifter_in1 << shifter_in2);

wire ['E203_XLEN-1:0] sll_res = shifter_res;
wire ['E203_XLEN-1:0] srl_res =
                {
    shifter_res[00],shifter_res[01],shifter_res[02],shifter_res[03],
    shifter_res[04],shifter_res[05],shifter_res[06],shifter_res[07],
    shifter_res[08],shifter_res[09],shifter_res[10],shifter_res[11],
    shifter_res[12],shifter_res[13],shifter_res[14],shifter_res[15],
    shifter_res[16],shifter_res[17],shifter_res[18],shifter_res[19],
    shifter_res[20],shifter_res[21],shifter_res[22],shifter_res[23],
    shifter_res[24],shifter_res[25],shifter_res[26],shifter_res[27],
    shifter_res[28],shifter_res[29],shifter_res[30],shifter_res[31]
                };


//复用"异或"逻辑门
assign xorer_in1 = {'E203_XLEN{xorer_op}} & misc_op1;
assign xorer_in2 = {'E203_XLEN{xorer_op}} & misc_op2;
```

```
wire ['E203_XLEN-1:0] xorer_res = xorer_in1 ^ xorer_in2;

wire neq  = (|xorer_res);
wire cmp_res_ne  = (op_cmp_ne  & neq);
    wire cmp_res_eq  = op_cmp_eq  & (~neq);

   …
```

//复用加法器

```
assign adder_in1 = {'E203_ALU_ADDER_WIDTH{adder_addsub}} & (adder_op1);
assign adder_in2 = {'E203_ALU_ADDER_WIDTH{adder_addsub}} & (adder_sub ? (~
adder_op2) : adder_op2);
assign adder_cin = adder_addsub & adder_sub;

assign adder_res = adder_in1 + adder_in2 + adder_cin;
   …
```

```
    //生成最终的运算数据通路中的结果，使用 And-Or 的编码方式生成多路选择器
    wire ['E203_XLEN-1:0] alu_dpath_res =
        ({'E203_XLEN{op_or        }} & orer_res )
      | ({'E203_XLEN{op_and       }} & ander_res)
      | ({'E203_XLEN{op_xor       }} & xorer_res)
      | ({'E203_XLEN{op_addsub     }} & adder_res['E203_XLEN-1:0])
      | ({'E203_XLEN{op_srl       }} & srl_res)
      | ({'E203_XLEN{op_sll       }} & sll_res)
      | ({'E203_XLEN{op_sra       }} & sra_res)
      | ({'E203_XLEN{op_mvop2      }} & mvop2_res)
      | ({'E203_XLEN{op_slttu      }} & slttu_res)
      | ({'E203_XLEN{op_max | op_maxu | op_min | op_minu}} & maxmin_res)
        ;
```

//实现 AGU 和 MDV 模块共享的两个 33 位宽的寄存器

```
sirv_gnrl_dffl #(33) sbf_0_dffl (sbf_0_ena, sbf_0_nxt, sbf_0_r, clk);
sirv_gnrl_dffl #(33) sbf_1_dffl (sbf_1_ena, sbf_1_nxt, sbf_1_r, clk);
```

//寄存器的使能信号选择来自 MDV 还是 AGU 模块
```
  assign sbf_0_ena =
'ifdef E203_SUPPORT_SHARE_MULDIV //{
      muldiv_req_alu ? muldiv_sbf_0_ena :
'endif//E203_SUPPORT_SHARE_MULDIV}
             agu_sbf_0_ena;
  assign sbf_1_ena =
```

```
'ifdef E203_SUPPORT_SHARE_MULDIV //{
      muldiv_req_alu ? muldiv_sbf_1_ena :
'endif//E203_SUPPORT_SHARE_MULDIV}
                agu_sbf_1_cna;

//寄存器的写入数据来自 MDV 还是 AGU 模块
  assign sbf_0_nxt =
'ifdef E203_SUPPORT_SHARE_MULDIV //{
      muldiv_req_alu ? muldiv_sbf_0_nxt :
'endif//E203_SUPPORT_SHARE_MULDIV}
              {1'b0,agu_sbf_0_nxt};
  assign sbf_1_nxt =
'ifdef E203_SUPPORT_SHARE_MULDIV //{
      muldiv_req_alu ? muldiv_sbf_1_nxt :
'endif//E203_SUPPORT_SHARE_MULDIV}
              {1'b0,agu_sbf_1_nxt};

//将共享寄存器的值送给 AGU 模块
  assign agu_sbf_0_r = sbf_0_r['E203_XLEN-1:0];
  assign agu_sbf_1_r = sbf_1_r['E203_XLEN-1:0];

//将共享寄存器的值送给 MDV 模块
'ifdef E203_SUPPORT_SHARE_MULDIV //{
  assign muldiv_sbf_0_r = sbf_0_r;
  assign muldiv_sbf_1_r = sbf_1_r;
'endif//E203_SUPPORT_SHARE_MULDIV}
```

8.3.9　交付

指令交付功能在 EXU 中完成。由于将交付的功能阐述清楚需要较多篇幅，因此本书单设一章对其进行详述，请参见第 9 章。

8.3.10　写回

指令结果写回功能也在 EXU 中完成。由于阐述清楚写回功能需要较多篇幅，因此本书单设一章对其进行详述，请参见第 10 章。

8.3.11　协处理器扩展

可扩展性是 RISC-V 架构最大的亮点之一。蜂鸟 E203 处理器核在执行阶段支持协处理器扩展指令。由于阐述清楚协处理器扩展的功能需要较多篇幅，因此本书单设一章对其进行详述，请参见第 16 章。

8.4 小结

　　由于蜂鸟 E203 处理器是一种两级流水线的微架构，其执行阶段的 EXU 事实上不仅包含了经典 5 级流水线中对应的译码、执行和写回功能，还包含了交付功能，因此 EXU 是蜂鸟 E203 处理器核的心脏。

　　为了能够达到超低功耗且性能优良的设计目标，蜂鸟 E203 处理器的研发团队依据多年业界一流 CPU 的研发经验，设计了精巧的微架构，采用了诸多的设计技巧。读者可以借助本章的文字介绍和关键代码片段解析，结合 GitHub 上的完整源代码进行学习，从而透彻地理解蜂鸟 E203 处理器的设计精髓。

第9章 善始者实繁，克终者盖寡——交付

坚持就是胜利

《谏太宗十思疏》中有云："善始者实繁，克终者盖寡"。此句话的意思是认真开始做一件事的人很多，但是能够坚持到最后认真完成的人寥寥无几。此古语让人联想到指令在流水线中的行为，指令从存储器中读取出来，进入流水线，开始执行，但并不是每一条指令都能够真正交付。

本章将简要介绍处理器交付的功能和常见的策略，并分析蜂鸟 E203 处理器核交付单元的微架构和源代码。

9.1 处理器中指令的交付、取消、冲刷

9.1.1 指令交付、取消、冲刷

谈及交付（commit），读者可能比较陌生，在经典的 5 级流水线模型中，处理器的流水线分为取指、译码、执行、访存和写回，其中并没有提及交付。那么交付有何功能呢？

流水线中的指令交付是指该指令不再处于预测执行状态。交付的指令可以真正地在处理器中执行，可以对处理器状态产生影响。与"交付"相反的一个概念是取消（cancel），表示该指令最后需要取消。可能初学者还是无法理解，下面结合常见的情形阐述"交付"的功能。

为了提高处理器的性能，分支跳转指令可以以一种预测的形式执行，分支跳转指令是否真正需要产生跳转可能需要在执行阶段之后才能够确定。

指令在流水线中以"流水"的形式执行，以经典的 5 级流水线模型为例，第一条指令处于执行阶段，第二条指令便处于译码阶段。如果第一条指令是一条预测的分支跳转指令，那么第二条指令（及其后续指令）便处于一种预测执行的状态。

在第一条分支跳转指令是否真正需要跳转确定之后，如果发现预测错误了，便意味着第二条指令（及其后续指令）都需要取消并放弃执行；如果发现预测成功了，便意味着第二条指令（及其后续指令）不需要取消，可以真正执行，解除了预测执行状态，可以真正地交付。

以经典的 5 级流水线模型为例，第一条指令处于执行阶段，第二条指令便处于译码阶段。如果第一条指令遭遇了中断或者异常，那么第二条指令和后续的指令便都需要取消而放弃执行（无法交付）。

谈及处理器中的交付，还需介绍另外一个常见的概念——处理器流水线冲刷。对于上述的两种情形，当处理器流水线需要将没有交付的后续指令全都取消时，就会造成流水线

冲刷——就像水流一样将流水线重新冲刷干净，之后重新开始取新的指令。

9.1.2 指令交付的常见实现策略

指令交付的实现非常依赖具体的微架构。本节介绍常见的实现策略。

不管是流水线级数少的简单处理器核，还是流水线级数非常多的高级超标量处理器核，交付都按顺序判定，理论上只有前一条指令完成了交付之后，才会轮到后一条指令的交付。

影响指令交付的因素如下。

- 中断、异常，以及分支预测指令，这些因素往往会造成流水线冲刷，即将后续所有的指令流都取消。
- 在有的指令集架构（如 ARM）中，还存在着条件码（conditional code）。因此对于每条指令，只有其条件码满足条件，才会"交付"；否则，会被"取消"（只"取消"它自己，并不会造成流水线冲刷并取消后续所有指令）。

处理器的微架构可以选择一个周期（即时钟周期）交付一条指令（性能较低），或者一个周期交付多条指令（性能较高）。

在不同的微架构中，交付可以在不同的流水线级别完成，没有绝对的标准，常见的策略如下。

- 在执行阶段交付。在流水线的执行阶段，理论上处理器可以完成分支预测指令的结果解析，因此有的微架构将交付功能在执行阶段完成。
- 在写回阶段交付。由于有的指令需要多个周期才能写回结果，并可能产生错误，因此有的微架构将交付功能在写回阶段完成。
- 在重排序交付队列（re-order commit queue）中交付。对于高性能的超标量处理器，指令往往乱序执行乱序写回，写回往往会使用 ROB（Re-Order Buffer）或者纯物理寄存器。相应地，处理器往往会配备一个较深的重排序交付队列，用来缓存乱序执行的指令信息，并对其按序进行交付。

9.2 RISC-V 架构特点对于交付的简化

RISC-V 架构具有以下两个显著的特点，因此它可以大幅简化交付。

- 指令没有条件码，因此不需要处理单条指令取消的情形。
- 所有的运算指令都不会产生异常。这是 RISC-V 架构很有意思的特点，大多数的指令集架构会规定"除以零"异常，浮点指令也会有若干异常。但是 RISC-V 架构规定这些运算指令一概不产生异常，因此在硬件实现上无须担心多周期指令写回结果后会产生异常。

综上所述，RISC-V 架构的处理器核只需要处理如下两类情形。

- 分支预测指令错误预测造成的后续指令流取消。
- 中断和异常造成的后续指令流取消。

9.3 蜂鸟 E203 处理器中指令交付的硬件实现

基于上述分析，蜂鸟 E203 处理器将指令交付安排在执行阶段，如图 9-1 所示。对于每一条指令而言，在蜂鸟 E203 处理器核的流水线中，只要前序的指令没有发生分支预测错误、中断或者异常，就可以判定此条指令能够成功地交付。

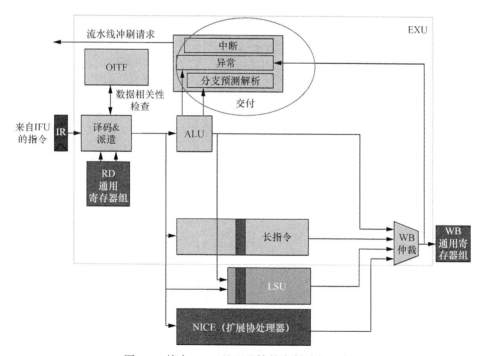

图 9-1　蜂鸟 E203 处理器核的交付功能示意图

注意： 分支预测错误的分支指令自身和出现了中断或者异常的指令自身仍然是成功交付的指令，因为它们自身已经真正执行且对处理器的状态真正地产生了影响。

9.3.1 分支预测指令的处理

在蜂鸟 E203 处理器核的 IFU 中进行预测的分支指令主要为以下带条件的跳转指令。

- beq（若两个整数操作数相等，则跳转）。
- bne（若两个整数不相等，则跳转）。
- blt（若第一个有符号数小于第二个有符号数，则跳转）。
- bltu（若第一个无符号数小于第二个无符号数，则跳转）。
- bge（若第一个有符号数大于或等于第二个有符号数，则跳转）。
- bgeu（若第一个无符号数大于或等于第二个无符号数，则跳转）。

本节主要介绍相关设计要点。

在蜂鸟 E203 处理器的 IFU 中对以上带条件的跳转指令均采取静态预测，即如果向后跳转，则预测为跳；如果向前跳转，则预测为不跳。

这些条件跳转指令需要经过比较运算才能确定最终是否真的需要跳转，而比较运算需由执行阶段的 ALU 完成。相关源代码在 e203_hbirdv2 目录中的结构如下。

```
e203_hbirdv2
    |----rtl                            //存放 RTL 的目录
        |----e203                       //E203 处理器核和 SoC 的 RTL 目录
            |----core                   //存放 E203 处理器核的 RTL 代码
                |----e203_exu_alu_bjp.v   //ALU 的分支跳转指令比较子模块
```

e203_exu_alu_bjp 模块仅处理必要的控制，比较操作真正复用的是 ALU 的运算数据通路，因此并没有额外的硬件开销。相关源代码片段如下所示。

```
//e203_exu_alu_bjp.v 的源代码片段

…
  wire bjp_i_bprdt = bjp_i_info ['E203_DECINFO_BJP_BPRDT ];

//根据条件跳转指令的类型，向 ALU 的运算数据通路发起运算请求
  assign bjp_req_alu_cmp_eq  = bjp_i_info ['E203_DECINFO_BJP_BEQ  ];
  assign bjp_req_alu_cmp_ne  = bjp_i_info ['E203_DECINFO_BJP_BNE  ];
  assign bjp_req_alu_cmp_lt  = bjp_i_info ['E203_DECINFO_BJP_BLT  ];
  assign bjp_req_alu_cmp_gt  = bjp_i_info ['E203_DECINFO_BJP_BGT  ];
  assign bjp_req_alu_cmp_ltu = bjp_i_info ['E203_DECINFO_BJP_BLTU ];
  assign bjp_req_alu_cmp_gtu = bjp_i_info ['E203_DECINFO_BJP_BGTU ];


  assign bjp_o_valid    = bjp_i_valid;
  assign bjp_i_ready    = bjp_o_ready;
```

```
//将预测的跳转结果发送给交付模块
  assign bjp_o_cmt_prdt  = bjp_i_bprdt;

//将真实的跳转结果发送给交付模块
          //如果指令是无条件跳转指令，则一定会跳
          //如果遇到条件跳转分支，则会使用 ALU 的运算数据通路中比较运算
          //的结果
  assign bjp_o_cmt_rslv  = jump ? 1'b1 : bjp_req_alu_cmp_res;

//e203_exu_alu_dpath.v 的源代码片段

...

//不同的模块公用 ALU 的运算数据通路
  assign  {
    mux_op1
   ,mux_op2
   ...
   ,op_cmp_eq
   ,op_cmp_ne
   ,op_cmp_lt
   ,op_cmp_gt
   ,op_cmp_ltu
   ,op_cmp_gtu
   }
   =
   //来自 ALU 的运算请求
     ({DPATH_MUX_WIDTH{alu_req_alu}} & {
      ...
      })
   //来自 e203_exu_alu_bjp 模块的运算请求
   | ({DPATH_MUX_WIDTH{bjp_req_alu}} & {
        bjp_req_alu_op1
       ,bjp_req_alu_op2
       ...
       ,bjp_req_alu_cmp_eq
       ,bjp_req_alu_cmp_ne
       ,bjp_req_alu_cmp_lt
       ,bjp_req_alu_cmp_gt
       ,bjp_req_alu_cmp_ltu
       ,bjp_req_alu_cmp_gtu

      })
   //来自 AGU 模块的运算请求
   | ({DPATH_MUX_WIDTH{agu_req_alu}} & {
      ...
      })
      ;

...
```

```
//进行比较计算

  //复用"异或"逻辑门进行相等比较
  assign xorer_in1 = {'E203_XLEN{xorer_op}} & misc_op1;
  assign xorer_in2 = {'E203_XLEN{xorer_op}} & misc_op2;

  wire ['E203_XLEN-1:0] xorer_res = xorer_in1 ^ xorer_in2;

  wire neq   = (|xorer_res);
  wire cmp_res_ne  = (op_cmp_ne  & neq);
  wire cmp_res_eq  = op_cmp_eq  & (~neq);

  …


  //复用加法器进行比较

  assign adder_in1 = {'E203_ALU_ADDER_WIDTH{adder_addsub}} & (adder_op1);
  assign adder_in2 = {'E203_ALU_ADDER_WIDTH{adder_addsub}} & (adder_sub ? (~
  adder_op2) : adder_op2);
  assign adder_cin = adder_addsub & adder_sub;

  assign adder_res = adder_in1 + adder_in2 + adder_cin;

  wire cmp_res_lt  = op_cmp_lt  & adder_res['E203_XLEN];
  wire cmp_res_ltu = op_cmp_ltu & adder_res['E203_XLEN];
  wire op1_gt_op2  = (~adder_res['E203_XLEN]);
  wire cmp_res_gt  = op_cmp_gt  & op1_gt_op2;
  wire cmp_res_gtu = op_cmp_gtu & op1_gt_op2;

  assign cmp_res = cmp_res_eq
               | cmp_res_ne
               | cmp_res_lt
               | cmp_res_gt
               | cmp_res_ltu
               | cmp_res_gtu;

//将比较器的计算结果返回给 e203_exu_alu_bjp 模块
  assign bjp_req_alu_cmp_res = cmp_res;
```

ALU 在计算出是否需要跳转的结果之后，发送给交付模块。交付模块则根据预测的结果和真实的结果进行判断。如果预测的结果和真实的结果相符，则意味着预测成功，不会进行流水线冲刷；反之，则需要进行流水线冲刷。相关源代码在 e203_hbirdv2 目录中的结构如下。

```
e203_hbirdv2
    |----rtl                              //存放 RTL 的目录
```

```
|----e203                                  //E203 处理器核和 SoC 的 RTL 目录
    |----core                             //存放 E203 处理器核的 RTL 代码
        |----e203_exu_commit.v            //交付模块
        |----e203_exu_branchslv.v         //分支预测指令交付模块
```

e203_exu_branchslv 是 e203_exu_commit 模块的子模块，用于对分支预测指令的真实结果进行判断。相关源代码片段如下所示。

```
//e203_exu_branchslv.v 的源代码片段

...

  wire brchmis_need_flush = (
//如果预测的结果和真实的结果不相符，则需要产生流水线冲刷
      (cmt_i_bjp & (cmt_i_bjp_prdt ^ cmt_i_bjp_rslv))
        ...
      );


  assign brchmis_flush_req_pre = cmt_i_valid & brchmis_need_flush;

  assign brchmis_flush_pc =
//如果预测为需要跳转，但是实际结果显示不需要跳转，则流水线冲刷和重新取指后新 PC 指向此跳转指
//令的下一条指令，通过将此跳转指令的 PC 加上 4（如果此指令是 32 位指令）或者 2（如果此指令是
//16 位指令），计算其下一条指令的 PC
                        (cmt_i_fencei | (cmt_i_bjp & cmt_i_bjp_prdt)) ?
(cmt_i_pc + (cmt_i_rv32 ? 'E203_PC_SIZE'd4 : 'E203_PC_SIZE'd2)) :
//如果预测为不需要跳转，但是实际结果显示需要跳转，则流水线冲刷和重新取指后新 PC 指向此跳转指
//令的目标地址。通过将此跳转指令的 PC 加上跳转目标偏移量，计算目标地址
                        (cmt_i_bjp & (~cmt_i_bjp_prdt)) ?
(cmt_i_pc + cmt_i_imm['E203_PC_SIZE-1:0]) :
...
```

9.3.2 中断和异常的处理

有关蜂鸟 E203 处理器对于中断和异常的详细实现，请参见第 13 章。

9.3.3 多周期执行的指令的交付

对于单周期执行的指令而言，其交付和写回操作在执行阶段的同一个周期内完成。而对于多周期执行的指令而言，其交付同样在执行阶段完成，但写回操作则需在后续的周期内写回。请参见第 10 章以了解蜂鸟 E203 处理器核的写回实现细节。

要注意以下两种情况。

- 虽然有的长指令（如 NICE 协处理器指令和 Load、Store 指令）也会在写回时产生异

常，但是按照 RISC-V 架构规定这两种异常可以当作异步异常处理。有关蜂鸟 E203 处理器对于中断和异常的详细实现，请参见第 13 章。

- RISC-V 架构规定，所有其他的常规多周期指令（如除法和浮点指令）不会产生任何异常。

9.4 小结

从上面的阐述中，我们可以看出蜂鸟 E203 处理器将交付安排在执行阶段，整体设计方案非常简单。RISC-V 架构的特点使交付的实现能够得到极大简化。

第 10 章　让子弹飞一会儿——写回

让子弹飞一会儿

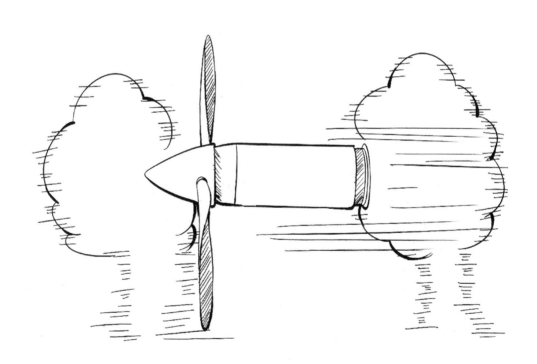

在蜂鸟 E203 处理器流水线中的派遣点被派遣到不同运算单元并执行的指令就像从枪膛中射出的子弹一样。让子弹飞一会儿，直到它落地。由不同的运算单元执行完毕的指令最终都会将其计算结果写回通用寄存器组。

本章将简要介绍处理器的写回功能和常见的写回策略，并分析蜂鸟 E203 处理器核的写回硬件实现的微架构和源代码。

10.1 处理器的写回

10.1.1 处理器写回功能简介

如第 6 章所述，在经典的 5 级流水线模型中，处理器的流水线分为取指、译码、执行、访存以及写回。写回是流水线的最后一级，主要的作用是将指令的运算结果写回通用寄存器组。

10.1.2 处理器常见写回策略

第 8 章已对指令发射、派遣、执行、写回的顺序和常见策略予以详述，本节不再讨论。

10.2 蜂鸟 E203 处理器的写回硬件实现

蜂鸟 E203 处理器的写回策略是一种因地制宜的混合策略。蜂鸟 E203 处理器核的写回硬件实现不仅保持面积最小化的原则，还能取得不错的性能，其核心思想如下。

- 将指令划分为单周期指令和长指令两大类。
- 将长指令的交付和写回分开，使得即使执行了多周期长指令，也不会阻塞流水线，让后续的单周期指令仍然能够顺利地写回和交付。

涉及的模块如图 10-1 中的圆形区域所示，主要包含最终写回仲裁（final write-back arbitration）模块、长指令写回仲裁（long-pipes instructions write-back arbitration）模块和 OITF（Outstanding Instruction Track FIFO）模块。本节将分别予以介绍。

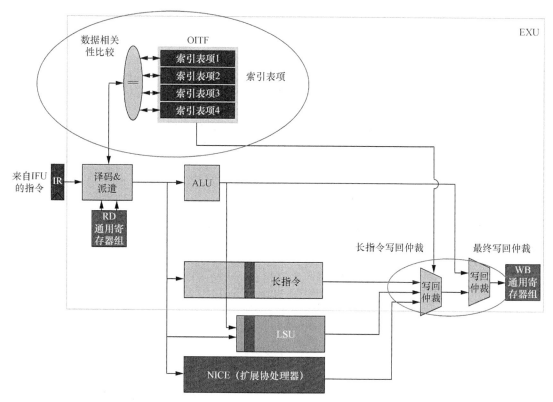

图 10-1　蜂鸟 E203 处理器核的写回功能

10.2.1　最终写回仲裁

蜂鸟 E203 处理器有两级写回仲裁模块，其中之一是最终写回仲裁模块。

最终写回仲裁主要用于仲裁所有单周期指令的写回（来自 ALU 模块）和所有长指令的写回（来自长指令写回仲裁模块），仲裁采用优先级仲裁的方式。由于长指令的执行周期比较长，因此它明显比正在写回的 ALU 指令在程序流中处于更靠前的位置，因此长指令的写回比单周期指令的写回具有更高的优先级。

在没有长指令写回的空闲周期，来自 ALU 的单周期指令可以随便写回。这就意味着，在程序流中处于更靠后位置的单周期指令可以比更靠前位置的长指令先写回通用寄存器组（如果没有数据相关性），所以蜂鸟 E203 处理器具备乱序写回的能力。

最终写回仲裁模块的相关源代码在 e203_hbirdv2 目录中的结构如下。

```
e203_hbirdv2
    |----rtl                        //存放 RTL 的目录
        |----e203                   //E203 处理器核和 SoC 的 RTL 目录
```

```
                    |----core                 //存放E203处理器核的RTL代码
                        |----e203_exu_wbck.v    //最终写回仲裁模块
```

最终写回仲裁模块的源代码片段如下所示:

```
//e203_exu_wbck.v的源代码片段

...

    //所有单周期指令的写回（来自ALU模块）
    //////////////////////////////////////////////////////////
    input    alu_wbck_i_valid,                        //写回握手请求信号
    output   alu_wbck_i_ready,                        //写回握手反馈信号
    input    ['E203_XLEN-1:0] alu_wbck_i_wdat,        //写回的数据值
    input    ['E203_RFIDX_WIDTH-1:0] alu_wbck_i_rdidx, //写回的寄存器索引值

    //所有长指令的写回（来自长指令写回仲裁模块）
    //////////////////////////////////////////////////////////
    input    longp_wbck_i_valid,                      //写回握手请求信号
    output   longp_wbck_i_ready,                      //写回握手反馈信号
    input    ['E203_FLEN-1:0] longp_wbck_i_wdat,      //写回的数据值
    input    ['E203_RFIDX_WIDTH-1:0] longp_wbck_i_rdidx, //写回的寄存器索引值


    //仲裁后写回通用寄存器组的接口
    //////////////////////////////////////////////////////////
    output   rf_wbck_o_ena,                           //写使能
    output   ['E203_XLEN-1:0] rf_wbck_o_wdat,         //写回的数据值
    output   ['E203_RFIDX_WIDTH-1:0] rf_wbck_o_rdidx, //写回的寄存器索引值

    ...


    //使用优先级仲裁，如果两种指令同时写回，长指令具有更高的优先级
    wire wbck_ready4alu = (~longp_wbck_i_valid);
    wire wbck_sel_alu = alu_wbck_i_valid & wbck_ready4alu;
    wire wbck_ready4longp = 1'b1;
    wire wbck_sel_longp = longp_wbck_i_valid & wbck_ready4longp;

    ...

    assign alu_wbck_i_ready   = wbck_ready4alu   & wbck_i_ready;
    assign longp_wbck_i_ready = wbck_ready4longp & wbck_i_ready;

    ...
```

10.2.2 OITF模块和长指令写回仲裁模块

OITF和长指令写回仲裁模块合作完成所有长指令的写回操作。

长指令写回仲裁主要用于仲裁不同的长指令之间的写回，如来自 LSU、乘除法器、NICE 协处理器等的写回。由于执行不同的长指令的周期数各不相同，甚至有的执行周期数是动态的，因此无法轻易判断这些指令的先后关系，需要记录这些指令的先后关系。

OITF 用于记录这些长指令的信息。OITF 模块本质上是一个先入先出的缓存模块，在流水线的派遣点，每次派遣一条长指令，就会在 OITF 模块中分配一个表项，这个表项的 FIFO 指针便为这条长指令的 ITAG（Instruction Tag）。

派遣的长指令不管被派遣到任何运算单元，都会携带着 ITAG，长指令的运算单元在完成了运算后将结果写回时，也要携带其对应的 ITAG。

OITF 模块的深度便决定了能够派遣的滞外（outstanding）长指令的个数。这些长指令写回时，理论上其实无须严格地按照其派遣顺序，只需要在有寄存器冲突的情形下严格遵循顺序，其他情形下可以乱序写回。但是为了硬件实现的简洁，蜂鸟 E203 处理器选择了严格参照 OITF 模块的顺序写回。

由于 OITF 模块是一个先入先出的模块，因此 FIFO 模块的读指针（read pointer）会指向最先进入此模块的表项，通过使用此读指针作为长指令写回仲裁的选择参考，就可以保证不同长指令的写回顺序和派遣顺序严格一致。

每次从长指令写回仲裁模块成功地写回一条长指令之后，便将此指令在 OITF 模块中的表项去除，即从 FIFO 模块退出，完成其历史使命。

由于有的长指令可能执行错误，因此需要产生异常。长指令写回仲裁模块需要和交付模块进行接口触发异常。如果长指令产生了异常，则不会真的写回通用寄存器组。有关蜂鸟 E203 的异常处理实现，请参见第 13 章。

OITF 模块和长指令写回仲裁模块的相关源代码在 e203_hbirdv2 目录中的结构如下。

```
e203_hbirdv2
    |----rtl                                //存放 RTL 的目录
        |----e203                           //E203 处理器核和 SoC 的 RTL 目录
            |----core                       //存放 E203 处理器核的 RTL 代码
                |----e203_exu_disp.v        //指令派遣模块
                |----e203_exu_oitf.v        //OITF 模块
                |----e203_exu_longpwbck.v
```

OITF 模块的源代码分析请参见 8.3.7 节。派遣模块和长指令写回仲裁模块的相关源代码片段如下所示。

```
//e203_exu_disp.v 的源代码片段

...

//在派遣点产生 OITF 分配表项的使能信号
//如果当前派遣的指令为一条长指令，则产生此使能信号
assign disp_oitf_ena = disp_o_alu_valid & disp_o_alu_ready & disp_alu_lon
```

```
    gp_real;
...
```

```
//e203_exu_longpwbck.v 的源代码片段


 //来自整数除法单元的写回接口
 'ifdef E203_SUPPORT_INDEP_MULDIV //{
    //////////////////////////////////////////////////////////////
    input   div_wbck_i_valid,                       //写回握手请求信号
    output div_wbck_i_ready,                        //写回握手反馈信号
    input   ['E203_XLEN-1:0] div_wbck_i_wdat,       //写回的数据值
    input   div_wbck_i_err,                         //写回的异常错误指示
    input   ['E203_ITAG_WIDTH-1:0] div_wbck_i_itag, //写回指令的 ITAG
 'endif//}

 //来自 LSU 单元的写回接口
    //////////////////////////////////////////////////////////////
    input   lsu_wbck_i_valid,                             //写回握手请求信号
    output lsu_wbck_i_ready,                              //写回握手反馈信号
    input   ['E203_XLEN-1:0] lsu_wbck_i_wdat,            //写回的数据值
    input   ['E203_ITAG_WIDTH -1:0] lsu_wbck_i_itag,    //写回指令的 ITAG
    input   lsu_wbck_i_err ,                             //写回的错误指示
    input   lsu_cmt_i_buserr ,                           //访存错误指示
    input   ['E203_ADDR_SIZE -1:0] lsu_cmt_i_badaddr,  //产生访存错误的地址
    input   lsu_cmt_i_ld,                                //产生访存错误的指令为 Load 指令
    input   lsu_cmt_i_st,                                //产生访存错误的指令为 Store 指令

//仲裁后的写回接口，送给最终写回仲裁模块
    //////////////////////////////////////////////////////////////
    output longp_wbck_o_valid,
    input   longp_wbck_o_ready,
    output ['E203_FLEN-1:0] longp_wbck_o_wdat,
    output ['E203_RFIDX_WIDTH -1:0] longp_wbck_o_rdidx,

//仲裁后的异常接口，送给交付模块
    output   longp_excp_o_valid,
    input    longp_excp_o_ready,
    output   longp_excp_o_insterr,
    output   longp_excp_o_ld,
    output   longp_excp_o_st,
    output   longp_excp_o_buserr ,
    output ['E203_ADDR_SIZE-1:0] longp_excp_o_badaddr,
...
    //使用 OITF 的读指针（信号 oitf_ret_ptr）作为长指令写回仲裁的选择参考

    wire wbck_ready4lsu = (lsu_wbck_i_itag == oitf_ret_ptr) & (~oitf_empty);
```

```
  wire wbck_sel_lsu = lsu_wbck_i_valid & wbck_ready4lsu;
'ifdef E203_SUPPORT_INDEP_MULDIV //{
  wire wbck_ready4div = (div_wbck_i_itag == oitf_ret_ptr) & (~oitf_empty);
  wire wbck_sel_div = div_wbck_i_valid & wbck_ready4div;
'endif//}
```

...

//只有没有错误的指令才需要写回通用寄存器组

```
wire need_wbck = wbck_i_rdwen & (~wbck_i_err);
```

//产生了错误的指令需要和交付模块连接

```
wire need_excp = wbck_i_err;
```

//需要保证交付模块和最终写回仲裁模块同时能够接受
```
assign wbck_i_ready =
    (need_wbck ? longp_wbck_o_ready : 1'b1)
  & (need_excp ? longp_excp_o_ready : 1'b1);
```

//送给最终写回仲裁模块的握手请求
```
assign longp_wbck_o_valid = need_wbck & wbck_i_valid & (need_excp ? longp_
excp_o_ready : 1'b1);
```

//送给交付模块的握手请求
```
assign longp_excp_o_valid = need_excp & wbck_i_valid & (need_wbck ? longp_
wbck_o_ready : 1'b1);
```

//每次从长指令写回仲裁模块成功地写回一条长指令之后，
//便将此指令在OITF中的表项去除，即从FIFO模块退出，完成其历史使命
//以下信号即为成功写回一条长指令的使能信号
```
assign oitf_ret_ena = wbck_i_valid & wbck_i_ready;
```

10.3 小结

蜂鸟 E203 处理器的写回策略是一种混合策略，体现在如下方面。
- 如果仅讨论单周期指令，蜂鸟 E203 处理器的写回策略属于"顺序发射、顺序执行、顺序写回"。
- 如果仅讨论长指令（由不同的长指令运算单元执行），蜂鸟 E203 处理器的写回策略属于"顺序发射、乱序执行、顺序写回"。

- 如果将单周期指令和长指令统一考虑，蜂鸟 E203 处理器的写回策略则属于"顺序发射、乱序执行、乱序写回"。

所谓"法无长势，运用之妙，存乎一心"，体系结构设计本来就是一门非常灵活的学问，因此无须太过拘泥于固定的分类。作为超低功耗处理器，蜂鸟 E203 处理器按道理可以选择"顺序执行、顺序写回"的策略，但是我们选择追求极小面积的同时，要兼顾性能。将指令划分为单周期指令和长指令两大类，并且将交付和写回分开，这样即使处理器执行了长指令，也不会阻塞流水线。后续的大多数单周期指令仍然能够顺利地写回和交付，并且通过 OITF 记录的顺序将长指令的写回单独处理。硬件实现既简洁，又不影响性能，这便是"运用之妙，存乎一心"的体现。

第 11 章　哈弗还是比亚迪——存储器

哈弗还是比亚迪？二者看上去都挺好！

本章的标题虽然是"哈弗还是比亚迪",但是本章和汽车毫无关系,之所以采用此标题,是因为本章将讨论选择哈佛体系结构还是冯·诺依曼体系结构。哈弗只是哈佛结构的一个谐音。

谈到哈佛体系结构,熟悉计算机体系结构的读者可能已经联想到本章的主题,本章将简要介绍处理器的存储器(memory),并分析蜂鸟 E203 处理器核中存储器子系统的微架构和源代码。

11.1 存储器概述

在介绍蜂鸟 E203 处理器核的存储器子系统之前,本节先讨论有关存储器的几个常见话题。

11.1.1 谁说处理器一定要有缓存

谈及处理器的存储器子系统,讨论得最多的莫过于缓存(cache)。缓存几乎可以是处理器微架构中最复杂的部分,常见的缓存基础知识如下。

- 缓存的映射类型。常见类型包括直接映射、全相联映射、组相联映射等。
- 缓存的写回策略。常见类型包括写穿通、写分配等。
- 缓存使用的地址和索引。常见类型包括 PIPT、VIPT 等。
- 缓存的标签(tag)和数据(data)的组织顺序。常见的包括串行组织、并行组织等。
- 多级缓存的组织和管理。
- 在多核架构下的缓存一致性(cache coherency)。

有关缓存的基础知识和设计技巧,本书限于篇幅不做赘述,感兴趣的读者可以参见维基百科。

缓存虽然很有用,但是谁说处理器一定要有缓存?也许很多读者一直认为缓存是处理器中必不可少的部分,但是众多极低功耗的处理器其实并没有配备缓存,主要出于如下几个方面的原因。

- 无法保证实时性。这是不使用缓存的最主要原因。缓存利用软件程序的时间局部性和空间局部性,将空间巨大的存储器中的数据动态映射到容量有限的缓存空间中,这可以将访问存储器的平均延迟最小化。由于缓存的容量是有限的,因此访问缓存存在着相当大的不确定性。一旦缓存不命中(cache-miss),则需要从外部的存储器中存取数据,从而造成较长的延迟。在对实时性要求高的场景中,处理器的反应速度必须有最可靠的实时性。如果使用了缓存,则无法保证这一点。大多数极低功耗处理器应用于实时性较高的场景，因此常使用延迟确定的指令紧密耦合存储器（Instruction Tightly Coupled Memory，ITCM）或者数据紧密耦合存储器（Data Tightly Coupled Memory，DTCM）。有关 ITCM 和 DTCM 的信息在 11.1.3 节中专门介绍。

- 软件规模较小。大多数极低功耗处理器应用于深嵌入式领域。此领域中的软件代码规模一般较小，所需要的数据段也较小，使用几兆字节的片上 SRAM 或者 ITCM/DTCM 便可以满足其需求，因此缓存能够存放空间巨大的存储器中数据的优点在此无法体现。

- 面积和功耗大。缓存的设计难度相比 ITCM 和 DTCM 要大很多，消耗的面积资源和带来的功耗损失也更大。而极低功耗处理器更加追求小面积和高能效比，因此常使用 ITCM 和 DTCM。

出于如上几个原因，目前主流的极低功耗处理器其实没有使用缓存。以 ARM Cortex-M 为例，如表 11-1 所示，仅最高端的 Cortex-M7 系列配备了缓存，Cortex-M7 系列采用了 6 级流水线双发射的处理器核，已经不算极低功耗处理器了。

表 11-1　ARM Cortex-M 的缓存配置情况

Cortex-M 系列型号	是否有缓存
ARM Cortex-M0+	无
ARM Cortex-M0	无
ARM Cortex-M3	无
ARM Cortex-M4	无
ARM Cortex-M7	有

11.1.2　处理器一定要有存储器

虽然处理器不一定需要缓存，但处理器是一定需要存储器的。

根据科学家冯·诺依曼提出的计算机体系结构模型，如图 11-1 所示，计算机必须具备五大组成部分——输入设备、输出设备、存储器、运算器和控制器。其中，运算器和控制器可以归入处理器核的范畴，它们运行的指令和所需要的数据都必须来自存储器。

熟悉计算机体系结构的读者一定知道处理器访问存储器的策略，在理论上存在着冯·诺依曼体系结构和哈佛（harvard）体系结构两种。

冯·诺依曼体系结构也称普林斯顿体系结构，是一种将指令存储器和数据存储器合并在一起的计算机体系结构。程序的指令存储地址和数据存储地址指向同一个存储器的不同物理位置。

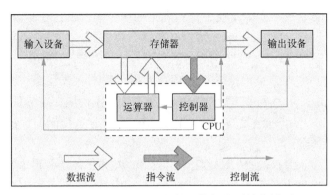

图 11-1　冯·诺依曼定义的计算机体系结构模型

哈佛体系结构是一种将指令存储器和数据存储器分开的计算机体系结构，如图 11-2 所示。

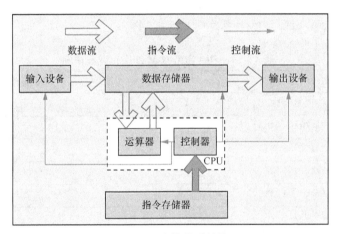

图 11-2　哈佛体系结构

哈佛体系结构的主要特点如下。

- 将程序和数据存储在不同的存储空间中，即程序存储器和数据存储器是两个独立的存储器，每个存储器独立编址、独立访问。
- 与两个存储器相对应的是两条独立的指令总线和数据总线。这种分离的总线使处理器可以在一个时钟周期内同时获得指令字（来自指令存储器）和操作数（来自数据存储器），从而提高了执行速度和数据的吞吐率。
- 由于指令和数据存储在两个分开的物理空间中，因此取址和执行能完全并行。

而在实际的现代处理器设计中，冯·诺依曼体系结构和哈佛体系结构的界限已经变得越来越微妙而且模糊，具体阐述如下。

- 从软件程序的角度来看，系统往往只有一套地址空间，程序的指令存储地址和数据存储地址指向同一套地址空间的不同物理地址，因此这符合冯·诺依曼体系结构的准则。

- 从硬件实现的角度来看，现代处理器设计往往会配备专用的一级指令缓存（level-1 instruction cache）和一级数据缓存（level-1 data cache），或者专用的一级指令存储器（level-1 instruction memory）和一级数据存储器（level-1 data memory），因此符合哈佛体系结构的准则。

- 即使对于一级指令储存器，有的处理器也可以存储数据，供存储器读写指令。因此这也变成了一种冯·诺依曼体系结构。

- 现代处理器设计往往会配备指令和数据共享的二级缓存（level-2 cache），或者共享的二级存储器（level-2 memory）。在二级存储器中，程序的指令存储地址和数据存储地址指向同一套地址空间的不同物理地址，并且共享读写访问通道，因此符合冯·诺依曼体系结构的准则。

综上可知，冯·诺依曼体系结构和哈佛体系结构并不是一种非此即彼的选择，也无须按照两者严格区分现代的处理器。在处理器的实际设计中，只需要明白二者的优缺点，灵活地加以运用即可。

ARM Cortex-M 系列处理器核以存储器访问接口的数目作为划分冯·诺依曼体系结构或哈佛体系结构的标准，总结如表 11-2 所示。

表 11-2　ARM Cortex-M 系列处理器核的类型

Cortex-M 系列型号	处理器核	说　明
ARM Cortex-M0+	冯·诺依曼体系结构	Cortex-M0+系列仅提供一个 AHB-Lite 存储访问接口，供数据和指令存储器共享
ARM Cortex-M0	冯·诺依曼体系结构	Cortex-M0 系列仅提供一个 AHB-Lite 存储器访问接口，供数据和指令存储器共享
ARM Cortex-M3	哈佛体系结构	Cortex-M3 系列提供分开的指令和数据存储器访问接口
ARM Cortex-M4	哈佛体系结构	Cortex -M4 系列提供分开的指令和数据存储器访问接口
ARM Cortex-M7	哈佛体系结构	Cortex-M7 系列提供分开的指令和数据存储器访问接口

11.1.3　ITCM 和 DTCM

处理器未必需要缓存，但是处理器必须具备存储器。作为典型代表，Cortex-M3 和 Cortex-M4 系列处理器核配备了 ITCM 和 DTCM，相比于缓存而言更加适合嵌入式低功耗处理器，原因如下。

- 能够保证实时性。ITCM 和 DTCM 被映射到不同的地址区间，处理器使用明确的地址映射方式访问 ITCM 和 DTCM。由于 ITCM 和 DTCM 并不采用缓存机制，不存在着缓存不命中的情况，因此其访问的延迟是明确可知的。在实时性要求高的场景，处理器的反应速度很快。

- 能够满足软件需求。大多数极低功耗处理器应用于深嵌入式领域，此领域中的软件代码规模一般较小，所需要的数据段也较小，使用几兆字节的 ITCM/DTCM 便可以满足其需求。
- 面积、功耗小。ITCM 和 DTCM 设计很简单，面积和功耗小。

11.2 RISC-V 架构特点对于存储器访问指令的简化

上一节讨论了处理器中存储器的相关背景和技术，存储器是每个处理器必不可少的一部分。

第 2 章探讨过 RISC-V 架构追求简化硬件的设计理念，具体对于存储器访问指令而言，RISC-V 架构的如下特点可以大幅简化硬件实现。

- 仅支持小端格式。
- 无地址自增/自减模式。
- 无一次写多个数据（load-multiple）和一次读多个数据（store-multiple）的指令。

11.2.1 仅支持小端格式

因为现在的主流应用是小端格式，RISC-V 架构仅支持小端格式，而不支持大端格式，所以可以简化硬件的实现，无须做特别的数据转换。

11.2.2 无地址自增/自减模式

很多 RISC 处理器支持地址自增/自减模式，这种自增/自减模式能够提高处理器访问连续存储器地址区间的速度，但同时增加了处理器的硬件实现难度。由于 RISC-V 架构的存储器读和存储器写指令不支持地址自增/自减模式，因此可以大幅度简化地址的生成逻辑。

11.2.3 无一次读多个数据和一次写多个数据的指令

很多 RISC 架构定义了一次写多个寄存器的值到存储器中或者一次从存储器中读多个寄存器的值的指令，这样的好处是一条指令就可以完成很多事情。但是这种一次读多个数据和一次写多个数据的指令的弊端是会让处理器的硬件设计非常复杂，增加硬件的开销，并且可能影响时序，导致无法提高处理器的主频。RISC-V 架构没有定义此类指令，使硬件设计非常简单。

11.3 RISC-V 架构的存储器访问指令

本节将介绍 RISC-V 架构的存储器访问指令。

11.3.1 存储器读和写指令

与所有的 RISC 处理器架构一样，RISC-V 架构使用专用的存储器读（load）指令和存储器写（store）指令访问存储器，其他的普通指令无法访问存储器。

RISC-V 架构定义了存储器读指令和存储器写指令（分别为 lh、lhu、lb、lbu、lw、sb、sh、sw），用于支持以一字节、半字、单字为单位的存储器读写操作。RISC-V 架构推荐使用地址对齐的存储器读写操作，但是也支持地址非对齐的存储器操作 RISC-V 架构，处理器可以选择由硬件来支持，也可以选择由软件异常服务程序来支持。

有关存储器读和写指令的详细定义，请参见附录 A。

11.3.2 fence 指令和 fence.i 指令

RISC-V 架构采用松散存储器模型（relaxed memory model）。松散存储器模型对于访问不同地址的存储器读写指令的执行顺序没有要求，除非使用明确的存储器屏障指令。有关存储器模型和存储器屏障指令的更多信息，请参见附录 A。

RISC-V 架构定义了 fence 和 fence.i 两条存储器屏障指令，用于强制指定存储器访问的顺序，其定义如下。

- 在程序中，如果添加了一条 fence 指令，则在 fence 之前所有指令的访存结果必须比在 fence 之后所有指令的访存结果先被观测到。
- 在程序中，如果添加了一条 fence.i 指令，则在 fence.i 之后所有指令的取指操作一定能够观测到在 fence.i 之前所有指令的访存结果。

有关 fence 和 fence.i 指令的详细定义，请参见附录 A。

11.3.3 A 扩展指令集

RISC-V 架构定义了一种扩展指令集（由 A 字母表示），主要用于支持在多线程情形下访问存储器的原子（atomic）操作或者同步操作。A 扩展指令集包括两类指令：

- 原子存储器操作（Atomic Memory Operation，AMO）指令；
- Load-Reserved 和 Store-Conditional 指令。

有关以上两类指令的详细定义，请参见附录 A。

11.4 蜂鸟 E203 处理器核的存储器子系统硬件实现

11.4.1 存储器子系统总体设计思路

蜂鸟 E203 处理器核的存储器子系统结构如图 11-3 中圆圈区域所示，其中主要包含如下 4 个组件。

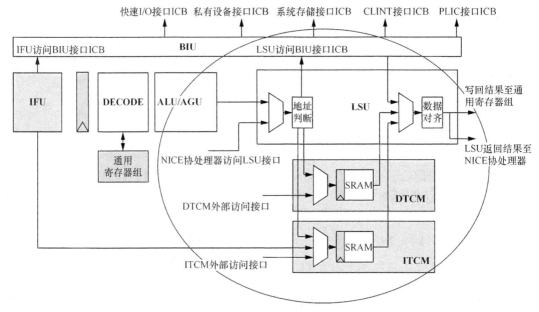

图 11-3 蜂鸟 E203 处理器核的存储器子系统结构

- AGU：主要负责读和写指令，以及为 A 扩展指令集生成存储器访问地址。
- LSU：主要作为存储器访问的控制模块。
- DTCM：作为存储器子系统的数据存储部件。
- ITCM：主要作为存储器子系统的指令存储部件，但是能够用于存储数据以及读和写指令访问。

11.4.2 AGU

AGU（Address Generation Unit）主要用于产生读/写指令以及 A 扩展指令集的访存地址。

如图 11-3 所示，AGU 是 ALU 的一个子单元。AGU 的相关源代码在 e203_hbirdv2 目录中的结构如下。

```
e203_hbirdv2
    |----rtl                                    //存放 RTL 的目录
        |----e203                               //E203 处理器核和 SoC 的 RTL 目录
            |----core                           //存放 E203 处理器核的 RTL 代码
                |----e203_exu_alu.v             //ALU 顶层模块
                |----e203_exu_alu_dpath.v       //ALU 的数据通路（包含加法器）
                |----e203_exu_alu_lsuagu.v      //AGU 的源代码
```

根据 RISC-V 架构定义，读/写指令需要将其第一个寄存器索引的源操作数和符号位扩展的立即数相加，得到最终的访存地址，因此理论上需要使用到加法器。为了节省芯片面积，蜂鸟 E203 处理器复用 ALU 的加法器，用于访存地址计算。相关的源代码片段如下所示。

```
//e203_exu_alu_lsuagu.v 的源代码片段

//此模块为 AGU 的源代码模块，其中主要实现了相关的控制和选择，并没有实际使用加法器

…

//输出加法操作所需的操作数和运算类型，ALU 的共享数据通路模块中将实际使用这几个信号进行加法运算
output ['E203_XLEN-1:0] agu_req_alu_op1,
output ['E203_XLEN-1:0] agu_req_alu_op2,
output agu_req_alu_add ,
//输入来自 ALU 的共享数据通路模块中加法器的运算结果
input  ['E203_XLEN-1:0] agu_req_alu_res,

…

//指示需要进行加法操作
assign agu_req_alu_add  = 1'b0
                                | icb_sta_is_idle
                                ;
//加法器所需的操作数一来自寄存器索引的 rs1 操作数
assign agu_req_alu_op1 =  icb_sta_is_idle    ? agu_i_rs1
                    : 'E203_XLEN'd0;

  //加法器所需的操作数二来自立即数
  wire ['E203_XLEN-1:0] agu_addr_gen_op2 = agu_i_ofst0 ? 'E203_XLEN'b0 : agu_i_imm;
  assign agu_req_alu_op2 =  icb_sta_is_idle    ? agu_addr_gen_op2
                        : 'E203_XLEN'd0;

  …

    //使用 ALU 的共享数据通路模块中加法运算的结果，作为访存的地址信号
```

```
    assign agu_icb_cmd_addr = agu_req_alu_res['E203_ADDR_SIZE-1:0];
```

//e203_cxu_alu_dpath.v 的源代码片段

//此模块为 ALU 的共享数据通路，其中主要包含了一个加法器。ALU 所处理的所有指令的实际运算
//均由此模块的数据通路执行

...

```
    assign   { //来自 ALU、BJP、AGU 模块的请求信号组成一个多路选择器，用于共享 ALU 的操作数
      mux_op1
     ,mux_op2
      ...
      }
    =
        ({DPATH_MUX_WIDTH{alu_req_alu}} & { //来自 ALU 的请求信号
              alu_req_alu_op1
             ,alu_req_alu_op2
            ...
        })
      | ({DPATH_MUX_WIDTH{bjp_req_alu}} & { //来自 BJP 的请求信号
              bjp_req_alu_op1
             ,bjp_req_alu_op2
            ...
        })
      | ({DPATH_MUX_WIDTH{agu_req_alu}} & { //来自 AGU 的请求信号
              agu_req_alu_op1
             ,agu_req_alu_op2
            ...
        })
        ;

        ...
```

//将多路选择器选择后的操作数送入加法器通路
```
    wire ['E203_XLEN-1:0] misc_op1 = mux_op1['E203_XLEN-1:0];
    wire ['E203_XLEN-1:0] misc_op2 = mux_op2['E203_XLEN-1:0];

    ...
    wire ['E203_ALU_ADDER_WIDTH-1:0] misc_adder_op1 =
        {{'E203_ALU_ADDER_WIDTH-'E203_XLEN{(~op_unsigned) & misc_op1['E203_XLEN-
        1]}},misc_op1};
    wire ['E203_ALU_ADDER_WIDTH-1:0] misc_adder_op2 =
        {{'E203_ALU_ADDER_WIDTH-'E203_XLEN{(~op_unsigned) & misc_op2['E203_XLEN-
        1]}},misc_op2};

    ...
```

//生成加法器的操作数

```
    wire ['E203_ALU_ADDER_WIDTH-1:0] adder_op1 =
    'ifdef E203_SUPPORT_SHARE_MULDIV //{
        muldiv_req_alu ? muldiv_req_alu_op1 :
        'endif//}
        misc_adder_op1;
        wire ['E203_ALU_ADDER_WIDTH-1:0] adder_op2 =
        'ifdef E203_SUPPORT_SHARE_MULDIV //{
        muldiv_req_alu ? muldiv_req_alu_op2 :
        'endif//}
        misc_adder_op2;

    wire adder_cin;
    wire ['E203_ALU_ADDER_WIDTH-1:0] adder_in1;
    wire ['E203_ALU_ADDER_WIDTH-1:0] adder_in2;
    wire ['E203_ALU_ADDER_WIDTH-1:0] adder_res;

//判断所需的是加法还是减法操作
    wire adder_add;
    wire adder_sub;

    assign adder_add =
    'ifdef E203_SUPPORT_SHARE_MULDIV //{
        muldiv_req_alu ? muldiv_req_alu_add :
        'endif//}
        op_add;
        assign adder_sub =
        'ifdef E203_SUPPORT_SHARE_MULDIV //{
        muldiv_req_alu ? muldiv_req_alu_sub :
        'endif//}
                (
                (op_sub)
            | (op_cmp_lt | op_cmp_gt |
                op_cmp_ltu | op_cmp_gtu |
                op_max | op_maxu |
                op_min | op_minu |
                op_slt | op_sltu
                ));

    wire adder_addsub = adder_add | adder_sub;

//假设当前的操作不是加法或者减法操作，则使用逻辑门控制加法器的输入以降低动态功耗
    assign adder_in1 = {'E203_ALU_ADDER_WIDTH{adder_addsub}} & (adder_op1);
//使用取反加一的方式将补码减法转换成加法操作
    assign adder_in2 = {'E203_ALU_ADDER_WIDTH{adder_addsub}} & (adder_sub ?
    (~adder_op2) : adder_op2);
    assign adder_cin = adder_addsub & adder_sub;

//最终的加法器数据通路
    assign adder_res = adder_in1 + adder_in2 + adder_cin;
```

```
//将 ALU 的加法器计算结果返回给 AGU
   assign agu_req_alu_res      = alu_dpath_res['E203_XLEN-1:0];

...
```

RISC-V 架构对于地址不对齐的读和写指令，可以使用硬件支持，也可以通过异常服务程序采用软件支持。蜂鸟 E203 处理器与加州大学伯克利分校开源的 Rocket Core 一样选择采用软件支持。AGU 对生成的访存地址进行判断，如果其地址没有对齐，则产生异常标志。通过 ALU 将异常标志传送给交付模块，交付模块则据此产生异常（请参见 13.5 节以了解异常处理的更多信息）。相关的源代码片段如下所示。

```
//e203_exu_alu_lsuagu.v 的源代码片段

   ...

   //判断当前读、写指令访问内存时的操作尺寸
   wire agu_i_size_b  = (agu_i_size == 2'b00);
   wire agu_i_size_hw = (agu_i_size == 2'b01);
   wire agu_i_size_w  = (agu_i_size == 2'b10);

   //将 ALU 的加法器计算结果作为读、写指令访存的地址
   assign agu_icb_cmd_addr = agu_req_alu_res['E203_ADDR_SIZE-1:0];

    //判断当前访存的地址是否和操作尺寸对齐
   wire agu_i_addr_unalgn =
               //如果地址最低位不为 0，意味着和半字不对齐
               (agu_i_size_hw &  agu_icb_cmd_addr[0])
               //如果地址最低两位不为 0，意味着和字不对齐
             | (agu_i_size_w  &  (|agu_icb_cmd_addr[1:0]));

   wire state_last_exit_ena;

   wire agu_addr_unalgn = agu_i_addr_unalgn;

   wire agu_i_unalgnld = agu_addr_unalgn & agu_i_load;
   wire agu_i_unalgnst = agu_addr_unalgn & agu_i_store;

   //为交付接口产生不对齐指示信号
   assign agu_o_cmt_misalgn = 1'b0
                        | (agu_i_unalgnldst) ;
   //为交付接口产生 Load 指令指示信号，
   //用于产生读存储器地址不对齐异常
   assign agu_o_cmt_ld      = agu_i_load & (~agu_i_excl);
   //为交付接口产生 Store 和 AMO 指令指示信号，
   //用于产生写存储器或 AMO 地址不对齐异常
   assign agu_o_cmt_stamo   = agu_i_store | agu_i_amo | agu_i_excl;
```

如果没有产生异常的读和写指令，则通过 AGU 的 ICB 接口发送给 LSU 模块。有关 ICB 协议的详细介绍，请参见 12.2 节。注意，如果产生了异常的读和写指令，则不会发送给 LSU 模块。相关源代码片段如下所示。

```verilog
//e203_exu_alu_lsuagu.v 的源代码片段

    //产生 ICB 接口的 cmd_valid 信号
    assign agu_icb_cmd_valid =
               //只有地址对齐（不会产生异常）的指令才会生成 cmd_valid
               ((agu_i_algnldst & agu_i_valid)
        //为了保证指令被同时发送给交付接口和 ICB 接口，对两个信号进行"与"操作
               & (agu_o_ready)
               )
               ;

           //产生 ICB 接口的 cmd_addr 信号（使用 ALU 的加法器计算结果）和 cmd_read 信号
           assign agu_icb_cmd_addr = agu_req_alu_res['E203_ADDR_SIZE-1:0];
           assign agu_icb_cmd_read =
                  (agu_i_algnldst & agu_i_load)
                  ;

    //产生 ICB 接口的 cmd_wdata 和 cmd_wmask 信号，因为需经过 32 位宽的 ICB，所以必须使
    //操作尺寸对齐
    wire ['E203_XLEN-1:0] algnst_wdata =
           (('E203_XLEN{agu_i_size_b }} & {4{agu_i_rs2[ 7:0]}})
         | (('E203_XLEN{agu_i_size_hw}} & {2{agu_i_rs2[15:0]}})
         | (('E203_XLEN{agu_i_size_w }} & {1{agu_i_rs2[31:0]}}));

    wire ['E203_XLEN/8-1:0] algnst_wmask =
           (('E203_XLEN/8{agu_i_size_b }} & (4'b0001 << agu_icb_cmd_addr[1:0]))
         | (('E203_XLEN/8{agu_i_size_hw}} & (4'b0011 << {agu_icb_cmd_addr[1],1'b0}))
         | (('E203_XLEN/8{agu_i_size_w }} & (4'b1111)));

    assign agu_icb_cmd_wdata = algnst_wdata;
    assign agu_icb_cmd_wmask = algnst_wmask;
```

11.4.3　LSU

LSU（Load Store Unit）是蜂鸟 E203 处理器核中存储器子系统的主要控制单元。LSU 的相关源代码在 e203_hbirdv2 目录中的结构如下。

```
e203_hbirdv2
    |----rtl                          //存放 RTL 的目录
        |----e203                     //E203 处理器核和 SoC 的 RTL 目录
            |----core                 //存放 E203 处理器核的 RTL 代码
                |----e203_lsu.v           //LSU 顶层模块
                |----e203_lsu_ctrl.v      //LSU 模块主体控制
```

LSU 的微架构和代码实现与 BIU 模块非常相似，建议读者先阅读第 12 章以了解有关 ICB 和 BIU 的介绍。

LSU 有两组输入 ICB 接口，分别来自 AGU 和 NICE 协处理器（有关 NICE 协处理器接口，请参见 16.3 节）。有 3 组输出 ICB 接口，分别分发给 BIU、DTCM 和 ITCM。另外，LSU 通过其写回接口将结果写回。

两组输入 ICB 由一个 ICB 汇合模块汇合成一组 ICB，采用的仲裁机制是优先级仲裁，NICE 总线具有更高的优先级。有关 ICB 汇合模块的详细介绍，请参见 12.3.2 节。

经过汇合之后的 ICB 通过其命令通道（command channel）的地址进行判断，通过其访问的地址区间产生分发信息，然后使用一个 ICB 分发模块将其分发给不同的存储器组件的 ICB 接口（包括 BIU、DTCM 和 ITCM）。有关 ICB 分发模块的详细介绍，请参见 12.3.1 节。

LSU 中使用到的 ICB 汇合模块和 ICB 分发模块的 FIFO 缓存深度默认配置均为 1，这意味着蜂鸟 E203 处理器的 LSU 默认只支持一个滞外交易（one outstanding transaction），此配置的原因在于减少面积开销。

最终返回的数据经过操作尺寸对齐之后，由 LSU 的写回接口写回。其相关源代码片段如下所示。

```
//e203_lsu_ctrl.v 的源代码片段

  wire ['E203_XLEN-1:0] rdata_algn =
      (pre_agu_icb_rsp_rdata >> {pre_agu_icb_rsp_addr[1:0],3'b0});

  wire rsp_lbu = (pre_agu_icb_rsp_size == 2'b00) & (pre_agu_icb_rsp_usign == 1'b1);
  wire rsp_lb  = (pre_agu_icb_rsp_size == 2'b00) & (pre_agu_icb_rsp_usign == 1'b0);
  wire rsp_lhu = (pre_agu_icb_rsp_size == 2'b01) & (pre_agu_icb_rsp_usign == 1'b1);
  wire rsp_lh  = (pre_agu_icb_rsp_size == 2'b01) & (pre_agu_icb_rsp_usign == 1'b0);
  wire rsp_lw  = (pre_agu_icb_rsp_size == 2'b10);

  wire ['E203_XLEN-1:0] sc_excl_wdata = pre_agu_icb_rsp_excl_ok ? 'E203_XLEN'
  d0 : 'E203_XLEN'd1;

//对返回的数据进行符号扩展和操作尺寸对齐
  assign lsu_o_wbck_wdat   = pre_agu_icb_rsp_excl ? sc_excl_wdata :
         ( ({'E203_XLEN{rsp_lbu}} & {{24{          1'b0}}, rdata_algn[ 7:0]})
         | ({'E203_XLEN{rsp_lb }} & {{24{rdata_algn[ 7]}}, rdata_algn[ 7:0]})
         | ({'E203_XLEN{rsp_lhu}} & {{16{          1'b0}}, rdata_algn[15:0]})
         | ({'E203_XLEN{rsp_lh }} & {{16{rdata_algn[15]}}, rdata_algn[15:0]})
         | ({'E203_XLEN{rsp_lw }} & rdata_algn[31:0]));
```

访问不同的存储器组件（包括 BIU、DTCM 和 ITCM）可能会造成存储器访问错误

（memory access fault），这个错误可以通过 ICB 的反馈通道（response channel）返回的标志得到。如果出现此错误，则产生异常标志，通过 LSU 的写回接口传送给交付模块，交付模块据此产生异常（请参见 13.5 节以了解异常处理的更多信息）。相关的源代码片段如下所示。

```
//e203_lsu_ctrl.v 的源代码片段


//为交付接口产生存储器访问错误指示信号
assign lsu_o_cmt_buserr  = pre_agu_icb_rsp_err;

//出现存储器访问错误的访存地址
assign lsu_o_cmt_badaddr = pre_agu_icb_rsp_addr;

//为交付接口产生 Load 指令指示信号，用于产生读存储器错误
assign lsu_o_cmt_ld=  pre_agu_icb_rsp_read;

//为交付接口产生 Store 指令指示信号，将用于产生写存储器或 AMO 错误
assign lsu_o_cmt_st= ~pre_agu_icb_rsp_read;
```

11.4.4　ITCM 和 DTCM

基于 ITCM 和 DTCM 的优点，蜂鸟 E203 处理器配备了专用的 ITCM（数据宽度为 64 位）和 DTCM（数据宽度为 32 位）。

当今哈佛体系结构和冯·诺依曼体系结构的界限已经变得模糊，蜂鸟 E203 处理器核的实现也不严格区分两种体系结构。

蜂鸟 E203 处理器通过专用的总线分别访问 ITCM 和 DTCM，因此从这方面来看，蜂鸟 E203 处理器核属于哈佛体系结构。

ITCM 有一组输入 ICB 接口来自 LSU。也就是说，ITCM 所在的地址区间同样能够通过 LSU 被读和写指令访问，用于存储数据。因此从 ITCM 的角度来看，蜂鸟 E203 处理器又属于冯·诺依曼体系结构。

注意：读和写指令对于 ITCM 的访问主要用于程序的上电初始化（如从闪存中将程序读出并写入 ITCM 中）。在程序正常运行时，不推荐将数据段放入 ITCM，否则性能无法充分利用。

ITCM 的微架构如图 11-4 所示。

ITCM 的存储器主体由一块数据宽度为 64 位的单口 SRAM 组成。ITCM 的大小和基地址（位于全局地址空间中的起始地址）可以通过 config.v 中的宏定义参数配置。

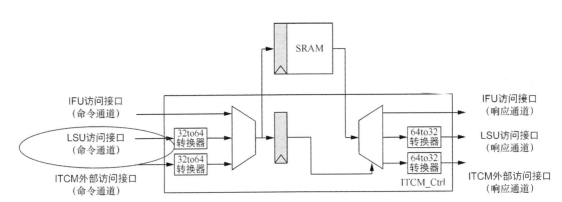

图 11-4　ITCM 的微架构

```
e203_hbirdv2
    |----rtl                              //存放 RTL 的目录
        |----e203                         //E203 处理器核和 SoC 的 RTL 目录
            |----core                     //存放 E203 处理器核的 RTL 代码
                |----config.v             //配置文件
```

为什么 ITCM 采用的数据宽度为 64 位?

首先,使用宽度为 64 位的 SRAM 在物理大小上比 32 位的 SRAM 面积更加紧凑,因此同样容量的情况下 ITCM 使用 64 位的数据宽度比使用 32 位的数据宽度占用的面积更小。

其次,程序在执行的过程中大多数情况下按顺序取指令,而 64 位宽的 ITCM 可以一次取出 64 位的指令流,相比于从 32 位宽的 ITCM 中连续读两次取出 64 位的指令流,只读一次 64 位宽的 SRAM 能够降低动态功耗。

ITCM 的相关源代码在 e203_hbirdv2 目录中的结构如下。

```
e203_hbirdv2
    |----rtl                              //存放 RTL 的目录
        |----e203                         //E203 处理器核和 SoC 的 RTL 目录
            |----core                     //存放 E203 处理器核的 RTL 代码
                |----e203_itcm_ctrl.v     //ITCM 主体控制模块
```

值得再次强调的是,ITCM 有一组输入 ICB 接口(数据宽度为 32 位)来自 LSU,如图 11-4 中圆圈所示。也就是说,ITCM 所在的地址区间同样能够通过 LSU 被 Load 和 Store 指令访问到,从而用于存储数据。

ITCM 还有另外两组输入 ICB 接口——数据宽度为 64 位的 IFU 访问接口和数据宽度为 32 位的 ITCM 外部访问接口。ITCM 外部访问接口是专门为 ITCM 配备的外部接口,便于 SoC 的其他模块直接访问蜂鸟 E203 处理器核的 ITCM。

由于 ITCM 的 SRAM 宽度为 64 位,而 LSU 访问接口和 ITCM 外部访问接口的数据宽度为 32 位,因此它们需要经过位宽转换。

3 组输入 ICB 由一个 ICB 汇合模块汇合为一组 ICB，采用的仲裁机制是优先级仲裁。IFU 总线具有更高的优先级，LSU 次之，外部访问接口最低。

汇合之后的 ICB 的命令通道经过简单处理后可作为访问 ITCM 中 SRAM 的接口。同时，寄存此操作的来源信息，并用寄存的信息指示 SRAM 把返回的数据分发给 IFU、LSU 和 ITCM 访问接口的反馈通道。

ITCM 控制模块的源代码比较简单，请参见 GitHub 上的 e203_hbirdv2 项目。

DTCM 的微架构如图 11-5 所示。

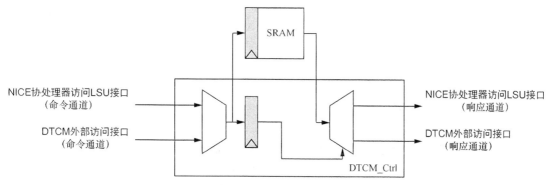

图 11-5　DTCM 的微架构

DTCM 的存储器主体由一块数据宽度为 32 位的单口 SRAM 组成。DTCM 的大小和基地址（位于全局地址空间中的起始地址）可以通过 config.v 中的宏定义参数配置。请参见 4.5 节以了解更多可配置的信息。

```
e203_hbirdv2
    |----rtl                          //存放 RTL 的目录
        |----e203                     //E203 处理器核和 SoC 的 RTL 目录
            |----core                 //存放 E203 处理器核的 RTL 代码
                |----config.v         //配置文件
```

DTCM 的相关源代码在 e203_hbirdv2 目录中的结构如下。

```
e203_hbirdv2
    |----rtl                          //存放 RTL 的目录
        |----e203                     //E203 处理器核和 SoC 的 RTL 目录
            |----core                 //存放 E203 处理器核的 RTL 代码
                |----e203_dtcm_ctrl.v    //DCTM 主体控制模块
```

DTCM 有两组输入 ICB 接口——NICE 协处理器访问接口和 DTCM 外部访问接口。DTCM 外部访问接口是专门为 DTCM 配备的外部接口，便于 SoC 的其他模块直接访问蜂鸟 E203 处理器核的 DTCM。

两组输入 ICB 由一个 ICB 汇合模块汇合成一组 ICB，采用的仲裁机制是优先级仲裁，

LSU 总线具有更高的优先级。

汇合之后的 ICB 的命令通道经过简单处理后可作为访问 DTCM 中 SRAM 的接口。同时，寄存此操作的来源信息，并用寄存的信息指示 SRAM 把返回的数据分发给 NICE 协处理器的 LSU 接口和 DTCM 外部访问接口的反馈通道。

DTCM 控制模块的源代码比较简单，请参见 GitHub 上的 e203_hbirdv2 项目。

11.4.5 A 扩展指令集的硬件实现

虽然 A 扩展指令集对于蜂鸟 E203 这样的极低功耗处理器而言未必是必须要支持的一部分，但是由于 RV32IMAC 架构组合是目前比较主流的工具链支持版本，因此开源的蜂鸟 E203 处理器核选择默认支持 A 扩展指令集。

蜂鸟 E203 处理器中相关的硬件实现如下。

1. Load-Reserved 和 Store-Conditional 指令的硬件实现

为了能够支持 RISC-V 架构中定义的 Load-Reserved 和 Store-Conditional 指令的行为，蜂鸟 E203 处理器在 LSU 中设置了一个互斥检测器（exclusive monitor）。

当一条 Load-Reserved 指令执行时，设置互斥检测器的有效标志，并在互斥检测器中存入该指令访问的存储器地址。

当任何一条写指令（包括普通的写指令或者 Store-Conditional 指令）执行时，如果写指令访问的存储器地址和互斥检测器中存储的地址一样，则将互斥检测器的有效标志清除掉。

如果发生了任何的异常和中断或者执行了 mret 指令，也会将互斥检测器的有效标志清除掉。

当一条 Store-Conditional 指令执行时，如果互斥检测器里的有效标志为 1，且其中保存的地址和该 Store-Conditional 指令访问的存储器地址相同，则意味着该 Store-Conditional 指令能够执行成功；否则，执行失败。

如果 Store-Conditional 指令执行成功，则会真正向存储器中写入数值，且向结果寄存器中写回的结果为 0；如果该 Store-Conditional 执行失败，则会放弃写入存储器，并且向结果寄存器中写回的结果为 1。

注意：理论上，RISC-V 架构的 Load-Reserved 和 Store-Conditional 指令可以支持获取（acquire）与释放（release）属性。由于蜂鸟 E203 处理器中存储器访问指令严格按顺序执行，因此永远将 Load-Reserved 和 Store-Conditional 指令当作同时具备获取与释放属性的指令来实现。

由于互斥检测器存在于蜂鸟 E203 处理器的内部，因此它仅记录了蜂鸟 E203 处理器中单核对于存储器空间的访问。但是在多核系统中，如果其他的核或者模块也访问了相同的地址空间，则无法被检测到。因此蜂鸟 E203 处理器的互斥检测器实现只能够在单核独自访问存储器时保证程序执行 Load-Reserved 和 Store-Conditional 指令的结果正确。而当多个核或者其他模块（如 DMA）访问互斥检测器记录的地址时，则可能会造成 Load-Reserved 和 Store-Conditional 指令的结果无法准确反映。

之所以存在此局限性，是因为蜂鸟 E203 处理器支持 A 扩展指令集的意图是使其能够使用最常见的 RV32IMAC 工具链，而并非支持严格的多核功能。同时蜂鸟 E203 处理器的开发者认为，蜂鸟 E203 这种类型的超低功耗处理器核的大多数应用场景应为单核场景。

以上功能在 LSU 模块中的相关源代码片段如下所示。

```
//e203_lsu_ctrl.v 的源代码片段


wire excl_flg_r;
wire ['E203_ADDR_SIZE-1:0] excl_addr_r;
wire icb_cmdaddr_eq_excladdr = (arbt_icb_cmd_addr == excl_addr_r);

//当 Load-Reserved 指令执行时，将设置互斥检测器的有效标志
wire excl_flg_set = splt_fifo_wen & arbt_icb_cmd_usr[USR_PACK_EXCL] & arbt_
icb_cmd_read & arbt_icb_cmd_excl;
//当任何一条写指令执行时，如果写指令的访存地址和互斥检测器中存储的有效地址一样，则将互
//斥检测器的有效标志清除
wire excl_flg_clr = (splt_fifo_wen & (~arbt_icb_cmd_read) & icb_cmdaddr_eq_
excladdr & excl_flg_r)
   //如果发生了任何的异常和中断或者执行了 mret 指令，也会将互斥检测器的有效标志清除
                     | commit_trap | commit_mret;
wire excl_flg_ena = excl_flg_set | excl_flg_clr;
wire excl_flg_nxt = excl_flg_set | (~excl_flg_clr);
sirv_gnrl_dfflr #(1) excl_flg_dffl (excl_flg_ena, excl_flg_nxt, excl_flg_r,
clk, rst_n);

//当 Load-Reserved 指令执行时，将设置互斥检测器的有效标志，并在互斥检测器中存入该指
//令访问的存储器地址
wire excl_addr_ena = excl_flg_set;
wire ['E203_ADDR_SIZE-1:0] excl_addr_nxt = arbt_icb_cmd_addr;
sirv_gnrl_dfflr #('E203_ADDR_SIZE) excl_addr_dffl (excl_addr_ena, excl_addr_
nxt, excl_addr_r, clk, rst_n);

//判断 Store-Conditional 指令是否能够执行成功
      //如果 Store-Conditional 指令执行时互斥检测器里的有效标志为 1，且其中保存的地址
      //和 Store-Conditional 指令访问的存储器地址相同，则执行成功
wire arbt_icb_cmd_scond_true = arbt_icb_cmd_scond & icb_cmdaddr_eq_excladdr
& excl_flg_r;


//如果 Store-Conditional 指令不能够执行成功，则将 ICB 命令通道的 Write-Mask 信号设置为 0，
//这样就不会真正向存储器中写入数值
wire ['E203_XLEN/8-1:0] arbt_icb_cmd_wmask_pos =
    (arbt_icb_cmd_scond & (~arbt_icb_cmd_scond_true))
```

```
                    ? {'E203_XLEN/8{1'b0}} : arbt_icb_cmd_wmask;
```

//如果 Store-Conditional 指令不能够执行成功，则向结果寄存器写回的值是 0；否则，写回的值是 1。
```
  wire ['E203_XLEN-1:0] sc_excl_wdata - arbt_icb_rsp_scond_true ? 'E203_XLEN'
  d0 : 'E203_XLEN'd1;
```

2. amo 指令的硬件实现

为了能够支持 RISC-V 架构中定义的 amo 指令的行为，蜂鸟 E203 处理器在 AGU 中使用状态机将 amo 指令拆分为若干个不同的微操作，其步骤分别如下。

（1）拆分出一个存储器读操作，等待读的数据返回，并将返回的数据寄存。

（2）对寄存的数据进行相应的算术运算，将运算的结果寄存在电路中。

（3）发起一个存储器写操作，将寄存的运算结果写入存储器，等待其反馈结果返回（确定写操作是否成功，是否发生存储器访问错误）。

（4）如果在上述过程中没有发生存储器访问错误，则将寄存的读操作返回的数据写回该指令的结果寄存器。

注意：理论上，RISC-V 架构的 amo 指令可以支持获取与释放属性。由于蜂鸟 E203 处理器中存储器访问指令严格按顺序执行，因此永远将 amo 指令当作同时具备获取与释放属性的指令来实现。由于蜂鸟 E203 处理器需要在总线上先后进行两次操作，因此拆分出两个微操作，第一个是读操作，第二个是写操作，在此期间并未将外部总线锁定。因此在多核系统中，如果其他的核或者模块也访问了相同的地址空间，则破坏了操作的原子性。蜂鸟 E203 处理器的实现只能够在单核独自访问存储器时保证程序执行 amo 指令的结果正确；而当多个核或者其他模块（如DMA）访问 amo 指令的地址时，则会造成 amo 指令执行，无法真正实现原子性。

之所以存在此局限性，是因为蜂鸟 E203 处理器支持 A 扩展指令集的意图是使其能够使用最常见的 RV32IMAC 工具链，而并非支持严格的多核功能。同时蜂鸟 E203 处理器的开发者认为，蜂鸟 E203 这种类型的超低功耗处理器核的大多数应用场景应为单核场景。

以上功能在 AGU 模块中的相关源代码片段如下所示。

```
//e203_exu_alu_lsuagu.v 的源代码片段

  //此模块为 AGU 的源代码模块，其中主要实现了相关的控制和选择，并没有包含实际的运算数据通
  //路，真实的数据通路共享 ALU 的运算数据通路


//以下状态机控制 amo 指令的拆分
  localparam ICB_STATE_WIDTH = 4;

  wire icb_state_ena;
  wire [ICB_STATE_WIDTH-1:0] icb_state_nxt;
  wire [ICB_STATE_WIDTH-1:0] icb_state_r;

  //空闲状态，该状态下可以开始发起第一次读操作
```

```
localparam ICB_STATE_IDLE = 4'd0;

//已经发起了第一次读操作，等待读数据返回的状态
localparam ICB_STATE_1ST  = 4'd1;

//发送第二次写操作的状态
localparam ICB_STATE_WAIT2ND = 4'd2;

//已经发起了第二次写操作，等待反馈结果返回的状态
localparam ICB_STATE_2ND  = 4'd3;

//收到第一次读操作返回的读数据后，复用 ALU 的运算数据通路，进行状态的运算
localparam ICB_STATE_AMOALU = 4'd4;

//运算结果已经在电路中准备好并正在发送写操作的状态
localparam ICB_STATE_AMORDY = 4'd5;

//写操作的反馈已经返回并将指令的结果写回结果寄存器中的状态
localparam ICB_STATE_WBCK = 4'd6;


wire [ICB_STATE_WIDTH-1:0] state_idle_nxt   ;
wire [ICB_STATE_WIDTH-1:0] state_1st_nxt    ;
wire [ICB_STATE_WIDTH-1:0] state_wait2nd_nxt;
wire [ICB_STATE_WIDTH-1:0] state_2nd_nxt    ;
wire [ICB_STATE_WIDTH-1:0] state_amoalu_nxt ;
wire [ICB_STATE_WIDTH-1:0] state_amordy_nxt ;
wire [ICB_STATE_WIDTH-1:0] state_wbck_nxt ;

wire state_1st_exit_ena       ;
wire state_wait2nd_exit_ena  ;
wire state_2nd_exit_ena       ;
wire state_amoalu_exit_ena   ;
wire state_amordy_exit_ena   ;
wire state_wbck_exit_ena  ;

wire   icb_sta_is_idle    = (icb_state_r == ICB_STATE_IDLE   );
wire   icb_sta_is_1st     = (icb_state_r == ICB_STATE_1ST    );
wire   icb_sta_is_amoalu  = (icb_state_r == ICB_STATE_AMOALU );
wire   icb_sta_is_amordy  = (icb_state_r == ICB_STATE_AMORDY );
wire   icb_sta_is_wait2nd = (icb_state_r == ICB_STATE_WAIT2ND);
wire   icb_sta_is_2nd     = (icb_state_r == ICB_STATE_2ND    );
wire   icb_sta_is_wbck    = (icb_state_r == ICB_STATE_WBCK   );


...
```

//状态机的状态寄存器
```
sirv_gnrl_dfflr #(ICB_STATE_WIDTH) icb_state_dfflr (icb_state_ena, icb_state_
nxt, icb_state_r, clk, rst_n);
```

```
//寄存第一次读操作返回的数据，但是此模块并没有实际例化寄存器，而使用 ALU 的数据通路模块中
//的寄存器（与多周期乘除法器复用）
  assign leftover_ena = agu_icb_rsp_hsked & (
                1'b0
                'ifdef E203_SUPPORT_AMO//{
                | amo_1stuop
                | amo_2nduop
                'endif//E203_SUPPORT_AMO}
                );
  assign leftover_nxt =
           {'E203_XLEN{1'b0}}
        'ifdef E203_SUPPORT_AMO//{
           | (('E203_XLEN{amo_1stuop}} & agu_icb_rsp_rdata)
           | (('E203_XLEN{amo_2nduop}} & leftover_r)
        'endif//E203_SUPPORT_AMO}
           ;

//寄存算术运算的结果，但是此模块并没有实际例化寄存器，而是使用 ALU 的数据通路模块中的寄存器
//（与多周期乘除法器复用）
  assign leftover_1_ena = 1'b0
        'ifdef E203_SUPPORT_AMO//{
          | icb_sta_is_amoalu
        'endif//E203_SUPPORT_AMO}
        ;

  assign leftover_1_nxt = agu_req_alu_res;


//向 ALU 共享的运算数据通路发送操作数
  assign agu_req_alu_op1 = …
  assign agu_req_alu_op2 =  …

//向 ALU 共享的运算数据通路发送具体的运算类型
    assign agu_req_alu_add  = …
  assign agu_req_alu_swap = (icb_sta_is_amoalu & agu_i_amoswap );
  assign agu_req_alu_and  = (icb_sta_is_amoalu & agu_i_amoand  );
  assign agu_req_alu_or   = (icb_sta_is_amoalu & agu_i_amoor   );
  assign agu_req_alu_xor  = (icb_sta_is_amoalu & agu_i_amoxor  );
  assign agu_req_alu_max  = (icb_sta_is_amoalu & agu_i_amomax  );
  assign agu_req_alu_min  = (icb_sta_is_amoalu & agu_i_amomin  );
  assign agu_req_alu_maxu = (icb_sta_is_amoalu & agu_i_amomaxu );
  assign agu_req_alu_minu = (icb_sta_is_amoalu & agu_i_amominu );
```

11.4.6　fence 与 fence.i 指令的硬件实现

11.3.2 节介绍了 fence 和 fence.i 指令的功能，本节介绍蜂鸟 E203 处理器核中二者的实现方式。

理论上，RISC-V 架构的 fence 指令可以区分 IORW 属性。蜂鸟 E203 处理器永远将 fence 指令当作 "fence iorw, iorw" 来实现。

在流水线的派遣点，派遣 fence 和 fence.i 指令之前必须等待所有已经滞外的指令均执行完毕。这是一种最简单的实现方案，较适合蜂鸟 E203 这样级别的处理器核。只需等到所有滞外指令均执行完毕，就意味着所有的访存操作均已经完成，能够达到 fence 和 fence.i 指令需要分隔其前后指令访存操作的效果。相关源代码在 e203_hbirdv2 目录中的结构如下。

```
e203_hbirdv2
    |----rtl                                    //存放 RTL 的目录
        |----e203                               //E203 处理器核和 SoC 的 RTL 目录
            |----core                           //存放 E203 处理器核的 RTL 代码
                |----e203_exu_disp.v            //指令派遣控制模块
```

相关的源代码片段如下所示。

```
//e203_exu_disp.v 的源代码片段

//判断当前指令是 fence 还是 fence.i 指令
wire disp_fence_fencei    = (disp_i_info_grp == `E203_DECINFO_GRP_BJP) &
                            ( disp_i_info [`E203_DECINFO_BJP_FENCE] | disp_i_
                            info [`E203_DECINFO_BJP_FENCEI]);

//派遣指令的条件信号，如果当前指令是 fence 或者 fence.i 指令，则必须等待 OITF 为空，OITF 记
//录了所有的滞外指令，如果它为空，则意味着所有滞外指令已经完成
wire disp_condition =
        …
        & (disp_fence_fencei ? oitf_empty : 1'b1)
        …
```

对于 fence.i 指令而言，需要保证在 fence.i 之后执行的取指令操作一定能够观测到在 fence.i 指令之前执行的指令访存结果。fence.i 指令在蜂鸟 E203 处理器核中将被当作一种特殊的流水线冲刷指令来执行，其硬件实现与第 9 章中描述的分支指令解析一样，在 e203_exu_branchslv 模块中完成。相关源代码在 e203_hbirdv2 目录中的结构如下。

```
e203_hbirdv2
    |----rtl                                    //存放 RTL 的目录
        |----e203                               //E203 处理器核和 SoC 的 RTL 目录
            |----core                           //存放 E203 处理器核的 RTL 代码
                |----e203_exu_commit.v          //交付模块顶层
                |----e203_exu_branchslv.v       //交付模块中处理 fence.i 指令的子模块
```

部分相关源代码片段如下所示。

```
//e203_exu_branchslv.v 的源代码片段
```

```
//生成流水线冲刷请求,包括了 fence.i 指令

  wire brchmis_need_flush = (
        (cmt_i_bjp & (cmt_i_bjp_prdt ^ cmt_i_bjp_rslv))
      | cmt_i_fencei
      | cmt_i_mret
      | cmt_i_dret
      );
```

//如果指令是 fence.i 指令,则造成流水线冲刷。使用 fence.i 指令接下来的一条指令的 PC 作为冲刷请
//求的 PC,意味着 fence.i 指令之后的指令流会被重新取出并执行一遍,因此达到了 fence.i 指令
//需要保证在 fence.i 之后执行的取指令操作一定能够观测到在 fence.i 之前执行的指令的访存
//结果的效果

```
  assign brchmis_flush_pc =
  …
                          (cmt_i_fencei | (cmt_i_bjp & cmt_i_bjp_prdt)) ? (cmt_
                          i_pc + (cmt_i_rv32 ? 'E203_PC_SIZE'd4 : 'E203_PC_SIZE'd2))
  …
```

11.4.7　BIU

　　除 ITCM 和 DTCM 之外,蜂鸟 E203 处理器核还能通过总线接口单元(Bus Interface Unit,BIU)访问外部的存储器,请参见 12.4 节以了解关于 BIU 的更多信息。

11.4.8　ECC

　　嵌入在处理器中的 SRAM 容易在极端情况下受到外界电离辐射的影响,从而使其保存的位发生翻转,使 SRAM 中的数值发生改变,造成错误。因此在很多高可靠性嵌入式处理器中,使用 ECC(Error Checking and Correction)算法对 SRAM 进行保护,受 ECC 算法保护的 SRAM 可以自动发现 1 位错误并自动纠正,并且可以发现两位错误并上报。

　　由于开源的蜂鸟 E203 处理器核并没有提供此部分的实现,因此本书在此不赘述。

11.5　小结

　　蜂鸟 E203 处理器核使用了两级流水线的超低功耗架构(与 Cortex-M0+类似),配备了 ITCM 和 DTCM 及其专用的访问通道(与 Cortex-M3 类似),并配备了多样的外部存储器访问接口(与 Cortex-M4 类似)。蜂鸟 E203 处理器核集超低功耗处理器的优点于一身,是一款精心设计的处理器核。

第 12 章 黑盒子的窗口——总线接口单元

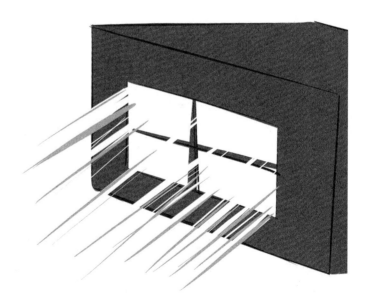

一般处理器核的使用者（如软件人员或者 SoC 集成人员）可以将处理器核当作一个黑盒子。他们也许不用过于关心处理器核的内部运行机制，但是一定需要了解并使用这个黑盒子对外的窗口，这个窗口便是总线接口单元（Bus Interface Unit，BIU）。

本章将介绍蜂鸟 E203 处理器核的 BIU 模块，分析其使用的接口协议 ICB（Internal Chip Bus）以及 BIU 模块的微架构和源代码。

12.1 片上总线协议概述

在介绍蜂鸟 E203 处理器核的总线接口之前，本节先简述几种常见的片上总线。

12.1.1 AXI

AXI（Advanced eXtensible Interface）是 ARM 公司提出的 AMBA（Advanced Microcontroller Bus Architecture）3.0 协议中最重要的部分，是一种面向高性能、高带宽、低延迟的片内总线协议。它有如下特点。

- 采用分离的地址和数据传输。
- 支持地址不对齐的数据访问，使用字节掩码来控制部分写操作。
- 使用基于突发的交易（burst-based transaction）类型，对于突发操作仅需要发送起始地址，即可传输大量的数据。
- 具有分离的读通道和写通道，总共有 5 个独立的通道。
- 支持多个滞外交易（outstanding transaction）。
- 支持乱序返回乱序完成。
- 非常易于添加流水线级数以获得高频的时序。

AXI 是目前应用最广泛的片内总线之一，是处理器核以及高性能 SoC 中总线的事实标准。

12.1.2 AHB

AHB（Advanced High performance Bus）是 ARM 公司提出的 AMBA（Advanced Microcontroller Bus Architecture）2.0 协议中重要的部分，它总共有 3 个通道，支持单个时钟边沿操作，支持非三态的实现方式，支持突发传输，支持分段传输，支持多个主控制器等。

AHB 是 ARM 公司推出 AXI 总线之前主要推广的总线，虽然目前高性能的 SoC 主要使用 AXI 总线，但是 AHB 总线在很多低功耗 SoC 中仍然大量使用。

12.1.3 APB

APB（Advanced Peripheral performance Bus）是 ARM 公司提出的 AMBA（Advanced Microcontroller Bus Architecture）协议中重要的部分。APB 主要用于低带宽周边外设之间的连接，例如 UART 等。它的总线架构不像 AXI 和 AHB 那样支持多个主模块，在 APB 协议中里面唯一的主模块就是 APB 桥。其特性包括支持两个时钟周期传输，无须等待周期和回应信号，控制逻辑简单，只有 4 个控制信号。

由于 ARM 公司长时间地推广 APB 协议，使之几乎成为低速设备总线的事实标准，目前很多片上低速设备和 IP 使用 APB 接口。

12.1.4 TileLink

TileLink 总线是加州大学伯克利分校定义的一种高速片上总线协议，它主要用于定义一种支持缓存一致性的标准协议。它力图将不同的缓存一致性协议和总线的设计实现相分离，使得任何的缓存一致性协议均可遵循 TileLink 协议予以实现。

TileLink 有 5 个独立的通道，虽然 TileLink 的初衷是支持缓存一致性，但是它也具备片上总线的所有特性，能够支持所有存储器访问所需的操作类型。

12.1.5 总结比较

以上介绍了各种总线的优点，但各总线也有其缺点（针对蜂鸟 E203 处理器而言），总结如下。

- AXI 总线是目前应用最广泛的高性能总线之一，但是主要应用于高性能的片上总线。AXI 总线有 5 个通道，分离的读和写通道能够提供很高的吞吐率，但是需要主设备自行维护读和写的顺序，控制相对复杂，且经常在 SoC 中集成不当，造成各种死锁。同时，5 个通道的硬件开销过大。另外，大多数的极低功耗处理器 SoC 没有使用 AXI 总线。如果蜂鸟 E203 处理器核采用 AXI 总线，一方面会增大硬件开销，另一方面会给用户造成负担（需要将 AXI 转换成 AHB 或者其他总线以用于低功耗的 SoC），因此 AXI 总线不是特别适合像蜂鸟 E203 这样的极低功耗处理器核。

- AHB 是目前应用最广泛的高性能低功耗总线，ARM 的 Cortex-M 系列中的大多数处理器核采用 AHB。但是 AHB 有若干非常明显的局限性，首先它无法像 AXI 总线那样允许用户轻松地添加流水线级数，其次 AHB 无法支持多个滞外交易，再次其握手协议非常别扭。将 AHB 转换成其他 Valid-Ready 握手类型的协议（如 AXI 和 TileLink

等握手总线接口）颇不容易，跨时钟域或者整数倍时钟域更加困难，因此如果蜂鸟 E203 处理器核采用 AHB 作为接口同样会有若干局限性。

- APB 是一种低速设备总线，吞吐率比较低，不适合作为主总线，因此更加不适用于作为蜂鸟 E203 处理器核的数据总线。
- TileLink 总线主要在加州大学伯克利分校的项目中使用，其应用并不广泛，文档不是特别丰富，并且 TileLink 总线协议比较复杂，因此 TileLink 总线对于蜂鸟 E203 这样的极低功耗处理器核不是特别适合的选择。

为了克服这几种缺陷，蜂鸟 E203 处理器核采用自定义的总线协议 ICB。

12.2 自定义总线协议 ICB

12.2.1 ICB 协议简介

为了克服上一节中各总线的缺陷，开发人员为蜂鸟 E203 处理器定义了一种总线协议——ICB（Internal Chip Bus），供蜂鸟 E203 处理器核内部使用，同时可作为 SoC 中的总线。

ICB 的初衷是尽可能地结合 AXI 总线和 AHB 的优点，兼具高速性和易用性，它具有如下特性。

- 相比 AXI 和 AHB 而言，ICB 的协议控制更加简单，仅有两个独立的通道。ICB 的通道结构如图 12-1 所示，读和写操作共用地址通道，共用结果返回通道。

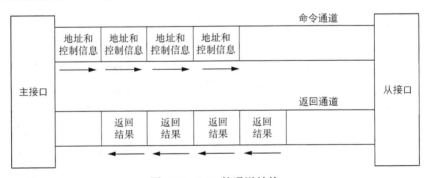

图 12-1 ICB 的通道结构

- 与 AXI 总线一样，采用分离的地址和数据传输。
- 与 AXI 总线一样，采用地址区间寻址，支持任意的主从数目，如一主一从、一主多从、多主一从、多主多从等拓扑结构。
- 与 AHB 总线一样，每个读或者写操作都会在地址通道上产生地址，而非像 AXI 中只产生起始地址。

- 与 AXI 总线一样，支持地址不对齐的数据访问，使用字节掩码来控制部分写操作。
- 与 AXI 总线一样，支持多个滞外交易。
- 与 AHB 总线一样，不支持乱序返回乱序完成，反馈通道必须按顺序返回结果。
- 与 AXI 总线一样，非常易于添加流水线级数以获得高频的时序。
- 协议非常简单，易于通过桥接转换成其他总线类型，如 AXI、AHB、APB 或者 TileLink 等总线。

对于蜂鸟 E203 这样的低功耗处理器而言，ICB 能够用于几乎所有的场合，包括作为内部模块之间的接口、SRAM 模块接口、低速设备总线以及系统存储总线等。

12.2.2　ICB 协议信号

ICB 主要包含两个通道。

- 命令通道（command channel）：主要用于主设备向从设备发起读写请求。
- 反馈通道（response channel）：主要用于从设备向主设备返回读写结果。

ICB 信号如表 12-1 所示。

表 12-1　ICB 信号

通　道	方　向	宽度	信　号　名	说　　明
命令通道	Output	1	icb_cmd_valid	主设备向从设备发送读写请求信号
	Input	1	icb_cmd_ready	从设备向主设备返回读写接收信号
	Output	DW	icb_cmd_addr	读写地址
	Output	1	icb_cmd_read	读或写操作的指示
	Output	DW	icb_cmd_wdata	写操作的数据
	Output	DW/8	icb_cmd_wmask	写操作的字节掩码
反馈通道	Input	1	icb_rsp_valid	从设备向主设备发送读写反馈请求信号
	Output	1	icb_rsp_ready	主设备向从设备返回读写反馈接收信号
	Input	DW	icb_rsp_rdata	读反馈的数据
	Input	1	icb_rsp_err	读或者写反馈的错误标志

12.2.3　ICB 协议的时序

本节将描述 ICB 的若干典型时序。

写操作同一周期返回的结果如图 12-2 所示。

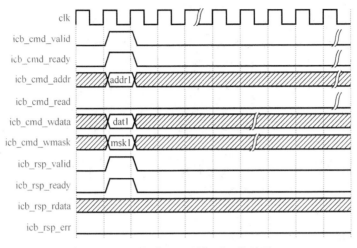

图 12-2 写操作同一周期返回的结果

其中，主设备通过 ICB 的命令通道向从设备发送写操作请求（icb_cmd_read 为低电平），从设备立即接收该请求（icb_cmd_ready 为高电平）；从设备在同一个周期返回正确的反馈结果（icb_rsp_err 为低电平），主设备立即接收该结果（icb_rsp_ready 为高电平）。

读操作下一周期返回的结果如图 12-3 所示。

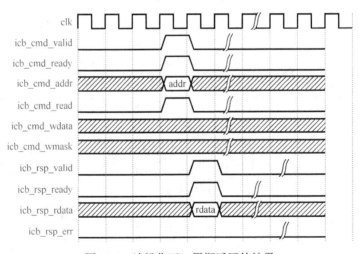

图 12-3 读操作下一周期返回的结果

其中，主设备通过 ICB 的命令通道向从设备发送读操作请求（icb_cmd_read 为高电平），从设备立即接收该请求（icb_cmd_ready 为高电平）；从设备在下一个周期返回正确的反馈结果（icb_rsp_err 为低电平），主设备立即接收该结果（icb_rsp_ready 为高电平）。

读操作下一周期返回的结果如图 12-4 所示。

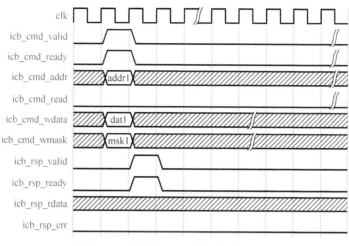

图 12-4　写操作下一周期返回的结果

其中，主设备通过 ICB 的命令通道向从设备发送写操作请求（icb_cmd_read 为低电平），从设备立即接收该请求（icb_cmd_ready 为高电平）；从设备在下一个周期返回正确的反馈结果（icb_rsp_err 为低电平），主设备立即接收该结果（icb_rsp_ready 为高电平）。

读操作 4 个周期返回的结果如图 12-5 所示。

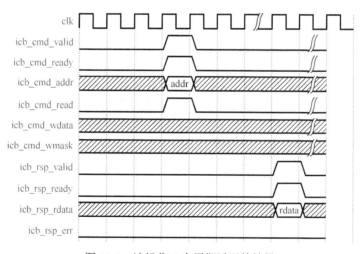

图 12-5　读操作 4 个周期返回的结果

其中，主设备向从设备通过 ICB 的命令通道发送读操作请求（icb_cmd_read 为高电平），从设备立即接收该请求（icb_cmd_ready 为高电平）；从设备在 4 个周期后返回正确的反馈结果（icb_rsp_err 为低电平），主设备立即接收该结果（icb_rsp_ready 为高电平）。

写操作 4 个周期返回的结果如图 12-6 所示。

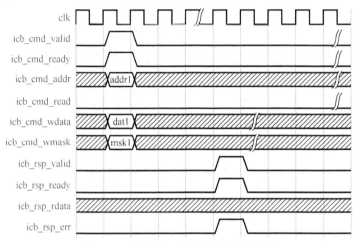

图 12-6　写操作 4 个周期返回的结果

其中，主设备通过 ICB 的命令通道向从设备发送写操作请求（icb_cmd_read 为低电平），从设备立即接收该请求（icb_cmd_ready 为高电平）；从设备在 4 个周期后返回错误的反馈结果（icb_rsp_err 为高电平），主设备立即接收该结果（icb_rsp_ready 为高电平）。

连续的 4 次读操作 4 个周期返回的结果如图 12-7 所示。

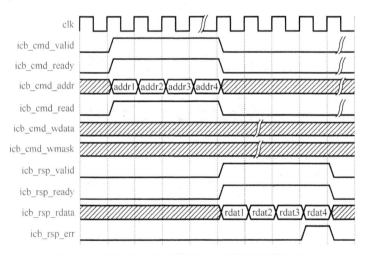

图 12-7　连续的 4 次读操作 4 个周期返回的结果

其中，主设备通过 ICB 的命令通道向从设备连续发送 4 个读操作请求（icb_cmd_read 为高电平），从设备均立即接收请求（icb_cmd_ready 为高电平）；从设备在 4 个周期后连续返回 4 个读结果，其中前 3 个结果正确（icb_rsp_err 为低电平），第 4 个结果错误（icb_rsp_err 为高电平），主设备均立即接收这 4 个结果（icb_rsp_ready 为高电平）。

连续的 4 次写操作 4 个周期返回的结果如图 12-8 所示。

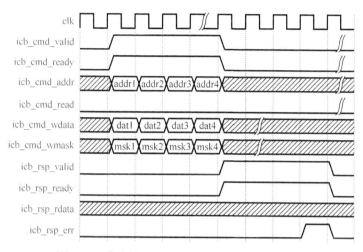

图 12-8　连续的 4 次写操作 4 个周期返回的结果

其中，主设备通过 ICB 的命令通道向从设备连续发送 4 个写操作请求（icb_cmd_read 为低电平），从设备均立即接收请求（icb_cmd_ready 为高电平）；从设备在 4 个周期后连续返回 4 个写结果，其中前 3 个结果正确（icb_rsp_err 为低电平），第 4 个结果错误（icb_rsp_err 为高电平），主设备均立即接收这 4 个结果（icb_rsp_ready 为高电平）。

读写操作混合发生后的结果如图 12-9 所示。

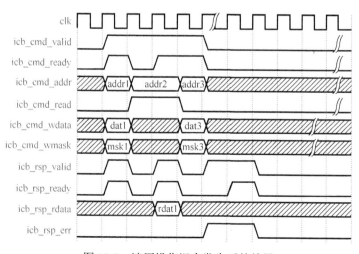

图 12-9　读写操作混合发生后的结果

其中，主设备通过 ICB 的命令通道向从设备相继发送两个读和一个写操作请求。从设备立即接收第 1 个和第 3 个请求。但是第 2 个请求的第 1 个周期并没有被从设备立即接受（icb_cmd_ready 为低电平），因此主设备一直保持地址控制和写数据信号不变，直到下一周期该请求被从设备接受（icb_cmd_ready 为高电平）。从设备对于第 1 个和第 2 个请求都在同一个周期就返回结果，且被主设备立即接受。但是从设备对于第 3 个请求则在下一个周期才返回结果，并且主设备还没有立即接受（icb_rsp_ready 为低电平），因此从设备一直保持返回信号不变，直到下一周期该返回结果被主设备接受。

12.3 ICB 的硬件实现

本节将描述 ICB 的若干典型硬件实现方式。

12.3.1 一主多从

ICB 可以通过一个 ICB 分发模块实现一个主设备到多个从设备的连接。具有 1 个输入 ICB、3 个输出 ICB 的分发模块如图 12-10 所示。

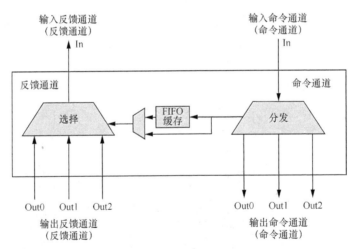

图 12-10 具有 1 个输入 ICB、3 个输出 ICB 的分发模块

该模块有 1 个输入 ICB，命名为 In 总线；有 3 个输出 ICB，分别命名为 Out0、Out1 和 Out2 总线。

该模块并没有引入任何的周期延迟，即输入 ICB 和输出 ICB 在 1 个周期内接通。

该模块的 In 总线的命令通道有 1 个附属输入信号，用来指示该请求应该分发到哪个输出 ICB。该附属信号可以在顶层通过地址区间的比较判断生成。

根据附属信号中的指示信息，In 总线的命令通道被分发给 Out0、Out1 或者 Out2 输出命令通道。每个周期如果握手成功，则分发一个交易（transaction），同时将分发信息压入 FIFO 缓存中。

由于 ICB 支持多个滞外交易，Out0、Out1 或者 Out2 通过反馈通道返回的结果可能需要多个周期才能返回，并且各自返回的时间点可能先后不一，因此需要仲裁。此时从 FIFO 缓存中按顺序弹出之前压入的分发信息作为仲裁标准。该 FIFO 缓存的深度决定了该模块能够支持的滞外交易的个数，同时由于 FIFO 缓存具有先入先出的特性，因此它能够保证输入 ICB 严格按照发出的顺序接收到相应的返回结果。

极端情况下，如果 FIFO 缓存为空，那么意味着没有滞外交易，并且当前分发的 ICB 交易可以由从设备在同一个周期内立即返回结果。于是，该交易的分发信息无须压入 FIFO 缓存，而是将其旁路，该分发信息直接用作反馈通道的选通信号。

12.3.2 多主一从

ICB 可以通过一个 ICB 汇合模块实现多个主设备到一个从设备的连接。具有 3 个输入 ICB、1 个输出 ICB 的汇合模块如图 12-11 所示。

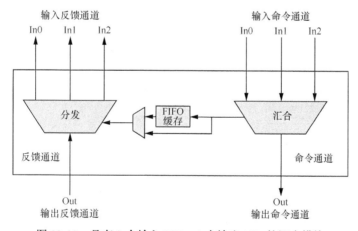

图 12-11 具有 3 个输入 ICB、1 个输出 ICB 的汇合模块

该 ICB 模块有 3 个输入 ICB，分别命名为 In0、In1 和 In2 总线；有 1 个输出 ICB，命名为 Out 总线。

该 ICB 模块并没有引入任何的周期延迟，即输入 ICB 和输出 ICB 在 1 个周期内接通。

该 ICB 模块中多个输入 ICB 的命令通道需要仲裁，这可以使用轮询机制，也可以使用优先级选择机制。以优先级选择机制为例，In0 总线的优先级最高，In1 其次，In2 再次，根据优先级确定输出 ICB 的命令通道。每个周期如果握手成功，则根据仲裁结果发送一个交易，同时将仲裁信息压入 FIFO 缓存中。

由于输出 ICB 通过反馈通道返回的结果一定是按顺序返回的（ICB 协议规定），因此无须担心其顺序性。但是返回的结果需要判别，并分发给对应的输入 ICB，此时从 FIFO 缓存中按顺序弹出之前压入的仲裁信息，以作为分发的依据。因此该 FIFO 缓存的深度决定了该模块能够支持的滞外交易的个数，同时由于 FIFO 缓存具有先入先出的特性，因此它能够保证各个不同的输入 ICB 严格按照发出的顺序接收到相应的返回结果。

极端情况下，如果 FIFO 缓存已空，那么意味着没有滞外交易，并且当前仲裁的 ICB 交易可以由从设备在同一个周期内立即返回结果。于是，该交易的仲裁信息无须压入 FIFO 缓存，而是将其旁路，该仲裁信息直接用作反馈通道分发的选通信号。

12.3.3　多主多从

使用一主多从模块和多主一从模块的有效组合，便可以组装成不同形式的多主多从模块。

简单的多主多从模块如图 12-12 所示。将多主一从模块和一主多从模块直接对接，便可达到多主多从的效果。但是其缺陷是所有的主 ICB 均需要通过中间一条公用的 ICB，吞吐率受限。

使用多个一主多从模块和多主一从模块交织组装成多主多从模块的交叉开关（crossbar）结构，如图 12-13 所示。该结构使得每个主接口和从接口之间均有专用的通道，但是其缺陷是面积开销很大，并且设计不当容易造成死锁。

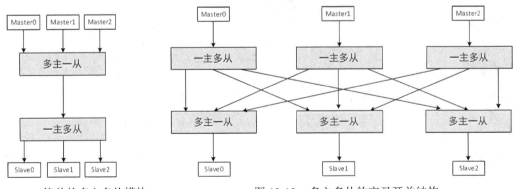

图 12-12　简单的多主多从模块　　　　图 12-13　多主多从的交叉开关结构

12.4　蜂鸟 E203 处理器核 BIU

本节将介绍蜂鸟 E203 处理器核 BIU 模块的微架构及其源代码。

12.4.1　BIU 简介

BIU 在蜂鸟 E203 处理器核中的位置如图 12-14 所示。

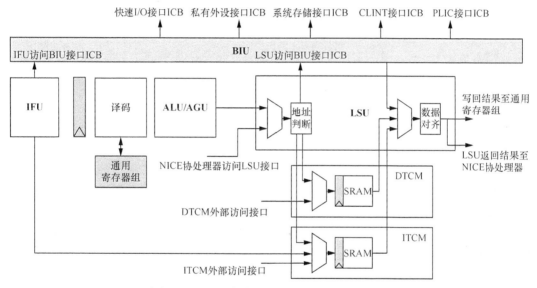

图 12-14　BIU 在蜂鸟 E203 处理器核中的位置

BIU 主要负责接受来自 IFU（Instruction Fetch Unit）和 LSU（Load Store Unit）的存储器访问请求，并且使用标准的 ICB 接口，然后通过判断其访问的地址区间来访问外部的不同接口。这些接口包括以下 5 种。

- 快速 I/O 接口。
- 私有外设接口。
- 系统存储接口。
- CLINT 接口。
- PLIC 接口。

有关这些接口和组件的信息，请参见 4.2 节以及《手把手教你 RISC-V CPU（下）——工程与实践》。

12.4.2　BIU 的微架构

BIU 的微架构如图 12-15 所示。

BIU 有两组输入 ICB 接口，分别来自 IFU 和 LSU。请参见 7.3 节以了解 IFU 的更多信息，参见 11.4 节以了解 LSU 的更多信息。

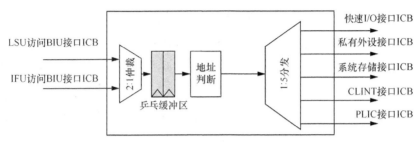

图 12-15　BIU 的微架构

两组输入 ICB 由一个 ICB 汇合模块汇合成一组 ICB，采用的仲裁机制是优先级仲裁，LSU 总线具有更高的优先级。

为了切断外界与处理器核内部之间的时序路径，在汇合的 ICB 处插入一组乒乓缓冲区（Ping-Pong buffer）。使用乒乓缓冲区切断时序路径是高速处理器设计常用的技术手段之一。

经过乒乓缓冲区之后的 ICB 通过其命令通道的地址进行判断，通过判断其访问的地址区间产生分发信息，然后使用一个 ICB 分发模块将其分发给不同的外部接口。

BIU 中使用到的 ICB 汇合模块和 ICB 分发模块的 FIFO 缓存深度默认配置均为 1，这意味着蜂鸟 E203 处理器默认只支持一个滞外交易，此配置旨在减少面积开销。

如果 IFU 访问了设备区间，则直接通过其反馈通道返回错误标志，以防止产生不可预知的结果。

12.4.3　BIU 的源代码

BIU 的相关源代码在 e203_hbirdv2 目录中的结构如下。

```
e203_hbirdv2
    |----rtl                              //存放 RTL 的目录
        |----e203                         //E203 处理器核和 SoC 的 RTL 目录
            |----general                  //存放一些公用的通用 RTL 代码
            |----core                     //存放 E203 处理器核的 RTL 代码
                |----e203_biu.v  //BIU 的源代码
```

关于 BIU 的源代码，请读者参考 GitHub 上的 e203_hbirdv2 项目。

12.5 蜂鸟 E203 处理器 SoC 总线

由于蜂鸟 E203 处理器中的 BIU 模块直接对接外部 SoC 的总线，因此本节将顺便介绍蜂鸟 E203 处理器的 SoC 总线，包括其微架构和源代码。

12.5.1 SoC 总线简介

在蜂鸟 E203 处理器配套的 SoC 中，总线结构如图 12-16 所示。

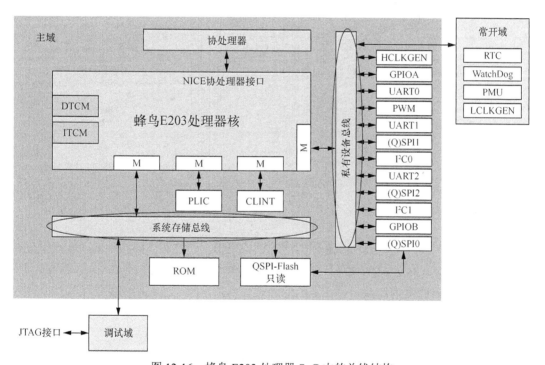

图 12-16   蜂鸟 E203 处理器 SoC 中的总线结构

BIU 的系统存储接口 ICB 连接 SoC 中的系统存储总线，通过系统存储总线访问 SoC 中的若干存储组件，如 ROM、闪存的只读区间等。

BIU 的私有外设接口 ICB 连接 SoC 中的私有设备总线，通过私有设备总线访问 SoC 中的若干设备，如 UART、GPIO 等。

12.5.2 SoC 总线的微架构

SoC 总线的微架构如图 12-17 所示。

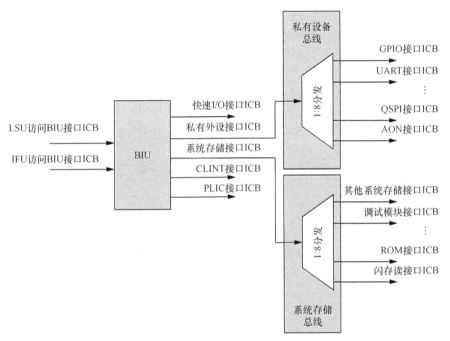

图 12-17 SoC 总线微架构

私有外设接口 ICB 通过其命令通道的地址进行判断，通过其访问的地址区间产生分发信息，然后使用一个 ICB 分发模块将其分发给不同的外设 ICB 接口。

系统存储接口 ICB 通过其命令通道的地址进行判断，通过其访问的地址区间产生分发信息，然后使用一个 ICB 分发模块将其分发给不同的存储模块 ICB 接口。

与 BIU 微架构类似，如果任何 ICB 路径中存在着时序的关键路径，可以插入一组乒乓缓冲区以切断前后的时序路径。如果任何 ICB 路径需要跨越异步时钟域或者整数倍分频时钟域，也可以插入相应的异步 FIFO 缓存或者流水线级数。

12.5.3 SoC 总线的源代码

关于 SoC 总线的详细源代码，请参见 GitHub 上的 e203_hbirdv2 项目。

12.6　小结

自定义 ICB 是蜂鸟 E203 处理器核和配套 SoC 的一个特点，通过统一而简单的 ICB，蜂鸟 E203 处理器核和配套 SoC 能够在最大限度上实现灵活性和自主性。由于 ICB 极其简单，能够非常容易地转换成其他的任何一种流行总线（如 AHB、AXI、Wishbone 总线等），因此蜂鸟 E203 处理器核具有一定的普适性。此外，ICB 非常便于提高流水线级数，因此蜂鸟 E203 处理器核和 SoC 总线均能够达到相当高的主频。

第13章　不得不说的故事——中断和异常

程序员不得不读的经典故事——中断与异常

中断和异常虽然本身不是一种指令，但是它们是处理器指令集架构中非常重要的部分。关于任何一种指令集架构的文档都会详细介绍中断和异常的行为。

本章将介绍 RISC-V 架构定义的中断和异常机制，以及蜂鸟 E203 处理器核中断和异常的硬件微架构和源代码。

13.1　中断和异常概述

13.1.1　中断概述

中断（interrupt）机制即处理器核在顺序执行程序指令流的过程中突然被别的请求打断而中止执行当前的程序，转而去处理别的事情，待它处理完了别的事情，然后重新回到之前程序中断的位置，继续执行之前的程序指令流。

打断处理器执行程序指令流的别的请求便称为中断请求（interrupt request），别的请求的来源便称为中断源（interrupt source）。中断源通常来自外围硬件设备。

处理器转而去处理的别的事情便称为中断服务程序（Interrupt Service Routine，ISR）。

中断处理是一种正常的机制，而非一种错误情形。处理器收到中断请求之后，需要保存当前程序的现场，简称为保存现场。等到处理完中断服务程序后，处理器需要恢复之前的现场，从而继续执行之前被打断的程序，这简称为恢复现场。

可能存在多个中断源同时向处理器发起请求的情形，因此需要对这些中断源进行仲裁，从而选择优先处理哪个中断源，此种情况称为中断仲裁。同时，处理器核可以给不同的中断分配优先级以便于仲裁，因此中断存在着"中断优先级"的概念。

若处理器已经在处理某个中断（执行该中断的 ISR），但有一个优先级更高的新中断请求到来，处理器该如何处理呢？有如下两种可能。

- 处理器并不响应新的中断，而是继续执行当前正在处理的中断服务程序，待到彻底完成之后才响应新的中断请求，这种处理器不支持中断嵌套。
- 处理器中止当前的中断服务程序，转而开始响应新的中断，并执行其中断服务程序，如此便形成了中断嵌套（即还没处理完前一个中断，又开始响应新的中断），并且嵌套的层次可以有很多层。

注意：假设新来的中断请求的优先级比正在处理的中断优先级低（或者相同），则无论处理器是否能支持"中断嵌套"，都不应该响应这个新的中断请求，处理器必须完成当前的中断服务程序之后才考虑响应新的中断请求（因为新中断请求的优先级并不比当前正在处理的中断优先级高）。

13.1.2　异常概述

异常（exception）机制即处理器核在顺序执行程序指令流的过程中突然遇到了异常的事情而中止执行当前的程序，转而去处理该异常。

处理器遇到的异常的事情称为异常。异常与中断的最大区别在于中断往往是外因引起的，而异常是由处理器内部事件或程序执行中的事件（如本身硬件故障、程序故障，或者执行特殊的系统服务指令）而引起的，简而言之，异常是内因引起的。

与中断服务程序类似，处理器也会进入异常服务处理程序。

与中断类似，可能存在多个异常同时发生的情形，因此异常也有优先级，并且也可能发生多重异常的嵌套。

13.1.3　广义上的异常

如上一节所述，中断和异常最大的区别是原因不同。除此之外，从本质上来讲，中断和异常对于处理器而言基本上是同一个概念。当中断和异常发生时，处理器将暂停当前正在执行的程序，转而执行中断和异常处理程序；当返回时，处理器恢复执行之前暂停的程序。

因此中断和异常的划分是一种狭义的划分。从广义上来讲，中断和异常都是一种异常。处理器广义上的异常通常只分为同步异常（synchronous exception）和异步异常（asynchronous exception）。

1．同步异常

同步异常是指执行程序指令流或者试图执行程序指令流而造成的异常。这种异常的原因能够被精确定位于某一条执行的指令。同步异常的一个特点是，无论程序在同样的环境下执行多少遍，每一次都能精确地重现异常。

例如，如果程序流中有一条非法的指令，那么处理器执行到该非法指令便会产生非法指令异常（illegal instruction exception），并且能够重现同步异常。

2．异步异常

异步异常是指那些产生原因不能够被精确定位于某条指令的异常。异步异常的一个特点是，程序在同样的环境下执行很多遍，但每一次发生异常的指令的 PC 都可能会不一样。

最常见的异步异常是"外部中断"。外部中断是由外围设备驱动的。一方面，外部中断的发生带有偶然性；另一方面，当中断请求抵达处理器核时，处理器执行的指令带有偶然性。因此一次中断的到来可能会偶遇某一条"正在执行的不幸指令"，而该指令便成了"背锅侠"。在它的 PC 所在之处，程序便停止执行，并转而响应中断，执行中断服务程序。但是当程序重复执行时，很难会出现同一条指令反复"背锅"的精确情形。

根据响应异常后处理器的状态，异步异常又可以分为两种。

- 精确异步异常（precise asynchronous exception）：响应异常后的处理器状态能够精确反映某一条指令的边界，即某一条指令执行完之后的处理器状态。

- 非精确异步异常（imprecise asynchronous exception）：响应异常后的处理器状态无法精确反映某一条指令的边界，这可能是某一条指令执行了一半被打断的结果，或者是其他模糊的状态。

常见的同步异常如下所示。

- 在取指令时访问了非法的地址区间。例如，外设模块的地址区间往往是不可能存放指令代码的，因此其属性是"不可执行"，并且还是读敏感的（read sensitive）。如果某条指令的 PC 位于外设区间，则会造成取指令错误。对于这种错误，开发人员能够精确地定位到是哪一条指令的 PC 造成的。

- 在读/写数据访问地址区间的方式出错。例如，有的地址区间的属性是只读或者只写的，假设 Load 或者 Store 指令以错误的方式访问了地址区间（如写了只读的区间），由于这种错误能够被存储器保护单元（Memory Protection Unit，MPU）或者存储器管理单元（Memory Management Unit，MMU）及时探测出来，因此开发人员能够精确地定位到是哪一条 Load 或 Store 指令访存造成的。MPU 和 MMU 是分别对地址进行保护与管理的硬件单元，本书限于篇幅在此对其不做赘述，感兴趣的读者请自行查阅其他资料。

- 取指令地址不对齐错误。处理器指令集架构往往规定指令存放在存储器中的地址必须是对齐的，如 16 位长的指令往往要求其 PC 值必须是按 16 位对齐的。假设该指令的 PC 值不对齐，则会造成取指令不对齐错误。对于这种错误，开发人员能够精确地定位到是哪一条指令的 PC 造成的。

- 非法指令错误。处理器如果对指令进行译码后发现这是一条非法的指令（如不存在的指令编码），则会造成非法指令错误。对于这种错误，开发人员能够精确地定位到是哪一条指令造成的。

- 执行调试断点指令。处理器指令集架构往往会定义若干条调试指令，如断点（ebreak）指令。当执行到该指令时，处理器便会发生异常，进入异常服务程序。该指令往往用于调试器（debugger），如设置断点。对于这种异常，开发人员能够精确地定位到是哪一条 ebreak 指令造成的。

外部中断是最常见的精确异步异常，此处不再赘述。

除外部中断之外，常见的精确异步异常还包括读/写存储器出错。由于访问存储器（简称访存）需要一定的时间，处理器往往不可能坐等该访问结束（否则性能会很差），而是会继续执行后续的指令。等到访存结果从目标存储器返回之后，处理器发现出现了访存错误并汇报异常，但是处理器此时可能已经执行到了后续的某条指令，难以精确定位。由于存储器返回的时间延迟具有偶然性，因此无法被精确地重现这类异常。

这种异步异常的另外一个常见示例便是写操作将数据写入缓存行（cache line）中，然后该缓存行经过很久才被替换出来，写回外部存储器，但是写回外部存储器的返回结果出错。此时处理器可能已经执行了后续成百上千条指令，到底哪一条指令当时写的这个地址的缓存行早已是历史，不可能被精确定位，更不要说复现了。有关缓存的细节，本书限于篇幅在此不赘述，感兴趣的读者请自行查阅其他资料。

13.2 RISC-V 架构异常处理机制

本节将介绍 RISC-V 架构的异常处理机制。如附录 A 所述，当前 RISC-V 架构文档主要分为指令集文档和特权架构文档。RISC-V 架构的异常处理机制定义在"特权架构文档"中。RISC-V 架构文档的下载地址见 RISC-V 基金会的网站。

狭义的中断和异常均可以归为广义的异常，因此本书自此将统一用异常进行论述，它包含了狭义的中断和异常。

RISC-V 架构的工作模式不仅有机器模式（machine mode），还有用户模式（user mode）、监督模式（supervisor mode）等。在不同的模式下，处理器均可以产生异常，并且有的模式可以响应中断。

RISC-V 架构要求机器模式是必须具备的模式，其他的模式均是可选而非必选的模式。由于蜂鸟 E203 处理器只实现了机器模式，因此本章仅介绍基于机器模式的异常处理机制。

13.2.1 进入异常

当进入异常时，RISC-V 架构规定的硬件行为如下。

（1）处理器停止执行当前程序流，转而从 mtvec 寄存器定义的 PC 地址开始执行。

（2）进入异常不仅会让处理器从上述的 PC 地址开始执行，还会让硬件更新以下 4 个寄存器。

- 机器模式异常原因（machine cause，mcause）寄存器。
- 机器模式异常 PC（machine exception program counter，mepc）寄存器。
- 机器模式异常值（machine trap value，mtval）寄存器。
- 机器模式状态（machine status，mstatus）寄存器。

本节将分别对这些硬件行为予以详述。

1．从 mtvec 寄存器定义的 PC 地址开始执行

RISC-V 架构规定，在处理器的程序执行过程中，一旦遇到异常，则终止当前的程序流，处理器强行跳转到一个新的 PC 地址。该过程在 RISC-V 的架构中定义为陷阱（trap），字面含义为"跳入陷阱"，意译为"进入异常"。

RISC-V 处理器进入异常后跳入的 PC 地址由一个叫作机器模式异常入口基地址（machine trap-vector base-address，mtvec）寄存器的 CSR 指定。

mtvec 寄存器是一个可读可写的 CSR，因此软件开发人员可以通过编程更改其中的值。mtvec 寄存器的详细格式如图 13-1 所示，其中，低 2 位是 MODE 域，高 30 位是 BASE 域。

图 13-1　mtvec 寄存器的详细格式

假设 MODE 的值为 0，则响应所有的异常时处理器均跳转到 BASE 值指示的 PC 地址。

假设 MODE 的值为 1，则狭义的异常发生时，处理器跳转到 BASE 值指示的 PC 地址。当狭义的中断发生时，处理器跳转到 BASE+4CAUSE 值指示的 PC 地址。CAUSE 的值表示中断对应的异常编号（exception code）。例如，若机器计时器中断（machine timer interrupt）的异常编号为 7，则它跳转的地址为 BASE+4×7=BASE+28= BASE+0x1c。

2．更新 mcause 寄存器

RISC-V 架构规定，在进入异常时，mcause 寄存器被同时更新，以反映当前的异常种类，软件可以通过读此寄存器，查询造成异常的具体原因。

mcause 寄存器的详细格式如图 13-2 所示。其中，最高 1 位为 Interrupt 域，低 31 位为 Exception Code 域。两个域的组合表示值如图 13-3 所示，用于指示 RISC-V 架构定义的 12 种中断类型和 16 种异常类型。

3．更新 mepc 寄存器

RISC-V 架构定义异常的返回地址由 mepc 寄存器保存。在进入异常时，硬件将自动更新 mepc 寄存器的值为当前遇到异常的指令的 PC 值（即当前程序的停止执行点）。该寄存器的值将作为异常的返回地址，在异常结束之后，能够使用它保存的 PC 值回到之前停止执行的程序点。

值得注意的是，虽然 mepc 寄存器会在异常发生时自动被硬件更新，但是 mepc 寄存器本身也是一个可读可写的寄存器，因此软件可以直接写该寄存器以修改其值。

对于狭义的中断和狭义的异常而言，RISC-V 架构定义其返回地址（更新的 mepc 寄存器的值）的方式有些细微差别。

Interrupt域	Exception Code域	说明
1	0	用户模式软件中断
1	1	监督模式软件中断
1	2	保留的
1	3	机器模式软件中断
1	4	用户模式定时器中断
1	5	监督模式定时器中断
1	6	保留的
1	7	机器模式定时器中断
1	8	用户模式外部中断
1	9	监督模式外部中断
1	10	保留的
1	11	机器模式外部中断
1	≥12	保留的
0	0	指令地址未对齐
0	1	指令地址错误
0	2	非法指令
0	3	断点
0	4	加载未对齐的地址
0	5	加载访问错误
0	6	存储器/AMO地址未对齐
0	7	存储器/AMO访问错误
0	8	用户模式环境调用
0	9	监督模式环境调用
0	10	保留的
0	11	机器模式环境调用
0	12	指令页错误
0	13	加载页错误
0	14	保留的
0	15	存储器/AMO页错误
0	≥16	保留的

XLEN−1 XLEN−2	0
Interrupt	Exception Code(**WLRL**)

图 13-2 mcause 寄存器的详细格式

图 13-3 mcause 寄存器中 Interrupt 域和
Exception Code 域的组合

当出现中断时，中断返回地址（mepc 寄存器的值）被更新为下一条尚未执行的指令的 PC。

当出现异常时，中断返回地址（mepc 寄存器的值）被更新为当前发生异常的指令的 PC。注意，如果异常由 ecall 或 ebreak 产生，由于 mepc 寄存器的值被更新为 ecall 或 ebreak 指令自己的 PC，因此在异常返回时，如果直接使用 mepc 寄存器保存的 PC 值作为返回地址，则会再次跳回 ecall 或者 ebreak 指令，从而造成死循环（执行 ecall 或者 ebreak 指令导致重新进入异常）。正确的做法是在异常处理程序中由软件改变 mepc 寄存器的值，使它指向下一条指令，由于现在 ecall/ebreak（或 c.ebreak）是 4（或 2）字节指令，因此设定 mepc=mepc+4（或 +2）即可。

4．更新 mtval 寄存器

RISC-V 架构规定，在进入异常时，硬件将自动更新 mtval 寄存器，以反映引起当前异常的存储器访问地址或者指令编码。

如果异常是由存储器访问造成的,如遭遇硬件断点、取指令、存储器读写造成的,则将存储器访问的地址更新到 mtval 寄存器中。

如果异常是由非法指令造成的,则将该指令的编码更新到 mtval 寄存器中。

注意:mtval 寄存器又名 mbadaddr 寄存器,某些早期版本的 RISC-V 编译器仅可以识别 mbadaddr 名称。

5. 更新 mstatus 寄存器

RISC-V 架构规定,在进入异常时,硬件将自动更新 mstatus 寄存器的某些域。

mstatus 寄存器的详细格式如图 13-4 所示。其中,MIE 域表示在机器模式下是否全局使能中断。

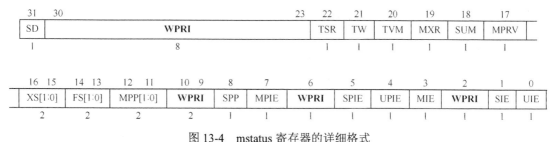

图 13-4 mstatus 寄存器的详细格式

当 MIE 域的值为 1 时,表示机器模式下所有中断全局打开。

当 MIE 域的值为 0 时,表示机器模式下所有中断全局关闭。

RISC-V 架构规定,异常发生时有如下情况。

- MPIE 域的值被更新为异常发生前 MIE 域的值。在异常结束之后,使用 MPIE 域的值恢复异常发生之前的 MIE 值。
- MIE 域的值则被更新为 0(这意味着进入异常服务程序后中断全局关闭,所有的中断都将被屏蔽)。
- MPP 域的值被更新为异常发生前的模式。在异常结束之后,使用 MPP 域的值恢复出异常发生之前的工作模式。对于只支持机器模式的处理器核(如蜂鸟 E203),MPP 的值永远为二进制值 11。

注意:为简化知识模型,在此仅介绍"只支持机器模式"的架构,因此对 SIE、UIE、SPP、SPIE 等不做赘述。感兴趣的读者请参见 RISC-V"特权架构文档"(riscv-privileged-v1.10.pdf)。

13.2.2 退出异常

当程序完成异常处理之后,处理器最终需要从异常服务程序中退出,并返回主程序。RISC-V

架构定义了一组专门的退出异常指令，包括 mret、sret 和 uret。其中，mret 指令是必备的，而 sret 和 uret 指令仅在支持监督模式和用户模式的处理器中使用。

注意：为简化知识模型，在此仅介绍"只支持机器模式"的架构，对 sret 和 uret 指令不做赘述。

在机器模式下退出异常时，软件必须使用 mret 指令。RISC-V 架构规定，处理器执行 mret 指令后的硬件行为如下。

- 停止执行当前程序流，转而从 mepc 寄存器定义的 PC 地址开始执行。
- 执行 MRET 指令不仅会让处理器跳转到上述的 PC 地址并开始执行，还会让硬件同时更新 mstatus 寄存器。

下面分别予以详述。

1. 从 mepc 寄存器定义的 PC 地址开始执行

在进入异常时，mepc 寄存器被同时更新，以反映当时遇到异常的指令的 PC 值。这个机制意味着 mret 指令执行后处理器回到了当时遇到异常的指令的 PC 地址，从而可以继续执行之前中止的程序流。

2. 更新 mstatus 寄存器

RISC-V 架构规定，在执行 mret 指令后，硬件将自动更新 mstatus 寄存器的某些域。

RISC-V 架构规定，执行 mret 指令以退出异常时有如下情况。

- mstatus 寄存器中 MIE 域的值被更新为当前 MPIE 域的值。
- mstatus 寄存器中 MPIE 域的值则被更新为 1。

在进入异常时，MPIE 域的值曾经被更新为异常发生前 MIE 域的值。而 mret 指令执行后，再次将 MIE 域的值更新为 MPIE 域的值。这个机制意味着 mret 指令执行后，处理器中 MIE 域的值被恢复成异常发生之前的值（假设之前 MIE 域的值为 1，则意味着中断会重新全局打开）。

13.2.3 异常服务程序

当处理器进入异常后，开始从 mtvec 寄存器定义的 PC 地址执行新的程序。该程序通常为异常服务程序，程序可以通过查询 mcause 寄存器中的 Exception Code 域以进一步跳转到更具体的异常服务程序。例如，如果当 mcause 寄存器中的值为 0x2，则该异常是非法指令引起的，因此可以进一步跳转到非法指令异常服务子程序中。

图 13-5 所示为异常服务程序示例片段，程序通过读取 mcause 寄存器的值，判断异常的类型，从而进入不同的异常服务子程序。

注意：由于 RISC-V 架构规定的进入异常和退出异常机制中没有通过硬件自动保存和恢复上下文的操作，因此需要软件明确地使用指令进行上下文的保存和恢复。

```
uintptr_t handle_trap(uintptr_t mcause, uintptr_t epc)
{
if (0){
    // External Machine-Level interrupt from PLIC
} else if ((mcause & MCAUSE_INT) && ((mcause & MCAUSE_CAUSE) == IRQ_M_EXT)) {
    handle_m_ext_interrupt();
    // External Machine-Level interrupt from PLIC
} else if ((mcause & MCAUSE_INT) && ((mcause & MCAUSE_CAUSE) == IRQ_M_TIMER)){
    handle_m_time_interrupt();
}
else {
    write(1, "trap\n", 5);
    _exit(1 + mcause);
}
return epc;
}
```

图 13-5 异常服务程序示例片段

13.3 RISC-V 架构中断定义

13.3.1 中断类型

RISC-V 架构定义的中断类型分为 4 种，分别是外部中断（external interrupt）、计时器中断（timer interrupt）、软件中断（software interrupt）、调试中断（debug interrupt）。

本节将分别予以详述。

1. 外部中断

外部中断是指来自处理器核外部的中断，如外部设备 UART、GPIO 等产生的中断。

RISC-V 架构在机器模式、监督模式和用户模式下均有对应的外部中断。为简化知识模型，在此仅介绍机器模式外部中断。

机器模式外部中断的屏蔽由 mie 寄存器中的 MEIE 域控制，等待（Pending）标志则反映在 mip 寄存器中的 MEIP 域中。

机器模式外部中断可以作为处理器核的一个单位输入信号，假设处理器需要支持很多个外部中断源，RISC-V 架构定义了一个平台级别中断控制器（Platform Level Interrupt Controller，PLIC），PLIC 可用于多个外部中断源的优先级仲裁和派发。

PLIC 可以将多个外部中断源仲裁为一个单位的中断信号并送入处理器核，处理器核收到中断信号并进入异常服务程序后，可以通过读 PLIC 的相关寄存器查看中断源的信息。

处理器核在处理完相应的中断服务程序后，可以通过写 PLIC 的相关寄存器和具体的外部中断源的寄存器，从而清除中断源（假设中断源为 GPIO，则可通过 GPIO 模块的中断相关寄存器清除该中断）。

有关 PLIC 的详情，请参见附录 C。

虽然 RISC-V 架构只明确定义了一个机器模式外部中断，同时明确指出可通过 PLIC 在外部管理众多的外部中断源，将其仲裁为一个机器模式外部中断信号并传递给处理器核。但是 RISC-V 架构预留了大量的空间以供用户扩展其他外部中断类型。

mie 寄存器和 mip 寄存器的高 20 位可以用于扩展控制其他的自定义中断类型。

用户甚至可以自定义若干组新的 mie<n>寄存器和 mip<n>寄存器以支持更多自定义中断类型。

mcause 寄存器的中断异常编号域为 12 及以上的值，均可以用于其他自定义的中断异常编号。因此，理论上，通过扩展，RISC-V 架构可以支持把无数个自定义的外部中断信号直接输入处理器核。

2．计时器中断

计时器中断是指来自计时器的中断。

RISC-V 架构在机器模式、监督模式和用户模式下均有对应的计时器中断。为简化知识模型，在此仅介绍机器模式计时器中断。

机器模式计时器中断的屏蔽由 mie 寄存器中的 MTIE 域控制，等待（Pending）标志则反映在 mip 寄存器中的 MTIP 域中。

RISC-V 架构规定系统平台中必须有一个计时器，并给该计时器定义了两个 64 位宽的 mtime 寄存器和 mtimecmp 寄存器。mtime 寄存器用于反映当前计时器的计数值，mtimecmp 寄存器用于设置计时器的比较值。当 mtime 寄存器中的计数值大于或者等于 mtimecmp 寄存器中设置的比较值时，计时器便会产生计时器中断。计时器中断信号会一直保持高电平，直到软件重写 mtimecmp 寄存器的值，使得其比较值大于 mtime 寄存器中的值，从而将计时器中断清除。

值得注意的是，RISC-V 架构并没有定义 mtime 寄存器和 mtimecmp 寄存器为 CSR，而是定义其为存储器地址映射（memory address mapped）的系统寄存器，RISC-V 架构并没有规定具体的存储器映射（memory mapped）地址，而是交由 SoC 系统集成者实现。

另一点值得注意的是，RISC-V 架构定义 mtime 计时器为实时（real-time）计时器，系统必须以一种恒定的频率作为计时器的时钟。对于这个恒定的时钟频率，开发人员必须使用低速的、电源常开的时钟，低速是为了省电，常开是为了提供准确的计时。

3．软件中断

软件中断是指软件触发的中断。

RISC-V 架构在机器模式、监督模式和用户模式下均有对应的软件中断。为简化知识模型，在此仅介绍机器模式软件中断（machine software interrupt）。

机器模式软件中断的屏蔽由 mie 寄存器中的 MSIE 域控制，等待（pending）标志则反映在 mip 寄存器中的 MSIP 域中。

RISC-V 架构定义的机器模式软件中断可以通过软件写 1 至 msip 寄存器来触发。

注意：msip 寄存器和 mip 寄存器中的 MSIP 域命名不可混淆。RISC-V 架构并没有定义 msip 寄存器为 CSR，而是定义其为存储器地址映射的系统寄存器，RISC-V 架构并没有规定具体的存储器映射地址，而是交由 SoC 系统集成者实现。

关于蜂鸟 E203 处理器配套 SoC 中 msip 寄存器的实现及存储器地址映射，请参见 13.5 节。

软件写 1 至 msip 寄存器并触发了软件中断之后，mip 寄存器中的 MSIP 域便会置 1，反映其等待状态。软件可通过写 0 至 msip 寄存器来清除该软件中断。

4．调试中断

除上述 3 种中断之外，还有一种特殊的中断——调试中断（debug interrupt）。此中断专用于实现调试器，关于调试方案的详细信息，请参见第 14 章。

13.3.2　中断屏蔽

RISC-V 架构中狭义的异常是不可以屏蔽的，也就是说，一旦发生狭义的异常，处理器一定会停止当前操作转而处理异常。但是狭义的中断可以屏蔽，RISC-V 架构定义了 CSR 机器模式中断使能（machine interrupt enable，mie）寄存器，用于控制中断的屏蔽。

mie 寄存器的详细格式如图 13-6 所示。其中，每一个域用于控制一个单独的中断使能。

XLEN 1　12	11	10	9	8	7	6	5	4	3	2	1	0
WPRI	MEIE	WPRI	SEIE	UEIE	MTIE	WPRI	STIE	UTIE	MSIE	WPRI	SSIE	USIE
XLEN-12	1	1	1	1	1	1	1	1	1	1	1	1

图 13-6　mie 寄存器的详细格式

MEIE 域控制机器模式下外部中断（external interrupt）的屏蔽。

MTIE 域控制机器模式下计时器中断的屏蔽。

MSIE 域控制机器模式下软件中断的屏蔽。

软件可以通过写 mie 寄存器中的值达到屏蔽某些中断的效果。假设 MTIE 域被设置成 0，则意味着将计时器中断屏蔽，处理器将无法响应计时器中断。

如果处理器（如蜂鸟 E203 处理器）只实现了机器模式，则监督模式和用户模式对应的中断使能位（使用 SEIE、UEIE、STIE、UTIE、SSIE 和 USIE 设置）无任何意义。

为简化知识模型，在此对 SEIE、UEIE、STIE、UTIE、SSIE 和 USIE 等不做赘述。

注意：除对 3 种中断的屏蔽之外，通过 mstatus 寄存器中的 MIE 域还可用于关闭所有中断。

13.3.3　中断等待

RISC-V 架构定义了 CSR 机器模式中断等待（machine interrupt pending，mip）寄存器，用于查询中断的等待状态。

mip 寄存器的详细格式如图 13-7 所示。其中，每一个域用于反映一个中断的等待状态。

图 13-7　mip 寄存器的详细格式

MEIP 域反映机器模式下外部中断的等待状态。

MTIP 域反映机器模式下计时器中断的等待状态。

MSIP 域反映机器模式下软件中断的等待状态。

如果处理器（如蜂鸟 E203 处理器）只实现了机器模式，则 mip 寄存器中监督模式和用户模式对应的中断等待状态位（使用 SEIP、UEIP、STIP、UTIP、SSIP 和 USIP 设置）无任何意义。

注意：为简化知识模型，在此对 SEIP、UEIP、STIP、UTIP、SSIP 和 USIP 等不做赘述。

软件可以通过读 mip 寄存器中的值查询中断状态。

如果 MTIP 域的值为 1，则表示当前有计时器中断正在等待。注意，即使 mie 寄存器中 MTIE 域的值为 0（被屏蔽），如果计时器中断到来，MTIP 域也能够显示为 1。对于 MSIP 域和 MEIP 域，也如此。

MEIP/MTIP/MSIP 域的属性均为只读，软件无法直接写这些域以改变其值。只有中断源被清除，MEIP/MTIP/MSIP 域的值才能相应地清零。例如，MEIP 域对应的外部中断需要程序在进入中断服务程序后配置外部中断源，将其中断撤销。MTIP 域和 MSIP 域同理。下一节将详细介绍中断的类型和清除方法。

13.3.4　中断优先级与仲裁

13.1.1 节曾经提到多个中断可能存在着优先级仲裁的情况。

如果 3 种中断同时发生，其响应的优先级顺序如下（mcause 寄存器将按此优先级顺序选择更新异常编号的值）。

- 外部中断的优先级最高。
- 软件中断其次。
- 计时器中断再次。

调试中断比较特殊。只有调试器介入调试时才发生调试中断，正常情形下不会发生调试中断，因此在此不予讨论。关于调试方案的详细信息，请参见第 14 章。

由于外部中断来自 PLIC，而 PLIC 可以管理数量众多的外部中断源，多个外部中断源之间的优先级和仲裁可通过配置 PLIC 的寄存器进行管理。请参见附录 C 以了解 PLIC 的更多信息。

13.3.5 中断嵌套

多个中断理论上可能存在着嵌套的情况。

进入异常之后，mstatus 寄存器中的 MIE 域将会被硬件自动更新为 0（这意味着中断被全局关闭，从而无法响应新的中断）。

退出中断后，MIE 域才被硬件自动恢复成中断发生之前的值（通过 MPIE 域得到），从而再次全局打开中断。

由上可见，一旦响应中断并进入异常模式，中断就全局关闭，处理器再也无法响应新的中断，因此 RISC-V 架构定义的硬件机制默认无法支持硬件中断嵌套行为。

如果一定要支持中断嵌套，需要使用软件，从理论上来讲，可采用如下方法。

（1）在进入异常之后，软件通过查询 mcause 寄存器确认这是响应中断造成的异常，并跳入相应的中断服务程序中。在这期间，由于 mstatus 寄存器中的 MIE 域被硬件自动更新为 0，因此新的中断都不会被响应。

（2）待程序跳入中断服务程序中后，软件可以强行改写 mstatus 寄存器的值，而将 MIE 域的值改为 1，这意味着将中断再次全局打开。从此时起，处理器将能够再次响应中断。但是在强行修改 MIE 域之前，需要注意如下事项。

- 假设软件希望屏蔽比其优先级低的中断，而仅允许优先级比它高的新来的中断打断当前中断，那么软件需要通过配置 mie 寄存器中的 MEIE/MTIE/MSIE 域，来选择性地屏蔽不同类型的中断。
- 对于 PLIC 管理的众多外部中断而言，由于其优先级受 PLIC 控制，假设软件希望屏蔽比其优先级低的中断，而仅允许优先级比它高的新来的中断打断当前中断，那么软件需要通过配置 PLIC 阈值（threshold）寄存器的方式来选择性地屏蔽不同类型的中断。

（3）在中断嵌套的过程中，软件需要保存上下文至存储器栈中，或者从存储器栈中将上下文恢复（与函数嵌套同理）。

（4）在中断嵌套的过程中，软件还需要注意将 mepc 寄存器，以及为了实现软件中断嵌套被修改的其他 CSR 的值保存至存储器栈中，或者从存储器栈中恢复（与函数嵌套同理）。

除此之外，RISC-V 架构也允许用户使用自定义的中断控制器实现硬件中断嵌套功能。

中断和异常是处理器指令集架构中非常重要的一环。同时，中断和异常往往是最复杂和难以理解的部分。如果要了解一种处理器架构，必然要熟悉其中断和异常的处理机制。

对 ARM 比较熟悉的读者可能会了解 Cortex-M 系列定义的嵌套向量中断控制器（Nested Vector Interrupt Controller，NVIC）和 Cortex-A 系列定义的通用中断控制器（General Interrupt Controller，GIC）。这两种中断控制器都非常强大，但非常复杂。相比而言，RISC-V 架构的中断和异常机制则要简单得多，这同样反映了 RISC-V 架构力图简化硬件的设计理念。

13.4 RISC-V 架构中与中断和异常相关的 CSR

RISC-V 架构中与中断和异常相关的寄存器如表 13-1 所示。

表 13-1　RISC-V 架构中与中断和异常相关的寄存器

类型	名　称	全　称	描　述
CSR	mtvec 寄存器	机器模式异常入口基地址寄存器（machine trap-vector base-address register）	定义进入异常的指令的 PC 地址
	mcause 寄存器	机器模式异常原因寄存器（machine cause register）	反映进入异常的原因
	mtval（mbadaddr）寄存器	机器模式异常值寄存器（machine trap value register）	反映进入异常的信息
	mepc 寄存器	机器模式异常 PC 寄存器（machine exception program counter）	用于保存异常的返回地址
	mstatus 寄存器	机器模式状态寄存器（machine status register）	mstatus 寄存器中的 MIE 域和 MPIE 域用于反映中断全局使能
	mie 寄存器	机器模式中断使能寄存器（machine interrupt enable register）	用于控制不同类型中断的局部使能
	mip 寄存器	机器模式中断等待寄存器（machine interrupt pending register）	反映不同类型中断的等待状态
存储器地址映射的寄存器	mtime 寄存器	机器模式计时器寄存器（machine-mode timer register）	反映计时器的值
	mtimecmp 寄存器	机器模式计时器比较寄存器（machine-mode timer compare register）	配置计时器的比较值
	msip 寄存器	机器模式软件中断等待寄存器（machine-mode software interrupt pending register）	用于产生或者清除软件中断
	PLIC 的功能寄存器	—	关于 PLIC 的所有功能寄存器，请参见附录 C

13.5 蜂鸟 E203 处理器中异常处理的硬件实现

本节将介绍蜂鸟 E203 处理器对异常处理的硬件实现和源代码。

13.5.1　蜂鸟 E203 处理器的异常和中断实现要点

本节介绍蜂鸟 E203 处理器中异常和中断的硬件实现。

蜂鸟 E203 处理器为只支持机器模式的架构，且没有实现 MPU 与 MMU（不会产生与虚拟地址页错误相关的异常），因此只支持 RISC-V 架构中和机器模式相关的异常类型。

蜂鸟 E203 处理器只实现了 RISC-V 架构定义的 3 种基本中断类型（软件中断、计时器中断、外部中断），并未实现更多的自定义中断类型。

蜂鸟 E203 处理器的 mtvec 寄存器中最低位的 MODE 域仅支持模式 0，即响应所有的异常时处理器均跳转到 BASE 域指示的 PC 地址。

13.5.2 蜂鸟 E203 处理器支持的中断和异常类型

蜂鸟 E203 处理器支持的中断和异常类型如表 13-2 所示。

表 13-2 蜂鸟 E203 处理器支持的中断和异常类型

	编号	同步/异步	描　述
中断	3	精确异步	机器模式软件中断
	7	精确异步	机器模式计时器中断
	11	精确异步	机器模式外部中断
异常	0	同步	指令的 PC 地址未对齐
	1	同步	指令访问错误
	2	同步	非法指令
	3	同步	RISC-V 架构定义了 ebreak 指令，当处理器执行到该指令时，会发生异常，进入异常服务程序。该指令往往用于调试器，如设置断点
	4	同步	Load 指令访存地址未对齐
	5	非精确异步	Load 指令访存错误
	6	同步	Store 或者 amo 指令访存地址未对齐
	7	非精确异步	Store 或者 amo 指令访存错误
	11	同步	机器模式下执行 ecall 指令。 RISC-V 架构定义了 ecall 指令，当处理器执行到该指令时，会发生异常，进入异常服务程序。该指令往往供软件使用，强行进入异常模式
	16	非精确异步	RISC-V 架构只定义了异常编号从 0 到 15 的 16 种异常。因此该异常不是 RISC-V 架构定义的标准异常。此异常是蜂鸟 E203 处理器的协处理器扩展指令写回错误造成的异常。有关 NICE 协处理器的信息，请参见第 16 章

13.5.3 蜂鸟 E203 处理器对 mepc 寄存器的处理

RISC-V 架构在中断和异常时的返回地址定义（更新 mepc 寄存器的值）有细微的差别。在出现中断时，中断返回地址（mepc 寄存器的值）指向下一条尚未执行的指令。在出现异常时，mepc 寄存器的值则指向当前指令，因为当前指令触发了异常。

按照此原则，蜂鸟 E203 处理器核对于 mepc 寄存器的值的更新原则如下。

- 对于同步异常，mepc 寄存器的值更新为当前发生异常的指令的 PC 值。
- 对于精确异步异常（即中断），mepc 寄存器的值更新为下一条尚未执行的指令的 PC 值。
- 对于非精确异步异常，mepc 寄存器的值更新为当前发生异常的指令的 PC 值。

13.5.4 蜂鸟 E203 处理器的中断接口

如图 13-8 所示，在处理器顶层接口中有 4 个中断输入信号，分别是软件中断、计时器中断、外部中断和调试中断。

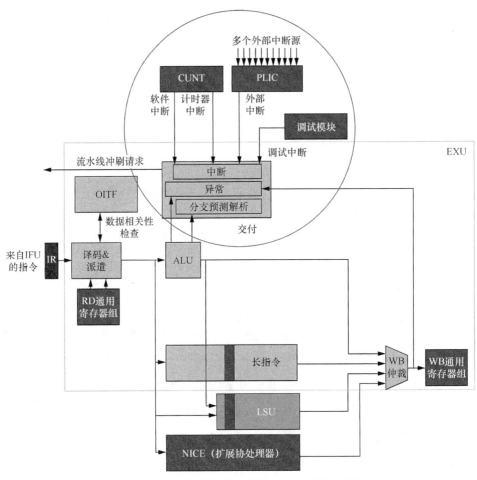

图 13-8 处理器顶层接口中的 4 个中断输入信号

- SoC 层面的 CLINT 模块产生一个软件中断信号和一个计时器中断信号，发送给蜂鸟

E203 处理器核。
- SoC 层面的 PLIC 接入多个外部中断源并通过仲裁生成一个外部中断信号，发送给蜂鸟 E203 处理器核。
- SoC 层面的调试模块生成一个调试中断信号，发送给蜂鸟 E203 处理器核。
- 所有的中断信号均由蜂鸟 E203 处理器核的交付模块进行处理。

CLINT、PLIC 以及交付模块的相关硬件实现和源代码将在后续章节分别予以介绍。

13.5.5 蜂鸟 E203 处理器 CLINT 微架构及源代码分析

CLINT 的全称为处理器核局部中断控制器（Core Local Interrupt Controller）。CLINT 是一个存储器地址映射的模块，挂载在处理器核为其实现的专用总线接口上，在蜂鸟 E203 处理器配套的 SoC 中 CLINT 的寄存器的存储器映射地址如表 13-3 所示。注意，CLINT 的寄存器只支持操作尺寸（size）为 32 位的读写访问。

表 13-3 CLINT 的寄存器的存储器映射地址

地　　址	寄存器名称	功　能　描　述
0x0200 0000	msip 寄存器	生成软件中断
0x0200 4000	mtimecmp 寄存器	配置计时器的比较值
0x0200 BFF8	mtime 寄存器	反映计时器的值

1．生成软件中断

CLINT 可以用于生成软件中断，要点如下。
- CLINT 中实现了一个 32 位的 msip 寄存器。该寄存器只有最低位为有效位，该寄存器的有效位可直接作为软件中断信号发送给处理器核。
- 当软件写 1 至 msip 寄存器并触发了软件中断之后，mip 寄存器中的 MSIP 域便会变成 1，以指示当前中断等待状态。
- 软件可通过写 0 至 msip 寄存器来清除该软件中断。

2．生成计时器中断

CLINT 可以用于生成计时器中断，要点如下。
- CLINT 中实现了一个 64 位的 mtime 寄存器。该寄存器反映了 64 位计时器的值。计时器根据低速的输入节拍信号进行计时，计时器默认是打开的，因此会一直计数。

注意：由于 CLINT 的计时器上电后会默认一直计数，因此为了在某些特殊情况下关闭此计时器计数，可以通过蜂鸟 E203 处理器自定义的 mcounterstop 寄存器中的 TIMER 域进行控制。
- CLINT 中实现了一个 64 位的 mtimecmp 寄存器。以该寄存器中的值作为计时器的比较值，假设计时器的值 mtime 大于或者等于 mtimecmp 寄存器的值，则产生计时器中断。软件可以通过改写 mtimecmp 寄存器的值（使其大于 mtime 的值）来清除计时器中断。

3．相关源代码

CLINT 的相关源代码在 e203_hbirdv2 目录中的结构如下。

```
e203_hbirdv2
    |----rtl                                    //存放 RTL 的目录
        |----e203                               //E203 处理器核和 SoC 的 RTL 目录
            |----subsys                         //存放子系统的 RTL 代码
                |----e203_subsys_clint.v        //CLINT 的源代码例化模块
            |----perips                         //存放外设的 RTL 代码
                |----e203_clint_top.v           //CLINT 的源代码顶层模块
                |----e203_clint.v               //CLINT 的源代码模块
                |----sirv_aon_wrapper.v         //Always-on 模块的源代码
```

模块 e203_clint_top 有一个低速的输入节拍信号 io_rtcToggle。该信号来自 SoC 中低速的电源常开域（power always on domain）的 io_rtc 信号，因此 io_rtcToggle 的翻转频率与低速时钟的频率一致。相关源代码片段如下所示。

```
//sirv_aon_wrapper.v 的源代码片段

//io_rtc 的翻转频率受低速时钟 aon_clock 控制
wire io_rtc_nxt = ~io_rtc;
wire aon_rst_n = ~aon_reset;
sirv_gnrl_dffr #(1) io_rtc_dffr (io_rtc_nxt, io_rtc, aon_clock, aon_rst_n);
```

由于 CLINT 模块处于与处理器核相同的时钟域，而 io_rtcToggle 信号来自低速的电源常开时钟域，因此 io_rtcToggle 信号进入 CLINT 模块，属于异步信号，需要对其进行同步，然后对同步后的信号进行边沿检测，接着使用探测到的边沿信号使计时器的值增加一。相关源代码片段如下所示。

```
//e203_subsys_clint.v 的源代码片段

//使用 sirv_gnrl_sync 同步模块对 aon_rtcToggle 进行同步
wire aon_rtcToggle_r;
sirv_gnrl_sync # (
.DP('E203_ASYNC_FF_LEVELS),
.DW(1)
  ) u_aon_rtctoggle_sync(
.din_a     (aon_rtcToggle_a),
.dout      (aon_rtcToggle_r),
.clk       (clk  ),
.rst_n     (rst_n)
);
```

```
//sirv_clint_top.v 的源代码片段

    //将 io_rtcToggle 信号寄存一拍
  wire io_rtcToggle_r;
  sirv_gnrl_dffr #(1) io_rtcToggle_dffr (io_rtcToggle, io_rtcToggle_r, clk, rst_n);

    //通过将 io_rtcToggle 信号与寄存后的 io_rtcToggle_r 进行"异或"计算，
    //从而探测出 io_rtcToggle 信号的边沿
  wire io_rtcToggle_edge = io_rtcToggle ^ io_rtcToggle_r;
  wire io_rtcTick = io_rtcToggle_edge;
```

```
//sirv_clint.v 的源代码片段

//该代码为 Chisel 编译生成的，因此属于机器生成的代码，可读性比较差

    //io_rtcTick 信号指示 io_rtcToggle 信号的边沿

  assign T_904 = {time_1,time_0};
  assign T_906 = T_904 + 64'h1;//计时器按照 io_rtcTick 信号的脉冲自增 1
  assign T_907 = T_906[63:0];
  assign T_909 = T_907[63:32];
  …
  assign GEN_6 = io_rtcTick ?T_907 : {{32'd0}, time_0};
  …
  assign GEN_10 = T_1280 ? {{32'd0}, T_1015_bits_data} :GEN_6;
  …
   always @(posedge clock or posedge reset) begin
    if (reset) begin
      time_0 <= 32'h0;
    end else begin
      time_0 <= GEN_10[31:0];//计时器的低 32 位寄存器
    end
  end

  always @(posedge clock or posedge reset) begin
    if (reset) begin
      time_1 <= 32'h0;
    end else begin
      if (T_1320) begin
        time_1 <= T_1015_bits_data;//计时器的值也可以被软件改写
      end else begin
        if (io_rtcTick) begin
          time_1 <= T_909; //计时器的高 32 位寄存器
        end
      end
    end
  end
```

以上仅对最关键的代码片段予以分析，完整源代码请参见 GitHub 上的 e203_hbirdv2 项目。

13.5.6　蜂鸟 E203 处理器 PLIC 微架构及源代码分析

PLIC 全称为平台级别中断控制器（Platform Level Interrupt Controller），它是 RISC-V 架构标准定义的系统中断控制器，主要用于多个外部中断源的优先级仲裁和派发。关于 PLIC 的详情，请参见附录 C。

PLIC 是一个存储器地址映射的模块，挂载在处理器核为其实现的专用总线接口上，在蜂鸟 E203 处理器配套的 SoC 中 PLIC 的寄存器的存储器映射地址如表 13-4 所示。PLIC 的寄存器只支持尺寸为 32 位的读写访问。

表 13-4　PLIC 的寄存器的存储器映射地址

地　　址	寄存器英文名称	寄存器中文名称
0x0C00_0004	Source 1 priority	中断源 1 的优先级
0x0C00_0008	Source 2 priority	中断源 2 的优先级
⋮	⋮	⋮
0x0C00_0FFC	Source 1023 priority	中断源 1023 的优先级
⋮	⋮	⋮
0x0C00_1000	Start of pending array（read-only）	中断等待标志的起始地址
⋮	⋮	⋮
0x0C00_107C	End of pending array	中断等待标志的结束地址
0x0C00_2000	Target 0 enables	中断目标 0 的使能位
⋮	⋮	⋮
0x0C20_0000	Target 0 priority threshold	中断目标 0 的优先级门槛
0x0C20_0004	Target 0 claim/complete	中断目标 0 的响应/完成

注意：PLIC 理论上可以支持 1024 个中断源，所以表 13-4 定义了 1024 个优先级寄存器的地址和 1024 个等待阵列（pending array）寄存器的地址。但是目前蜂鸟 E203 处理器 SoC 的 PLIC 实际只使用到了表 13-5 中的中断源。PLIC 理论上可以支持多个中断目标（target）。由于蜂鸟 E203 处理器是一个单核处理器，且仅实现了机器模式，因此仅用到 PLIC 的中断目标 0，表中的中断目标 0 即为蜂鸟 E203 处理器核。蜂鸟 E203 处理器 SoC 的 PLIC 的各配置寄存器的详细介绍请参见附录 C。

PLIC 在具体的 SoC 中连接的中断源个数可以不一样。PLIC 在蜂鸟 E203 处理器 SoC 中连接了 GIPO、UART、PWM 等外部中断源，其中断分配如表 13-5 所示。PLIC 将多个外部中断源仲裁为一个单位的中断信号并送入蜂鸟 E203 处理器核。关于 SoC 的更多详细信息，请参见《手把手教你 RISC-V CPU（下）——工程与实践》。

表 13-5 PLIC 的中断分配

PLIC 的源中断号	来　源
0	表示没有中断
1	wdogcmp
2	rtccmp
3	uart0
4	uart1
5	uart2
6	qspi0
7	qspi1
8	qspi2
9	pwm0
10	pwm1
11	pwm2
12	pwm3
13	i2c0
14	i2c1
15	gpioA
16	gpioB

PLIC 的相关源代码在 e203_hbirdv2 目录中的结构如下。

```
e203_hbirdv2
    |----rtl                            //存放 RTL 的目录
        |----e203                       //E203 处理器核和 SoC 的 RTL 目录
            |----subsys                 //存放子系统的 RTL 代码
                |----e203_subsys_plic.v //PLIC 的源代码例化模块
            |----perips                 //存放外设的 RTL 代码
                |----e203_plic_top.v    //PLIC 的源代码顶层模块
                |----e203_plic_main.v   //PLIC 的源代码模块
```

由于 PLIC 模块处于与处理器核相同的时钟域，PLIC 连接的大多数中断源自的设备与 PLIC 处于同一个时钟域，而 RTC 和 WatchDog 中断则来自低速的电源常开时钟域，因此需要专门对其进行同步。关于 SoC 的更多详细信息，请参见《手把手教你 RISC-V CPU（下）——工程与实践》。相关源代码片段如下所示。

```
//e203_subsys_plic.v的源代码片段

output plic_ext_irq,//以 PLIC 最后仲裁所得的一个输出信号作为外部中断并送给处理器核

…

    //使用 sirv_gnrl_sync 同步模块对 rtc_irq_a 和 wdg_irq_a 进行同步
wire  wdg_irq_r;
```

```
wire  rtc_irq_r;

  sirv_gnrl_sync # (
  .DP('E203_ASYNC_FF_LEVELS),
  .DW(1)
    ) u_rtc_irq_sync(
  .din_a    (rtc_irq_a),
  .dout     (rtc_irq_r),
  .clk      (clk  ),
  .rst_n    (rst_n)
  );

  sirv_gnrl_sync # (
  .DP('E203_ASYNC_FF_LEVELS),
  .DW(1)
    ) u_wdg_irq_sync(
  .din_a    (wdg_irq_a),
  .dout     (wdg_irq_r),
  .clk      (clk  ),
  .rst_n    (rst_n)
  );

…

  //分配多个外部中断源作为 PLIC 的输入
  wire plic_irq_i_0  = wdg_irq_r;    //来自 WatchDog 模块的中断
  wire plic_irq_i_1  = rtc_irq_r;    //来自 RTC 模块的中断
  wire plic_irq_i_2  = uart0_irq;
  wire plic_irq_i_3  = uart1_irq;
  wire plic_irq_i_4  = uart2_irq;
  wire plic_irq_i_5  = qspi0_irq;
  wire plic_irq_i_6  = qspi1_irq;
  wire plic_irq_i_7  = qspi2_irq;
  wire plic_irq_i_8  = pwm_irq_0;
  wire plic_irq_i_9  = pwm_irq_1;
  wire plic_irq_i_10 = pwm_irq_2;
  wire plic_irq_i_11 = pwm_irq_3;
  wire plic_irq_i_12 = i2c0_mst_irq;
  wire plic_irq_i_13 = i2c1_mst_irq;
  wire plic_irq_i_14 = gpioA_irq;
  wire plic_irq_i_15 = gpioB_irq;
```

以上仅对关键的代码片段予以分析，完整源代码请参见 GitHub 上的 e203_hbirdv2 项目。

13.5.7　蜂鸟 E203 处理器中交付模块对中断和异常的处理

交付模块是指令的交付点，一条指令一旦被交付，则意味着它真正得到了执行。因此蜂鸟 E203 处理器的中断和异常均在交付模块中进行处理。

1．异常的处理

交付模块中处理异常的要点如下。

- 交付模块接受来自 ALU 的交付请求，对于 ALU 执行的每一条指令，可能发生异常。如果没有发生异常，则该指令顺利交付；如果发生了异常，则会造成流水线冲刷。ALU 指令造成的异常均为同步异常，同步异常均来自 ALU 模块。对于同步异常，开发人员能够准确地定位于当前正在执行的 ALU 指令，因此 mepc 寄存器中更新的 PC 值即为当前正在交付指令（来自 ALU 接口）的 PC。
- 交付模块接受长指令写回时发出的交付请求，每一条长指令可能发生异常。如果没有发生异常，则该指令顺利交付；如果发生了异常，则会造成流水线冲刷。长指令写回的异常均为非精确异步异常，非精确异步异常均来自长指令写回时的请求。

长指令造成的异常的返回地址将会使用此指令自己的 PC，mepc 寄存器中更新的 PC 值为此指令的 PC。但是由于这条长指令可能已经交付了，若干个周期过去了，且在这若干周期内可能后续指令已经将 PC 值写回了通用寄存器组，因此其响应异常后的处理器状态是一种非精确状态（无法定义为某一条指令的边界），属于非精确异步异常。

2．中断的处理

交付模块中处理中断的要点如下。

- 交付模块接受来自 CLINT 和 PLIC 的 3 个中断信号的请求，蜂鸟 E203 处理器的实现中将中断作为一种精确异步异常，这种异常的返回地址将会指向下一条尚未交付的指令，mepc 寄存器中更新的 PC 值即为下一条待交付的指令（来自 ALU 接口）的 PC。
- 当异步异常和 ALU 造成的同步异常以及中断同时发生时，长指令造成的异步的优先级最高，中断造成的异步的优先级其次，ALU 造成的同步异常的优先级最低。
- 异常一旦发生，处理器便会冲刷流水线，将后续的指令取消掉，并向 IFU 模块发送冲刷请求（flush request）和重新取指令的 PC（称为冲刷 PC），用以从新的 PC 地址开始取指令。
- 特殊的调试中断也在交付模块中处理，本章不做介绍，请参见第 14 章。

3．相关源代码

蜂鸟 E203 处理器核的中断和异常处理的相关源代码在 e203_hbirdv2 目录中的结构如下。

```
e203_hbirdv2
    |----rtl                            //存放 RTL 的目录
        |----e203                       //E203 处理器核和 SoC 的 RTL 目录
            |----general                //存放一些通用的 RTL 代码
            |----core                   //存放 E203 处理器核的 RTL 代码
                |----e203_exu_commit.v  //交付模块顶层
                |----e203_exu_excp.v    //交付模块中处理
                                        //异常和中断的子模块
```

交付模块中与中断和异常处理相关的源代码片段如下所示。

```
//e203_exu_excp.v 的源代码片段

…

//生成冲刷请求，包括长指令造成的异常、调试中断造成的异常、普通中断造成的异常和 ALU 指令造成的异常

assign excpirq_flush_req  = longp_excp_flush_req | dbg_entry_flush_req | irq_
flush_req | alu_excp_flush_req;

…

//生成重新取指令的 PC，对于不是调试中断造成的冲刷，使用 mtvec 寄存器中的值
assign excpirq_flush_pc = dbg_entry_flush_req ? 'E203_PC_SIZE'h800 : (all_excp_
flush_req & dbg_mode) ? 'E203_PC_SIZE'h808 : csr_mtvec_r;

…

//根据中断的类型，更新 mcause 寄存器中的异常编号

  assign irq_cause[31] = 1'b1;
  assign irq_cause[30:4] = 27'b0;
  assign irq_cause[3:0]  =  sft_irq_r ? 4'd3  :
                            tmr_irq_r ? 4'd7  :
                            ext_irq_r ? 4'd11 :
                                        4'b0;

…

//根据异常的类型，更新 mcause 寄存器中的异常编号

  wire ['E203_XLEN-1:0] excp_cause;
  assign excp_cause[31:5] = 27'b0;
  assign excp_cause[4:0]  =
     alu_excp_flush_req_ifu_misalgn? 5'd0
   : alu_excp_flush_req_ifu_buserr ? 5'd1
   : alu_excp_flush_req_ifu_ilegl  ? 5'd2
   : alu_excp_flush_req_ebreak     ? 5'd3
   : alu_excp_flush_req_ld_misalgn ? 5'd4
   : (longp_excp_flush_req_ld_buserr | alu_excp_flush_req_ld_buserr) ? 5'd5
   : alu_excp_flush_req_stamo_misalgn ? 5'd6
   : (longp_excp_flush_req_st_buserr | alu_excp_flush_req_stamo_buserr) ? 5'
   d7 //Store/AMO access fault
   : (alu_excp_flush_req_ecall & u_mode) ? 5'd8
   : (alu_excp_flush_req_ecall & s_mode) ? 5'd9
   : (alu_excp_flush_req_ecall & h_mode) ? 5'd10
   : (alu_excp_flush_req_ecall & m_mode) ? 5'd11
   : longp_excp_flush_req_insterr ? 5'd16
: 5'h1F;
```

```
…

assign cmt_cause = excp_taken_ena ? excp_cause : irq_cause;

…
//对于长指令，使用其自身的 PC 值
//对于普通 ALU 指令，使用当前交付接口（来自 ALU 接口）的指令 PC 更新 mepc 寄存器
assign cmt_epc = longp_excp_i_valid ? longp_excp_i_pc : alu_excp_i_pc;
```

e203_exu_excp 模块中的内容非常繁杂，你必须了解 RISC-V 架构的很多细节才能理解。以上仅对关键的代码片段予以分析，完整源代码请参见 GitHub 上的 e203_hbirdv2 项目。

4．mret 指令的处理

mret 指令会使处理器退出异常模式。该指令在蜂鸟 E203 处理器中被当作一种跳转指令来执行，其硬件实现与分支指令解析一样，mret 指令在 e203_exu_branchslv 模块中处理。

```
e203_hbirdv2
    |----rtl                            //存放 RTL 的目录
        |----e203                       //E203 处理器核和 SoC 的 RTL 目录
            |----general                //存放一些通用的 RTL 代码
            |----core                   //存放 E203 处理器核的 RTL 代码
                |----e203_exu_commit.v       //交付模块顶层
                |----e203_exu_branchslv.v     //交付中处理 mret 指令的子模块
```

相关源代码片段如下所示。

```
//e203_exu_branchslv.v 的源代码片段

//生成冲刷请求，包括 mret 指令

  wire brchmis_need_flush = (
      (cmt_i_bjp & (cmt_i_bjp_prdt ^ cmt_i_bjp_rslv))
      | cmt_i_fencei
    | cmt_i_mret
  | cmt_i_dret
      );

//若对于 mret 指令造成冲刷，则会使用 mepc 寄存器中的值作为重新取指令的 PC

    assign brchmis_flush_pc =
    …
                        cmt_i_dret ? csr_dpc_r :
                        //cmt_i_mret ? csr_epc_r :
                         csr_epc_r ;
…
```

13.6 小结

中断和异常的实现是处理器实现中非常关键的一部分，也是最烦琐的一部分。得益于 RISC-V 架构对于中断和异常机制的简单定义，蜂鸟 E203 处理器中二者的硬件实现的代价很小。即便如此，相比其他模块而言，异常和中断的相关源代码仍然非常繁杂。本书仅对中断和异常的设计要点以及代码片段进行简要地讲解，感兴趣的读者请参考 GitHub 上的 e203_hbirdv2 项目。

第14章　最不起眼的其实是最难的——调试机制

不起眼的东西也许是个大麻烦

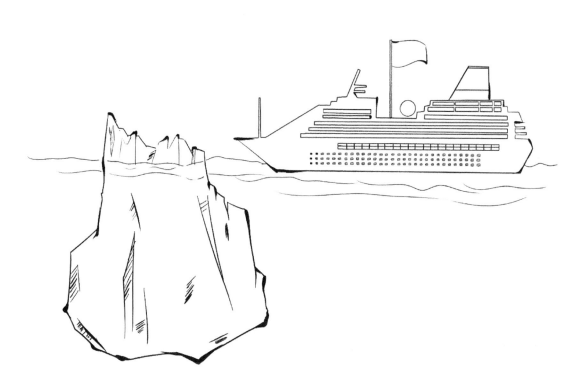

对于一款处理器而言，人们在研究其微架构时往往关注的是聚光灯下的某些特性，如流水线的级数、运算单元的能力等，而对于角落里的另外一个模块往往未加重视，这个模块便是调试（debug）单元。

不同于普通的 ASIC 芯片，处理器运行的是软件程序。试想一下，如果一款处理器不具备调试能力，那么一旦程序运行出现问题，开发人员便束手无策，处理器就变为"砖"了。因此，处理器为运行于其上的软件程序提供的调试能力是至关重要的。

调试单元在处理器设计中往往是幕后英雄，大多数人对其软硬件实现机制不明就里，或者根本未曾关注。但是，最不起眼的往往是最难的，调试机制是一个非常复杂的软硬件协作机制，软硬件的实现难度很大。

目前绝大多数开源处理器仅提供处理器核的实现，并没有提供调试方案的实现，很少有开源处理器能够支持完整的 GDB 交互调试功能。蜂鸟 E203 处理器不仅开源了处理器核的实现、SoC 的实现、FPGA 平台和软件示例，还实现和开源了完整的调试方案，具备完整的 GDB 交互调试功能。蜂鸟 E203 处理器涵盖从硬件到软件，从模块到 SoC，从运行到调试的整套解决方案。

本章将讨论 RISC-V 调试机制，同时结合蜂鸟 E203 处理器实例来简述调试机制的硬件实现。值得再次强调的是，调试机制和软硬件实现是一个非常完整且复杂的议题，若要将其彻底阐述清楚，几乎可以单独成书，本章只能以极其有限的篇幅讨论部分内容。有兴趣的读者可以根据本章推荐的文档仔细研究，也可仔细研究蜂鸟 E203 处理器中与调试单元相关的 Verilog 源代码。

14.1 调试机制概述

对于处理器的调试功能而言，常用的两种是交互式调试和追踪调试。本节将对此两种调试的功能及原理加以简述。

14.1.1 交互调试概述

交互调试（interactive debug）功能是处理器提供的最常见的一种调试功能，从最低端的处理器到最高端的处理器，交互调试几乎是必备的功能。交互调试是指调试器软件（如常见的调试软件 GDB）能够直接对处理器取得控制权，进而对其以一种交互的方式进行调试，如通过调试软件与处理器进行以下交互。

- 下载或者启动程序。
- 通过设定各种特定条件来停止程序。

- 查看处理器的运行状态，包括通用寄存器的值、存储器地址的值等。
- 查看程序的状态，包括变量的值、函数的状态等。
- 改变处理器的运行状态，包括通用寄存器的值、存储器地址的值等。
- 改变程序的状态，包括变量的值、函数的状态等。

对于嵌入式平台而言，调试器软件一般是运行于主机端的一款软件，而被调试的处理器往往在嵌入式开发板之上，这是交叉编译和远程调试的一种典型情形。调试器软件为何能够取得处理器的控制权，从而对其进行调试呢？这需要硬件的支持才能做到。在处理器核的硬件中，往往需要一个硬件调试模块。该调试模块通过物理介质（如 JTAG 接口）与主机端的调试软件进行通信，受其控制，然后调试模块对处理器核进行控制。

为了帮助读者进一步理解，本节以交互式调试中常见的一种调试情形为例来阐述此过程。假设调试软件 GDB 试图为程序中的某个 PC 地址设置一个断点，然后希望程序运行到此处之后停下来，之后 GDB 能够读取处理器的某个寄存器当时的值。调试软件和调试模块便会进行如下协同操作。

（1）开发人员通过运行于主机端的 GDB 软件设置程序的断点，GDB 软件通过底层驱动 JTAG 接口访问远程处理器的调试模块，对其下达命令，告诉它希望于某 PC 地址处设置一个断点。

（2）调试模块开始对处理器核进行控制。首先它会请求处理器核停止，然后修改存储器中那个 PC 地址的指令，将其替换成一条 breakpoint 指令，最后让处理器恢复执行。

（3）当处理器执行到那个 PC 地址时，由于碰到了 breakpoint 指令，因此会产生异常，进入调试模式的异常服务程序。调试模块探测到处理器核进入了调试模式的异常服务程序，并将此信息显示出来。主机端的 GDB 软件一直在监测调试模块的状态，若得知此信息，便得知处理器核已经运行到断点处并停止，接着显示在 GDB 软件界面上。

（4）开发人员通过运行于主机端的 GDB 软件在其软件界面上设置读取某个寄存器的值，GDB 软件通过底层驱动 JTAG 接口访问远程处理器的调试模块，对其下达命令，告诉它希望读取某个寄存器的值。

（5）调试模块开始对处理器核进行控制，从处理器核中将那个寄存器的值读取出来，并将此信息显示出来。主机端的 GDB 软件一直在监测调试模块的状态，若得知此信息，便通过 JTAG 接口将读取的值返回 PC 端，并显示在 GDB 软件界面上。

注意：以上采用通俗的语言来描述此过程，以帮助读者理解，但难免不够严谨，请以具体的调试机制文档为准。

从上述过程中可以看出，调试机制是一套复杂的软硬件协同工作机制，需要调试软件和硬件调试模块的精密配合。

同时，交互式调试对于处理器的运行往往是具有干扰性的。调试单元会在后台偷偷地控制住处理器核,时而让其停止,时而让其运行。由于交互式调试对处理器运行的程序有影响,甚至会改变其行为,尤其是对时间先后性有依赖的程序中,有时候交互式调试并不能完整地重现 Bug。最常见的情形便是处理器在全速运行某个程序时会出现 Bug,当开发人员使用调试软件对其进行交互式调试时,Bug 又不见了。如此反复,令人烦躁。其主要原因往往就是交互式调试过程的打扰性,使得程序在调试模式和全速运行下的结果出现了差异。

14.1.2 跟踪调试概述

为了避免交互式调试对处理器的干扰性,便引入了跟踪调试(trace debug)机制。

跟踪调试,即调试器只跟踪记录处理器核执行过的所有程序指令,而不会打断、干扰处理器的执行过程。跟踪调试同样需要硬件的支持才能做到,相比交互式调试的实现难度更大。由于处理器的运行速度非常快,每秒能执行上百万条指令,因此如果长时间运行某个程序,其产生的信息量巨大。跟踪调试器的硬件单元需要跟踪、记录所有的指令,因此处理器在运行速度、数据压缩、传输和存储等方面面临极大的挑战。跟踪调试器的硬件实现会涉及比交互调试更复杂的技术,同时硬件开销很大,因此跟踪调试器往往只在比较高端的处理器中使用。

14.2 RISC-V 架构的调试机制

上一节简要论述了处理器的调试功能及原理,关于 RISC-V 处理器的调试机制,RISC-V 基金会发布了 RISC-V 架构调试规范(Debug Specification),参考其官方网站,如图 14-1 所示。

图 14-1 RISC-V 架构调试规范

在进行蜂鸟 E203 处理器开发时，RISC-V 架构调试文档为 0.11 版本（riscv-debug-spec-0.11nov12.pdf），本章后续将其简称为 0.11 版本，其具体实现方案如图 14-2 所示。

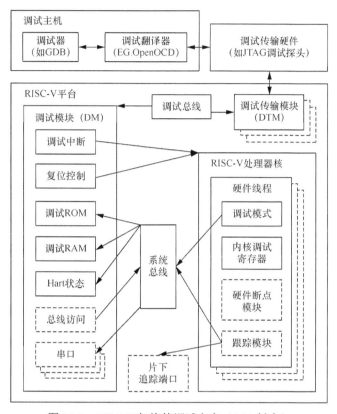

图 14-2　RISC-V 架构的调试方案（0.11 版本）

14.2.1　调试器软件的实现

完整的调试机制需要调试器软件（如 GDB）和硬件密切协作。14.1 节曾列举了软硬件如何密切配合以向程序中设置断点和读取寄存器的通俗示例。感兴趣的读者若要深入理解调试机制，并结合调试器软件和硬件调试模块（debug module）通过软硬件密切协作的方式实现所有的调试功能，可以参见 0.11 版本原文。

14.2.2　调试模式

0.11 版本中定义了一种特殊的处理器模式——调试模式（debug mode），同时定义了若干种触发条件，处理器核一旦遇到此类触发条件便会进入调试模式。开发人员可以将进入调试模式当成一种特殊的异常。当进入调试模式时，处理器核会进行如下更新。

- 处理器 PC 跳转到 0x800 地址。
- 将处理器正在执行的指令的 PC 保存到 dpc 寄存器中。
- 将进入调试模式的原因保存到 dcsr 寄存器中。

14.2.3　调试指令

RISC-V 标准指令集定义了一条特殊的断点指令——ebreak，此指令主要用于调试软件，设置断点。当处理器核执行到这条指令时会跳转到异常模式或者调试模式。

0.11 版本还定义了一条特殊的指令——dret（注意和 mret 区分）。dret 指令执行后，处理器核会进行如下更新。

- 处理器 PC 跳转到 dpc 寄存器中的值指向的地址，这意味着处理器退回进入调试模式之前的程序执行点。
- 将 dcsr 寄存器中的域清除掉，指示处理器退出了调试模式。

14.2.4　调试模式下的 CSR

0.11 版本定义了几个只能在调试模式下访问的 CSR，请参见 0.11 版本原文。

14.2.5　调试中断

0.11 版本中定义了一个特殊的处理器中断类型——调试中断（debug interrupt）。处理器核收到此中断请求之后，将进入调试模式。调试中断是进入调试模式最主要的触发条件，调试器软件的众多功能依赖此中断。

关于调试中断的详细信息，请参见 0.11 版本原文。

14.3　蜂鸟 E203 处理器中的调试机制

蜂鸟 E203 处理器中调试机制的硬件实现严格依据 0.11 版本定义的方案，当前仅支持交互式调试，尚不支持追踪调试。

14.3.1　蜂鸟 E203 处理器中的交互式调试

本节介绍蜂鸟 E203 处理器中交互式调试机制的硬件实现。

调试主机（debug host）为 PC 端的调试平台。由于嵌入式系统往往以交叉编译、远程调试的方式工作，因此软件的开发、编译在 PC 端完成，并且在 PC 端运行调试软件。例如，使用 GDB 调试软件对嵌入式硬件平台（如基于 RISC-V 的 MCU）进行调试。

PC 端的 GDB 软件需要与其 GDBserver 通信，GDBserver 可以用开源软件 OpenOCD 充当。OpenOCD 的源代码包含了各种常见硬件芯片的驱动，如 FTDI 公司的 USB 转 JTAG 芯片。因此此芯片的 USB 接口可以使用 USB 连接线与 PC 连接，此芯片的 JTAG 接口则可以与 RISC-V 处理器的 SoC 硬件平台相连。蜂鸟 E203 处理器的调试原理如图 14-3 所示。

如图 14-3 所示，在 RISC-V 的 SoC 中，JTAG 接口由 DTM 模块转换成内部的调试总线，通过该总线访问调试模块。DTM 和调试模块在后续章节中另行论述。

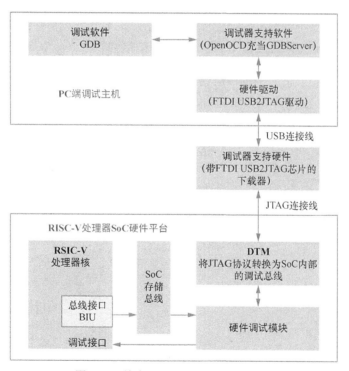

图 14-3 蜂鸟 E203 处理器的调试原理

14.3.2 DTM

DTM 的全称 Debug Transport Module。在蜂鸟 E203 处理器中 DTM 主要用于将 JTAG 标准接口转换成内部的调试总线。

DTM 的源代码在 e203_hbirdv2 目录中的结构如下。

```
e203 hbirdv2
    |----rtl                               //存放 RTL 的目录
        |----e203                          //E203 处理器核和 SoC 的 RTL 目录
            |----debug                     //存放调试相关模块的 RTL 代码
                |----sirv_jtag_dtm.v   //DTM 模块
```

DTM 主要使用状态机对 JTAG 协议进行解析，然后将 JTAG 标准接口转换成调试总线。由于 DTM 处于 JTAG 时钟域，与调试总线要访问的调试模块不属于同一个时钟域，因此需要同步。具体代码请参见 GitHub 上的 e203_hbirdv2 项目。

14.3.3　硬件调试模块

硬件调试模块在整个调试机制担任了重要的角色。本节重点介绍其硬件实现。

调试模块的相关源代码在 e203_hbirdv2 目录中的结构如下。

```
e203_hbirdv2
    |----rtl                               //存放 RTL 的目录
        |----e203                          //E203 处理器核和 SoC 的 RTL 目录
            |----debug                     //存放调试相关模块的 RTL 代码
                |----sirv_debug_module.v   //调试模块顶层
                |----sirv_debug_ram.v      //调试 RAM 模块
                |----sirv_debug_rom.v      //调试 ROM 模块
```

调试模块中实现了 0.11 版本中定义的若干寄存器、调试 ROM 和调试 RAM。这些资源既可以被调试总线访问，也可以被系统存储总线访问。有关此类寄存器、调试 ROM、调试 RAM 的细节和在不同总线上映射的地址区间，请参见 0.11 版本原文。调试模块的源代码片段如下所示。

```
//sirv_debug_module.v 的源代码片段


//系统存储总线 ICB 接口

input                       i_icb_cmd_valid,
output                      i_icb_cmd_ready,
input   [12-1:0]            i_icb_cmd_addr,
input                       i_icb_cmd_read,
input   [32-1:0]            i_icb_cmd_wdata,

output                      i_icb_rsp_valid,
input                       i_icb_rsp_ready,
output  [32-1:0]            i_icb_rsp_rdata,
```

…

//解析来自 DTM 的调试总线

```
assign dtm_req_bits_addr = i_dtm_req_bits[40:36];
assign dtm_req_bits_data = i_dtm_req_bits[35:2];
assign dtm_req_bits_op   = i_dtm_req_bits[1:0];
assign i_dtm_resp_bits = {dtm_resp_bits_data, dtm_resp_bits_resp};
```
…

```
wire dtm_req_rd = (dtm_req_bits_op == 2'd1);
wire dtm_req_wr = (dtm_req_bits_op == 2'd2);

wire dtm_req_sel_dbgram   = (dtm_req_bits_addr[4:3] == 2'b0) & (~(dtm_req_
bits_addr[2:0] == 3'b111));//0x00-0x06
wire dtm_req_sel_dmcontrl = (dtm_req_bits_addr == 5'h10);
wire dtm_req_sel_dminfo   = (dtm_req_bits_addr == 5'h11);
wire dtm_req_sel_haltstat = (dtm_req_bits_addr == 5'h1C);
```

…

//ICB 读取调试 ROM、调试 RAM 和寄存器

```
assign i_icb_rsp_rdata =
        ({32{icb_sel_cleardebint}} & {{32-HART_ID_W{1'b0}}, cleardebint_r})
      | ({32{icb_sel_sethaltnot }} & {{32-HART_ID_W{1'b0}}, sethaltnot_r})
      | ({32{icb_sel_dbgrom   }} & rom_dout)
      | ({32{icb_sel_dbgram   }} & ram_dout);
```

…

//调试总线读取调试 ROM、调试 RAM 和寄存器
```
assign dtm_resp_bits_data =
        ({34{dtm_req_sel_dbgram   }} & {dmcontrol_r[33:32],ram_dout})
      | ({34{dtm_req_sel_dmcontrl}} & dmcontrol_r)
      | ({34{dtm_req_sel_dminfo   }} & dminfo_r)
      | ({34{dtm_req_sel_haltstat}} & {{34-HART_ID_W{1'b0}},dm_haltnot_r});
```
…

　　调试 ROM 模块中包含了处理器进入调试模式需要执行的异常处理程序。该程序是 0.11 版本中定义的固定程序，程序片段如图 14-4 所示，完整程序请参见 0.11 版本完整文档。此段程序只读且不用更改，将其编译成最终的二进制代码之后，可以用 ROM 实现。相关源代码片段如下所示。

```
#include "riscv/encoding.h"

#define DEBUG_RAM              0x400
#define DEBUG_RAM_SIZE         64

#define CLEARDEBINT            0x100
#define SETHALTNOT             0x10c

        .global entry
        .global resume
        .global exception

        # Automatically called when Debug Mode is first entered.
entry:  j       _entry
        # Should be called by Debug RAM code that has finished execution and
        # wants to return to Debug Mode.
resume:
        j       _resume
exception:
        # Set the last word of Debug RAM to all ones, to indicate that we hit
        # an exception.
        li      s0, 0
        j       _resume2

_resume:
        li      s0, 0
_resume2:
        fence
```

图 14-4 调试 ROM 中的程序片段

```
//sirv_debug_rom.v 的源代码片段

//def xlen32OnlyRomContents : Array[Byte] = Array(
//0x6f, 0x00, 0xc0, 0x03, 0x6f, 0x00, 0xc0, 0x00, 0x13, 0x04, 0xf0, 0xff,
//0x6f, 0x00, 0x80, 0x00, 0x13, 0x04, 0x00, 0x00, 0x0f, 0x00, 0xf0, 0x0f,
//0x83, 0x24, 0x80, 0x41, 0x23, 0x2c, 0x80, 0x40, 0x73, 0x24, 0x40, 0xf1,
//0x23, 0x20, 0x80, 0x10, 0x73, 0x24, 0x00, 0x7b, 0x13, 0x74, 0x84, 0x00,
//0x63, 0x1a, 0x04, 0x02, 0x73, 0x24, 0x20, 0x7b, 0x73, 0x00, 0x20, 0x7b,
//0x73, 0x10, 0x24, 0x7b, 0x73, 0x24, 0x00, 0x7b, 0x13, 0x74, 0x04, 0x1c,
//0x13, 0x04, 0x04, 0xf4, 0x63, 0x16, 0x04, 0x00, 0x23, 0x2c, 0x90, 0x40,
//0x67, 0x00, 0x00, 0x40, 0x73, 0x24, 0x40, 0xf1, 0x23, 0x26, 0x80, 0x10,
//0x73, 0x60, 0x04, 0x7b, 0x73, 0x24, 0x00, 0x7b, 0x13, 0x74, 0x04, 0x02,
//0xe3, 0x0c, 0x04, 0xfe, 0x6f, 0xf0, 0x1f, 0xfe).map(_.toByte)

wire [31:0] debug_rom [0:28];

assign rom_dout = debug_rom[rom_addr];

//注意，代码中使用常数赋值实现此模块，如果直接使用综合工具综合，该模块将会被优化为门数
//有限的组合逻辑

//0x6f, 0x00, 0xc0, 0x03, 0x6f, 0x00, 0xc0, 0x00, 0x13, 0x04, 0xf0, 0xff,
assign debug_rom[ 0][7 : 0] = 8'h6f;
assign debug_rom[ 0][15: 8] = 8'h00;
assign debug_rom[ 0][23:16] = 8'hc0;
assign debug_rom[ 0][31:24] = 8'h03;

assign debug_rom[ 1][7 : 0] = 8'h6f;
assign debug_rom[ 1][15: 8] = 8'h00;
assign debug_rom[ 1][23:16] = 8'hc0;
```

```
assign debug_rom[ 1][31:24] = 8'h00;

assign debug_rom[ 2][7 : 0] = 8'h13;
assign debug_rom[ 2][15: 8] = 8'h04;
assign debug_rom[ 2][23:16] = 8'hf0;
assign debug_rom[ 2][31:24] = 8'hff;
…
```

在运行调试 ROM 中固定的异常处理程序时，使用调试 ROM 存放一些临时数据和中间数据。对于 32 位的 RISC-V 架构处理器而言，需要至少 28 字节的数据空间，相关源代码片段如下所示。

```
//sirv_debug_ram.v 的源代码片段
wire [31:0] debug_ram_r [0:6];
wire [6:0]  ram_wen;

//注意，代码中使用普通的寄存器实现了 7 个 32 位宽的寄存器，而并非任何实际的 RAM

assign ram_dout = debug_ram_r[ram_addr];

genvar i;
  generate //{

      for (i=0; i<7; i=i+1) begin:debug_ram_gen//{

            assign ram_wen[i] = ram_cs & (~ram_rd) & (ram_addr == i) ;
            sirv_gnrl_dfflr #(32) ram_dfflr (ram_wen[i], ram_wdat, debug_ram_
            r[i], clk, rst_n);

      end//}
endgenerate//}

…
```

以上仅对最关键的代码片段予以分析，完整源代码请参见 GitHub 上的 e203_hbirdv2 项目。

14.3.4　调试中断处理

与普通中断一样，调试中断会作为一个输入信号输送给处理器的交付模块。本节介绍交付模块中的调试中断处理。

交付模块接受来自调试模块的一个中断信号的请求，由于该中断是一种异步异常，因此这种异常的返回地址为当前正在交付的指令 PC，dpc 寄存器中更新的 PC 值指向当前正在交付的指令 PC 值（来自 ALU 接口）。

调试中断一旦被接受，处理器便会冲刷流水线，将后续的指令取消掉，并向 IFU 模块发送冲刷请求和重新取指的 PC，PC 值为 0x800，用以重新从新的 PC 地址开始取指令。

交付模块中处理调试中断的相关源代码片段如下所示。

```
//e203_exu_excp.v 的源代码片段
…

//生成流水线冲刷请求，其中包括调试中断造成的异常

assign excpirq_flush_req  = longp_excp_flush_req | dbg_entry_flush_req | irq_
flush_req | alu_excp_flush_req;

…

//生成重新取指令的 PC，对于调试中断造成的流水线冲刷，则会使用 0x800 作为重新取指的 PC
assign excpirq_flush_pc = dbg_entry_flush_req ? 'E203_PC_SIZE'h800 : (all_excp_
flush_req & dbg_mode) ? 'E203_PC_SIZE'h808 : csr_mtvec_r;

…

//根据进入调试模式的触发条件，更新 dcsr 中的 cause 域

wire [2:0] set_dcause_nxt =
                           dbg_trig_req ? 3'd2 :
                           dbg_ebrk_req ? 3'd1 :
                           dbg_irq_req  ? 3'd3 :
                           dbg_step_req ? 3'd4 :
                           dbg_halt_req ? 3'd5 :
                                          3'd0;

…
```

e203_exu_excp 模块中的内容非常繁杂，你必须了解 RISC-V 架构的很多细节才能理解。以上仅对关键的代码片段予以分析，完整源代码请参见 GitHub 上的 e203_hbirdv2 项目。

14.3.5　调试模式下 CSR 的实现

0.11 版本定义了在调试模式下使用的若干 CSR。相关源代码在 e203_hbirdv2 目录中的结构如下。

```
e203_hbirdv2
    |----rtl                                    //存放 RTL 的目录
        |----e203                               //E203 处理器核和 SoC 的 RTL 目录
            |----debug                          //存放调试相关模块的 RTL 代码
                |----sirv_debug_csr.v           //调试模式下 CSR 的实现模块
```

在 sirv_debug_csr.v 中 CSR 严格按照 0.11 版本原文中的定义予以实现。相关源代码请参

见 GitHub 上的 e203_hbirdv2 项目。

14.3.6 调试机制指令的实现

RISC-V 架构文档和 0.11 版本分别定义了 ebreak 和 dret 这两条用于调试机制的指令。

ebreak 指令会触发处理器进入异常模式或者调试模式，其硬件实现与第 13 章描述的其他异常一样。交付模块中 ebreak 的相关源代码片段如下所示。

```
//e203_exu_excp.v 的源代码片段

//ebreak 指令由 ALU 执行，ALU 输出此指令的交付请求，交付模块根据当前的 dcsr 中的
//配置决定是跳入调试模式还是异常模式

wire alu_excp_i_ebreak4excp =
                       alu_excp_i_ebreak
                     & ((~dbg_ebreakm_r) | dbg_mode);
wire alu_excp_i_ebreak4dbg = alu_excp_i_ebreak
                     & (~alu_need_flush)
                     & dbg_ebreakm_r
                     & (~dbg_mode);
…
```

dret 指令会使处理器退出调试模式。该指令在蜂鸟 E203 处理器中被当作一种跳转指令来执行，其硬件实现与分支指令解析一样，在 e203_exu_branchslv 模块中完成。相关源代码片段如下所示。

```
//e203_exu_branchslv.v 的源代码片段

//生成流水线冲刷请求，其中包括 dret 指令

wire brchmis_need_flush = (
     (cmt_i_bjp & (cmt_i_bjp_prdt ^ cmt_i_bjp_rslv))
     | cmt_i_fencei
     | cmt_i_mret
     | cmt_i_dret
     );

//对于 dret 指令造成的冲刷，则会使用 dpc 的值作为重新取指的 PC 值

assign brchmis_flush_pc =
…
                    cmt_i_dret ? csr_dpc_r :
                    //cmt_i_mret ? csr_epc_r :
                            csr_epc_r ;
…
```

14.4 小结

值得再次强调的是，调试系统的实现难度比处理器核更加大。在蜂鸟 E203 处理器的研发过程中，花费在调试系统上的时间远远超过处理器核本身，关于调试系统的实现细节，本书只能予以简述。读者仅通过本章的若干要点不足以完全理解 RISC-V 调试机制的硬件实现，因此作者强烈建议有兴趣的读者仔细研读 0.11 版本的原文，结合蜂鸟 E203 处理器开源的 Verilog 源代码加以研究，从而充分理解此部分内容。而对调试系统软硬件实现细节无须深入了解的读者可以忽略本章。

第15章　动如脱兔，静若处子——低功耗的诀窍

对于处理器而言，虽然我们非常关注主频和性能，但是有一个不可忽视的事实——处理器在绝大多数的时间是处于休眠状态的。例如，我们日常使用的手机在绝大多数的时间处于休眠状态。即使处理器在运行的过程中，大部分时间也处于性能要求不高的状态。以知名的ARM big-LITTLE 架构为例，它就在性能要求不高的场景中使用能效比更高的小核，只在最关键的时刻才启用功耗较高的大核。

低功耗机制对于处理器而言至关重要。本章将对处理器的低功耗技术加以介绍，并结合蜂鸟 E203 处理器阐述其低功耗设计的诀窍。

15.1 处理器低功耗技术概述

处理器的低功耗技术可以从多个层面加以探讨，从软件、系统到硬件工艺均可涉及。

15.1.1 软件层面的低功耗

运行于处理器之上的是软件程序，软件赋予了处理器灵魂。软件层面的灵活性很高，软件层面低功耗的效果比硬件层面低功耗的效果更加显著。通俗地讲，优化底层硬件设计省的电远远不如让软件休眠省的电多。

为了降低处理器的功耗，一套好的软件程序应该从以下方面合理地调用处理器的硬件资源。

- 仅在关键的场景下调用耗能高的硬件，在一般的场景下尽可能使用耗能低的硬件。
- 在空闲的时刻，尽可能让处理器进入休眠模式，以降低功耗。

由于本书侧重于硬件设计，因此对软件层面的机制不赘述。

15.1.2 系统层面的低功耗

系统层面的低功耗技术可以涉及板级硬件系统和 SoC，其原理基本一致。以 SoC 为例，常见的低功耗技术如下。

- 在 SoC 中划分不同的电源域，以对 SoC 中的大部分硬件关闭电源。
- 在 SoC 中划分不同的时钟域，以使小部分电路以低速低功耗的方式运行。
- 通过不同的电源域与时钟域的组合，划分出不同的低功耗模式。为 SoC 配备电源管理单元（Power Management Unit，PMU），以控制进入或者退出不同的低功耗模式。

- 软件可以通过使用 PMU，在不同的场景下进入和退出不同的低功耗模式。

15.3 节将以蜂鸟 E203 SoC 系统为例阐述上述宗旨。

15.1.3 处理器层面的低功耗

本节介绍处理器层面的常见低功耗技术。

处理器指令集定义了一种休眠指令，运行该指令后，处理器核便进入休眠状态。

休眠状态可分为浅度休眠和深度休眠。

- 浅度休眠状态：往往将处理器核的整个时钟关闭，但仍然接通电源，因此可以降低动态功耗，但是仍然有静态漏电功耗。
- 深度休眠状态：不仅关闭处理器核的时钟，还关闭电源，因此可以同时降低动态和静态功耗。

处理器核深度休眠、断电后，其内部上下文状态可以通过两种策略进行保存和恢复。

- 在处理器核内部使用具有低功耗维持（retention）能力的寄存器或者使用 SRAM 保存处理器状态，这种寄存器或者 SRAM 在主电源关闭后可以使用极低的漏电消耗保存处理器的状态。
- 使用软件的保存恢复（save-and-restore）机制，在断电前将处理器的上下文状态保存在 SoC 层面的电源常开域（power always-on domain）中，待唤醒、恢复供电后，使用软件从电源常开域中读取回来，加以恢复。

策略一的优点是休眠和唤醒的速度极快，但是 ASIC 设计的复杂度高；策略二的优点是实现非常简单，但是休眠和唤醒的速度相对较慢。

在处理器的架构上，采用异构的方式可以降低功耗。

有关异构的典型示例，请参见 16.1 节。

15.1.4 模块和单元层面的低功耗

模块和单元层面的低功耗技术属于 IC 设计微架构的范畴。其常见的低功耗技术与 SoC 层面基本一致，只不过是规模更小的版本。

一个功能完整的单元往往需要单独配备独立的时钟门控（clock gate），当该单元空闲时，使用时钟门控将其时钟关闭以降低动态功耗。

对于某些比较独立和规模较大的模块，划分独立的电源域来支持关闭电源，以进一步降低静态功耗。

15.3 节将以蜂鸟 E203 处理器核为例来阐述上述宗旨。

15.1.5 寄存器层面的低功耗

寄存器层面的低功耗技术属于 IC 设计编码风格的范畴。本节介绍如何降低寄存器层面的功耗。

1．使用时钟门控

目前主流的逻辑综合工具均有从代码风格中直接推断出集成时钟门控（Integrated Clock Gating，ICG）的能力。因此只要开发者遵循一定的编码风格，这些工具就能够根据一组寄存器的时钟自动推断出 ICG，以降低动态功耗。

在逻辑综合完成后，工具可以生成整个电路的时钟门控率（clock gating rate）。开发者可以通过此时钟门控率的高低，判断其设计的电路是否自动推断出了 ICG。好的电路一般有超过 90%的时钟门控率。若时钟门控率不超过 90%，则可能是电路中数据通路较少（以基于小位宽寄存器的控制电路为主），或者编码风格有问题。

2．减少数据通路的寄存器翻转

为了降低动态功耗，应该尽量减少寄存器的翻转。

以处理器的流水线为例，每级流水线通常需要配置一个控制位（Valid 位），以表示该级流水线是否有有效指令。当指令加载至此级流水线时，将 Valid 位设为 1；当离开此级流水线时，将 Valid 位清零。但是对于此级流水线的数据通路载体（payload）部分，只有在指令加载至此级流水线时，才向载体部分的寄存器加载指令信息（通常有数十位）；而当指令离开此级流水线时，载体部分的寄存器无须清零。此方法能够极大地降低数据通路部分的寄存器翻转率。

以 FIFO 缓存（容量较小而使用寄存器作为存储部分）设计为例，虽然理论上可以使用数据表项逐次移位的方式，实现 FIFO 缓存的先入先出功能，但是应该使用维护读写指针的方式（对于数据表项寄存器，则不用移位）实现先入先出的功能。因为数据表项逐次移位的方式会造成寄存器的大量翻转，相比而言，使用读写指针的方式实现则保持了表项寄存器中的值不变，从而大幅降低动态功耗，因此应该优先采用此方法。

3．使数据通路不复位

数据通路部分甚至可以使用不带复位信号的寄存器。不带复位信号的寄存器面积更小、时序更优、功耗更低。例如，某些缓冲器、FIFO 缓存和通用寄存器组经常使用不带复位信号的寄存器。

但使用不带复位信号的寄存器时必须谨慎，保证它没有作为任何其他控制信号，以免造成不定态的传播。在前仿真阶段，开发人员必须通过完善的不定态捕捉机制发现这些问题，否则可能造成芯片的严重 Bug。蜂鸟 E203 处理器的设计、编码风格便能够提供强大的不定态捕捉机制，请参见 5.3 节。

15.1.6　锁存器层面的低功耗

锁存器相比寄存器面积更小，功耗更低。在某些特定的场合下，使用锁存器可以降低芯片功耗，但是锁存器会给数字 ASIC 流程带来极大困扰，因此应该谨慎使用。

15.1.7　SRAM 层面的低功耗

SRAM 在芯片设计中经常使用到，本节主要介绍如何降低 SRAM 层面的功耗。

1．选择合适的 SRAM

常规 SRAM 通常分为单口 SRAM、一读一写 SRAM、双口 SRAM。其他类型的 SRAM 需要特殊定制。

从功耗与面积的角度来讲，单口 SRAM 最小，一读一写 Regfile 其次，双口 SRAM 最大。应该优先选择功耗低与面积小的 SRAM，尽量避免使用功耗高的 SRAM 类型。

SRAM 的数据宽度会影响其面积。以同等容量的 SRAM 为例，假设总容量为 16KB，如果 SRAM 的数据宽度为 32 位，则深度为 4096；如果 SRAM 的数据宽度为 64 位，则深度为 2048。不同的宽度、深度比可能会产生面积迥异的 SRAM，因此需要综合权衡。

2．尽量减少读写 SRAM

读写 SRAM 的动态功耗相当大，因此应该尽量减少读写 SRAM。

以处理器取指令为例，由于处理器在多数情况下按顺序取指，因此应该尽量一次从 SRAM 中多读回一些指令，而不是多次地读取 SRAM（一次读一点点指令），从而降低 SRAM 的动态功耗。

3．在空闲时关闭 SRAM

与单元门控时钟的原理相同，在空闲时应关闭 SRAM 的时钟，以降低动态功耗。

SRAM 的漏电功耗相当大，因此在省电模式下，应将 SRAM 的电源关闭，以防止漏电。

15.1.8　组合逻辑层面的低功耗

组合逻辑是芯片中的基本逻辑，本节主要介绍如何降低组合逻辑的功耗。

1．减小芯片面积

使用尽量少的组合逻辑面积可以降低静态功耗。因此从设计思路和代码风格上，应该尽量将大的数据通路（或者运算单元）进行复用，从而减小芯片面积。另外，应该避免使用除法、乘法等大面积的运算单元，尽量将乘除法运算转化为加减法运算。

2．降低数据通路的翻转率

使用逻辑门控在数据通路上加入一级"与"门，使没有用到的组合逻辑在空闲时不翻转，从而降低动态功耗。额外加入一级"与"门，在时序非常紧张的场合下，也许无法接受，需要谨慎使用。

15.1.9 工艺层面的低功耗

为了实现工艺层面的低功耗，一般要使用特殊的工艺单元库，本节不过多探讨。

15.2 RISC-V 架构的低功耗机制

处理器指令架构本身并不会定义低功耗机制，但是处理器架构通常会定义一条休眠指令，本节将介绍 RISC-V 架构定义的 wfi（wait for interrupt）指令。

wfi 指令是 RISC-V 架构定义的专门用于休眠的指令。处理器执行到 wfi 指令之后，将会停止执行当前的指令流，进入一种空闲状态。这种空闲状态可以称为"休眠"状态，直到处理器接收到中断（中断局部开关必须打开，由 mie 寄存器控制）信号，处理器便被唤醒。处理器被唤醒后，如果中断全局打开（由 mstatus 寄存器的 MIE 域控制），则进入中断异常服务程序并开始执行；如果中断全局关闭，则继续顺序执行之前停止的指令流。

以上是 RISC-V 架构推荐的行为，在具体的硬件实现中，wfi 指令可以被当成一种 NOP 操作，即什么也不干（并不真正支持休眠模式）。关于 wfi 指令的更多细节，请参阅附录 A。

15.3 蜂鸟 E203 处理器低功耗机制的硬件实现

软件层面的低功耗机制超出了本书讨论的范畴，在此不讨论。本节将从系统、处理器、单元、寄存器、锁存器、SRAM、组合逻辑以及工艺层面阐述蜂鸟 E203 处理器的低功耗机制。

15.3.1 蜂鸟 E203 处理器在系统层面的低功耗

蜂鸟 E203 处理器配套的 SoC 结构如图 15-1 所示。

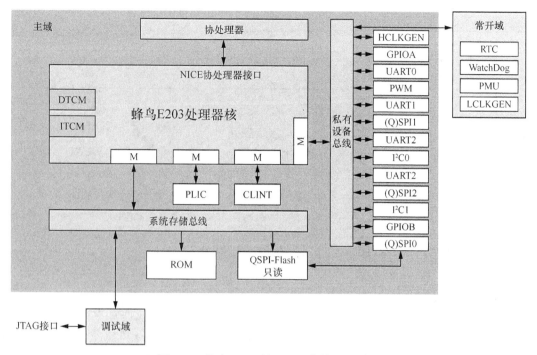

图 15-1 蜂鸟 E203 处理器配套的 SoC 结构

蜂鸟 E203 处理器配套的 SoC 整体上分为 3 个时钟域（clock domain），如表 15-1 所示。

表 15-1 蜂鸟 E203 处理器配套 SoC 的时钟域

时 钟 域	说 明
JTAG 时钟域	JTAG 接口的相关逻辑使用 JTAG 时钟
主域	由于蜂鸟 E203 处理器核的主频比较低，该 SoC 中对时钟域的划分相对比较简单，将所有的外设、存储器和总线以及处理器核均放置于一个时钟域，用户可以自行修改，将总线或者外设放于不同的时钟域
常开域	此域使用极其低速的时钟，因为此域中主要包含看门狗计数器（watch dog timer）、实时计数器（real-time counter）等永不停歇的计时器模块。如果使用高速时钟不断计数，会增加功耗，因此必须使用低速的时钟作为时钟频率，控制计时器计数。请参见《手把手教你 RISC-V CPU（下）——工程与实践》以了解常开域的更多细节

蜂鸟 E203 处理器配套的 SoC 整体可以分为 3 个电源域（power domain），如表 15-2 所示。

表 15-2 蜂鸟 E203 处理器配套 SoC 的电源域

电 源 域	说 明
调试域	此域包含所有与调试相关的硬件模块。在不需要调试功能的场景下，关闭此域的电源以降低功耗
主域	该 SoC 中对于电源域的划分相对比较简单，将所有的外设、存储器和总线以及处理器核均放置于一个电源域，用户可以自行修改，将总线或者外设放于不同的电源域

续表

电 源 域	说　　明
常开域	此域主要包含看门狗计数器、实时计数器等永不停歇的计时器模块。另外，此域还包含一个电源管理单元，用来控制其他电源域的开和关

通过合理地关闭不同的电源域，蜂鸟 E203 处理器便可以进入不同的低功耗模式。例如，软件可以将整个主域和调试域的电源关闭，仅保留常开域的电源。若 PMU 使用实时计数器的中断作为唤醒条件，将重新唤醒整个系统。请参见《手把手教你 RISC-V CPU（下）——工程与实践》以了解 PMU 的更多细节。

注意： 在 GitHub 网站上 e203_hbirdv2 项目的源代码中并没有任何与电源域相关的逻辑，多电源域的设计目前需要特定 ASIC 工艺和流程的支持，请读者自行实现。

15.3.2　蜂鸟 E203 处理器层面的低功耗

蜂鸟 E203 处理器层面的低功耗主要取决于对 wfi 指令的实现。

e203_cpu_top 模块有一个输出信号 core_wfi。当该信号为高电平时，表示处理器核已经进入了休眠模式。SoC 可以通过检测此输出信号确定处理器是否已经进入休眠状态，若进入休眠状态，则可以安全地关闭其电源。

蜂鸟 E203 处理器核在执行了 wfi 指令之后将阻止处理器执行后续的指令，并要求处理器核中所有的单元完成正在执行的操作（如完成已经发起的总线操作）。若满足条件，就意味着处理器可以安全地进入休眠模式，将输出信号 core_wfi 设置为低电平。在进入休眠模式后，如果有新的中断到来，则会重新唤醒处理器，并将输出信号 core_wfi 设置为低电平。相关模块的源代码在 e203_hbirdv2 目录中的结构如下。

```
e203_hbirdv2
    |----rtl                            //存放 RTL 的目录
        |----e203                       //E203 处理器核和 SoC 的 RTL 目录
            |----core                   //存放处理器核相关模块的 RTL 代码
                |----e203_exu_disp.v    //指令派遣模块
                |----e203_exu_excp.v    //中断和异常处理模块
```

相关源代码如下。

```
//e203_exu_disp.v 的源代码片段


//如果已经执行了 wfi 指令，派遣模块便会接收到交付模块要求 EXU 完成所有操作并准备
//休眠的请求信号 wfi_halt_exu_req，以阻止其派遣后续的指令

wire disp_condition =
…
```

```
                    &  (~wfi_halt_exu_req)
```

//等待所有已经滞外的指令执行完毕（OITF变空），作为表征 EXU 已经完成所有操作并可以进入
//休眠状态的反馈信号
```
assign wfi_halt_exu_ack = oitf_empty;


    //e203_exu_excp.v 的源代码片段


  wire wfi_req_hsked = wfi_halt_ifu_req & wfi_halt_ifu_ack & wfi_halt_exu_req
  & wfi_halt_exu_ack;

    //core_wfi 信号在执行 wfi 指令并且其他单元已经完成所有正在执行的操作后，将变成高电平

  wire wfi_flag_set = wfi_req_hsked;

    //core_wfi 信号在收到新的中断请求后，或者进入调试模式的请求后，将变成低电平

  wire wfi_irq_req;
  wire dbg_entry_req;
  wire wfi_flag_r;
  wire wfi_flag_clr = wfi_irq_req | dbg_entry_req;
  wire wfi_flag_ena = wfi_flag_set | wfi_flag_clr;
  wire wfi_flag_nxt = wfi_flag_set & (~wfi_flag_clr);
  sirv_gnrl_dfflr #(1) wfi_flag_dfflr (wfi_flag_ena, wfi_flag_nxt, wfi_flag_r,
  clk, rst_n);
  assign core_wfi = wfi_flag_r & (~wfi_flag_clr);
```

蜂鸟 E203 处理器核在顶层配备了专门的时钟控制模块，用于控制处理器核的时钟关闭。
时钟控制模块的源代码在 e203_hbirdv2 目录中的结构如下。

```
e203_hbirdv2
    |----rtl                                //存放 RTL 的目录
        |----e203                           //E203 处理器核和 SoC 的 RTL 目录
            |----core                       //存放处理器核相关模块的 RTL 代码
                |----e203_clk_ctrl.v        //时钟控制模块
```

当处理器核执行了 wfi 指令之后，时钟控制模块将处理器核中所有单元的时钟门控关闭，
处理器进入休眠状态。相关源代码片段如下所示。

```
//e203_clk_ctrl.v 的源代码片段


//使用 core_wfi 信号强行将时钟门控的使能信号变成低电平

wire ifu_clk_en = (core_ifu_active & (~core_wfi));

//时钟门控的使能信号用于门控时钟的生成
```

```
e203_clkgate u_ifu_clkgate(
  .clk_in   (clk        ),
  .test_mode(test_mode  ),
  .clock_en (ifu_clk_en),
  .clk_out  (clk_core_ifu) //用于 IFU 的时钟
);
```

15.3.3　蜂鸟 E203 处理器在单元层面的低功耗

蜂鸟 E203 处理器核主要的功能单元配备了独立的时钟门控，一旦功能单元处于空闲的周期，就自动将时钟关闭，从而降低动态功耗。典型的源代码片段如下所示。

```
//e203_clk_ctrl.v 的源代码片段


//core_lsu_active 信号表征 LSU 目前是否空闲，如果该信号为低电平，则意味着空闲，
//将 lsu_clk_en 信号变成低电平

  wire lsu_clk_en = core_lsu_active;

//如果 lsu_clk_en 信号为低电平，则将门控时钟关闭
  e203_clkgate u_lsu_clkgate(
    .clk_in   (clk        ),
    .test_mode(test_mode  ),
    .clock_en (lsu_clk_en),
    .clk_out  (clk_core_lsu)
  );
```

15.3.4　蜂鸟 E203 处理器在寄存器层面的低功耗

在寄存器层面，蜂鸟 E203 处理器可以从使用时钟门控、减少数据通路的寄存器翻转、使数据通路不复位三个方面降低功耗。下面以蜂鸟 E203 处理器的源代码为例，分别予以阐述。

1．使用时钟门控

蜂鸟 E203 处理器遵循严格的代码风格，将所有的寄存器编码为 D 触发器模块（DFF-module），从而方便综合工具轻松地识别其 Load-Enable 信号，继而推断出 ICG，取得很高的时钟门控率。请参见 5.3 节以了解有关蜂鸟 E203 处理器核的 RTL 代码风格的更多信息。

D 触发器模块的源代码在 e203_hbirdv2 目录中的结构如下。

```
e203_hbirdv2
    |----rtl                    //存放 RTL 的目录
        |----e203               //E203 处理器核和 SoC 的 RTL 目录
            |----general        //存放一些通用的 RTL 代码
```

```
                              |----sirv_gnrl_dffs.v       //模块化的 D 触发器模块
```

典型的源代码片段如下所示。

```
//e203_grnl_dffs.v 的源代码片段


//生成带有 Load-Enable、异步 Reset 信号的 D 触发器

module sirv_gnrl_dfflrs # (
  parameter DW = 32
) (

  input              lden,
  input       [DW-1:0] dnxt,
  output      [DW-1:0] qout,

  input              clk,
  input              rst_n
);

reg [DW-1:0] qout_r;

always @(posedge clk or negedge rst_n)
begin : DFFLRS_PROC
  if (rst_n == 1'b0)
    qout_r <= {DW{1'b1}};
  else if (lden == 1'b1)   //明确的 Load-Enable 信号便于综合工具轻松地推断出 ICG
    qout_r <= dnxt;
end

assign qout = qout_r;

endmodule
```

2. 减少数据通路的寄存器翻转

蜂鸟 E203 处理器遵循 15.1.5 节所述的原则，流水线或者数据通路的负荷部分只在流水线加载时更新。在清空流水线时，寄存器中的值并不会清除，从而减少数据通路的寄存器翻转。

典型的一级流水线模块的源代码在 e203_hbirdv2 目录的结构如下。

```
e203_hbirdv2
    |----rtl                        //存放 RTL 的目录
       |----e203                   //E203 处理器核和 SoC 的 RTL 目录
          |----general            //存放一些通用的 RTL 代码
             |----sirv_gnrl_bufs.v    //存放一级流水线模块的源代码
```

一级流水线模块的源代码片段如下所示。

```
//sirv_gnrl_pipe_stage.v 的源代码片段


//流水线会配备一个有效控制位寄存器

    wire vld_set;
    wire vld_clr;
    wire vld_ena;
    wire vld_r;
    wire vld_nxt;

    //有效位寄存器在加载流水线时置 1
    assign vld_set = i_vld & i_rdy;
    //有效位寄存器在清空流水线时清零
    assign vld_clr = o_vld & o_rdy;

    assign vld_ena = vld_set | vld_clr;      //有效位寄存器在加载或者清零时使能
    assign vld_nxt = vld_set | (~vld_clr); //置 1 或者清零，若同时发生，优先置 1

      //例化有效控制位寄存器
    sirv_gnrl_dfflr #(1) vld_dfflr (vld_ena, vld_nxt, vld_r, clk, rst_n);
```

//负荷部分的数据通路只在加载流水线时使能翻转，因此其 Load-enable 使用 vld_set 信号

```
    sirv_gnrl_dffl #(DW) dat_dfflr (vld_set, i_dat, o_dat, clk);
```

3. 使数据通路不复位

蜂鸟 E203 处理器对于大片的纯数据通路（非控制信号）寄存器不使用复位信号，以减少面积并降低功耗。典型的模块包括 FIFO（使用寄存器作为存储器）模块和通用寄存器组（Regfile）模块。其源代码在 e203_hbirdv2 目录的结构如下。

```
e203_hbirdv2
    |----rtl                              //存放 RTL 的目录
        |----e203                         //E203 处理器核和 SoC 的 RTL 目录
            |----general                  //存放一些通用的 RTL 代码
                |----sirv_gnrl_bufs.v     //存放 FIFO 模块的源代码
            |----core
                |----e203_exu_regfile.v   //存放 Regfile 模块的源代码
```

FIFO 模块的源代码片段如下所示。

```
//sirv_gnrl_fifo.v 的源代码片段

  for (i=0; i<DP; i=i+1) begin:fifo_rf//{
      assign fifo_rf_en[i] = wen & wptr_vec_r[i];
      //FIFO 模块的寄存器不使用 Reset 信号
    sirv_gnrl_dffl  #(DW) fifo_rf_dffl (fifo_rf_en[i], i_dat, fifo_rf_r[i], clk);
end//}
```

Regfile 模块的源代码片段如下所示。

```
// e203_exu_regfile.v 的源代码片段

   generate //{

      for (i=0; i<`E203_RFREG_NUM; i=i+1) begin:regfile//{
      …
         else begin: rfno0
            assign rf_wen[i] = wbck_dest_wen & (wbck_dest_idx == i) ;
           `ifdef E203_REGFILE_LATCH_BASED //{
            e203_clkgate u_e203_clkgate(
              .clk_in  (clk  ),
              .test_mode(test_mode),
              .clock_en(rf_wen[i]),
              .clk_out (clk_rf_ltch[i])
            );
            sirv_gnrl_ltch #(`E203_XLEN) rf_ltch (clk_rf_ltch[i], wbck_dest_
            dat_r, rf_r[i]);
           `else//}{
            //如果使用寄存器实现通用寄存器组，其寄存器不使用 Reset 信号
            sirv_gnrl_dffl #(`E203_XLEN) rf_dffl (rf_wen[i], wbck_dest_dat,
            rf_r[i], clk);
           `endif//}
         end

      end//}
   endgenerate//}
```

15.3.5　蜂鸟 E203 处理器在锁存器层面的低功耗

　　锁存器相比寄存器面积更小，功耗更低。在某些特定的场合下，使用锁存器可以降低芯片功耗。在蜂鸟 E203 处理器的实现中，若通用寄存器组模块基于锁存器实现，就可以大幅减小通用寄存器组占用的面积。

　　注意：锁存器会给数字 ASIC 流程带来极大困扰，因此应该谨慎使用此配置。

　　Regfile 模块的源代码片段如下所示。

```
//e203_exu_regfile.v 的源代码片段

   generate //{

      for (i=0; i<`E203_RFREG_NUM; i=i+1) begin:regfile//{
      …
         else begin: rfno0
            assign rf_wen[i] = wbck_dest_wen & (wbck_dest_idx == i) ;
           `ifdef E203_REGFILE_LATCH_BASED //{
            e203_clkgate u_e203_clkgate(
              .clk_in  (clk  ),
              .test_mode(test_mode),
```

```
                .clock_en(rf_wen[i]),
                .clk_out (clk_rf_ltch[i])
            );
                //使用锁存器实现通用寄存器组
            sirv_gnrl_ltch #('E203_XLEN) rf_ltch (clk_rf_ltch[i], wbck_dest_
            dat_r, rf_r[i]);
            'else//}{
            sirv_gnrl_dffl #('E203_XLEN) rf_dffl (rf_wen[i], wbck_dest_dat, rf_r
            [i], clk);
            'endif//}
            end

        end//}
    endgenerate//}
```

15.3.6 蜂鸟 E203 处理器在 SRAM 层面的低功耗

在 SRAM 层面，处理器可以从选择合适的 SRAM、尽量减少读写 SRAM 和在空闲时关闭 SRAM 三方面降低功耗。以下以蜂鸟 E203 处理器的源代码为例，分别予以阐述。

1. 选择合适的 SRAM

蜂鸟 E203 处理器的 ITCM 和 DTCM 均需使用 SRAM。单口 SRAM 在三种不同的 SRAM 类型中最省电，因此为了降低功耗和减小面积，蜂鸟 E203 处理器均采用单口 SRAM 实现 ITCM 和 DTCM。

SRAM 的宽度、深度也能影响功耗的大小。蜂鸟 E203 处理器的 ITCM 中 SRAM 的宽度为 64 位，之所以选择 64 位宽，是因为对于同等容量的 SRAM 而言，64 位宽的 SRAM 比 32 位宽的 SRAM 具有更好的面积压缩比，这有助于降低功耗。

2. 尽量减少读写 SRAM

尽量减少 SRAM 的读写能够有效降低功耗。蜂鸟 E203 处理器的 ITCM 中 SRAM 的宽度为 64 位，这同样可以降低 ITCM 中 SRAM 的读功耗。由于处理器在取指令时，多数情况下按顺序取指，因此 64 位宽的 ITCM 可以一次取出 64 位的指令流，相比于从 32 位宽的 ITCM 中需要连续读两次才取出 64 位的指令流，只读一次 64 位宽的 SRAM 能够降低动态功耗。

由于蜂鸟 E203 处理器的 ITCM 中 SRAM 的宽度为 64 位，因此其输出为一个与 64 位地址区间对齐的数据，在此称为一个 "Lane"。假设按地址自增的顺序取指，由于 IFU 每次只取 32 位，因此会连续两次或者多次在同一个 Lane 里面访问。如果蜂鸟 E203 处理器上次已经访问了 ITCM 的 SRAM，则下一次访问同一个 Lane 时不会再次真的读 SRAM（不会打开 SRAM 的 CS 使能），而是利用 SRAM 输出保持不变的特点，直接使用其输出，这样可以降低 SRAM 重复打开造成的动态功耗。

此外，蜂鸟 E203 处理器的 ITCM 中 SRAM 的宽度为 64 位，相对于 32 位的 SRAM 而言，这能够进一步降低取指令落入地址未对齐边界的概率（如果 SRAM 为 32 位宽，则较可能落入 32 位未对齐的地址边界，而 64 位宽的 SRAM 仅在 64 位的地址边界未对齐），从而减少未对齐取指令造成的性能损失和功耗。

3．在空闲时关闭 SRAM

蜂鸟 E203 处理器的 SRAM 均配备独立的门控时钟单元，以降低动态功耗。典型代码片段如下所示。

```
//sirv_1cyc_sram_ctrl.v 的源代码片段

   //此模块在 e203_itcm_ctrl 与 e203_dtcm_ctrl 模块中例化，用于控制 ITCM 和 DTCM 的 SRAM
   //模块读写

   assign ram_cs = uop_cmd_valid & uop_cmd_ready;
   assign ram_we = (~uop_cmd_read);
   assign ram_addr= uop_cmd_addr [AW-1:AW_LSB];
   assign ram_wem = uop_cmd_wmask[MW-1:0];
   assign ram_din = uop_cmd_wdata[DW-1:0];

   wire ram_clk_en = ram_cs;

//为 SRAM 配备独立的时钟门控单元，只有在访问 SRAM 时（CS 为高电平）才将其时钟打开
   e203_clkgate u_ram_clkgate(
     .clk_in   (clk        ),
     .test_mode(test_mode  ),
     .clock_en (ram_clk_en),
     .clk_out  (clk_ram)
   );

   assign uop_rsp_rdata = ram_dout;
```

15.3.7 蜂鸟 E203 处理器在组合逻辑层面的低功耗

在组合逻辑层面，处理器可以从减小芯片面积和降低数据通路的寄存器翻转率两个方面降低功耗。以下以蜂鸟 E203 处理器的源代码为例，分别予以阐述。

1．减小芯片面积

蜂鸟 E203 处理器设计的一个重要目标便是尽量减小芯片面积以实现超低功耗，因此从设计思路和代码风格上尽量复用大的数据通路（或者运算单元），从而减小芯片面积。

ALU 中的数据通路被充分复用，多周期乘除法器也共用数据通路。

在蜂鸟 E203 处理器的源代码设计之中，尽量进行资源复用，本书在此不赘述，感兴趣的读者可以在阅读源代码时自行体会。

2. 降低动态功耗

蜂鸟 E203 处理器设计的另外一个重要目标便是尽量降低组合逻辑的翻转率，以实现超低功耗，因此从设计思路和代码风格上尽量降低组合逻辑的翻转率，甚至在某些情况下牺牲时序。

蜂鸟 E203 处理器的每个运算单元的输入信号均额外配备了一级"与"门。当每个运算单元不被使用时，其输入信号被"与"门转换为 0，从而使运算单元的输入组合逻辑部分在空闲时不发生翻转，降低动态功耗。

蜂鸟 E203 处理器中寄存器组模块的每个读端口都是一个纯粹的并行多路选择器，多路选择器的选择信号为读操作数的寄存器索引。为了降低功耗，读端口的寄存器索引信号被专用的寄存器寄存，只在执行需要读操作数的指令时才会加载（否则保持不变），从而降低读端口的动态翻转功耗。

15.3.8　蜂鸟 E203 处理器在工艺层面的低功耗

工艺层面的低功耗一般涉及特殊的工艺单元库，本书在此不做过多探讨。

15.4　小结

蜂鸟 E203 处理器核虽然是一款开源处理器核，但是蜂鸟 E203 处理器研发团队拥有多年在国际一流公司开发处理器的经验，使用严格的工业界标准进行设计和编码。研发人员从各个层面使用严谨的方法进行低功耗设计，蜂鸟 E203 处理器核不逊色于任何其他商用的处理器核 IP。

第16章 工欲善其事，必先利其器——RISC-V可扩展协处理器

工欲善其事，必先利其器

本章将介绍如何利用 RISC-V 架构的可扩展性，并以蜂鸟 E203 处理器的协处理器接口为例详细阐述如何定制一款协处理器。

16.1 领域特定架构

熟悉计算机体系结构的读者可能熟知"异构计算"的概念，异构计算是指不同指令集架构的几种处理器组合在一起进行计算。异构计算的精髓并不在于异构本身，其核心理念在于使用专业的硬件做专业的事情，典型的例子是 CPU+GPU 的组合，CPU 侧重于通用的控制和计算，而 GPU 则侧重于专用的图像处理。研究表明，多核异构计算由于利用了各自专业的特性，因此可以获得比普通同构架构更高的性能，而具有更低的功耗。

与异构计算原理相同而更加通俗的另外一个概念便是领域特定架构（Domain Specific Architecture，DSA）。著名的计算机体系结构领域泰斗 John Hennessy 教授在 2017 年的演讲一次中提到，目前处理器发展的新希望在于 DSA。John Hennessy 教授将 1977～2017 年称为处理器发展的"黄金时期"。在这个时期，处理器以令人惊异的速度发展，处理器的性能以平均每年 1.4 倍的速度不断提高。相比最早期的处理器，当今处理器具有了上百万倍的性能提升。随着摩尔定律逼近极限，处理器架构的发展也遭遇了瓶颈。单核指令级并行度从早期的平均 4～10 个时钟周期一条指令提高到如今每个时钟周期超过 4 条指令；时钟频率从早期的 3MHz 发展到如今 4GHz；处理器核数从早期的单个发展到数十个。这三个方面的发展目前均已逼近极限，同时处理器也应用到云端、移动端、深嵌入式端等领域，且能效比正成为最重要的指标。例如，处理器在移动设备中已经成为继屏幕之后能量消耗最大的元件，因此移动设备中处理器的能效比是至关重要的问题。而在另一个未来的处理器大型市场——云端服务器市场中，能效比也是十分关键的指标。在数据中心的成本中，散热占据较高的比例。为了降低成本，必须考虑处理器能效比，处理器架构必须提高能效比，但是传统通用架构设计方法的能效比已经到了极限。

为了进一步提高能效比，John Hennessy 教授指出，处理器架构的设计目录是 DSA。DSA 的核心思想同样是使用特定的硬件做特定的事情，但是与 ASIC 硬件化的电路不同，DSA 满足一个领域内的应用，而非一个固定的应用，因此它能够兼顾灵活性与专用性。同时它需要特定领域的更多知识，从而更好地为特定领域设计出更合适的架构。

DSA 有时也表示领域特定加速器，即对主处理器适当地扩展出面向某些特定领域的协处理器加速器，这种领域特定加速器也是领域特定架构的体现，能极大地提高能效比。

16.2　RISC-V 架构的可扩展性

RISC-V 架构的显著特性之一便是开放的可扩展性,开发人员非常容易在 RISC-V 通用架构的基础上实现领域特定加速器,这也是 RISC-V 架构相比 ARM 和 x86 等主流商业架构的最大优点。RISC-V 架构的可扩展性体现在以下两个方面:

- 预留的指令编码空间;
- 预定义的指令。

16.2.1　RISC-V 架构的预留指令编码空间

RISC-V 架构定义的标准指令集仅使用了少部分的指令编码空间,更多的指令编码空间被预留给扩展指令。由于 RISC-V 架构支持多种不同的指令长度,因此为不同长度的指令预留了不同的编码空间。RISC-V 架构中 32 位指令和 16 位指令的操作码分别如表 16-1 和表 16-2 所示。指令的低 7 位为操作码,各种不同的操作码值的组合代表了不同的指令类型。

表 16-1　RISC-V 架构中 32 位指令的操作码（inst[1:0]=11）

inst[6:5]	inst[4:2]							
	000	001	010	011	100	101	110	111(>32b)
00	LOAD	LOAD-FP	custom-0	MISC-MEM	OP-IMM	AUIPC	OP-IMM-32	48b
01	STORE	STORE-FP	custom-1	AMO	OP	LUI	OP-32	64b
10	MADD	MSUB	NMSUB	NMADD	OP-FP	保留的	custom-2/rv128	48b
11	BRANCH	JALR	保留的	JAL	SYSTEM	保留的	custom-3/rv128	≥80b

表 16-2　RISC-V 架构中 16 位指令的操作码

inst[1:0]	inst[15:13]								备注
	000	001	010	011	100	101	110	111	
00	ADDI4SPN	FLD FLD LQ	LW	FLW LD LD	保留的	FSD FSD SQ	SW	FSW SD SD	RV32 RV64 RV128
01	ADDI	JAL ADDIW ADDIW	LI	LUI/ ADDI16SP	MISC- ALU	J	BEQZ	BNEZ	RV32 RV64 RV128
10	SLLI	FLDSP FLDSP LQ	LWSP	FLWSP LDSP LDSP	J[AL]R/ MV/ADD	FSDSP FSDSP SQ	SWSP	FSWSP SDSP SDSP	RV32 RV64 RV128
11	>16b								—

用户可从 3 个方面利用 RISC-V 架构预留的编码空间。

- 除用于寄存器操作数的索引之外，每条指令还剩余众多位的编码空间。对于这些没有使用的编码空间，用户均可以加以利用。
- 对于某些特定的处理器实现，由于它往往不会实现所有的指令类型，因此对于没有实现的指令类型的编码空间，用户也可以加以利用。
- 对于一些没有定义的指令类型组，用户也可以加以利用。

16.2.2　RISC-V 架构的预定义指令

为了便于用户对 RISC-V 架构进行扩展，RISC-V 架构甚至在 32 位的指令中包括 4 组预定义指令类型，每种预定义指令均有自己的操作码。在表 16-1 中，custom-0、custom-1、custom-2 和 custom-3 表示 4 种预定义指令类型。用户可以将这 4 种指令类型扩展成自定义的协处理器指令。蜂鸟 E203 处理器核便允许用户将预定义指令扩展协处理器指令。

16.3　蜂鸟 E203 处理器的协处理器扩展机制——NICE

在蜂鸟 E203 处理器核中，使用 NICE（Nuclei Instruction Co-unit Extension，核指令协同单元扩展）机制进行协处理器扩展。本节将结合一个实际案例详细阐述如何使用 NICE 机制和预定义指令扩展出蜂鸟 E203 协处理器。

注意：由于蜂鸟 E203 处理器核基于自定义指令进行协处理器扩展，因此本章中预定义指令也称为 NICE 指令。

16.3.1　NICE 指令的编码

32 位的 NICE 指令的编码格式如图 16-1 所示，这种指令为 RISC-V 架构中的 R 类型（R-type）指令。

指令的第 0 位至第 6 位为操作码编码段。

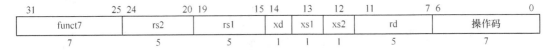

图 16-1　32 位 NICE 指令的编码格式

xs1 位、xs2 位和 xd 位分别用于控制是否需要读源寄存器 rs1、rs2 和写目标寄存器 rd。如果 xs1 位的值为 1，则表示该指令需要读取由 rs1 位索引的通用寄存器并以它作为源操作数 1；如果 xs1 位的值为 0，则表示该指令不需要源操作数 1。

如果 xs2 位的值为 1，则表示该指令需要读取由 rs2 位索引的通用寄存器并以它作为源操作数 2；如果 xs2 位的值为 0，则表示该指令不需要源操作数 2。

如果 xd 位的值为 1，则表示该指令需要写回结果至由 rd 位指示的目标寄存器；如果 xd 位的值为 0，则表示该指令无须写回结果。

指令的第 25 位至第 31 位为 funct7 区间，可作为额外的编码空间，用于编码更多的指令，因此一组预定义指令可以使用 funct7 区间编码出 128 条指令，4 组预定义指令组可以编码出 512 条两读一写（读取两个源寄存器，写回一个目标寄存器）的协处理器指令。如果有的协处理器指令仅读取一个源寄存器，或者无须写回目标寄存器，则可以使用这些无用的位（如 rd 位）来编码出更多的协处理器指令。

16.3.2　NICE 协处理器的接口信号

NICE 协处理器的接口信号如表 16-3 所示。

表 16-3　NICE 协处理器的接口信号

通　道	方向	宽度	信　号　名	说　　明
请求通道	Output	1	nice_req_valid	主处理器向协处理器发送指令请求信号
	Input	1	nice_req_ready	协处理器向主处理器返回指令接收信号
	Output	32	nice_req_instr	自定义指令的 32 位完整编码
	Output	32	nice_req_rs1	源操作数 1 的值
	Output	32	nice_req_rs2	源操作数 2 的值
反馈通道	Input	1	nice_rsp_valid	协处理器向主处理器发送反馈请求信号
	Output	1	nice_rsp_ready	主处理器向协处理器返回反馈接收信号
	Input	32	nice_rsp_data	返回指令的执行结果
	Input	1	nice_rsp_err	返回该指令的错误标志
存储器请求通道	Input	1	nice_icb_cmd_valid	协处理器向主处理器发送存储器读写请求信号
	Output	1	nice_icb_cmd_ready	主处理器向协处理器返回存储器读写接收信号
	Input	32	nice_icb_cmd_addr	存储器读写地址
	Input	1	nice_icb_cmd_read	存储器读或写的指示
	Input	32	nice_icb_cmd_wdata	写入存储器的数据
	Input	2	nice_icb_cmd_size	读写数据的大小
存储器反馈通道	Output	1	nice_icb_rsp_valid	主处理器向协处理器发送存储器读写反馈请求信号
	Input	1	nice_icb_rsp_ready	协处理器向主处理器返回存储器读写反馈接收信号

续表

通 道	方向	宽度	信 号 名	说 明
	Output	32	nice_icb_rsp_rdata	存储器读反馈的数据
存储器反馈通道	Output	1	nice_icb_rsp_err	存储器读写反馈的错误标志
	Input	1	nice_mem_holdup	协处理器需要独占存储器访问通道的指示信号

NICE 协处理器的接口主要包含 4 个通道。

- 请求通道。主处理器使用该通道在 EXU 级将指令信息和源操作数派发给协处理器。
- 反馈通道。协处理器使用该通道告知主处理器其已经完成了该指令，并将结果写回主处理器。
- 存储器请求通道。协处理器使用该通道向主处理器发起存储器读写请求。
- 存储器反馈通道。主处理器使用该通道向协处理器返回存储器读写结果。

16.3.3　NICE 协处理器的流水线接口

NICE 协处理器在蜂鸟 E203 处理器的流水线中的位置如图 16-2 所示。

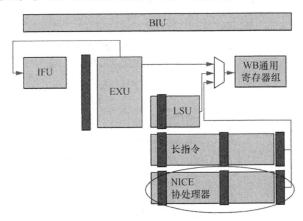

图 16-2　NICE 协处理器在蜂鸟 E203 处理器的流水线中的位置

NICE 指令的完整执行过程如下。

（1）主处理器的译码单元在 EXU 级对指令的操作码进行译码，判断其是否属于任意一种预定义指令组。

（2）如果该指令属于预定义指令，则继续依据指令编码中的 xs1 位和 xs2 位判断是否需要读取源寄存器。如果需要读取，则在 EXU 级读取通用寄存器组，读出源操作数。

（3）主处理器会维护数据依赖的正确性，如果该指令需要读取的源寄存器与之前正在执行的某条指令存在着先写后读（RAW）的依赖性，则处理器流水线会暂停直至该 RAW 依赖性解除。另外，主处理器会依据指令编码中的 **xd** 位判断该预定义指令是否需要写回结果至通用寄存器组，如果需要写回，则会将目标寄存器的索引信息存储在主处理器的流水线控制模块中，直至写回完成，以便供后续的指令进行数据依赖性的判断。

（4）主处理器在 EXU 级通过 NICE 协处理器中接口的请求通道派发给外部的协处理器，派发的信息包括指令的编码信息、两个源操作数的值（由于蜂鸟 E203 处理器是 32 位架构，因此两个源操作数均为 32 位宽）。

（5）协处理器通过请求通道接收指令，对指令做进一步的译码，并执行指令。

（6）协处理器通过反馈通道将结果反馈给主处理器。如果指令是需要写回结果的指令，则反馈通道还需包含返回值。

（7）主处理器将指令从流水线中取回并将结果写回通用寄存器组（如果有写回需求）。

16.3.4 NICE 协处理器的存储器接口

支持协处理器访问存储器资源可以扩大协处理器的类型范围，使协处理器不仅限于执行运算指令类型。在处理器的 LSU 模块中为 NICE 协处理器预留了专用的访问接口，如图 16-3 所示。因此 NICE 协处理器可以访问主处理器能够寻址的数据存储器资源，包括 ITCM、DTCM、系统存储总线、系统设备总线以及快速 I/O 接口等。

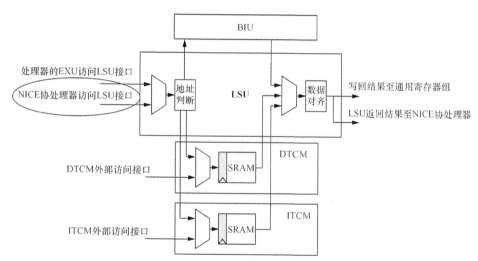

图 16-3　LSU 中为 NICE 协处理器预留的专用访问接口

接下来，本节介绍 NICE 指令访问存储器资源的实现机制。

主处理器的 LSU 为 NICE 协处理器预留的专用访问通道基于 ICB 标准。

为了防止后续指令访问存储器与 NICE 协处理器访问存储器形成竞争死锁，NICE 协处理器在接收到 NICE 协处理器的请求通道发送过来的指令后进行译码，如果发现指令是需要访问存储器资源的协处理器指令，则需立即将存储器独占信号（nice_mem_holdup）设置为高电平，之后主处理器将会阻止后续的指令继续访问存储器资源。

当需要访问存储器时，NICE 协处理器使用其存储器请求通道向主处理器的 LSU 发起请求。存储器请求通道中的信息包括需要访问的存储器地址，访问是读或写操作。如果访问是读操作，意味着对主处理器进行 32 位对齐的一次读操作；如果访问是写操作，则通过存储器请求通道中的字节大小信号来控制写操作的数据以及位宽。

主处理器的 LSU 在完成存储器读写操作后，通过 NICE 协处理器的存储器反馈通道向 NICE 协处理器反馈。如果访问是读操作，存储器反馈通道中的信息包括返回的读数据和本次读操作是否发生了错误；如果访问是写操作，存储器反馈通道中的信息仅包含本次写操作是否发生了错误。

由于 NICE 协处理器和主处理器中 LSU 接口的 ICB 采取的是 Valid-Ready 方式的同步握手接口，因此只要主处理器的 LSU 允许连续多次访问存储器，NICE 协处理器就可以连续多次发送多个存储器读写请求。

NICE 协处理器在完成对存储器的访问后，需将存储器独占信号（nice_mem_holdup）拉低，之后主处理器将会释放 LSU，允许后续的指令继续访问存储器资源。

16.3.5　NICE 协处理器的接口时序

本节将描述 NICE 协处理器的接口时序。

主处理器通过 NICE 协处理器的请求通道向 NICE 协处理器派发指令，协处理器需要多个周期才能返回结果，且协处理器是阻塞式的，因此它不能接收新的指令（将 nice_req_ready 信号拉低），直至其通过 NICE 协处理器的反馈通道返回计算结果且结果被主处理器接收。NICE 协处理器访问存储器多个周期返回的结果如图 16-4 所示。

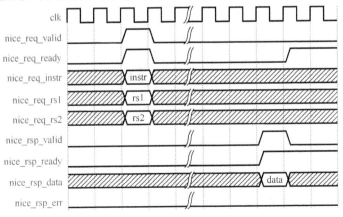

图 16-4　NICE 协处理器访问存储器多个周期返回的结果

　　主处理器通过 NICE 协处理器的请求通道向 NICE 协处理器派发指令，若协处理器译码出该指令需要访问存储器，则将信号 nice_mem_holdup 拉高，NICE 协处理器通过存储器请求通道向主处理器的 LSU 发起写请求，主处理器通过存储器反馈通道在下一个周期返回写操作结果。当指令执行结束后，NICE 协处理器将 nice_mem_holdup 信号拉低。NICE 协处理器访问存储器一个周期返回的结果如图 16-5 所示。

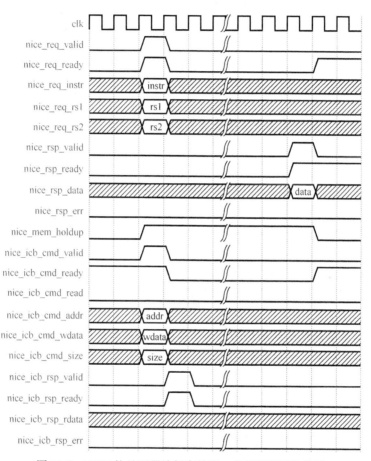

图 16-5　NICE 协处理器访问存储器一个周期返回的结果

　　主处理器通过 NICE 协处理器的请求通道向 NICE 协处理器派发指令，若 NICE 协处理器译码出该指令需要访问存储器，则将信号 nice_mem_holdup 拉高，NICE 协处理器通过存储器请求通道向主处理器的 LSU 发起连续读请求，主处理器通过存储器反馈通道返回多个读结果。当指令执行结束后，NICE 协处理器将 nice-mem-holdup 信号拉低。协处理器访问存储器返回的多个读结果如图 16-6 所示。

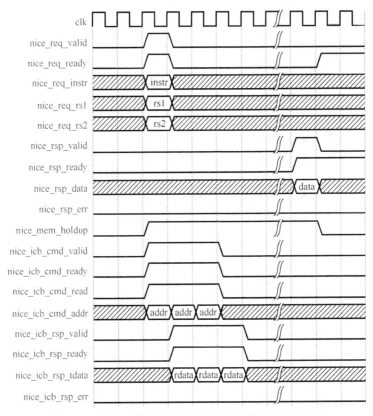

图 16-6　协处理器连续访问存储器返回的多个读结果

　　主处理器通过 NICE 协处理器的请求通道向 NICE 协处理器派发指令，若 NICE 协处理器译码出该指令需要访问存储器，则将信号 nice_mem_holdup 拉高，NICE 协处理器通过存储器请求通道向主处理器的 LSU 发起连续读请求，主处理器通过存储器反馈通道返回多次读的结果，但是结果指示读存储器时发生了错误。指令执行结束后，NICE 协处理器将 nice_mem_holdup 信号拉低，并通过反馈通道返回错误标志。NICE 协处理器访问存储器读多个数据返回的错误标志如图 16-7 所示。

　　主处理器通过 NICE 协处理器的请求通道向 NICE 协处理器派发指令，若 NICE 协处理器译码出该指令是非法指令，它通过反馈通道返回错误标志。NICE 协处理器非法指令返回的错误标志如图 16-8 所示。

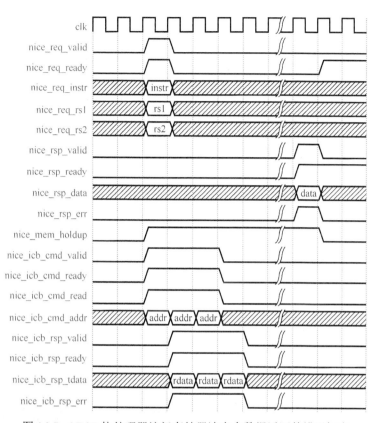

图 16-7　NICE 协处理器访问存储器读多个数据返回的错误标志

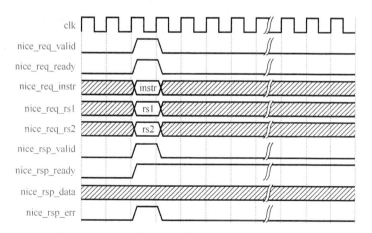

图 16-8　NICE 协处理器非法指令返回的错误标志

16.4 蜂鸟 E203 处理器的协处理器参考示例

本节将通过实际的参考示例，阐述蜂鸟 E203 处理器如何使用 NICE 机制定义并实现一个协处理器。

16.4.1 示例协处理器的实现需求

假设有一个 3 行 3 列的矩阵按顺序存储在存储器中，矩阵的每个元素都是 32 位的整数，参考示例如图 16-9 所示。你需要对该矩阵进行如下操作。

- 计算逐行的累加和，由于有 3 行，因此你可以得出 3 个累加的结果，分别是 Rowsum1、Rowsum2、Rowsum3。
- 计算逐列的累加和，由于有 3 列，因此你可以得出 3 个累加的结果，分别是 Colsum1、Colsum2、Colsum3。

如果采用常规的 C 程序进行计算，则需要采用循环方式，按行读取各个元素，然后将各个元素相加，得到各行的累加和，接着采取循环方式，按列读取各个元素，接下来将各个元素相加，得到各列的累加和。具体程序如图 16-10 所示。

$$\begin{bmatrix} 10 & 20 & 30 \\ 20 & 30 & 40 \\ 30 & 40 & 50 \end{bmatrix}$$

图 16-9　3×3 矩阵

```
Start_Timer();

for (i = 0; i < msize; i++){
  rawsum[i] = 0;
  for (j = 0; j < msize; j++){
    rawsum[i] = rawsum[i] + matrix[i][j];
  }
}

for (i = 0; i < msize; i++){
  colsum[i] = 0;
  for (j = 0; j < msize; j++){
    colsum[i] = colsum[i] + matrix[j][i];
  }
}

Stop_Timer();

User_Time = End_Time - Begin_Time;
```

图 16-10　用 C 程序计算矩阵行与列的累加和

C 程序转换成汇编代码需要消耗较多的指令，C 程序编译后的汇编程序如图 16-11 所示。理论上，该程序需要完整地从存储器中读取矩阵元素两次，第一次用于计算行累加和，第二次用于计算列累加和，因此需要总共 3×3×2 次存储器读操作。此外，该程序还需要指令参与循环控制、累加计算等。该程序总计需要上百个指令周期才能完成全部运算。

```
80002150:    429c        lw    a5,0(a3)
80002152:    42c8        lw    a0,4(a3)
80002154:    468c        lw    a1,8(a3)
80002156:    06b1        addi  a3,a3,12
80002158:    97aa        add   a5,a5,a0
8000215a:    97ae        add   a5,a5,a1
8000215c:    c21c        sw    a5,0(a2)
8000215e:    0611        addi  a2,a2,4
80002160:    fed818e3    bne   a6,a3,80002150 <main+0x68>
80002164:    474c        lw    a1,12(a4)
80002166:    4f10        lw    a2,24(a4)
80002168:    4785        li    a5,1
8000216a:    0040        addi  s0,sp,4
8000216c:    97ae        add   a5,a5,a1
8000216e:    86a2        mv    a3,s0
80002170:    97b2        add   a5,a5,a2
80002172:    c29c        sw    a5,0(a3)
80002174:    1028        addi  a0,sp,40
80002176:    0711        addi  a4,a4,4
80002178:    0691        addi  a3,a3,4
8000217a:    00e50c63    beq   a0,a4,80002192 <main+0xaa>
8000217e:    431c        lw    a5,0(a4)
80002180:    474c        lw    a1,12(a4)
80002182:    4f10        lw    a2,24(a4)
80002184:    0711        addi  a4,a4,4
80002186:    97ae        add   a5,a5,a1
80002188:    97b2        add   a5,a5,a2
8000218a:    c29c        sw    a5,0(a3)
8000218c:    0691        addi  a3,a3,4
8000218e:    fee518e3    bne   a0,a4,8000217e <main+0x96>
```

图 16-11   C 程序编译后的汇编程序

16.4.2 示例协处理器的自定义指令

为了提高性能和能效比，开发人员将矩阵操作定义成协处理器指令。表 16-4 展示了示例协处理器的 3 条指令，它们分别是 clw、csw 和 cacc。

表 16-4   示例协处理器的 3 条指令

示例协处理器的 3 条指令	说　　明	编　　码
clw	从内存中加载数据至行数据缓存	<ul><li>Opcode 指明使用 Custom3 指令组</li><li>若 xd 位的值为 0，表示此指令不需要写回结果至 rd 寄存器</li><li>若 xs1 位的值为 1，表示此指令需要读取操作数 rs1。操作数 rs1 的值为 Load 操作的内存地址</li><li>若 xs2 位的值为 0，表示此指令不需要读取操作数 rs2</li><li>若 funct7 的值为 1，用该值编码 clw 指令</li></ul>
csw	从行数据缓存中存储数据至内存	<ul><li>Opcode 指明使用 Custom3 指令组</li><li>若 xd 位的值为 0，表示此指令不需要写回结果至 rd 寄存器</li><li>若 xs1 位的值为 1，表示此指令需要读取操作数 rs1。操作数 rs1 的值为 Store 操作的内存地址</li><li>若 xs2 位的值为 0，表示此指令不需要读取操作数 rs2</li><li>若 funct7 的值为 2，用该值编码 csw 指令</li></ul>
cacc	用于计算行累加值，并通过结果寄存器返回累加值	<ul><li>Opcode 指明使用 Custom3 指令组</li><li>若 xd 位的值为 1，表示此指令需要通过写回结果至 rd 寄存器</li><li>若 xs1 位的值为 1，表示此指令需要读取操作数 rs1。操作数 rs1 的值为矩阵行首的地址</li><li>若 xs2 位的值为 0，表示此指令不需要读取操作数 rs2</li><li>若 funct7 的值为 6，用该值编码 cacc 指令</li></ul>

在协处理器中，实现了一个 12 字节的行缓存，用来存储 3 个列累加值。每次通过 cacc 指令计算行累加值时，也会将该行的 3 个元素与存储在行缓存中的 3 个值分别进行相加，因而当完成全部行累加运算时，列累加运算同时完成，只需通过 csw 指令将行缓存中的结果读出即可。需要注意的是，在每次进行矩阵运算前，需要使用 clw 指令对行缓存进行初始化。

16.4.3 示例协处理器的硬件实现

示例协处理器的硬件实现框图如图 16-12 所示，它主要由控制模块和累加器模块组成。控制模块主要负责和主处理器通过 NICE 协处理器的接口进行交互，并调用累加器进行累加运算。累加器的实现框图如图 16-13 所示，它主要负责数据累加运算。

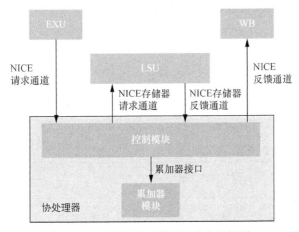

图 16-12　示例协处理器的硬件实现框图

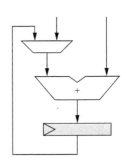

图 16-13　示例协处理器中累加器的实现框图

完整的实现代码可参见 GitHub 上 e203_hbirdv2 项目的 e203_subsys_nice_core.v 文件，e203_hbirdv2 项目的结构如下。

```
e203_hbirdv2
    |----rtl                                  //存放 RTL 的目录
        |----e203                             //E203 处理器核和 SoC 的 RTL 目录
            |----subsys                       //存放 SoC 外设模块的 RTL 代码
                |----e203_subsys_nice_core.v  //示例协处理器模块
```

16.4.4 示例协处理器的软件驱动

要将所实现的示例协处理器应用起来，需要在 C 程序中内嵌汇编指令的调用，从而完成协处理器的相关驱动配置。

RISC-V 架构的汇编代码中用户自定义指令需要通过伪指令 .insn 来实现，对于 R 类型指令，.insn 的使用格式如下。

```
.insn  r  opcode,  func3,  func7,  rd,  rs1,  rs2
```

其中，.insn 用于告知编译器当前的指令是.insn 形式的指令，r 用于表示指令类型为 R-type，opcode、func3、func7、rd、rs1 和 rs2 分别对应图 16-14 中 R 类型指令格式的各位域。

图 16-14 R 类型指令格式

因此，示例协处理所定义的 clw、csw、cacc 指令的表示方式分别如下。

```
.insn  r  0x7b,  2,  1,  x0,  %1,  x0
.insn  r  0x7b,  2,  2,  x0,  %1,  x0
.insn  r  0x7b,  6,  6,  %0,  %1,  x0
```

其中，0x7b 为 Custom3 指令的编码。

自定义指令的汇编代码确定后，将其采用内嵌汇编的方式封装为 C 接口函数，在后续的应用程序中只需按照 C 语言的规则进行调用即可。示例协处理器的自定义指令封装后的 C 接口函数分别表示如下。

```
inline void custom_lbuf(int addr)
{
   int zero=0;
   asm volatile(
     ".insn r 0x7b, 2, 1, x0, %1, x0"
         :"=r"(zero)
         :"r"(addr)
);
}

inline void custom_sbuf(int addr)
{
   int zero=0;
   asm volatile(
     ".insn r 0x7b, 2, 2, x0, %1, x0"
         :"=r"(zero)
         :"r"(addr)
);
}

inline void custom_rowsum(int addr)
{
   int rowsum;
   asm volatile(
     ".insn r 0x7b, 6, 6, %0, %1, x0"
```

```
            :"=r"(rowsum)
            :"r"(addr)
  );
  return rowsum;
  }
```

16.4.5 示例协处理器的性能分析

以图 16-9 中的矩阵为例，将采用 NICE 协处理器的硬件实现与常规软件实现这两种方式
进行对比。二者的实现代码如下所示。

```c
//常规软件实现
int normal_case(unsigned int array[ROW_LEN][COL_LEN])
{
  volatile unsigned char i=0, j=0;
  volatile unsigned int col_sum[COL_LEN]={0};
  volatile unsigned int row_sum[ROW_LEN]={0};
  volatile unsigned int tmp=0;
  for (i = 0; i < ROW_LEN; i++)
  {
    tmp = 0;
    for (j = 0; j < COL_LEN; j++)
    {
      col_sum[j] += array[i][j];
      tmp += array[i][j];
    }
    row_sum[i] = tmp;
  }
#ifdef _DEBUG_INFO_
  printf ("the element of array is :\n\t");
  for (i = 0; i < ROW_LEN; i++) printf("%d\t", array[0][i]); printf("\n\t");
  for (i = 0; i < ROW_LEN; i++) printf("%d\t", array[1][i]); printf("\n\t");
  for (i = 0; i < ROW_LEN; i++) printf("%d\t", array[2][i]); printf("\n\n");
  printf ("the sum of each row is :\n\t\t");
  for (i = 0; i < ROW_LEN; i++) printf("%d\t", row_sum[i]); printf("\n");
  printf ("the sum of each col is :\n\t\t");
  for (j = 0; j < COL_LEN; j++) printf("%d\t", col_sum[j]); printf("\n");
#endif
  return 0;
}


//使用 NICE 协处理器的硬件实现
int nice_case(unsigned int array[ROW_LEN][COL_LEN])
{
  volatile unsigned char i, j;
  volatile unsigned int col_sum[COL_LEN]={0};
  volatile unsigned int row_sum[ROW_LEN]={0};
  volatile unsigned int init_buf[3]={0};
```

```
  custom_lbuf((int)init_buf);
  for (i = 0; i < ROW_LEN; i++)
  {
    row_sum[i] = custom_rowsum((int)array[i]);
  }
  custom_sbuf((int)col_sum);
#ifdef _DEBUG_INFO_
  printf ("the element of array is :\n\t");
  for (i = 0; i < ROW_LEN; i++) printf("%d\t", array[0][i]); printf("\n\t");
  for (i = 0; i < ROW_LEN; i++) printf("%d\t", array[1][i]); printf("\n\t");
  for (i = 0; i < ROW_LEN; i++) printf("%d\t", array[2][i]); printf("\n\n");
  printf ("the sum of each row is :\n\t\t");
  for (i = 0; i < ROW_LEN; i++) printf("%d\t", row_sum[i]); printf("\n");
  printf ("the sum of each col is :\n\t\t");
  for (j = 0; j < COL_LEN; j++) printf("%d\t", col_sum[j]); printf("\n");
#endif
  return 0;
}
```

在关闭编译器优化选项且在执行过程中打开调试信息输出的情况下，二者的对比结果如图 16-15 所示。由此可以看出，NICE 协处理器成功实现了所需的功能，且相较于纯软件实现而言，在执行的指令数与占用的时钟周期数两方面均有明显的改善。

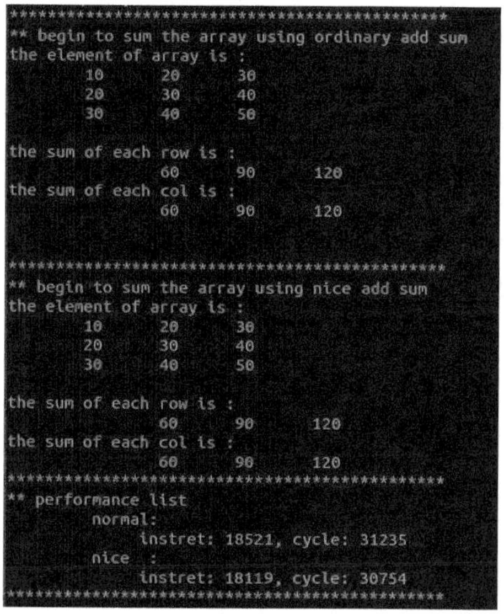

图 16-15　对比结果

表 16-5 所列数据为编译器在不同优化级别下，关闭执行过程中相关调试信息输出后二者的性能对比。

表 16-5   使用示例协处理器与不使用示例协处理器的性能对比

对比项	O0+Debug		O0		O1		O2	
	指令数	时钟周期数	指令数	时钟周期数	指令数	时钟周期数	指令数	时钟周期数
常规软件实现	18521	31235	656	805	407	509	390	479
采用NICE协处理器的硬件实现	18119	30754	256	325	98	148	94	142

其中，O0+Debug 表示含有调试信息输出且关闭编译器优化选项，O0～O2 分别对应关闭调试信息输出的情况下不同的编译器优化级别。从表中可看出，NICE 协处理器在性能上能带来 2～4 倍的提升，并且可以预见的是，所涉及的矩阵越大，性能的提升越明显。

本节仅对性能测试实验和测试结果进行了介绍与分析，实验的完整代码可参见 Nuclei Board Labs 中的 demo_nice 例程，它在 nuclei-board-labs 项目中的具体目录结构如下。

```
nuclei-board-labs                        //存放 Nuclei Board Labs 的目录
    |----e203_hbirdv2                     //存放蜂鸟 E203 MCU 软件示例的目录
        |----common                       //存放通用示例程序的目录
            |----demo_nice                //存放示例协处理器实验的源代码
```

Nuclei Board Labs 是芯来科技为其所推出的硬件平台配备的应用例程实验包。Nuclei Board Labs 的源代码同时托管在 GitHub 网站和 Gitee 网站上，请在 GitHub/Gitee 中搜索 "nuclei-board-labs" 查看。对于蜂鸟 E203 处理器而言，Nuclei Board Labs 基于蜂鸟 E203 处理器配套的开源软件平台 HBird SDK 进行应用程序开发。感兴趣的读者可以在了解 hbird-sdk 的使用后进行实际的测试运行。关于 hbird-sdk 的详细介绍和使用，请参见《手把手教你 RISC-V CPU（下）——工程与实践》。

第三部分

开发实战

第 17 章　先冒个烟——运行 Verilog 仿真测试

本章将介绍在蜂鸟 E203 开源平台中如何运行 Verilog 仿真测试。注意，为了能够跟随本章介绍的内容重现相关仿真环境，你需要具备 Linux 命令行以及 Makefile 脚本的基本知识。

17.1　E203 开源项目的代码层次结构

蜂鸟 E203 开源项目托管于 GitHub。GitHub 是一个免费的项目托管网站，任何用户无须注册即可从该网站上下载源代码，很多的开源项目将源代码托管于此。要查看蜂鸟 E203 开源项目，请在 GitHub 中搜索"e203_hbirdv2"。

考虑到国内用户访问的便捷性，蜂鸟 E203 开源项目同时托管在 Gitee 网站上，在 Gitee 中搜索"e203_hbirdv2"即可查看该项目的信息（见图 17-1）。

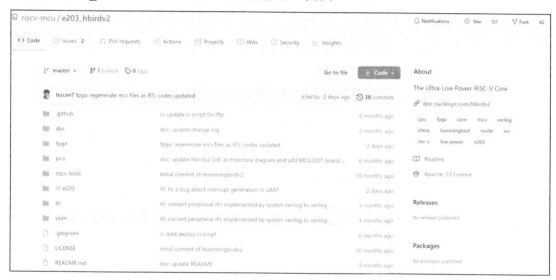

图 17-1　查看蜂鸟 E203 开源项目的信息

在该网址的 e203_hbirdv2 目录下，文件的层次结构如下所示。

```
e203_hbirdv2
    |----rtl                        //存放 RTL 的目录
        |----e203                   //E203 处理器核和 SoC 的 RTL 目录
            |----general            //存放一些通用的 RTL 代码
            |----core               //存放 E203 处理器核的 RTL 代码
            |----fab                //存放总线结构的 RTL 代码
            |----subsys             //存放完整子系统顶层的 RTL 代码
            |----mems               //存放存储器模块的 RTL 代码
            |----perips             //存放外设模块的 RTL 代码
            |----debug              //存放调试相关模块的 RTL 代码
```

```
                    |----soc              //存放 E203 SoC 顶层的 RTL 代码
          |----tb                         //存放 Verilog 测试平台的目录
               |----tb_top.v              //简单的 Verilog 测试平台的顶层文件
          |----vsim                       //运行仿真测试的目录
               |----bin                   //存放脚本的文件夹
               |----Makefile              //运行的 Makefile
          |----fpga                       //存放 FPGA 项目和脚本的目录
          |----riscv-tools                //存放所需 riscv-tests 的目录
          |----README.md                  //说明文件
```

rtl 目录包含了大量的源代码，主要为开源蜂鸟 E203 处理器核和配套 SoC 的 Verilog RTL 源代码文件。关于处理器核部分的具体代码，请参见 5.5 节。关于配套 SoC 的信息，请参见 4.4 节。

17.2 E203 开源项目的测试用例

读者可能注意到在上一节所述的 riscv-tools 与 RISC-V 架构开发者维护的 riscv-tools 项目（见 GitHub 网站）同名。RISC-V 架构开发者维护的 riscv/riscv-tools 目录包括了 RISC-V 仿真器和测试套件等，详细介绍请参见 2.3 节。

e203_hbirdv2 项目下的 riscv-tools 目录仅包含 riscv-tests，放置该目录于此是因为 RISC-V 架构开发者式维护的 riscv/riscv-tools 在不断更新，而 e203_hbirdv2 下的 riscv-tools 仅用于运行自测试用例，因此无须使用最新版本。此外，开发人员还对其进行了适当修改，为它添加了更多的测试用例，且生成了更多的日志文件。

17.2.1 riscv-tests 自测试用例

所谓自测试用例（self-check test case）是一种能够自动检测运行成功还是失败的测试程序。riscv-test 是由 RISC-V 架构开发者维护的开源项目，包含一些测试处理器是否符合指令集架构定义的测试程序，这些测试程序均用汇编语言编写。

注意：e203_hbirdv2 下的 riscv-tests 目录复制于原始的 riscv-test 项目（请在 GitHub 中搜索 "riscv/riscv-tests"），在此基础上添加了更多的测试用例，生成了更多的日志文件。

此类汇编测试程序将某些宏定义组织成程序，测试指令集架构中定义的指令。如图 17-2 所示，为了测试 add 指令（源代码文件为 isa/rv64ui/add.S），让两个数据相加（如 0x0000003 和 0x00000007），设定它期望的结果（如 0x0000000a）。然后使用比较指令加以判断。假设 add 指令的执行结果的确与期望的结果相等，则程序继续执行；假设与期望的结果不相等，则程序直接使用 jump 指令跳到 TEST_FAIL；假设所有的测试都通过，则程序一直执行到 TEST_PASS。

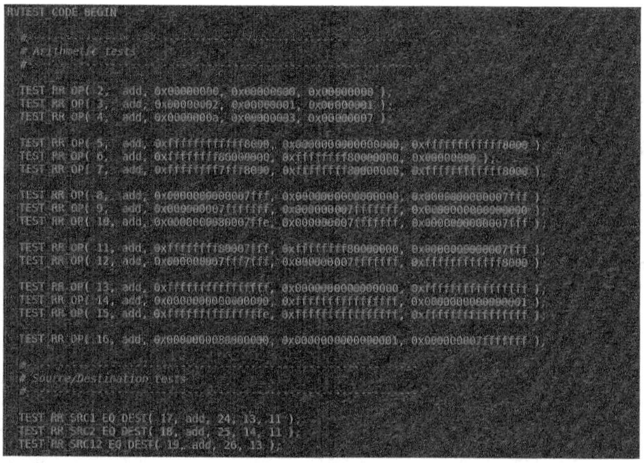

图 17-2　riscv-tests 测试用例中测试 add 指令的片段

在 TEST_PASS 处，程序将设置 x3 寄存器的值为 1；而在 TEST_FAIL 处，程序将 x3 寄存器的值设置为非 1 值。因此，最终可以通过判断 x3 寄存器的值来界定程序的运行结果到底是成功还是失败。

17.2.2　编译 ISA 自测试用例

riscv-tests 中的指令集架构（ISA）测试用例都使用汇编语言编写。为了在仿真阶段能够被处理器执行，需要将这些汇编程序编译成二进制代码。在 e203_hbirdv2 项目的 generated 文件夹中，已经预先上传了一组编译完毕的可执行文件和反汇编文件，以及能够被 Verilog 的 readmemh 函数读入的文件。

```
e203_hbirdv2
     |----riscv-tools              //存放所需 riscv-tools 的目录
         |----riscv-tests          //存放一些测试用例的目录
             |----isa
                |---generated              //编译好的 tests 文件夹
                    |----rv32ui-p-addi          //编译出的 elf 文件
                    |----rv32ui-p-addi.dump     //反汇编文件
                    |----rv32ui-p-addi.verilog  //可被 Verilog 的 readmemh
                                                //函数读入的文件
               ...
```

例如，反汇编文件（如 rv32ui-p-addi.dump）的内容片段如图 17-3 所示。

例如，Verilog 的 readmemh 函数能够读入的文件（如 rv32ui-p-addi.verilog）的内容片段如图 17-4 所示。

用户如果修改了汇编程序的源代码并且需要重新编译，就需要遵循以下步骤。

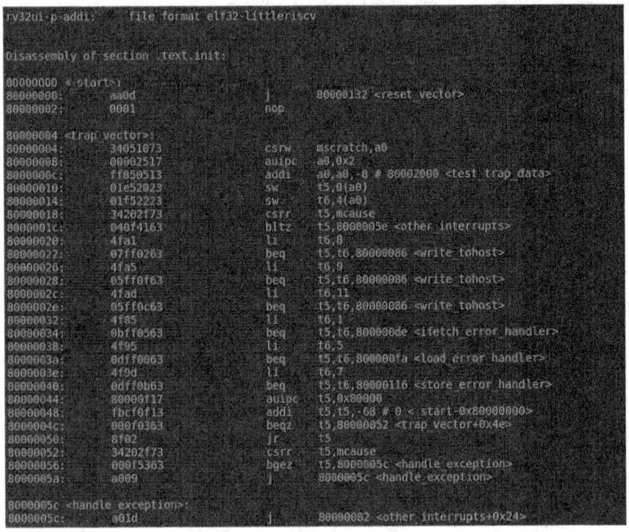

图 17-3 反汇编文件的内容片段

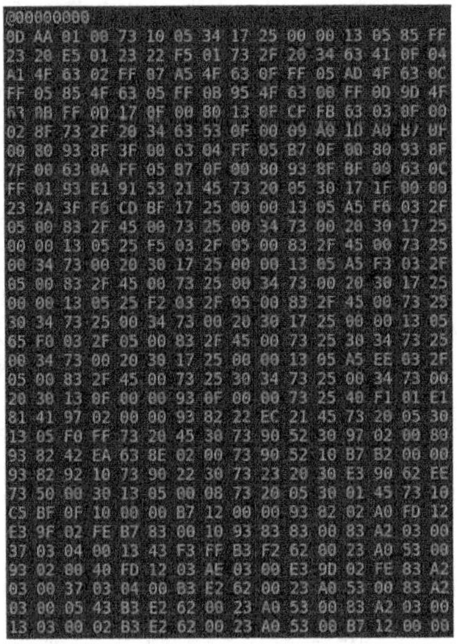

图 17-4 Verilog 的 readmemh 函数可读入的文件的内容片段

注意：下列步骤的完整描述也记载于 RV MCU 开放社区的大学计划版块中所维护的 Hbirdv2 Doc 文档。

（1）准备好编程环境。对于企业，建议选择服务器环境；对于个人，推荐如下配置。

- 若你使用 VMware 虚拟机，建议在计算机上安装虚拟的 Linux 操作系统。
- 在 Linux 操作系统的众多版本中，推荐使用 Ubuntu 18.04 版本的 Linux 操作系统。

有关如何安装 VMware 以及 Ubuntu 操作系统，本书不做介绍，有关 Linux 系统的基本使用方法，本书也不做介绍，请读者自行查阅资料。

（2）为了防止后续步骤中出现错误，最好使用如下命令将很多工具包先安装在 Ubuntu 18.04 系统中。

```
sudo apt-get install autoconf automake autotools-dev curl device-tree-compiler
    libmpc-dev libmpfr-dev libgmp-dev gawk build-essential bison flex texinfo
    gperf libtool patchutils bc zlib1g-dev
```

（3）使用如下命令，将 e203_hbirdv2 项目下载到本机 Linux 环境中。

```
git clone ******://github.***/riscv-mcu/e203_hbirdv2.git e203_hbirdv2
        //经过此步骤，本机上即可具有
        //e203_hbirdv2 文件夹，假设该文件夹所在目录为<your_e203_dir>，后文将使用该缩写
```

（4）由于编译汇编程序需要使用到 GNU 工具链（假设使用完整的 riscv-tools 来自己编译 GNU 工具链则费时费力），因此本书推荐使用预先已经编译好的 GCC 工具链。用户可以在芯来科技官方网站的文档与工具页面中下载 "RISC-V GNU Toolchain"，得到压缩包 rv_ linux_bare_9.21_centos64.tgz.bz2，然后解压（注意，由芯来科技所提供的编译好的工具链会不断更新，因此请使用最新版本）。

```
cp rv_linux_bare_9.21_centos64.tgz.bz2 ~/
        //将压缩包复制到用户的根目录下


cd ~/
tar -xjvf rv_linux_bare_9.21_centos64.tgz.bz2
        //进入根目录并解压该压缩包
        //解压后可以看到一个生成的 rv_linux_bare_19-12-11-07-12 文件夹



cd <your_e203_dir>/
        //进入 e203_hbirdv2 项目的目录

mkdir -p ./riscv-tools/prebuilt_tools/prefix/bin
        //在 e203_hbirdv2 项目的目录下创建上述这个 bin 目录

cd ./riscv-tools/prebuilt_tools/prefix/bin/
        //进入这个新建的 bin 目录



ln -s ~/rv_linux_bare_19-12-11-07-12/bin/* .
        //以用户根目录下压缩包中 bin 目录下的所有可执行文件作为软链接链接到
        //./riscv-tools/prebuilt_tools/prefix/bin/目录
```

（5）运行代码后可能会出现如下错误。

```
"Syntax error:Bad fd number"
```

注意：这个错误可能是由于在 Ubuntu 18.04 中/bin/sh 被链接到了/bin/dash 而不是 /bin/bash。如果果真如此，请用以下命令进行修改。

```
sudo mv /bin/sh /bin/sh.orig
sudo ln -s /bin/bash /bin/sh
```

（6）在 riscv-tools/riscv-tests/isa 目录下运行 source regen.sh 命令，编译出的文件将在 generated 文件夹中重新生成。

注意：如果用户没有修改任何的汇编测试程序的源代码，直接运行此 source regen.sh 时，Makefile 认为没有更新，什么都不用做（显示"make: Nothing to be done for default"）。如果用户修改了代码，假设用户修改了上文中提到的 isa/rv64ui/add.S（必须同时修改 isa/rv32ui/add.S，在其中随便添加一个空格，否则 Makefile 的依赖关系无法追踪间接包含的源代码改动），那么运行 source regen.sh 后，在 generated 文件夹下的相关 rv32ui-p-addi*文件将会被重新生成。

17.3 E203 开源项目的测试平台

在 e203_hbirdv2 项目的如下目录中，我们已经创建了一个由 Verilog 编写的简单测试平台。

```
e203_hbirdv2
    |----tb                          //存放测试平台的目录
        |----tb_top.v                //简单的测试平台的顶层文件
```

测试平台主要的功能如下。

- 例化 DUT 文件，生成 clock 和 reset 信号。
- 根据运行的命令解析出测试用例的名称，并使用 Verilog 的 readmemh 函数读入相应的文件（如 rv32ui-p-addi.verilog）内容，然后使用文件中的内容初始化 ITCM（由 Verilog 编写的二维数组充当行为模型），如图 17-5 所示。
- 在运行结束后分析该测试用例是否执行成功，在测试平台的源文件中对 x3 寄存器的值进行判断。如果 x3 寄存器的值为 1，则意味着通过，在终端将输出 PASS 字样；否则，将输出 FAIL 字样，如图 17-6 所示。

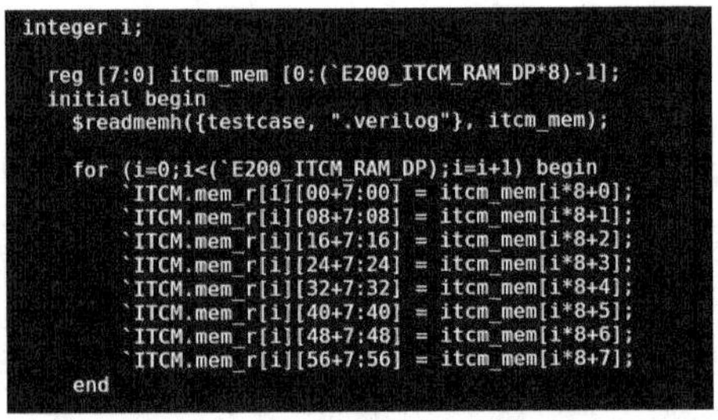

图 17-5 使用 Verilog 的 readmemh 函数读入的文件初始化 ITCM

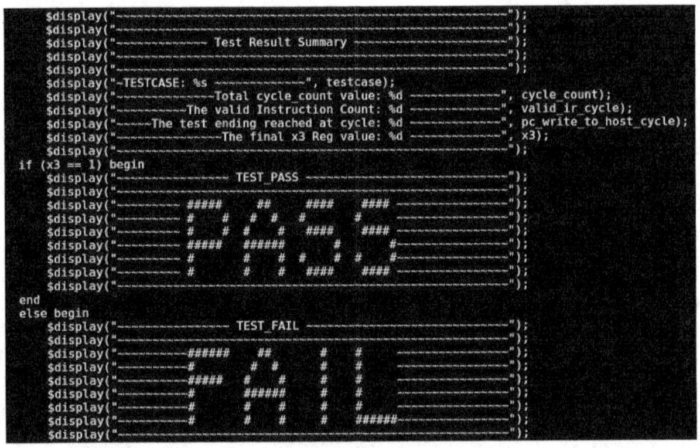

图 17-6 在测试平台的终端输出测试用例的结果

17.4 在测试平台中运行测试用例

感兴趣的读者若希望能够运行仿真测试程序，可以使用如下步骤进行。

注意： 下列步骤的完整描述也记载于 RV MCU 开放社区的大学计划版块中所维护的 Hbirdv2 Doc 文档。

（1）准备好编程环境。对于公司，建议使用服务器环境；对于个人，推荐如下配置。

- 若你使用 VMware 虚拟机，建议在计算机上安装虚拟的 Linux 操作系统。
- 在 Linux 操作系统的众多版本中，推荐使用 Ubuntu 18.04 版本的 Linux 操作系统。

（2）使用如下命令，将 e203_hbirdv2 项目下载到本机 Linux 环境中。

```
git clone *****://github.***/riscv-mcu/e203_hbirdv2.git e203_hbirdv2
        //经过此步骤，本机上即可具有
        //e203_hbirdv2 项目的文件夹，假设该项目所在目录为<your_e203_dir>，后文将使用
        //该缩写
```

（3）使用如下命令，编译 RTL 代码。

```
cd <your_e203_dir>/vsim
        //进入 e203_hbirdv2 项目所在文件夹下面的 vsim 目录

make install
        //运行该命令会在 vsim 目录下生成一个 install 子文件夹，在其中放置仿真所需的文件

make compile SIM=vcs
        //选择 VCS 工具，编译处理器核和 SoC 的 RTL 代码
        //若选择 iVerilog 工具，则将上述命令中 vcs 更改为 iverilog
```

注意：在此步骤中，编译 Verilog 代码需要使用到仿真工具，蜂鸟 E203 处理器的仿真环境支持 VCS 和 iVerilog 两款工具，这两款工具可通过 Makefile 的 SIM 参数进行选择，如图 17-7 所示。因此在运行仿真前，请确保运行环境中已安装 VCS 仿真工具或者 iVerilog 仿真工具，若安装 iVerilog 仿真工具，请确保其版本号为 V12.0。

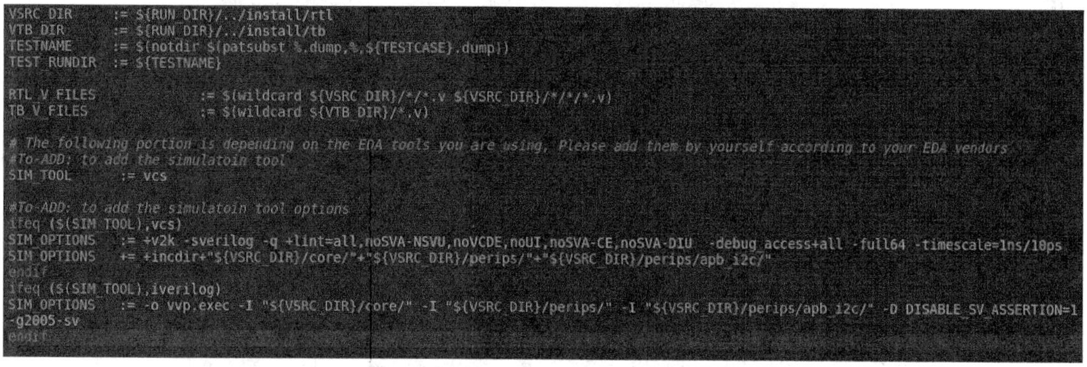

```
VSRC_DIR    := ${RUN_DIR}/../install/rtl
VTB_DIR     := ${RUN_DIR}/../install/tb
TESTNAME    := $(notdir $(patsubst %.dump,%,${TESTCASE}.dump))
TEST_RUNDIR := ${TESTNAME}

RTL_V_FILES         := $(wildcard ${VSRC_DIR}/*/*.v ${VSRC_DIR}/*/*/*.v)
TB_V_FILES          := $(wildcard ${VTB_DIR}/*.v)

# The following portion is depending on the EDA tools you are using, Please add them by yourself according to your EDA vendors
#To-ADD: to add the simulatoin tool
SIM_TOOL    := vcs

#To-ADD: to add the simulatoin tool options
ifeq ($(SIM_TOOL),vcs)
SIM_OPTIONS    := +v2k -sverilog -q +lint=all,noSVA-NSVU,noVCDE,noUI,noSVA-CE,noSVA-DIU -debug_access+all -full64 -timescale=1ns/10ps
SIM_OPTIONS    += +incdir+"${VSRC_DIR}/core/"+"${VSRC_DIR}/perips/"+"${VSRC_DIR}/perips/apb_i2c/"
endif
ifeq ($(SIM_TOOL),iverilog)
SIM_OPTIONS    := -o vvp.exec -I "${VSRC_DIR}/core/" -I "${VSRC_DIR}/perips/" -I "${VSRC_DIR}/perips/apb_i2c/" -D DISABLE_SV_ASSERTION=1
-g2005-sv
endif
```

图 17-7 仿真工具的设置

（4）使用如下命令，运行默认的一个测试用例。

```
make run_test SIM=vcs
        //选择 VCS 工具，运行仿真测试
        //若选择 iVerilog 工具，则将上述命令中 vcs 更改为 iverilog
```

注意：make run_test 将运行 e203_hbirdv2/riscv-tools/riscv-tests/isa/generated 目录中的一个默认测试用例，如果希望运行所有的回归测试用例，请参见步骤（5）。

（5）使用如下命令，运行所有回归（regression）测试用例。

```
make regress_run SIM=vcs
        //选择 VCS 工具，运行回归测试集
        //若选择 iVerilog 工具，则将上述命令中 vcs 更改为 iverilog
        //该命令使用 e203_hbirdv2/riscv-tools/riscv-tests/isa/generated
        //目录中 E203 处理器核的测试用例，逐个运行回归测试用例
```

（6）使用以下命令查看回归测试的结果。

```
make regress_collect
```

该命令将收集步骤（5）中运行的测试集的结果，并输出若干行的结果，每一行对应一个测试用例。如果测试用例通过，则输出 PASS；如果运行失败，则输出 FAIL。运行回归测试的结果如图 17-8 所示。

```
PASS /home/jaydenhu/hbirdv2_dev/e203_hbirdv2/vsim/run/rv32mi-p-scall/rv32mi-p-scall.log
PASS /home/jaydenhu/hbirdv2_dev/e203_hbirdv2/vsim/run/rv32mi-p-breakpoint/rv32mi-p-breakpoint.log
PASS /home/jaydenhu/hbirdv2_dev/e203_hbirdv2/vsim/run/rv32ui-p-add/rv32ui-p-add.log
PASS /home/jaydenhu/hbirdv2_dev/e203_hbirdv2/vsim/run/rv32ui-p-srl/rv32ui-p-srl.log
PASS /home/jaydenhu/hbirdv2_dev/e203_hbirdv2/vsim/run/rv32mi-p-ma_addr/rv32mi-p-ma_addr.log
PASS /home/jaydenhu/hbirdv2_dev/e203_hbirdv2/vsim/run/rv32ui-p-sll/rv32ui-p-sll.log
PASS /home/jaydenhu/hbirdv2_dev/e203_hbirdv2/vsim/run/rv32ui-p-lh/rv32ui-p-lh.log
PASS /home/jaydenhu/hbirdv2_dev/e203_hbirdv2/vsim/run/rv32ui-p-auipc/rv32ui-p-auipc.log
PASS /home/jaydenhu/hbirdv2_dev/e203_hbirdv2/vsim/run/rv32ui-p-sltu/rv32ui-p-sltu.log
PASS /home/jaydenhu/hbirdv2_dev/e203_hbirdv2/vsim/run/rv32ui-p-lbu/rv32ui-p-lbu.log
PASS /home/jaydenhu/hbirdv2_dev/e203_hbirdv2/vsim/run/rv32mi-p-shamt/rv32mi-p-shamt.log
PASS /home/jaydenhu/hbirdv2_dev/e203_hbirdv2/vsim/run/rv32ui-p-andi/rv32ui-p-andi.log
PASS /home/jaydenhu/hbirdv2_dev/e203_hbirdv2/vsim/run/rv32ui-p-beq/rv32ui-p-beq.log
PASS /home/jaydenhu/hbirdv2_dev/e203_hbirdv2/vsim/run/rv32mi-p-sbreak/rv32mi-p-sbreak.log
PASS /home/jaydenhu/hbirdv2_dev/e203_hbirdv2/vsim/run/rv32ui-p-addi/rv32ui-p-addi.log
PASS /home/jaydenhu/hbirdv2_dev/e203_hbirdv2/vsim/run/rv32mi-p-illegal/rv32mi-p-illegal.log
PASS /home/jaydenhu/hbirdv2_dev/e203_hbirdv2/vsim/run/rv32ui-p-bltu/rv32ui-p-bltu.log
PASS /home/jaydenhu/hbirdv2_dev/e203_hbirdv2/vsim/run/rv32mi-p-ma_fetch/rv32mi-p-ma_fetch.log
PASS /home/jaydenhu/hbirdv2_dev/e203_hbirdv2/vsim/run/rv32ui-p-jal/rv32ui-p-jal.log
PASS /home/jaydenhu/hbirdv2_dev/e203_hbirdv2/vsim/run/rv32ui-p-sw/rv32ui-p-sw.log
PASS /home/jaydenhu/hbirdv2_dev/e203_hbirdv2/vsim/run/rv32ui-p-sub/rv32ui-p-sub.log
PASS /home/jaydenhu/hbirdv2_dev/e203_hbirdv2/vsim/run/rv32ui-p-and/rv32ui-p-and.log
PASS /home/jaydenhu/hbirdv2_dev/e203_hbirdv2/vsim/run/rv32ui-p-xori/rv32ui-p-xori.log
PASS /home/jaydenhu/hbirdv2_dev/e203_hbirdv2/vsim/run/rv32ui-p-slli/rv32ui-p-slli.log
PASS /home/jaydenhu/hbirdv2_dev/e203_hbirdv2/vsim/run/rv32ui-p-sltiu/rv32ui-p-sltiu.log
PASS /home/jaydenhu/hbirdv2_dev/e203_hbirdv2/vsim/run/rv32ui-p-lhu/rv32ui-p-lhu.log
PASS /home/jaydenhu/hbirdv2_dev/e203_hbirdv2/vsim/run/rv32ui-p-bne/rv32ui-p-bne.log
PASS /home/jaydenhu/hbirdv2_dev/e203_hbirdv2/vsim/run/rv32ui-p-lb/rv32ui-p-lb.log
PASS /home/jaydenhu/hbirdv2_dev/e203_hbirdv2/vsim/run/rv32ui-p-sra/rv32ui-p-sra.log
PASS /home/jaydenhu/hbirdv2_dev/e203_hbirdv2/vsim/run/rv32ui-p-simple/rv32ui-p-simple.log
PASS /home/jaydenhu/hbirdv2_dev/e203_hbirdv2/vsim/run/rv32ui-p-lui/rv32ui-p-lui.log
PASS /home/jaydenhu/hbirdv2_dev/e203_hbirdv2/vsim/run/rv32ui-p-sh/rv32ui-p-sh.log
PASS /home/jaydenhu/hbirdv2_dev/e203_hbirdv2/vsim/run/rv32ui-p-sb/rv32ui-p-sb.log
PASS /home/jaydenhu/hbirdv2_dev/e203_hbirdv2/vsim/run/rv32ui-p-blt/rv32ui-p-blt.log
PASS /home/jaydenhu/hbirdv2_dev/e203_hbirdv2/vsim/run/rv32mi-p-mcsr/rv32mi-p-mcsr.log
PASS /home/jaydenhu/hbirdv2_dev/e203_hbirdv2/vsim/run/rv32ui-p-or/rv32ui-p-or.log
PASS /home/jaydenhu/hbirdv2_dev/e203_hbirdv2/vsim/run/rv32ui-p-bgeu/rv32ui-p-bgeu.log
PASS /home/jaydenhu/hbirdv2_dev/e203_hbirdv2/vsim/run/rv32ui-p-xor/rv32ui-p-xor.log
PASS /home/jaydenhu/hbirdv2_dev/e203_hbirdv2/vsim/run/rv32ui-p-slti/rv32ui-p-slti.log
PASS /home/jaydenhu/hbirdv2_dev/e203_hbirdv2/vsim/run/rv32ui-p-jalr/rv32ui-p-jalr.log
PASS /home/jaydenhu/hbirdv2_dev/e203_hbirdv2/vsim/run/rv32ui-p-lw/rv32ui-p-lw.log
PASS /home/jaydenhu/hbirdv2_dev/e203_hbirdv2/vsim/run/rv32uc-p-rvc/rv32uc-p-rvc.log
PASS /home/jaydenhu/hbirdv2_dev/e203_hbirdv2/vsim/run/rv32ui-p-srli/rv32ui-p-srli.log
PASS /home/jaydenhu/hbirdv2_dev/e203_hbirdv2/vsim/run/rv32ui-p-fence_i/rv32ui-p-fence_i.log
PASS /home/jaydenhu/hbirdv2_dev/e203_hbirdv2/vsim/run/rv32mi-p-csr/rv32mi-p-csr.log
PASS /home/jaydenhu/hbirdv2_dev/e203_hbirdv2/vsim/run/rv32ui-p-ori/rv32ui-p-ori.log
PASS /home/jaydenhu/hbirdv2_dev/e203_hbirdv2/vsim/run/rv32ui-p-srai/rv32ui-p-srai.log
PASS /home/jaydenhu/hbirdv2_dev/e203_hbirdv2/vsim/run/rv32ui-p-bge/rv32ui-p-bge.log
PASS /home/jaydenhu/hbirdv2_dev/e203_hbirdv2/vsim/run/rv32ui-p-slt/rv32ui-p-slt.log
```

图 17-8 运行回归测试的结果

注意：以上回归测试只运行 riscv-tests 中提供的非常基本的自测试汇编程序，并不能达

到充分验证处理器核的效果。因此，如果用户修改了处理器的 Verilog 源代码而仅运行以上的回归测试，可能无法保证处理器功能的完备性、正确性。

　　处理器的验证不同于常规的数字电路验证，对于一个处理器核的充分验证，除使用常规的验证方法之外，还需要使用非常多的特殊手段，消耗大量的精力。关于处理器验证技术的讨论超出了本书的范畴，在此不过多论述。

第 18 章　套上壳子上路——更多实践

套上帅帅的壳子

仅仅一个处理器核无法真正运行，就像一辆汽车只有发动机是无法行驶的，需要给发动机套上壳子、安上轮子，汽车才能上路。对于一个处理器核，还需要配套 SoC，它才能具备完整的功能。

第 4 章提到过，蜂鸟 E203 处理器是一套完整的解决方案，它不仅提供处理器核的实现，还提供配套 SoC、FPGA 原型平台、软件平台，以及运行实例，使得用户可以快速上手蜂鸟 E203 开发，熟悉 RISC-V 架构。

本书重点介绍 RISC-V 处理器核的具体实现，并对所实现的蜂鸟 E203 处理器进行 Verilog 系统级仿真测试。关于蜂鸟 E203 配套 SoC（后续将简称为"蜂鸟 E203 MCU"）、配套软件平台（hbird-sdk）以及更多实例运行（Nuclei Board Labs）等内容，《手把手教你 RISC-V CPU（下）——工程与实践》将逐一详细介绍。

《手把手教你 RISC-V CPU（下）——工程与实践》将围绕硬件基础、软件基础和开发实战展开讨论，重点讲述嵌入式开发与工程实践。《手把手教你 RISC-V CPU（下）——工程与实践》的大纲如图 18-1 所示。

图 18-1 《手把手教你 RISC-V CPU（下）——工程与实践》的大纲

第一部分主要介绍蜂鸟 E203 MCU 的整体架构、所集成的外设 IP，以及 FPGA 原型硬件开发平台。

第二部分主要介绍嵌入式开发特点、RISC-V GCC 工具链、RISC-V 汇编语言程序设计、蜂鸟 E203 MCU 软件开发平台及软件集成开发环境（IDE）。

第三部分以前两部分内容为基础，通过实验介绍具体实例的运行。

感兴趣的读者请参见《手把手教你 RISC-V CPU（下）——工程与实践》，动手实战起来吧！

附录 A　RISC-V 架构的指令集

本附录介绍 RISC-V 架构的指令集。

A.1　RV32GC 架构概述

当前 RISC-V 架构的文档主要分为指令集文档（riscv-spec-v2.2.pdf）与特权架构文档（riscv-privileged-v1.10.pdf）。

注意：以上文档为撰写本书时的最新版本，RISC-V 架构的文档还在不断地丰富和更新，但是指令集架构的基本面已经确定，不会再修改。读者可以在 RISC-V 基金会的网站上注册，并免费下载其完整原文。

请参见第 2 章以了解 RISC-V 架构的指令集的特点和概述。RISC-V 架构的指令集本身是模块化的指令集，可以灵活地组合，具有相当高的可配置性。

RISC-V 架构定义 IMAFD 为通用（general purpose）组合，以字母 G 表示，因此 RV32IMAFDC 也可表示为 RV32GC。RV32GC 是最常见的 RISC-V 架构的 32 位指令集组合，因此本附录仅介绍 RV32GC 相关的指令集，以便读者快速学习并掌握 RISC-V 架构的基本指令集。关于本书未予介绍的其他指令集，感兴趣的读者请参见 RISC-V 架构的指令集文档。

A.2　RV32E 架构概述

RISC-V 提供一种可选的嵌入式架构（由字母 E 表示），仅需 16 个通用整数寄存器即可组成寄存器组，主要用于追求极低面积与极低功耗的嵌入式场景。

除此之外，RISC-V 架构的文档对嵌入式架构提供了一些其他的约束和建议。

- 嵌入式架构仅支持 32 位架构，在 64 或 128 位架构中不支持该嵌入式架构，即只有 RV32E 而没有 RV64E。

- 在嵌入式架构中推荐使用压缩指令集（由字母 C 表示），即 RV32EC，以提高嵌入式系统中关注的代码密度。
- 嵌入式架构不支持浮点指令子集。如果需要支持浮点指令集（由 F 或者 D 表示），则必须使用非嵌入式架构（RV32I 而非 RV32E）。
- 嵌入式架构仅支持机器模式（machine mode）与用户模式（user mode），不支持其他的特权模式。
- 嵌入式架构仅支持直接的物理地址管理，而不支持虚拟地址。

除上述约束之外，RV32E 的其他特性与基本的整数指令架构（RV32I）完全相同，因此本书对 RV32E 架构不再赘述。

A.3 蜂鸟 E203 处理器支持的指令列表

蜂鸟 E203 处理器是 32 位 RISC-V 架构的处理器内核，仅支持机器模式，且支持如下模块化指令集，可配置为 RV32IMAC 或 RV32EMAC 架构。

- I：支持 32 个通用整数寄存器。
- E：支持 16 个通用整数寄存器。
- M：支持整数乘法与除法指令。
- A：支持存储器原子（atomic）操作指令和 Load-Reserved/Store-Conditional 指令。
- C：支持编码长度为 16 位的压缩指令，用于提高代码密度。

A.4 寄存器组

在 RISC-V 架构中，寄存器组主要包括通用寄存器（general purpose register）组和控制与状态寄存器（Control and Status Register，CSR）组。

A.4.1 通用寄存器组

对于通用寄存器组，RISC-V 架构的规定如下。

- 如果使用的是基本整数指令子集（由字母 I 表示），那么 RISC-V 架构包含 32 个通用整数寄存器，由代号 x0~x31 表示。其中，通用整数寄存器 x0 是为常数 0 预留的，其他 31 个（x1~x31）为普通的通用整数寄存器。在 RISC-V 架构中，通用寄存器的宽度由 XLEN 表示。对于 32 位架构（由 RV32I 表示），每个寄存器的宽度为 32

位；对于 64 位架构（由 RV64I 表示），每个寄存器的宽度为 64 位。

- 如果使用的是嵌入式架构（由字母 E 表示），那么 RISC-V 架构包含 16 个通用整数寄存器，由代号 x0~x15 表示。其中，通用整数寄存器 x0 是为常数 0 预留的，其他 15 个（x1~x15）为普通的通用整数寄存器。嵌入式架构只能是 32 位架构（由 RV32E 表示），因此每个寄存器的宽度为 32 位。

寄存器	ABI名称	说明	保存者
x0	zero	硬件零	—
x1	ra	返回地址	调用者
x2	sp	栈指针	被调用者
x3	gp	全局指针	—
x4	tp	线程指针	—
x5	t0	临时/其他链接寄存器	调用者
x6、x7	t1、t2	临时变量	调用者
x8	s0/fp	保存的寄存器/帧指针	被调用者
x9	s1	保存的寄存器	被调用者
x10、x11	a0、a1	函数参数/返回值	调用者
x12~x17	a2~a7	函数参数	调用者
x18~x27	s2~s11	保存的寄存器	被调用者
x28~x31	t3~t6	临时变量	调用者
f0~f7	ft0~ft7	FP临时变量	调用者
f8、f9	fs0、fs1	FP保存的寄存器	被调用者
f10、f11	fa0、fa1	FP参数/返回值	调用者
f12~f17	fa2~fa7	FP参数	调用者
f18~f27	fs2~fs11	FP保存的寄存器	被调用者
f28~f31	ft8~ft11	FP临时变量	调用者

图 A-1　通用寄存器的别名

- 如果支持单精度浮点指令（由字母 F 表示）或者双精度浮点指令（由字母 D 表示），则需要另外增加一组独立的通用浮点寄存器，它包含 32 个通用浮点寄存器，标号为 f0~f31。

在汇编语言中，通用寄存器组中的每个寄存器均有别名，如图 A-1 所示。

A.4.2　CSR

RISC-V 架构定义了一些 CSR，用于配置或记录一些运行的状态。CSR 是处理器核内部的寄存器，使用专有的 12 位地址编码空间。请参见附录 B 以了解 CSR 的详细信息。

A.5　指令的 PC

PC（Program Counter）是指令存放于存储器中的地址。

在一部分处理器架构中，当前执行的指令的 PC 值可以反映在某些通用寄存器或特殊寄存器中。但是在 RISC-V 架构中，当前执行指令的 PC 值并没有被反映在任何寄存器中。程序若想读取 PC 的值，只能通过某些指令（如 auipc 指令）间接获得。

A.6 寻址空间划分

RISC-V 架构定义了两套寻址空间。

- 数据与指令寻址空间：RISC-V 架构使用统一的地址空间，寻址空间大小取决于通用寄存器的宽度。例如，对于 32 位的 RISC-V 架构，指令和数据寻址空间的大小为 2^{32}B，即 4GB。
- CSR 寻址空间：CSR 是处理器核内部的寄存器，使用其专有的 12 位地址编码空间。请参见附录 B 以了解 CSR 的列表与地址分配信息。

A.7 大端格式或小端格式

由于现在的主流应用采用小端（little-endian）格式，因此 RISC-V 架构仅支持小端格式。有关小端格式和大端格式的定义与区别，本书不再介绍，请读者自行查阅相关资源。

A.8 工作模式

如图 A-2 所示，RISC-V 架构定义了 3 种工作模式，又称特权模式（privileged mode）。

- 机器模式（machine mode），简称 M 模式。
- 监督模式（supervisor mode），简称 S 模式。
- 用户模式（user mode），简称 U 模式。

RISC-V 架构定义 M 模式为必选模式，另外两种模式为可选模式。如图 A-3 所示，开发人员通过不同的模式组合可以实现不同的系统。

层级	编码	名称	缩写
0	00	User/Application	U
1	01	Supervisor	S
2	10	*Reserved*	—
3	11	Machine	M

图 A-2 RISC-V 的 3 种工作模式

层级	支持的模式	期望用途
1	M	简单嵌入式系统
2	M、U	安全嵌入式系统
3	M、S、U	运行类UNIX系统的系统

图 A-3 RISC-V 中不同工作模式的组合

仅有机器模式的系统通常为简单的嵌入式系统。

支持机器模式与用户模式的系统可以区分用户模式和机器模式，从而实现资源保护。支持机器模式、监督模式与用户模式的系统可以实现类 UNIX 系统的操作系统。

A.9 Hart

现今的处理器设计技术突飞猛进，早已突破了多核的概念，甚至在一个处理器核中设计多个硬件线程的技术也早已成熟。例如，硬件超线程（hyper-threading）技术用于在一个处理器核中实现多套硬件线程（hardware thread），每套硬件线程有自己独立的寄存器组等上下文资源，但是大多数的运算资源被所有硬件线程复用，因此面积效率很高。在这样的硬件超线程处理器中，一个核内便存在着多个硬件线程。

出于上述原因，在某些场景下，笼统地使用"处理器核"概念进行描述会有失精确。因此，RISC-V 架构的文档严谨地定义了 Hart（取"Hardware Thread"之意）的概念，用于表示一个硬件线程。本书在关于指令集架构的介绍中，将会多次使用 Hart 概念。

以蜂鸟 E203 处理器核的实现为例，由于蜂鸟 E203 处理器是单核处理器，且没有实现任何硬件超线程的技术，因此一个蜂鸟 E203 处理器核即一个 Hart。

A.10 复位状态

对于硬件上电复位（reset）后的行为，RISC-V 架构的规定如下。
- 工作模式复位成机器模式。
- mstatus 寄存器中的 MIE 和 MPRV 域复位为 0。
- PC 的复位值由硬件自定义，RISC-V 架构并未强制规定。
- 如果硬件实现需要区分不同的复位类型，那么 mcause 寄存器的值被复位成硬件自定义的值；如果硬件实现不需要区分不同的复位类型，那么 mcause 寄存器的值应该复位成 0 值。
- 对于除上述寄存器之外的其他寄存器，RISC-V 架构并未强制规定其复位值。

A.11 中断和异常

请参见第 13 章，以系统了解中断和异常的相关信息。

A.12　存储器地址管理

　　RISC-V 架构可以支持几种存储器地址管理模式，包括对物理地址和虚拟地址的管理方法，使得 RISC-V 架构既能支持简单的嵌入式系统（直接操作物理地址），又能支持复杂的操作系统（直接操作虚拟地址）。

　　由于此内容超出了本书的介绍范围（蜂鸟 E203 处理器没有实现 MPU 或者 MMU），因此在此不做过多介绍。感兴趣的读者请参见 RISC-V 的特权架构文档。

A.13　存储器模型

　　本节介绍 RISC-V 架构的存储器模型。RISC-V 构架的指令集文档并未对存储器模型进行系统解释，原因在于指令集文档是关于 RISC-V 架构的精确定义，而非计算机体系结构的教学文章。

　　为了便于读者理解，本书单独设立附录 D，对存储器模型的相关知识予以简介。同时，存储器模型是计算机体系结构中一个非常晦涩的概念。对于初学者而言，作者建议将本节放到最后来学习。

　　阅读了附录 D 的读者应该已经了解松散一致性模型（relaxed consistency model）的概念以及 RISC-V 架构中定义的 Hart 概念。RISC-V 架构明确规定在不同 Hart 之间使用松散一致性模型，并相应地定义了存储器屏障指令（fence 和 fence.i）用于限制存储器访问的顺序。另外，RISC-V 架构定义了可选的（非必需的）存储器原子操作指令（A 扩展指令子集），可进一步支持松散一致性模型。

A.14　指令类型

A.14.1　RV32IMAFDC 指令列表

　　本附录仅对 RV32IMAFDC 架构所涉及的指令子集进行介绍。关于 RV32IMAFDC 的完整指令列表及其编码，请参见附录 F。

A.14.2 基本整数指令（RV32I）

注意：RISC-V 架构中规定的所有有符号整数均由二进制补码表示。

1. 整数运算指令

addi、slti、sltiu、andi、ori、xori、slli、srli、srai 指令的汇编格式分别如下。

```
addi    rd, rs1, imm[11:0]
slti    rd, rs1, imm[11:0]
sltiu   rd, rs1, imm[11:0]
andi    rd, rs1, imm[11:0]
ori     rd, rs1, imm[11:0]
xori    rd, rs1, imm[11:0]
slli    rd, rs1, shamt[4:0]
srli    rd, rs1, shamt[4:0]
srai    rd, rs1, shamt[4:0]
```

该组指令对寄存器中的数与立即数进行基本的整数运算。

addi 指令将操作数寄存器 rs1 中的整数值与 12 位立即数（进行符号位扩展）相加，把结果写回寄存器 rd 中。如果发生了结果溢出，无须特殊处理，将溢出位舍弃，仅保留低 32 位结果。

addi rd, rs1, 0 等效于伪指令 mv rd, rs1，addi x0, x0, 0 等效于伪指令 NOP，请参见附录 G 以了解更多伪指令。

slti 指令将操作数寄存器 rs1 中的整数值与 12 位立即数（进行符号位扩展）当作有符号数进行比较，把结果写回寄存器 rd 中。如果 rs1 中的值小于立即数的值，则结果为 1；否则，为 0。

sltiu 指令将操作数寄存器 rs1 中的整数值与 12 位立即数（仍然进行符号位扩展）当作无符号数进行比较，把结果写回寄存器 rd 中。如果 rs1 中的值小于立即数的值，则结果为 1；否则，为 0。

sltiu rd, rs1, 1 等效于伪指令 seqz rd, rs1。

注意：虽然 sltiu 指令将操作数当作无符号数进行比较，但是它仍然对立即数进行符号位扩展。

andi 指令将操作数寄存器 rs1 中的整数值与 12 位立即数（进行符号位扩展）进行"与"（AND）操作，把结果写回寄存器 rd 中。

ori 指令将操作数寄存器 rs1 中的整数值与 12 位立即数（进行符号位扩展）进行"或"（OR）操作，把结果写回寄存器 rd 中。

xori 指令将操作数寄存器 rs1 中的整数值与 12 位立即数（进行符号位扩展）进行"异或"（XOR）操作，把结果写回寄存器 rd 中。

xori rd, rs1, -1 等效于伪指令 not rd, rs1。

slli 指令对操作数寄存器 rs1 中的整数值进行逻辑左移运算（低位补入 0），移位量由 5 位立即数指定，把结果写回寄存器 rd 中。

srli 指令对操作数寄存器 rs1 中的整数值进行逻辑右移运算（高位补入 0），移位量由 5 位立即数指定，把结果写回寄存器 rd 中。

srai 指令对操作数寄存器 rs1 中的整数值进行算术右移运算（高位补入符号位），移位位置为 5 位立即数，把结果写回寄存器 rd 中。

lui、auipc 指令的汇编格式分别如下。

```
lui        rd, imm
auipc      rd, imm
```

lui 指令将 20 位立即数左移 12 位（低 12 位补 0），得到一个 32 位数，将此数写回寄存器 rd 中。

auipc 指令将 20 位立即数左移 12 位（低 12 位补 0），得到一个 32 位数，将此数与该指令的 PC 值相加，将加法结果写回寄存器 rd 中。

add、sub、slt、sltu、and、or、xor、sll、srl、sra 指令的汇编格式分别如下。

```
add     rd, rs1, rs2
sub     rd, rs1, rs2
slt     rd, rs1, rs2
sltu    rd, rs1, rs2
and     rd, rs1, rs2
or      rd, rs1, rs2
xor     rd, rs1, rs2
sll     rd, rs1, rs2
srl     rd, rs1, rs2
sra     rd, rs1, rs2
```

该组指令对 rs1 寄存器中的数与 rs2 寄存器中的数进行基本的整数运算。

add 指令将操作数寄存器 rs1 中的整数值与寄存器 rs2 中的整数值相加，把结果写回寄存器 rd 中。如果发生了结果溢出，无须特殊处理，将溢出位舍弃，仅保留低 32 位结果。

sub 指令将操作数寄存器 rs1 中的整数值与寄存器 rs2 中的整数值相减，把结果写回寄存器 rd 中。如果发生了结果溢出，无须特殊处理，将溢出位舍弃，仅保留低 32 位结果。

slt 指令将操作数寄存器 rs1 中的整数值与寄存器 rs2 中的整数值当作有符号数进行比较，把结果写回寄存器 rd 中。如果 rs1 中的值小于 rs2 中的值，则结果为 1；否则，为 0。

sltu 指令将操作数寄存器 rs1 中的整数值与寄存器 rs2 中的整数值当作无符号数进行比较，把结果写回寄存器 rd 中。如果 rs1 中的值小于 rs2 中的值，则结果为 1；否则，为 0。

and 指令将操作数寄存器 rs1 中的整数值与寄存器 rs2 中的整数值进行"与"操作,把结果写回寄存器 rd 中。

or 指令将操作数寄存器 rs1 中的整数值与寄存器 rs2 中的整数值进行"或"操作,把结果写回寄存器 rd 中。

xor 指令将操作数寄存器 rs1 中的整数值与寄存器 rs2 中的整数值进行"异或"操作,把结果写回寄存器 rd 中。

sll 指令对操作数寄存器 rs1 中的整数值进行逻辑左移运算(低位补入 0),移位量由寄存器 rs2 中整数值的低 5 位指定,把结果写回寄存器 rd 中。

srl 指令对操作数寄存器 rs1 中的整数值进行逻辑右移运算(高位补入 0),移位量由寄存器 rs2 中整数值的低 5 位指定,把结果写回寄存器 rd 中。

sra 指令对操作数寄存器 rs1 中的整数值进行算术右移运算(高位补入符号位),移位量由寄存器 rs2 中整数值的低 5 位指定,把结果写回寄存器 rd 中。

2. 分支跳转指令

jal、jalr 指令的汇编格式分别如下。

```
jal     rd, label
jalr    rd, rs1, imm
```

该组指令为无条件跳转指令,即指令一定会发生跳转。

jal 指令使用 20 位立即数(有符号数)作为偏移量(offset)。该偏移量乘以 2,然后与该指令的 PC 相加,得到最终的跳转目标,因此仅可以跳转到当前地址前后 1MB 的地址区间。jal 指令将其下一条指令的 PC(即当前指令的 PC+4)的值写入其结果寄存器 rd 中。

注意: 在实际的汇编程序编写中,跳转的目标往往使用汇编程序中的 label,汇编器会自动根据 label 所在的地址计算出相对的偏移量并赋予指令编码。

jalr 指令使用 12 位立即数(有符号数)作为偏移量,与操作数寄存器 rs1 中的值相加得到最终的跳转目标地址。jalr 指令将其下一条指令的 PC(即当前指令的 PC+4)的值写入其结果寄存器 rd 中。

beq、bne、blt、bltu、bge、bgeu 指令的汇编格式分别如下。

```
beq     rs1, rs2, label
bne     rs1, rs2, label
blt     rs1, rs2, label
bltu    rs1, rs2, label
bge     rs1, rs2, label
bgeu    rs1, rs2, label
```

该组指令为有条件跳转指令,使用 12 位立即数(有符号数)作为偏移量。该偏移量乘以 2,然后与该指令的 PC 相加,得到最终的跳转目标地址,因此仅可以跳转到当前地址前后 4KB 的地址区间。有条件跳转指令在条件为真时才会发生跳转。

只有在操作数寄存器 rs1 中的数值与操作数寄存器 rs2 中的数值相等时，beq 指令才会跳转。

只有在操作数寄存器 rs1 中的数值与操作数寄存器 rs2 中的数值不相等时，bne 指令才会跳转。

只有在操作数寄存器 rs1 中的有符号数小于操作数寄存器 rs2 中的有符号数时，blt 指令才会跳转。

只有在操作数寄存器 rs1 中的无符号数小于操作数寄存器 rs2 中的无符号数时，bltu 指令才会跳转。

只有在操作数寄存器 rs1 中的有符号数大于或等于操作数寄存器 rs2 中的有符号数时，bge 指令才会跳转。

只有在操作数寄存器 rs1 中的无符号数大于或等于操作数寄存器 rs2 中的无符号数时，bgeu 指令才会跳转。

3. 整数 Load/Store 指令

lw、lh、lhu、lb、lbu、sw、sh、sb 指令的汇编格式分别如下。

```
lw     rd, offset[11:0](rs1)
lh     rd, offset[11:0](rs1)
lhu    rd, offset[11:0](rs1)
lb     rd, offset[11:0](rs1)
lbu    rd, offset[11:0](rs1)
sw     rs2, offset[11:0](rs1)
sh     rs2, offset[11:0](rs1)
sb     rs2, offset[11:0](rs1)
```

该组指令进行存储器读或者写操作，访问存储器的地址均由操作数寄存器 rs1 中的值与 12 位的立即数（进行符号位扩展）相加所得。

lw 指令从存储器中读回一个 32 位的数据，写回寄存器 rd 中。

lh 指令从存储器中读回一个 16 位的数据，进行符号位扩展后写回寄存器 rd 中。

lhu 指令从存储器中读回一个 16 位的数据，进行高位补 0 后写回寄存器 rd 中。

lb 指令从存储器中读回一个 8 位的数据，进行符号位扩展后写回寄存器 rd 中。

lbu 指令从存储器中读回一个 8 位的数据，进行高位补 0 后写回寄存器 rd 中。

sw 指令将操作数寄存器 rs2 中的 32 位数据写回存储器中。

sh 指令将操作数寄存器 rs2 中的低 16 位数据写回存储器中。

sb 指令将操作数寄存器 rs2 中的低 8 位数据写回存储器中。

对于整数 Load 和 Store 指令，RISC-V 架构推荐使用地址对齐的存储器读写操作。但是 RISC-V 架构也支持地址非对齐的存储器操作，处理器可以选择用硬件来支持，也可以选择用软件异常服务程序来支持。蜂鸟 E203 处理器核选择采用软件异常服务程序来支持（即地址非对齐的 Load 或 Store 指令会产生异常）。

注意：RISC-V 架构仅支持小端格式。

对于地址对齐的存储器读写操作，RISC-V 架构规定其存储器读写操作必须具备原子性。

4. CSR 指令

RISC-V 架构定义了一些 CSR，用于配置或记录一些运行的状态。CSR 是处理器核内部的寄存器，使用其专有的 12 位地址编码空间。

CSR 的访问采用专用的 CSR 指令，包括 csrrw、csrrs、csrrc、csrrwi、csrrsi 以及 csrrci 指令。

csrrw、csrrs、csrrc、csrrwi、csrrsi、csrrci 指令的汇编格式分别如下。

```
csrrw       rd, csr, rs1
csrrs       rd, csr, rs1
csrrc       rd, csr, rs1
csrrwi      rd, csr, imm[4:0]
csrrsi      rd, csr, imm[4:0]
csrrci      rd, csr, imm[4:0]
```

该组指令用于读写 CSR。

csrrw 指令完成两项操作：将 csr 索引的 CSR 值读出，写回结果寄存器 rd 中；将操作数寄存器 rs1 中的值写入 csr 索引的 CSR 中。

csrrs 指令完成两项操作：将 csr 索引的 CSR 值读出，写回结果寄存器 rd 中；以操作数寄存器 rs1 中的值逐位作为参考，如果操作数寄存器 rs1 中值的某位为 1，则将 csr 索引的 CSR 中对应的位置 1，其他位则不受影响。

csrrc 指令完成两项操作：将 csr 索引的 CSR 的值读出，写回结果寄存器 rd 中；以操作数寄存器 rs1 中的值逐位作为参考，如果 rs1 中值的某位为 1，则将 csr 索引的 CSR 中对应的位清 0，其他位则不受影响。

csrrwi 指令完成两项操作：将 csr 索引的 CSR 的值读出，写回结果寄存器 rd 中；将 5 位立即数（高位补 0）的值写入 csr 索引的 CSR 中。

csrrsi 指令完成两项操作：将 csr 索引的 CSR 的值读出，写回结果寄存器 rd 中；分别以 5 位立即数（高位补 0）的值作为参考，如果该值中某位为 1，将 csr 索引的 CSR 中对应的位置 1，其他位则不受影响。

csrrci 指令完成两项操作：将 csr 索引的 CSR 的值读出，写回结果寄存器 rd 中；分别以 5 位立即数（高位补 0）的值逐位作为参考，如果该值中某位为 1，将 csr 索引的 CSR 中对应的位清 0，其他位则不受影响。

注意事项如下。

- 对于 csrrw 和 csrrwi 指令而言，如果结果寄存器 rd 的索引值为 0，则不会发起 CSR

的读操作，也不会造成任何副作用。

- 对于 csrrs 和 csrrc 指令而言，如果操作数寄存器 rs1 的索引值为 0，则不会发起 CSR 的写操作，也不会产生任何副作用。
- 对于 csrrsi 和 csrrci 指令而言，如果立即数的值为 0，则不会发起 CSR 的写操作，也不会产生任何副作用。

使用上述指令的不同形式可以等效出 csrr、csrw、csrs 以及 csrc 等伪指令。

5．存储器屏障指令

RISC-V 架构在不同 Hart 之间使用的是松散一致性模型，松散一致性模型需要使用存储器屏障（memory fence）指令，因此 RISC-V 定义了存储器屏障指令。其中主要包括 fence 和 fence.i 指令，这两种指令都是 RISC-V 架构必选的基本指令。

fence 指令的汇编格式如下。

```
fence
```

fence 指令用于屏障数据存储器访问指令的执行顺序，在程序中如果添加了一条 fence 指令，则该 fence 指令能够保证在 fence 指令之前所有指令进行的数据访存结果必须比在 fence 指令之后所有指令进行的数据访存结果先被观测到。通俗地讲，fence 指令就像一堵屏障一样，在 fence 指令之前的所有数据存储器访问指令必须比该 fence 指令之后的所有数据存储器访问指令先执行。

为了能够更加细致地屏障不同地址区间的存储器访问指令，RISC-V 架构将数据存储器的地址空间分为设备 I/O 和普通存储器空间，因此对其读写访问可以分为 4 种类型。

- I：设备读。
- O：设备写。
- R：存储器读。
- W：存储器写。

如图 A-4 所示，fence 指令的编码包含了 PI/PO/PR/PW 编码位，它们分别表示 fence 指令之前（predecessor）的 4 种读写访问类型；还包含了 SI/SO/SR/SW 编码位，它们分别表示 fence 指令之后（successor）的 4 种读写访问类型。通过设置不同的编码位，fence 指令就可以更加细致地屏障不同数据存储器访问操作。例如，在程序中如果添加了一条 fence io, iorw 指令，则该 fence 指令能够保证在 fence 指令之前所有指令进行的设备读（device-input）和设备写（device-output）操作结果必须比在 fence 指令之后所有指令进行的设备读、设备写、存储器读（memory-read）以及存储器写（memory-write）结果先被观测到。通俗地讲，fence 指令就像一堵屏障一样，在 fence 指令之前的设备读和设备写操作指令必须比该 fence 指令之后的设备读、设备写、存储器读以及存储器写操作指令先执行。

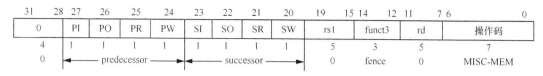

图 A-4　fence 指令的指令编码

注意：不带参数的 fence 指令默认等效于 fence iorw, iorw。虽然 fence 指令可以通过 IORW 参数细致地屏障不同地址类型的存储器访问指令，但是协议允许处理器的简单硬件实现，如对于简单的低功耗处理器而言，无论 fence 指令的编码中 PI/PO/PR/PW/SI/SO/SR/RW 的值如何，都屏障所有地址类型的存储器访问指令（都等效于 fence iorw, iorw），蜂鸟 E203 处理器核便采取这种简单的硬件实现。

fence.i 指令的汇编格式如下。

fence.i

fence.i 指令用于同步指令和数据流。

为了能够解释清楚 fence.i 指令的功能，在此有必要先引出一个问题：假设在程序中一条写存储器指令向某地址区间中写入了新的值，同时假设后续的指令也需要从该地址区间取指，那么该取指操作能否取到它前面的写存储器指令写入的新值呢？答案是"不一定"。因为处理器的流水线具有一定的深度，指令采取的是流水线的工作方式，当写存储器指令完成了写操作时，后续的指令可能早已完成了取指令操作，进入了流水线的执行阶段，因此后续的指令取指取到的其实是它前面的写存储器指令写入新值之前的旧值。

为了解决该问题，fence.i 指令被引入。如果在程序中添加了一条 fence.i 指令，则该 fence.i 指令能够保证在 fence.i 指令之前所有指令进行的数据访存结果一定能够被在 fence.i 指令之后所有指令进行的取指令操作访问到。通常来说，在实现处理器的微架构硬件时，一旦遇到一条 fence.i 指令，处理器便会先等待之前的所有数据访存指令执行完，然后刷新流水线（包括指令缓存），使其后续的所有指令能够重新获取，从而得到最新的值。

注意：fence.i 指令只能够保证同一个 Hart 执行的指令和数据流顺序，而无法保证多个 Hart 之间的指令和数据流顺序。假设一个 Hart 希望其执行的数据访存结果能够被所有 Hart（包括其自己和其他 Hart）的取指操作所访问到，那么理论上它应该执行如下操作。

（1）本 Hart 完成数据访存操作。

（2）本 Hart 执行一条 fence 指令，保证其前面的所有数据访存操作一定能够比后面的操作被所有的 Hart 先观测到。

（3）本 Hart 请求所有的 Hart（包括其自己）执行一条 fence.i 指令。

注意：本 Hart 对其他的 Hart 发起的请求操作和之前进行的数据访存操作必须能够被 fence 指令屏障开，这就意味着，当所有其他 Hart 接收到请求之后，一定能够观测到之前数据访存操作的结果，然后再执行 fence.i 指令之后的取指操作便能够取到最新的数值。

6. 特殊指令 ecall、ebreak、mret、wfi

ecall 指令的汇编格式如下。

```
ecall
```

ecall 指令用于生成环境调用（environment-call）异常。当产生异常时，mepc 寄存器将会被更新为 ecall 指令本身的 PC 值。

ebreak 指令的汇编格式如下。

```
ebreak
```

ebreak 指令用于生成断点（breakpoint）异常。当产生异常时，mepc 寄存器将会被更新为 ebreak 指令本身的 PC 值。

mret 指令的汇编格式如下。

```
mret
```

RISC-V 架构定义了一组专门用于退出异常的指令，称为异常返回指令（trap-return instruction），包括 mret、sret 和 uret。其中，mret 指令是必备的，而 sret 和 uret 指令仅在支持监督模式和用户模式的处理器中使用。使用 mret 指令退出异常的机制如下。

- 处理器在执行 mret 指令时，跳转到 mepc 寄存器的值指定的 PC 地址。由于在之前进入异常时，mepc 寄存器被同时更新以反映当时遇到异常的指令的 PC 值，因此这意味着，mret 指令执行后，处理器回到了当时遇到异常的指令的 PC 地址，从而可以继续执行之前中止的程序流。
- 处理器在执行 mret 指令时，mstatus 寄存器的有些域被同时更新。

MIE 的值被更新为 MPIE 的值，MPIE 的值则被更新为 1。

假设 RISC-V 架构只支持机器模式，那么 MPP 的值永远为 11。

由于在进入异常时，MPIE 的值曾经被更新为 MIE 的值（MIE 的值则更新为 0 以全局关闭中断），因此这意味着 mret 指令执行后处理器的 MIE 值被更新回之前的值（假设之前的 MIE 值为 1，则意味着中断被重新全局打开）。

wfi 指令的汇编格式如下。

```
wfi
```

wfi（wait for interrupt，等待中断）是 RISC-V 架构定义的专门用于休眠的指令。

RISC-V 架构也允许在具体的硬件实现中将 wfi 指令当成一种 NOP 操作，即什么也不做。如果硬件实现选择支持休眠模式，则按照 RISC-V 架构规定其行为。

- 当处理器执行到 wfi 指令之后，将会停止执行当前的指令流，进入一种空闲状态，这种空闲状态可以称为"休眠"状态。

- 直到处理器接收到中断（中断局部开关必须打开，由 mie 寄存器控制），处理器便被唤醒。处理器被唤醒后，如果中断全局打开（mstatus 寄存器的 MIE 域控制），则进入中断异常服务程序；如果中断全局关闭，则继续顺序执行之前停止的指令流。

A.14.3 整数乘法和除法指令（RV32M 指令子集）

RISC-V 架构定义了可选的整数乘法和除法指令（M 扩展指令子集）。本书仅介绍 32 位架构的乘除法指令（RV32M）。

1. 整数乘法指令

mul、mulh、mulhu、mulhsu 指令的汇编格式如下。

```
mul     rd, rs1, rs2
mulh    rd, rs1, rs2
mulhu   rd, rs1, rs2
mulhsu  rd, rs1, rs2
```

该组指令进行整数的乘法操作。

mul 指令将操作数寄存器 rs1 与 rs2 中的 32 位整数相乘，将结果的低 32 位写回寄存器 rd 中。由于两个 32 位整数操作数相乘的结果等于 64 位，且对于两个 32 位整数而言，将两个操作数当作有符号数相乘所得的低 32 位和当作无符号数相乘所得的低 32 位肯定是相同的（具体算法读者可以自行推导），因此 RISC-V 架构仅定义了一条 mul 指令作为取低 32 位结果的乘法指令。

mulh 指令将操作数寄存器 rs1 与 rs2 中的 32 位整数相乘。其中，操作数寄存器 rs1 和 rs2 中的值都被当作有符号数，将结果的高 32 位写回寄存器 rd 中。

mulhu 指令将操作数寄存器 rs1 与 rs2 中的 32 位整数相乘。其中，操作数寄存器 rs1 和 rs2 中的值都被当作无符号数，将结果的高 32 位写回寄存器 rd 中。

mulhsu 指令将操作数寄存器 rs1 与 rs2 中的 32 位整数相乘。其中，操作数寄存器 rs1 和 rs2 中的值分别被当作有符号数和无符号数，将结果的高 32 位写回寄存器 rd 中。

如果希望得到两个 32 位整数相乘的完整 64 位结果，RISC-V 架构推荐使用两条连续的乘法指令 “**mulh[[S|U] rdh, rs1, rs2; mul rdl, rs1,rs2**”，其要点如下。

- 两条指令的源操作数索引和顺序必须完全相同。
- 第一条指令的结果寄存器 rdh 的索引不能与其操作数寄存器 rs1 和 rs2 的索引相等。
- 在实现处理器的微架构时，将两条指令融合成一条指令执行，而不是分离的两条指令，可以提高性能。

2. 整数除法指令

div、divu、rem、remu 指令的汇编格式如下。

```
div     rd, rs1, rs2
divu    rd, rs1, rs2
rem     rd, rs1, rs2
remu    rd, rs1, rs2
```

该组指令进行整数的除法操作。

div 指令将操作数寄存器 rs1 与 rs2 中的 32 位整数相除。其中，操作数寄存器 rs1 和 rs2 中的值都被当作有符号数，将除法所得的商写回寄存器 rd 中。

divu 指令将操作数寄存器 rs1 与 rs2 中的 32 位整数相除。其中，操作数寄存器 rs1 和 rs2 中的值都被当作无符号数，将除法所得的商写回寄存器 rd 中。

rem 指令将操作数寄存器 rs1 与 rs2 中的 32 位整数相除。其中，操作数寄存器 rs1 和 rs2 中的值都被当作有符号数，将除法所得的余数写回寄存器 rd 中。

remu 指令将操作数寄存器 rs1 与 rs2 中的 32 位整数相除。其中，操作数寄存器 rs1 和 rs2 中的值都被当作无符号数，将除法所得的余数写回寄存器 rd 中。

如果要同时得到两个 32 位整数相除的商和余数，RISC-V 架构推荐使用两条连续的指令"div[U] rdq, rs1, rs2; rem[U] rdr, rs1, rs2"，其要点如下。

- 两条指令的源操作数索引和顺序必须完全相同。
- 第一条指令的结果寄存器 rdq 的索引不能与其 rs1 和 rs2 的索引相等。
- 当实现处理器的微架构时，将两条指令融合成一条指令，而不是分离的两条指令，可以提高性能。

在很多的处理器架构中，除以零（divided-by-zero）都会触发异常跳转，从而进入异常模式。但是请注意，RISC-V 架构的除法指令在除以零时并不会进入异常模式。这是 RISC-V 架构的一个显著特点，该特点可以大幅简化处理器流水线的硬件实现。

虽然不会发生异常，但是仍然会产生特殊的数值结果。RISC-V 架构的除法指令在除以零与上溢时产生的结果如图 A-5 所示。

条件	被除数	除数	divu	remu	div	rem
除以零	x	0	$2^{XLEN}-1$	x	-1	x
上溢（仅符号）	-2^{XLEN-1}	-1	—	—	-2^{XLEN-1}	0

图 A-5 RISC-V 架构的除法指令在除以零和上溢出时产生的结果

A.14.4 浮点指令

RISC-V 架构定义了可选的单精度浮点指令（F 扩展指令子集）和双精度浮点指令（D 扩展指令子集）。

注意： RISC-V 架构规定，处理器可以选择只实现 F 扩展指令子集而不支持 D 扩展指令子集。然而，如果处理器支持 D 扩展指令子集，则必须支持 F 扩展指令子集。

本书仅介绍 32 位架构的浮点指令（RV32F、RV32D）。

1. 标准

RISC-V 架构中规定的所有浮点运算均遵循标准 IEEE-754 标准。具体的标准为 ANSI/IEEE Std 754-2008, IEEE standard for floating-point arithmetic, 2008。

2. 通用浮点寄存器组

RISC-V 架构规定，如果处理器支持单精度浮点指令或者双精度浮点指令，则需要增加一组独立的通用浮点寄存器组，其中包含 32 个通用浮点寄存器，标号为 f0 至 f31。

浮点寄存器的宽度由 FLEN 表示，如果处理器仅支持 F 扩展指令子集，则每个通用浮点寄存器的宽度为 32 位；如果处理器支持 D 扩展指令子集，则每个通用浮点寄存器的宽度为 64 位。

注意：RISC-V 架构规定，不同于基本整数指令集中规定通用整数寄存器 x0 是为常数 0 预留的，浮点寄存器组中的 f0 为一个通用的浮点寄存器（与 f1 ~ f31 相同）。

3. fcsr

RISC-V 架构规定，如果处理器支持单精度浮点指令或者双精度浮点指令，则需要增加一个浮点控制状态寄存器（fcsr），fcsr 的格式如图 A-6 所示。fcsr 是一个可读可写的 CSR，有关此 CSR 的地址，请参见附录 B。

图 A-6　fcsr 的格式

4. 浮点异常标志

如图 A-6 所示，fcsr 包含浮点异常标志位域 fflags，不同的异常标志位所表示的异常类型如图 A-7 所示。如果浮点运算单元在运算中出现了相应的异常，则会将 fcsr 中对应的异常标志位设置为 1，且会一直保持。软件可以通过写 0 的方式单独清除某个异常标志位。

标志缩写	说明
NV	无效操作
DZ	除以零
OF	溢出
UF	下溢
NX	不准确

图 A-7　异常标志位表示的异常类型

在很多的处理器架构中，浮点运算产生的结果异常都会触发异常跳转（Trap），从而使处理器进入异常模式。但是请注意，RISC-V 架构的浮点指令在产生结果异常时并不会进入异常模式，而是仅设置 fcsr 中的异常标志位。这是 RISC-V 架构的一个显著特点。该特点可以大幅简化处理器流水线的硬件实现。

5. 浮点舍入模式

根据 IEEE-754 标准，浮点数运算需要指定舍入模式（rounding mode）。RISC-V 架构中浮点运算的舍入模式可以通过两种方式指定。

- 静态舍入模式：浮点指令的编码中以 3 位作为舍入模式域。有关浮点指令列表以及指令编码，请参见附录 F。不同舍入模式的编码如图 A-8 所示。RISC-V 架构支持 5 种合法的舍入模式。除此之外，如果舍入模式的编码为 101 或 110，则为非法模式；如果舍入模式的编码为 111，则意味着使用动态舍入模式。
- 动态舍入模式：如果使用动态舍入模式，则使用 fcsr 中的舍入模式域。如图 A-6 所示，fcsr 包含舍入模式域。不同舍入模式的编码同样如图 A-8 所示，RISC-V 架构仅支持 5 种合法的舍入模式。如果 fcsr 中的舍入模式域指定为非法的舍入模式，则后续浮点指令会产生非法指令异常。

舍入模式的编码	缩写	说明
000	RNE	取最近的偶数
001	RTZ	取零
010	RDN	向下取整（到$-\infty$）
011	RUP	向上取整（到$+\infty$）
100	RMM	取最近的最大幅度
101	—	无效，未来使用
110	—	无效，未来使用
111	—	在指令的rm字段中，选择动态舍入模式。在舍入模式寄存器中，无效

图 A-8　舍入模式的编码

6. 访问浮点 fcsr 的伪指令

虽然 RISC-V 架构只定义了一个浮点控制与状态寄存器（fcsr），但是该寄存器的不同域 frm 和 fflags 以及该寄存器本身 fcsr 均被分配了独立的 CSR 地址，如图 A-9 所示。

序号	优先级	名称	说明
0x001	读/写	fflags	浮点累积异常
0x002	读/写	frm	浮点动态舍入模式
0x003	读/写	fcsr	浮点控制和状态寄存器（frm+fflags）

图 A-9　fflags、frm 和 fcsr 的 CSR 地址

为了能够方便地访问以上浮点 CSR，RISC-V 架构定义了一系列的伪指令，如图 A-10 所示。伪指令意味着它并不是一条真正的指令，而是关于其他基本指令使用形式的一种别名，如伪指令 frcsr rd 事实上是基本 CSR 指令的使用形式 csrrs rd, fcsr, x0 的别称。

7. 关闭浮点单元

如果处理器不想使用浮点运算单元（如将浮点单元关闭以降低功耗），可以使用 CSR 写指令将 mstatus 寄存器的 FS 域设置成 0，将浮点单元的功能予以关闭。浮点单元的功能关闭之后，任何访问浮点 CSR 的操作或者任何执行浮点指令的行为都将会产生非法指令（illegal instruction）异常。

frcsr rd	csrrs rd, fcsr, x0	读FP控制与状态寄存器
fscsr rd, rs	csrrw rd, fcsr, rs	交换FP控制与状态寄存器
fscsr rs	csrrw x0, fcsr, rs	写FP控制与状态寄存器
frrm rd	csrrs rd, frm, x0	读FP舍入模式
fsrm rd, rs	csrrw rd, frm, rs	交换FP舍入模式
fsrm rs	csrrw x0, frm, rs	写FP舍入模式
fsrmi rd, imm	csrrwi rd, frm, imm	读立即数后，交换FP舍入模式
fsrmi imm	csrrwi x0, frm, imm	读立即数后，写FP舍入模式
frflags rd	csrrs rd, fflags, x0	读FP异常标志位
fsflags rd, rs	csrrw rd, fflags, rs	交换FP异常标志位
fsflags rs	csrrw x0, fflags, rs	写FP异常标志位
fsflagsi rd, imm	csrrwi rd, fflags, imm	读立即数后，交换FP异常标志位
fsflagsi imm	csrrwi x0, fflags, imm	读立即数后，写FP异常标志位

图 A-10 访问 CSR 浮点的伪指令

8．对非规格化数的处理

RISC-V 架构规定，对于非规格化数的处理完全遵循 IEEE-754 标准。

9．Canonical-NaN 数

根据 IEEE-754 标准，在浮点数的表示中，一类特殊编码数据属于 NaN（Not a Number）类型，且 NaN 分为 Signaling-NaN 和 Quiet-NaN。有关 NaN 数据的细节，请参见 IEEE-754 标准。

RISC-V 架构规定，如果浮点运算的结果是一个 NaN 数，那么使用一个固定的 NaN 数，将之命名为 Canonical-NaN。单精度浮点对应的 Canonical-NaN 数值为 0x7fc00000，双精度浮点对应的 Canonical-NaN 数值为 0x7ff8000000000000。

10．NaN-boxing

如果同时支持单精度浮点（F 扩展指令子集）和双精度浮点（D 扩展指令子集），由于浮点通用寄存器的宽度为 64 位，RISC-V 架构规定，当单精度浮点指令产生的 32 位结果写入浮点通用寄存器（64 位宽）时，将结果写入低 32 位，而高位则全部写入数值 1，RISC-V 架构规定此种做法称为 NaN-boxing。NaN-boxing 可以发生在如下情形。

- 对于单精度浮点读（load）/写（store）指令和传送（move）指令（包括 flw、fsw、fmv.w.x、fmv.x.w）。如果需要将 32 位的数值写入通用浮点寄存器，则采用 NaN-boxing 的方式；如果需要将浮点通用寄存器中的数值读出，则仅使用其低 32 位数值。
- 对于单精度浮点运算（compute）和符号注入（sign-injection）指令，需要判断其操作数浮点寄存器中的值是否为合法的 NaN-boxed 值（即高 32 位都为 1）。如果是，则正常使用其低 32 位；如果不是，则将此操作数当作 Canonical-NaN 来使用。
- 对于整数至单精度浮点的转换指令（如 fcvt.s.x），采用 NaN-boxing 的方式写回浮点通用寄存器。对于单精度浮点至整数的转换指令（如 fcvt.x.s），需要判断其操作数

浮点寄存器中的值是否为合法的 NaN-boxed 值（即高 32 位都为 1）。如果是，则正常使用其低 32 位；如果不是，则将此操作数当作 Canonical-NaN 来使用。

11. 浮点数读写指令

flw、fsw、fld、fsd 指令的汇编格式如下。

```
flw     rd, offset[11:0](rs1)
fsw     rs2, offset[11:0](rs1)
fld     rd, offset[11:0](rs1)
fsd     rs2, offset[11:0](rs1)
```

该组指令进行存储器读或者写操作，访问存储器的地址均由操作数寄存器 rs1 中的值与 12 位的立即数（进行符号位扩展）相加得出。

flw 指令从存储器中读回一个单精度浮点数，写回寄存器 rd 中。

fsw 指令将操作数寄存器 rs2 中的单精度浮点数写回存储器中。

fld 指令从存储器中读回一个双精度浮点数，写回寄存器 rd 中。

fsd 指令将操作数寄存器 rs2 中的双精度浮点数写回存储器中。

对于浮点读和写指令，RISC-V 架构推荐使用地址对齐的存储器读写操作。但是 RISC-V 架构也支持地址非对齐的存储器操作，处理器可以选择用硬件来支持，也可以选择用软件异常服务程序来支持。

对于地址对齐的存储器读写操作，RISC-V 架构规定其存储器读写操作必须具备原子性。

12. 浮点数运算指令

注意：本节中所有指令的浮点运算均遵循 IEEE-754 标准。

fadd、fsub、fmul、fdiv、fsqrt 指令的汇编格式如下。

```
fadd.s      rd, rs1, rs2
fsub.s      rd, rs1, rs2
fmul.s      rd, rs1, rs2
fdiv.s      rd, rs1, rs2
fsqrt.s     rd, rs1
fadd.d      rd, rs1, rs2
fsub.d      rd, rs1, rs2
fmul.d      rd, rs1, rs2
fdiv.d      rd, rs1, rs2
fsqrt.d     rd, rs1
```

该组指令进行加、减、乘、除、求平方根运算。

fadd.s 指令将操作数寄存器 rs1 与 rs2 中的单精度浮点数 src1 和 src2 相加，将结果写回寄存器 rd 中。

fsub.s 指令将操作数寄存器 rs1 与 rs2 中的单精度浮点数 src1 和 src2 相减，将结果写回寄存器 rd 中。

fmul.s 指令将操作数寄存器 rs1 与 rs2 中的单精度浮点数 src1 和 src2 相乘，将结果写回寄存器 rd 中。

fdiv.s 指令将操作数寄存器 rs1 与 rs2 中的单精度浮点数 src1 和 src2 相除，将结果写回寄存器 rd 中。

fsqrt.s 指令对操作数寄存器 rs1 中的单精度浮点数 src1 求平方根，将结果写回寄存器 rd 中。

fadd.d 指令将操作数寄存器 rs1 与 rs2 中的双精度浮点数 src1 和 src2 相加，将结果写回寄存器 rd 中。

fsub.d 指令将操作数寄存器 rs1 与 rs2 中的双精度浮点数相减，将结果写回寄存器 rd 中。

fmul.d 指令将操作数寄存器 rs1 与 rs2 中的双精度浮点数相乘，将结果写回寄存器 rd 中。

fdiv.d 指令将操作数寄存器 rs1 与 rs2 中的双精度浮点数相除，将结果写回寄存器 rd 中。

fsqrt.d 指令对操作数寄存器 rs1 中的双精度浮点数求平方根，将结果写回寄存器 rd 中。

fmin、fmax 指令的汇编格式如下。

```
fmin.s     rd, rs1, rs2
fmax.s     rd, rs1, rs2
fmin.d     rd, rs1, rs2
fmax.d     rd, rs1, rs2
```

该组指令进行取大值、取小值操作。

fmin.s 指令将操作数寄存器 rs1 与 rs2 中的单精度浮点数 src1 和 src2 进行比较操作，将较小的值作为结果写回寄存器 rd 中。

fmax.s 指令将操作数寄存器 rs1 与 rs2 中的单精度浮点数 src1 和 src2 进行比较操作，将较大的值作为结果写回寄存器 rd 中。

fmin.d 指令将操作数寄存器 rs1 与 rs2 中的双精度浮点数 src1 和 src2 进行比较操作，将较小的值作为结果写回寄存器 rd 中。

fmax.d 指令将操作数寄存器 rs1 与 rs2 中的双精度浮点数 src1 和 src2 进行比较操作，将较大的值作为结果写回寄存器 rd 中。

对于 fmax 和 fmin 指令，注意如下特殊情况。

- 如果指令的两个操作数都是 NaN，那么结果为 Canonical-NaN。
- 如果只有一个操作数为 NaN，则结果为非 NaN 的另外一个操作数。
- 如果任意一个操作数属于 Signaling-NaN，则需要在 fscr 中产生 NV 异常标志。
- 由于浮点数可以表示两个 0，分别是−0.0 和+0.0，对于 fmax 和 fmin 指令而言，−0.0 比 +0.0 小。

fmadd、fmsub、fnmsub、fnmadd 指令的汇编格式如下。

```
fmadd.s     rd, rs1, rs2, rs3
fmsub.s     rd, rs1, rs2, rs3
fnmadd.s    rd, rs1, rs2, rs3
fnmsub.s    rd, rs1, rs2, rs3
```

```
fmadd.d      rd, rs1, rs2, rs3
fmsub.d      rd, rs1, rs2, rs3
fnmadd.d     rd, rs1, rs2, rs3
fnmsub.d     rd, rs1, rs2, rs3
```

该组指令进行一体化乘累加（fused multiply-add）运算。

fmadd.s 指令对操作数寄存器 rs1、rs2 与 rs3 中的单精度浮点数 src1、src2 与 src3 计算 src1*src2+src3，将结果写回寄存器 rd 中。

fmsub.s 指令对操作数寄存器 rs1、rs2 与 rs3 中的单精度浮点数 src1、src2 与 src3 计算 src1*src2-src3，将结果写回寄存器 rd 中。

fnmadd.s 指令对操作数寄存器 rs1、rs2 与 rs3 中的单精度浮点数 src1、src2 与 src3 计算 -src1*src2-src3，将结果写回寄存器 rd 中。

fnmsub.s 指令对操作数寄存器 rs1、rs2 与 rs3 中的单精度浮点数 src1、src2 与 src3 计算 -src1*src2+src3，将结果写回寄存器 rd 中。

fmadd.d 指令对操作数寄存器 rs1、rs2 与 rs3 中的双精度浮点数 src1、src2 与 src3 计算 src1*src2+src3，将结果写回寄存器 rd 中。

fmsub.d 指令对操作数寄存器 rs1、rs2 与 rs3 中的双精度浮点数 src1、src2 与 src3 计算 src1*src2-src3，将结果写回寄存器 rd 中。

fnmadd.d 指令对操作数寄存器 rs1、rs2 与 rs3 中的双精度浮点数 src1、src2 与 src3 计算 -src1*src2-src3，将结果写回寄存器 rd 中。

fnmsub.d 指令对操作数寄存器 rs1、rs2 与 rs3 中的双精度浮点数 src1、src2 与 src3 计算 -src1*src2+src3，将结果写回寄存器 rd 中。

注意：对于上述指令，如果两个被乘数的值分别为无穷大和 0，则需要在 fscr 中产生 NV 异常标志。

13．浮点数格式转换指令

fcvt.w.s、fcvt.s.w、fcvt.wu.s、fcvt.s.wu、fcvt.w.d、fcvt.d.w、fcvt.wu.d、fcvt.d.wu 指令的汇编格式如下。

```
fcvt.w.s     rd, rs1
fcvt.s.w     rd, rs1
fcvt.wu.s    rd, rs1
fcvt.s.wu    rd, rs1
fcvt.w.d     rd, rs1
fcvt.d.w     rd, rs1
fcvt.wu.d    rd, rs1
fcvt.d.wu    rd, rs1
```

该组指令进行浮点与整数之间的转换操作。

fcvt.w.s 指令将通用浮点寄存器 rs1 中的单精度浮点数转换成有符号整数，将结果写回通用整数寄存器 rd 中。

fcvt.s.w 指令将通用整数寄存器 rs1 中的有符号整数转换成单精度浮点数，将结果写回通用浮点寄存器 rd 中。

fcvt.wu.s 指令将通用浮点寄存器 rs1 中的单精度浮点数转换成无符号整数，将结果写回通用整数寄存器 rd 中。

fcvt.s.wu 指令将通用整数寄存器 rs1 中的无符号整数转换成单精度浮点数，将结果写回通用浮点寄存器 rd 中。

fcvt.w.d 指令将通用浮点寄存器 rs1 中的双精度浮点数转换成有符号整数，将结果写回通用整数寄存器 rd 中。

fcvt.d.w 指令将通用整数寄存器 rs1 中的有符号整数转换成双精度浮点数，将结果写回通用浮点寄存器 rd 中。

fcvt.wu.d 指令将通用浮点寄存器 rs1 中的双精度浮点数转换成无符号整数，将结果写回通用整数寄存器 rd 中。

fcvt.d.wu 指令将通用整数寄存器 rs1 中的无符号整数转换成双精度浮点数，将结果写回通用浮点寄存器 rd 中。

注意：由于浮点数的表示范围远远大于整数的表示范围，且浮点数存在某些特殊的类型（无穷大或者 NaN），因此将浮点数转换成整数的过程中存在诸多特殊情况，如图 A-11 所示。

fcvt.s.d、fcvt.d.s 指令的汇编格式如下。

	fcvt.w.s	fcvt.wu.s
最小的有效输入（舍入后）	-2^{31}	0
最大的有效输入（舍入后）	$2^{31}-1$	$2^{32}-1$
超范围的负输入的输出	-2^{31}	0
$-\infty$ 的输出	-2^{31}	0
超范围的正输入的输出	$2^{31}-1$	$2^{32}-1$
$+\infty$ 或 NaN 的输出	$2^{31}-1$	$2^{32}-1$

图 A-11　单精度浮点数转换成整数需处理的特殊情况（双精度同理）

```
fcvt.s.d        rd, rs1
fcvt.d.s        rd, rs1
```

该组指令进行双精度浮点数与单精度浮点数之间的转换操作。

fcvt.s.d 指令将操作数寄存器 rs1 中的双精度浮点数转换成单精度浮点数，将结果写回通用浮点寄存器 rd 中。

fcvt.d.s 指令将操作数寄存器 rs1 中的单精度浮点数转换成双精度浮点数，将结果写回通用浮点寄存器 rd 中。

14．浮点数符号注入指令

fsgnj.s、fsgnjn.s、fsgnjx.s、fsgnj.d、fsgnjn.d、fsgnjx.d 指令的汇编格式分别如下。

```
fsgnj.s         rd, rs1, rs2
fsgnjn.s        rd, rs1, rs2
fsgnjx.s        rd, rs1, rs2
fsgnj.d         rd, rs1, rs2
fsgnjn.d        rd, rs1, rs2
fsgnjx.d        rd, rs1, rs2
```

该组符号注入指令（sign-injection instruction）用于完成符号注入操作。

fsgnj.s 指令的操作数均为单精度浮点数，结果的符号位与操作数寄存器 rs2 中的符号位相同，结果的其他位来自操作数寄存器 rs1，将结果写回寄存器 rd。

fsgnjn.s 指令的操作数均为单精度浮点数，结果的符号位由操作数寄存器 rs2 中的符号位取反得到，结果的其他位来自操作数寄存器 rs1，将结果写回寄存器 rd。

fsgnjx.s 指令的操作数均为单精度浮点数，结果的符号位由操作数寄存器 rs1 中的符号位与操作数寄存器 rs2 的符号位进行"异或"得到，结果的其他位来自操作数寄存器 rs1，将结果写回寄存器 rd。

fsgnj.d 指令的操作数均为双精度浮点数，结果的符号位与操作数寄存器 rs2 中的符号位相同，结果的其他位来自操作数寄存器 rs1，将结果写回寄存器 rd。

fsgnjn.d 指令的操作数均为双精度浮点数，结果的符号位由操作数寄存器 rs2 中的符号位取反得到，结果的其他位来自操作数寄存器 rs1，将结果写回寄存器 rd。

fsgnjx.d 指令的操作数均为双精度浮点数，结果的符号位由操作数寄存器 rs1 的符号位与操作数寄存器 rs2 的符号位进行"异或"得到，结果的其他位来自操作数寄存器 rs1，将结果写回寄存器 rd。

注意： 上述指令的不同形式可以等效于不同的伪指令，如 fmv、fneg 和 fabs 等。请参见附录 G 以了解更多伪指令信息。fsgnj、fsgnjn 和 fsgnjx 指令对于 NaN 类型的操作数并不做特殊对待，而是像普通操作数一样对其进行符号注入操作。

15. 浮点与整数互搬指令

fmv.x.w、fmv.w.x 指令的汇编格式如下。

```
fmv.x.w        rd, rs1
fmv.w.x        rd, rs1
```

该组指令进行浮点与整数寄存器之间的数据搬运操作。

fmv.x.w 指令将通用浮点寄存器 rs1 中的单精度浮点数读出，然后写回通用整数寄存器 rd 中。

fmv.w.x 指令将通用整数寄存器 rs1 中的整数读出，然后写回通用浮点寄存器 rd 中。

注意： 由于 32 位架构的通用整数寄存器的宽度为 32 位，而双精度浮点数为 64 位，无法实现双精度浮点寄存器与整数寄存器之间的数据互相搬运，因此在 32 位架构中没有此类指令。

16. 浮点数比较指令

flt.s、fle.s、feq.s、flt.d、fle.d、feq.d 指令的汇编格式分别如下。

```
flt.s      rd, rs1, rs2
fle.s      rd, rs1, rs2
feq.s      rd, rs1, rs2
flt.d      rd, rs1, rs2
fle.d      rd, rs1, rs2
```

```
feq.d    rd, rs1, rs2
```

该组指令进行浮点数的比较操作。

对于 flt.s 指令，如果通用浮点寄存器 rs1 中的单精度浮点数值小于 rs2 中的值，则结果为 1；否则，为 0。同时，该指令将结果写回通用整数寄存器 rd 中。

对于 fle.s 指令，如果通用浮点寄存器 rs1 中的单精度浮点数值小于或者等于 rs2 中的值，则结果为 1；否则，为 0。同时，该指令将结果写回通用整数寄存器 rd 中。

对于 feq.s 指令，如果通用浮点寄存器 rs1 中的单精度浮点数值等于 rs2 中的值，则结果为 1；否则，为 0。同时，该指令将结果写回通用整数寄存器 rd 中。

对于 flt.d 指令，如果通用浮点寄存器 rs1 中的双精度浮点数值小于 rs2 中的值，则结果为 1；否则，为 0。同时，该指令将结果写回通用整数寄存器 rd 中。

对于 fle.d 指令，如果通用浮点寄存器 rs1 中的双精度浮点数值小于或者等于 rs2 中的值，则结果为 1；否则，为 0。同时，该指令将结果写回通用整数寄存器 rd 中。

对于 feq.d 指令，如果通用浮点寄存器 rs1 中的双精度浮点数值等于 rs2 中的值，则结果为 1；否则，为 0。同时，该指令将结果写回通用整数寄存器 rd 中。

注意事项如下。

- 对于 flt、fle 和 feq 指令，如果任何一个操作数为 NaN，则结果为 0。
- 对于 flt 和 fle 指令，如果任意一个操作数属于 NaN，则需要在 fscr 中产生 NV 异常标志。
- 对于 feq 指令，如果任意一个操作数属于 Signaling-NaN，则需要在 fscr 中产生 NV 异常标志。

17．浮点数分类指令

fclass.s 与 fclass.d 指令的汇编格式分别如下。

```
fclass.s        rd, rs1
fclass.d        rd, rs1
```

该组指令进行浮点数的分类操作。

fclass.s 指令对通用浮点寄存器 rs1 中的单精度浮点数进行判断，根据其所属的类型，生成一个 10 位的独热（one-hot）码，其中的每一位对应一种类型，如图 A-12 所示，将结果写回通用整数寄存器 rd 中。

fclass.d 指令对通用浮点寄存器 rs1 中的双精度浮点数进行判断，根据其所属的类型，生成一个 10 位的独热码，其中的每一位对应一种类型，如图 A-12 所示，将结果写回通用整数寄存器 rd 中。

rd寄存器中独热码的每一位	说明
第0位	rs1表示-∞
第1位	rs1表示负规范化数
第2位	rs1表示负非规范数
第3位	rs1表示-0
第4位	rs1表示+0
第5位	rs1表示正非规范数
第6位	rs1表示正规范化数
第7位	rs1表示+∞
第8位	rs1表示带负号的NaN
第9位	rs1表示沉寂的NaN

图 A-12　浮点分类指令的分类结果

A.14.5 存储器原子操作指令（RV32A 指令子集）

本节介绍 RISC-V 架构的原子操作指令。RISC-V 的指令集文档并未对存储器原子操作指令进行系统解释。为了便于读者理解，附录 E 会对原子操作指令的相关知识背景予以简介，建议读者先阅读附录 E。

RISC-V 架构定义了可选的（非必需的）存储器原子操作指令（A 扩展指令子集）。该扩展指令子集支持 amo 指令、Load-Reserved 指令和 Store-Conditional 指令。

1. amo 指令

注意：本节仅介绍 RISC-V 32 位架构的 amo 指令。

amo 系列指令的汇编格式如下。

```
amoswap.w    rd, rs2, (rs1)
amoadd.w     rd, rs2, (rs1)
amoand.w     rd, rs2, (rs1)
amoor.w      rd, rs2, (rs1)
amoxor.w     rd, rs2, (rs1)
amomax.w     rd, rs2, (rs1)
amomaxu.w    rd, rs2, (rs1)
amomin.w     rd, rs2, (rs1)
amominu.w    rd, rs2, (rs1)
```

此类指令用于从存储器（地址由 rs1 寄存器的值指定）中读出一个数据，存放至 rd 寄存器中，并且对读出的数据与 rs2 寄存器中的值进行操作，再将结果写回存储器（存储器写回地址与读出地址相同）。

对读出的数据进行的操作类型依赖于具体的指令类型。

amoswap.w 将读出的数据与 rs2 寄存器中的值进行互换。

amoadd.w 将读出的数据与 rs2 寄存器中的值相加。

amoand.w 对读出的数据与 rs2 寄存器中的值进行"与"操作。

amoor.w 对读出的数据与 rs2 寄存器中的值进行"或"操作。

amoxor.w 对读出的数据与 rs2 寄存器中的值进行"异或"操作。

amomax.w 对读出的数据与 rs2 寄存器中的值（当作有符号数）取最大值。

amomaxu.w 对读出的数据与 rs2 寄存器中的值（当作无符号数）取最大值。

amomin.w 对读出的数据与 rs2 寄存器中的值（当作有符号数）取最小值。

amominu.w 对读出的数据与 rs2 寄存器中的值（当作无符号数）取最小值。

对于 32 位架构的 amo 指令，访问存储器的地址必须与 32 位对齐，否则会产生地址未对齐异常（amo misaligned address exception）。

amo 指令要求整个"读出-计算-写回"过程必须满足原子性。所谓原子性即整个"读出-

计算-写回"过程必须能够全部完成，在读出和写回之间的间隙，存储器中的相应地址不能够被其他的进程访问（通常会将总线锁定）。

amo 指令还支持释放一致性模型（release consistency model）。如图 A-13 所示，amo 指令的编码包含了 aq 与 rl 位，分别表示获取或者释放操作。通过设置不同的编码，你就可以赋予 amo 指令获取或者释放操作的属性。

图 A-13　amo 指令的编码

amoswap.w 系列指令的特点如下。

- amoswap.w rd, rs2, (rs1)指令不具有获取和释放属性，不具备屏障功能。
- amoswap.w.aq rd, rs2, (rs1)指令具有获取属性，能够屏障其之后的所有存储器访问操作。
- amoswap.w.rl rd, rs2, (rs1) 指令具有释放属性，能够屏障其之前的所有存储器访问操作。
- amoswap.w.aqrl rd, rs2, (rs1) 指令同时具有获取和释放属性，能够屏障其之前和之后的所有存储器访问操作。

使用带有获取或者释放属性的 amo 指令可以实现"上锁"操作。示例代码如下。

```
li t0, 1                    #将 T0 寄存器中的值初始化为 1
again:
amoswap.w.aq t0, t0, (a0)   #使用带获取属性的 amoswap 指令，将 a0 地址中
                            #锁的值读出，并将 t0 之前的值写入 a0 地址
bnez t0, again              #如果锁中的值非 0，意味着当前的锁仍然被其他进程占用，因此
                            #重新读取锁的值
# ...                       #如果锁中的值为 0，则意味着上锁成功，可以进行独占后的
                            #操作
# Critical section.
# ...
amoswap.w.rl x0, x0, (a0)   #完成操作后，通过带有释放属性的 amoswap 指令向锁中
                            #写入数值 0，将锁释放
```

2．Load-Reserved 和 Store-Conditional 指令

注意：本节仅介绍 RISC-V 32 位架构的 Load-Reserved 和 Store-Conditional 指令。指令汇编格式如下。

```
lr.w      rd, (rs1)
sc.w      rd, rs2, (rs1)
```

Load-Reserved 和 Store-Conditional 指令的功能与互斥读和互斥写指令完全相同，请参见

附录 E 以了解更多相关背景知识。

LR（Load-Reserved）指令用于从存储器（地址由 rs1 寄存器的值指定）中读出一个 32 位数据，存放至 rd 寄存器中。

SC（Store-Conditional）指令用于向存储器（地址由 rs1 寄存器的值指定）中写入一个 32 位数据，数据的值来自 rs2 寄存器中的值。SC 指令不一定能够执行成功，只有满足如下条件，SC 指令才能够执行成功。

- LR 和 SC 指令成对地访问相同的地址。
- LR 和 SC 指令之间没有任何其他的写操作（来自任何一个 Hart）访问过同样的地址。
- LR 和 SC 指令之间没有任何中断与异常发生。
- LR 和 SC 指令之间没有执行 mret 指令。

如果执行成功，则向 rd 寄存器写回数值 0；如果执行失败，则向 rd 寄存器写回一个非零值。如果执行失败，意味着没有真正写入存储器。

对于 32 位架构的 LR 和 SC 指令，访问存储器的地址必须与 32 位对齐，否则会产生地址未对齐异常。

LR/SC 指令也支持释放一致性模型。如图 A-14 所示，LR/SC 指令的编码包含了 aq 与 rl 位，分别表示获取（acquire）或者释放（release）操作。与 amo 指令相同，通过设置不同的编码，你可以赋予 LR/SC 指令获取或者释放操作的属性。

31 27	26	25	24 20	19 15	14 12	11 7	6 0
funct5	aq	rl	rs2	rs1	funct3	rd	操作码
5	1	1	5	5	3	5	7
LR	ordering		0	addr	width	dest	AMO
SC	ordering		src	addr	width	dest	AMO

图 A-14　LR/SC 指令的编码

A.14.6　16 位压缩指令（RV32C 指令子集）

本节介绍 RISC-V 架构的 16 位长度编码的压缩指令（C 扩展指令子集）。

RISC-V 架构的精妙之处在于每一条 16 位的指令都有对应的 32 位指令。本节将列举 RISC-V 32 位架构下的压缩指令（RV32C），并给出其对应的 32 位指令，如表 A-1 所示。对于 16 位指令的具体描述，本节不再赘述，请参见其 32 位指令的功能描述，或 RISC-V 架构指令集文档。

注意：由于 16 位指令的编码长度有限，因此有的指令只能使用 8 个常用的通用寄存器作为操作数，即使用编号为 x8 ~ x15 的 8 个通用寄存器（如果使用的是浮点通用寄存器，则编号为 f8 ~ f15），但有的指令还是可以使用所有的通用寄存器作为操作数。有关 RV32C 指令的详细编码，请参见附录 F。

　　表 A-1 仅列出 RISC-V 32 位架构的压缩指令（RV32C）。某些压缩指令的操作数寄存器索引不能为特定值，如 rs1 索引不能等于 0，否则为非法指令。有关每条指令的具体非法情形，请参见附录 F。

表 A-1　RV32C 指令列表

指 令 分 组	16 位指令	32 位指令	注 意 事 项
基于栈指针的读与写指令	c.lwsp rd, offset[7:2]	lw rd, offset[7:2](x2)	可以使用所有的通用寄存器作为操作数
	c.flwsp rd, offset[7:2]	flw rd, offset[7:2](x2)	
	c.fldsp rd, offset[8:3]	fld rd, offset[8:3](x2)	
	c.swsp rs2,offset[7:2]	sw rs2,offset[7:2](x2)	
	c.fswsp rs2, offset[7:2]	fsw rs2, offset[7:2](x2)	
	c.fsdsp rs2, offset[8:3]	fsd rs2, offset[8:3](x2)	
基于寄存器的读与写指令	c.lw rd, offset[6:2](rs1)	lw rd, offset[6:2](rs1)	只能够使用 8 个常用的通用寄存器作为操作数（其中，c.flw/c.fld 的 rd 和 c.fsw/c.fsd 的 rs2 为通用浮点寄存器）
	c.flw rd, ffset[6:2](rs1)	flw rd, ffset[6:2](rs1)	
	c.fld rd,offset[7:3](rs1)	fld rd,offset[7:3](rs1)	
	c.sw rs2,offset[6:2](rs1)	sw rs2,offset[6:2](rs1)	
	c.fsw rs2,offset[6:2](rs1)	fsw rs2,offset[6:2](rs1)	
	c.fsd rs2,offset[7:3](rs1)	fsd rs2,offset[7:3](rs1)	
控制传输指令	c.j offset[11:1]	jal x0,offset[11:1]	—
	c.jal offset[11:1]	jal x1, offset[11:1]	—
	c.jr rs1	jalr x0, rs1, 0	可以使用所有的通用寄存器作为操作数
	c.jalr rs1	jalr x1, rs1, 0	
	c.beqz rs1 offset[8:1]	beq rs1, x0, offset[8:1]	只能够使用 8 个常用的通用寄存器作为操作数
	c.bnez rs1 offset[8:1]	bne rs1, x0, offset[8:1]	
整数计算指令	c.li rd, imm[5:0]	addi rd, x0, imm[5:0]	可以使用所有的通用寄存器作为操作数
	c.lui rd, nzuimm[17:12]	lui rd, nzuimm[17:12]	
	c.addi rd, nzimm[5:0]	addi rd, rd, nzimm[5:0]	
	c.addi16sp nzimm[9:4]	addi x2, x2, nzimm[9:4]	—
	c.addi4spn rd, nzuimm[9:2]	addi rd, x2, nzuimm[9:2]	只能够使用 8 个常用的通用寄存器作为操作数
	c.slli rd, shamt[5:0]	slli rd, rd, shamt[5:0]	可以使用所有的通用寄存器作为操作数
	c.srli rd, rd, shamt[5:0]	srli rd, rd, shamt[5:0]	只能够使用 8 个常用的通用寄存器作为操作数
	c.srai rd, shamt[5:0]	srai rd, rd, shamt[5:0]	
	c.andi rd, imm[5:0]	andi rd, rd, imm[5:0]	
	c.mv rd, rs2	add rd, x0, rs2	可以使用所有的通用寄存器作为操作数
	c.add rd, rs2	add rd, rd, rs2	
	c.and rd, rs2	and rd, rd, rs2	只能够使用 8 个常用的通用寄存器作为操作数
	c.or rd, rs2	or rd, rd, rs2	
	c.xor rd, rs2	xor rd, rd, rs2	
	c.sub rd, rs2	sub rd, rd, rs2	

续表

指令分组	16 位指令	32 位指令	注意事项
NOP 指令	c.nop	addi x0, x0, 0.	32 位的 nop 指令对应的实际指令编码也是 addi x0, x0, 0
断点指令	c.ebreak	ebreak	—
定义的非法指令	RISC-V 架构规定，对于任意长度编码的指令，只要编码是全 0 或者全 1，就是非法指令，这个特性对于捕获某些特殊错误（例如，取指时进入全 0 的数据段、未连接的总线或者未初始化的存储器段等）非常有用		

A.15 伪指令

RISC-V 架构定义了一系列的伪指令，伪指令意味着它并不是一条真正的指令，而是其他基本指令使用形式的一种别名，请参见附录 G 以了解完整的伪指令列表。

A.16 指令编码

RV32GC 的完整指令列表及其编码，请参见附录 F。

附录 B RISC-V 架构的 CSR

RISC-V 架构定义了一些控制与状态寄存器（Control and Status Register，CSR），用于配置或记录一些运行的状态。CSR 是处理器核内部的寄存器，使用其专有的 12 位地址编码空间。

注意： 本附录仅介绍 RV32GC 指令集集合中支持机器模式的相关 CSR。有关 RISC-V 所有 CSR 的完整介绍，感兴趣的读者请参见 RISC-V 的"特权架构文档"。

B.1 蜂鸟 E203 处理器支持的 CSR 列表

蜂鸟 E203 处理器支持的 CSR 列表如表 B-1 所示，其中包括 RISC-V 标准的 CSR（RV32GC 指令集集合中只支持机器模式的 CSR）和蜂鸟 E203 处理器自定义扩展的 CSR。

表 B-1 蜂鸟 E203 处理器支持的 CSR 列表

类型	CSR 地址	读写属性	名 称	含 义
RISC-V 标准 CSR	0x001	MRW	fflags	浮点累积异常寄存器（Floating-Point Accrued Exception Register）
	0x002	MRW	frm	浮点动态舍入模式寄存器（Floating-Point Dynamic Rounding Mode Register）
	0x003	MRW	fcsr	浮点控制与状态寄存器（Floating-Point Control and Status Register）
	0x300	MRW	mstatus	机器模式状态寄存器（Machine Status Register）
	0x301	MRW	misa	机器模式指令集架构寄存器（Machine ISA Register）
	0x304	MRW	mie	机器模式中断使能寄存器（Machine Interrupt Enable Register）
	0x305	MRW	mtvec	机器模式异常入口基地址寄存器（Machine Trap-Vector Base-Address Register）
	0x340	MRW	mscratch	机器模式擦写寄存器（Machine Scratch Register）
	0x341	MRW	mepc	机器模式异常 PC 寄存器（Machine Exception Program Counter Register）
	0x342	MRW	mcause	机器模式异常原因寄存器（Machine Cause Register）

续表

类型	CSR 地址	读写属性	名　称	含　义
RISC-V 标准 CSR	0x343	MRW	mtval（又名 mbadaddr）	机器模式异常值寄存器（Machine Trap Value Register）
	0x344	MRW	mip	机器模式中断等待寄存器（Machine Interrupt Pending Register）
	0xB00	MRW	mcycle	周期计数器的低 32 位（Lower 32 bits of Cycle counter）
	0xB80	MRW	mcycleh	周期计数器的高 32 位（Upper 32 bits of Cycle counter）
	0xB02	MRW	minstret	已完成指令计数器的低 32 位（Lower 32 bits of Instructions-retired counter）
	0xB82	MRW	minstreth	已完成指令计数器的高 32 位（Upper 32 bits of Instructions-retired counter）
	0xF11	MRW	mvendorid	机器模式供应商编号寄存器（Machine Vendor ID Register）
	0xF12	MRO	marchid	机器模式架构编号寄存器（Machine Architecture ID Register）
	0xF13	MRO	mimpid	机器模式硬件实现编号寄存器（Machine Implementation ID Register）
	0xF14	MRO	mhartid	Hart 编号寄存器（Hart ID Register）
	N/A	MRW	mtime	机器模式计时器寄存器（Machine-mode Timer Register）
	N/A	MRW	mtimecmp	机器模式计时器比较寄存器（Machine-mode Timer Compare Register）
	N/A	MRW	msip	机器模式软件中断等待寄存器（Machine-mode Software Interrupt Pending Register）
蜂鸟 E203 处理器自定义的 CSR	0xBFF	MRW	mcounterstop	自定义寄存器，用于停止 mtime、mcycle、mcycleh、minstret 和 minstreth 对应的计数器

B.2 RISC-V 标准 CSR

本节介绍 RISC-V 标准 CSR。

B.2.1 misa 寄存器

misa 寄存器用于指示当前处理器所支持的架构特性。

misa 寄存器的高两位用于指示当前处理器所支持的架构位数。

- 如果高两位均为 1，则表示当前为 32 位架构（RV32）。
- 如果高两位均为 2，则表示当前为 64 位架构（RV64）。
- 如果高两位均为 3，则表示当前为 128 位架构（RV128）。

misa 寄存器的低 26 位用于指示当前处理器所支持的 RISC-V ISA 中不同模块化指令子集，每一位表示的模块化指令子集如图 B-1 所示。

注意：misa 寄存器在 RISC-V 架构文档中被定义为可读可写的寄存器，从而允许某些处理器的设计动态地配置某些特性。但是在蜂鸟 E203 处理器的实现中, misa 寄存器为只读寄存器, 恒定地反映不同型号处理器核所支持的 ISA 模块化子集。例如, 蜂鸟 E203 处理器核支持 RV32IMAC, 则在 misa 寄存器中, 高两位值为 1, 低 26 位中 I/M/A/C 对应域的值即为 1。

位	字符	说明
0	A	原子扩展
1	B	为位操作扩展临时保留的
2	C	压缩扩展
3	D	双精度浮点扩展
4	E	RV32E基地址ISA
5	F	单精度浮点扩展
6	G	其他标准扩展
7	H	保留的
8	I	RV32I/64I/128I基地址ISA
9	J	为动态翻译语言扩展临时保留的
10	K	保留的
11	L	为十进制浮点扩展临时保留的
12	M	整数乘/除扩展
13	N	支持的用户级中断
14	O	保留的
15	P	为打包的SIMD扩展临时保留的
16	Q	四精度浮点扩展
17	R	保留的
18	S	实现的监督者模式
19	T	为事务内存扩展临时保留的
20	U	实现的用户模式
21	V	为向量扩展保留的
22	W	保留的
23	X	非标准扩展
24	Y	保留的
25	Z	保留的

图 B-1　misa 寄存器低 26 位表示的模块化指令子集

B.2.2　mvendorid 寄存器

mvendorid 寄存器是只读寄存器, 用于反映蜂鸟 E203 处理器核的商业供应商编号 (Vendor ID)。如果此寄存器的值为 0, 则表示此寄存器未实现, 或者表示此处理器不是一个商业处理器核。

B.2.3　marchid 寄存器

marchid 寄存器是只读寄存器, 用于反映该处理器核的硬件实现微架构编号 (Microarchitecture ID)。

如果此寄存器的值为 0, 则表示此寄存器未实现。

B.2.4　mimpid 寄存器

mimpid 寄存器是只读寄存器, 用于反映该处理器核的硬件实现编号 (Implementation ID)。

如果此寄存器的值为 0，则表示此寄存器未实现。

B.2.5 mhartid 寄存器

mhartid 寄存器是只读寄存器，用于反映当前 Hart 的编号（Hart ID）。有关 Hart 的概念，请参见 A.9 节。

RISC-V 架构规定，如果在单 Hart 或者多 Hart 的系统中，起码要有一个 Hart 的编号必须是 0。

B.2.6 fflags 寄存器

fflags 寄存器为浮点控制与状态寄存器（fcsr）中浮点异常标志位域的别名。之所以单独定义一个 fflags 寄存器，是为了方便使用 CSR 指令直接读写浮点异常标志位域。

B.2.7 frm 寄存器

frm 寄存器为浮点控制与状态寄存器中浮点舍入模式（Rounding Mode）域的别名。之所以单独定义一个 frm 寄存器，是为了方便使用 CSR 指令直接读写浮点舍入模式。

B.2.8 fcsr 寄存器

RISC-V 架构规定，如果处理器支持单精度浮点指令或者双精度浮点指令，则需要增加一个浮点控制与状态寄存器。该寄存器包含了浮点异常标志位域和浮点舍入模式域。

B.2.9 mstatus 寄存器

mstatus 寄存器是机器模式下的状态寄存器。

如图 B-2 所示，该寄存器包含若干不同的功能域，其中 TSR、TW、TVM、MXR、SUM、MPRV、SPP、SPIE、UPIE、SIE 以及 UIE 域与本书介绍的配置（采用 RV32GC 指令集集合且只支持机器模式）无关，因此在此不做介绍。本书仅对剩余的 SD、XS、FS、MPP、MPIE 以及 MIE 域予以介绍。

1. mstatus 寄存器中的 MIE 域

mstatus 寄存器中的 MIE 域表示全局中断使能。当该 MIE 域的值为 1 时，表示所有中断的全局开关打开；当 MIE 域的值为 0 时，表示全局关闭所有的中断。mstatus 寄存器的格式如图 B-2 所示。

为了进一步理解此寄存器，请先系统地了解中断和异常的相关信息（见第 13 章）。

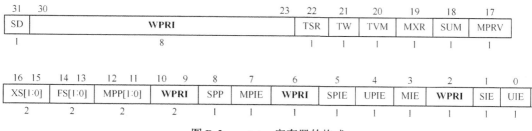

图 B-2　mstatus 寄存器的格式

2．mstatus 寄存器中的 MPIE 域、MPP 域

mstatus 寄存器中的 MPIE 域和 MPP 域分别用于保存进入异常之前 MIE 域和特权模式（privilege mode）的值。

为了理解此寄存器，请复习第 13 章。

RISC-V 架构规定，处理器在进入异常时执行以下操作。

- 把 MPIE 域的值更新为当前 MIE 域的值。
- 把 MIE 域的值更新为 0（这意味着进入异常服务程序后中断被屏蔽）。
- 把 MPP 域的值更新为异常发生前的模式（如果只支持机器模式，则 MPP 域的值永远为 11）。

3．mstatus 寄存器中的 FS 域

mstatus 寄存器中的 FS 域用于维护或反映浮点单元的状态。FS 域由两位组成，其状态编码如图 B-3 所示。

FS 域的更新准则如下。

- 上电后 FS 域的默认值为 0，这意味着浮点单元的状态为 Off。因此为了能够正常使用浮点单元，

状态编码	FS域的状态	XS域的状态
0	关闭	全部关闭
1	初始	没有处于脏状态或干净状态的，全部打开
2	干净	没有处于脏状态的，一些处于干净状态
3	脏	一些处于脏状态

图 B-3　FS 域表示的状态编码

软件需要使用 CSR 写指令将 FS 域的值改写为非零值，以打开浮点单元的功能。

- 如果 FS 域的值为 1 或者 2，执行任何浮点指令之后，FS 域的值会自动切换为 3，表示浮点单元的状态为脏（dirty），即状态发生了改变。
- 如果处理器不想使用浮点运算单元（如将浮点单元的功能关闭以降低功耗），可以使用 CSR 写指令将 mstatus 寄存器的 FS 域设置成 0，将浮点单元的功能予以关闭。浮点单元的功能关闭之后，任何访问浮点 CSR 的操作或者任何执行浮点指令的行为都将会产生非法指令（illegal instruction）异常。

除上述功能之外，FS 域的值还用于操作系统在进行上下文切换时的指引信息，由于此内容超出本书的介绍范围（只支持机器模式，不支持操作系统），因此在此不做介绍。感兴趣的读者请参见 RISC-V 的"特权架构文档"。

4. mstatus 寄存器中的 XS 域

mstatus 寄存器中的 XS 域与 FS 域的作用类似，但是它用于维护或反映用户自定义的扩展指令单元状态。

在标准的 RISC-V "特权架构文档"中定义 XS 域为只读域，它用于反映所有自定义扩展指令单元的状态总和。但请注意，在蜂鸟 E203 处理器的硬件实现中，将 XS 域设计成可写可读域，其作用与 FS 域类似，软件可以通过改写 XS 域的值达到打开或者关闭协处理器扩展指令单元的目的。

与 FS 域类似，XS 除用于上述功能之外，还用作操作系统在进行上下文切换时的指引信息。由于此内容超出本书的介绍范围（只支持机器模式，不支持操作系统），因此在此不做介绍，感兴趣的读者请参见 RISC-V 的"特权架构文档"。

5. mstatus 寄存器中的 SD 域

mstatus 寄存器中的 SD 域是一个只读域，它表示 XS 域或者 FS 域处于脏（dirty）状态。其逻辑关系表达式为 SD=((FS==11) OR (XS==11))。

之所以设置此只读的 SD 域，是为了方便软件快速查询 XS 域或者 FS 域是否处于脏状态，从而在上下文切换时可以快速判断是否需要对浮点单元或者扩展指令单元进行上下文保存。由于此内容超出本书的介绍范围（只支持机器模式，不支持操作系统），因此在此不做过多介绍，感兴趣的读者请参见 RISC-V 的"特权架构文档"。

B.2.10 mtvec 寄存器

mtvec 寄存器用于配置异常的入口地址。

为了理解此寄存器，请复习第 13 章。

在处理器执行程序的过程中，一旦遇到异常，则终止当前的程序流，处理器被强行跳转到一个新的 PC 地址，该过程在 RISC-V 的架构中定义为陷阱（trap），字面的含义为"跳入陷阱"，更加准确的含义为"进入异常"。RISC-V 处理器进入异常后跳入的 PC 地址由 mtvec 寄存器指定。

有关 RISC-V 架构定义的 mtvec 寄存器的详细格式，请参见 13.2.1 节。

B.2.11 mepc 寄存器

mepc 寄存器用于保存进入异常之前指令的 PC 值，使用该 PC 值作为异常的返回地址。

为了理解此寄存器，请复习第 13 章。

RISC-V 架构规定，处理器进入异常时，更新 mepc 寄存器以反映当前遇到异常的指令的 PC 值。

值得注意的是，虽然 mepc 寄存器会在异常发生时自动被硬件更新，但是 mepc 寄存器本身也是一个可读可写的寄存器，因此软件也可以直接写该寄存器，以修改它的值。

注意：RISC-V 架构在遇到中断和异常时的返回地址定义（更新 mepc 寄存器的值）有如下细微差别。

- 在出现中断时，mepc 寄存器指向下一条尚未执行的指令，因为中断时的指令正确执行。
- 在出现异常时，mepc 寄存器指向当前指令，因为当前指令触发了异常。

对于同步异常，能够精确定位到造成异常的指令；而对于异步异常，则无法精确定位，这取决于处理器的具体硬件实现。

如果异常由 ecall 或 ebreak 产生，直接跳回返回地址，则会造成死循环（因为重新执行 ecall 导致重新进入异常）。正确的做法是在异常处理中使 mepc 寄存器指向下一条指令，由于现在 ecall/ebreak 都是 4 字节指令，因此简单设定 mepc=mepc+4 即可。

B.2.12　mcause 寄存器

mcause 寄存器用于保存进入异常之前的出错原因，以便对异常原因进行诊断和调试。

为了理解此寄存器，请复习第 13 章。

RISC-V 架构规定，处理器进入异常时，更新 mcause 寄存器以反映当前遇到异常的原因：mcause 寄存器的最高位为中断（interrupt）域，低 31 位为异常编号（exception code）域，这两个域的组合可以用于指示 12 种定义的中断类型和 16 种定义的异常类型。

B.2.13　mtval (mbadaddr)寄存器

mtval（又名 mbadaddr）寄存器用于保存进入异常之前的错误指令的编码值或者存储器访问的地址值，以便对异常原因进行诊断和调试。

为了理解此寄存器，请复习第 13 章。

RISC-V 架构规定，处理器进入异常时，更新 mtval 寄存器，以反映当前遇到异常的信息。

对于存储器访问造成的异常，如硬件断点、取指令和存储器读写造成的异常，将存储器访问的地址更新到 mtval 寄存器中。

对于非法指令造成的异常，将错误指令的编码更新到 mtval 寄存器中。

B.2.14　mie 寄存器

mie 寄存器用于控制不同中断类型的局部屏蔽。之所以称为局部屏蔽，是因为相对而言 mstatus 寄存器中的 MIE 域提供了全局中断使能，请参见 B2.9 节以了解 mstatus 寄存器的更多信息。

为了理解此寄存器，请复习第 13 章。

RISC-V 架构对于 mie 寄存器的规定如下。

mie 寄存器的每一个域用于控制每个单独的中断使能，MEIE/MTIE/MSIE 域分别控制机器模式下的外部中断（external interrupt）、计时器中断（timer interrupt）和软件中断（software interrupt）的屏蔽。如果处理器（如蜂鸟 E203）只实现了机器模式，则监督模式（supervisor）和用户模式（user mode）对应的中断使能位（SEIE、UEIE、STIE、UTIE、SSIE 以及 USIE）无任何意义。

有关 RISC-V 架构定义的 mie 寄存器的详细格式和功能，请参见 13.3.2 节。

B.2.15 mip 寄存器

mip 寄存器用于查询中断的等待（pending）状态。

为了理解此寄存器，请复习第 13 章。

RISC-V 架构对于 mip 寄存器的规定如下。

mip 寄存器的中的每一个域用于反映每个单独的中断等待状态，MEIP/MTIP/MSIP 域分别反映机器模式下的外部中断、计时器中断和软件中断的等待状态。如果处理器（如蜂鸟 E203）只实现了机器模式，则监督模式和用户模式对应的中断等待状态位（SEIP、UEIP、STIP、UTIP、SSIP 以及 USIP）无任何意义。

有关 RISC-V 架构定义的 mip 寄存器的详细格式和功能，请参见 13.3.3 节。

B.2.16 mscratch 寄存器

mscratch 寄存器用于在机器模式下的程序中临时保存某些数据。mscratch 寄存器可以提供一种快速的保存和恢复机制。例如，在进入机器模式的异常处理程序后，处理器将应用程序的某个通用寄存器的值临时存入 mscratch 寄存器中，在退出异常处理程序之前，将 mscratch 寄存器中的值读出，恢复至通用寄存器。

B.2.17 mcycle 寄存器和 mcycleh 寄存器

RISC-V 架构定义了一个 64 位宽的时钟周期计数器，用于反映处理器执行了多少个时钟周期。只要处理器处于执行状态，此计数器便会不断自增计数，其自增的时钟频率由处理器的硬件实现自定义。

mcycle 寄存器反映了该计数器低 32 位的值，mcycleh 寄存器反映了该计数器高 32 位的值。

mcycle 寄存器和 mcycleh 寄存器可以用于衡量处理器的性能，且具备可读可写属性，因此软件可以通过 CSR 指令改写 mcycle 寄存器和 mcycleh 寄存器中的值。

考虑到计数器计数会增加动态功耗，在蜂鸟 E203 处理器的实现中，在自定义 mcounterstop 寄存器中额外增加了一个控制位。软件可以通过配置此控制域使 mcycle 寄存器和 mcycleh 寄存器对应的计数器停止计数，从而在不需要衡量性能时停止计数器，以达到省电的作用。请参见 B.3 节，以了解 mcounterstop 寄存器的更多信息。

B.2.18 minstret 寄存器和 minstreth 寄存器

RISC-V 架构定义了一个 64 位宽的执行指令计数器，用于反映处理器成功执行了多少条指令。处理器每成功执行一条指令，此计数器就会自增计数。

minstret 寄存器反映了该计数器低 32 位的值，minstreth 寄存器反映了该计数器高 32 位的值。

minstret 寄存器和 minstreth 寄存器可以用于衡量处理器的性能，且具备可读可写属性，因此软件可以通过 CSR 指令改写 minstret 寄存器和 minstreth 寄存器中的值。

考虑到计数器计数会增加动态功耗，在蜂鸟 E203 处理器的实现中，在自定义 mcounterstop 寄存器中额外增加了一个控制位。软件可以配置此控制域以使 minstret 寄存器和 minstreth 寄存器对应的计数器停止计数，从而在不需要衡量性能时停止计数器，以达到省电的作用。请参见 B.3 节，以了解 mcounterstop 寄存器的更多信息。

B.2.19 mtime 寄存器、mtimecmp 寄存器和 msip 寄存器

为了理解 mtime、mtimecmp 和 msip 这 3 个寄存器，请复习第 13 章。

RISC-V 架构定义了一个 64 位的计时器，该计时器的值实时反映在 mtime 寄存器中，且该计时器可以通过 mtimecmp 寄存器配置其比较值，从而产生中断。注意，RISC-V 架构没有将 mtime 寄存器和 mtimecmp 寄存器定义为 CSR，而是定义为存储器地址映射（memory address mapped）的系统寄存器，RISC-V 架构并没有规定具体的存储器映射地址，而是交由 SoC 系统集成者实现。

RISC-V 架构定义了一种软件中断，这种软件中断可以通过写 1 至 msip 寄存器来触发。有关软件中断的信息，请参见 13.3.1 节。注意，此处的 msip 寄存器和 mip 寄存器中的 MSIP 域命名不可混淆，且 RISC-V 架构并没有定义 msip 寄存器为 CSR，而是定义为存储器地址映射的系统寄存器，RISC-V 架构并没有规定具体的存储器映射地址，而是交由 SoC 系统集成者实现。

在蜂鸟 E203 处理器的实现中，mtime 寄存器、mtimecmp 寄存器、msip 寄存器均由 CLINT 模块实现。有关蜂鸟 E203 处理器的 CLINT 实现要点以及 mtime 寄存器、mtimecmp 寄存器、

msip 寄存器分配的存储器地址区间，请参见 13.5.5 节。

考虑到计时器计数会增加动态功耗，在蜂鸟 E203 处理器的实现中，在自定义 mcounterstop 寄存器中额外增加了一个控制位。软件可以通过配置此控制域使 mtime 寄存器对应的计时器停止计数，从而在不需要时停止计时器，达到省电的作用。

B.3 蜂鸟 E203 处理器自定义的 CSR

本节介绍蜂鸟 E203 处理器自定义的 CSR。

考虑到 mtime、mcycle、mcycleh、minstret 和 minstreth 寄存器对应的计数器计数会增加动态功耗，因此在蜂鸟 E203 处理器的实现中，自定义 mcounterstop 寄存器，用于控制不同计数器的运行和停止。

mcounterstop 寄存器中的域如表 B-2 所示。

表 B-2　mcounterstop 寄存器中的域

域	位	描　　述
CYCLE	第 0 位	控制 mcycle 寄存器和 mcycleh 寄存器对应的计数器： • 如果此位为 1，则使计数器停止计数 • 如果此位为 0，则计数器正常工作 上电复位后此位的默认值为 0
TIMER	第 1 位	控制 mtime 寄存器对应的计数器： • 如果此位为 1，则使计数器停止计数 • 如果此位为 0，则计数器正常工作 上电复位后此位的默认值为 0
INSTRET	第 2 位	控制 minstret 寄存器和 minstreth 寄存器对应的计数器： • 如果此位为 1，则使计数器停止计数 • 如果此位为 0，则计数器正常工作 上电复位后此位的默认值为 0
Reserved	第 3～31 位	表示常数 0

附录 C RISC-V 架构的 PLIC

本附录仅介绍平台级别中断控制器（Platform Level Interrupt Controller，PLIC），而 PLIC 仅是 RISC-V 整个中断机制中的一个子环节。

C.1 概述

RISC-V 架构定义了一个 PLIC，用于对多个外部中断源按优先级进行仲裁和分发。PLIC 的逻辑结构如图 C-1 所示。

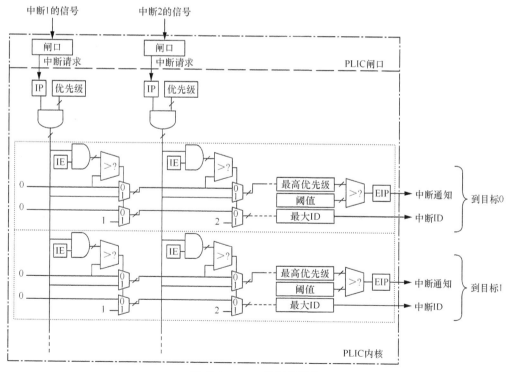

图 C-1 PLIC 的逻辑结构

图 C-1 仅为 PLIC 的逻辑结构，并非其真正的硬件结构。设计人员可以采用更高效的硬件设计结构实现处理器。

图 C-1 中有两个中断目标，但 PLIC 理论上可以支持一个或者任意多个中断目标。下一节将对中断目标予以详述。

图 C-1 中的 IP（Interrupt Pending）表示中断源的等待标志寄存器；优先级（Priority）表示中断源的优先级寄存器；IE（Interrupt Enable，中断使能）为中断源对应于中断目标的使能寄存器；阈值（threshold）为中断目标的优先级阈值寄存器；EIP 为发往中断目标的中断信号线。C.2 节和 C.3 节将对各概念及寄存器予以详述。

C.2 PLIC 中断目标

如上一节所述，PLIC 理论上可以支持一个或者任意多个中断目标，硬件设计人员可以选择具体的中断目标个数上限。

RISC-V 架构规定，PLIC 的中断目标通常是 RISC-V 架构的一个特定模式下的 Hart，有关 Hart 的概念，请参见附录 A。但是，理论上，PLIC 不仅可以用于向 RISC-V 架构的 Hart 发送中断，还可以向系统的其他组件（如 DMA、DSP 等）发送中断。

通常情况下，RISC-V 架构的 Hart 需要进入机器模式以响应中断，但是 RISC-V 架构也运行于低级别的工作模式（如用户模式）以直接响应中断，此特性由 mideleg 寄存器控制。因此对于一个 Hart 而言，其机器模式可以作为中断目标，还可以以其他模式作为中断目标。

注意：mideleg 寄存器只在支持多种工作模式的 RISC-V 处理器中才使用。由于本附录着重介绍只支持机器模式的架构，因此对 mideleg 寄存器不做介绍，感兴趣的读者请参见 RISC-V 的"特权架构文档"。

该 PLIC 服务于 3 个 RISC-V Hart。Hart 0 有 M、U 两种模式，Hart 1 有 M、S、U 这 3 种模式，Hart 2 也有 M、S、U 这 3 种模式，因此该 PLIC 总共有 8 个中断目标（见图 C-2）。

注意：由于蜂鸟 E203 处理器是单核处理器，且没有实现任何硬件超线程的技术，因此一个蜂鸟 E203 处理器核即为一个 Hart，且蜂鸟 E203 处理器核只支持机器模式。蜂鸟 E203 系统中的 PLIC 只有一个中断目标，Hart 0 只有 M 模式。

目标	Hart	模式
0	0	M
1	0	U
2	1	M
3	1	S
4	1	U
5	2	M
6	2	S
7	2	U

图 C-2　PLIC 的中断目标

PLIC 中断目标之阈值

PLIC 的每个中断目标均可以具有特定的优先级阈值，只有中断源的优先级高于此阈值，中断才能够发送给中断目标。

中断目标的优先级阈值寄存器应该是存储器地址映射的可读可写寄存器，于是开发人员可以通过编程配置不同的阈值来屏蔽优先级比阈值低的中断源。

C.3　PLIC 中断源

PLIC 理论上可以支持任意多个（对于具体硬件实现，你可以选择它支持的上限）中断源（interrupt source）。每个中断源可以是不同的触发类型，如电平触发（level-triggered）或者边沿触发（edge-triggered）等。

PLIC 为每个中断源分配了如下组件。

- 闸口（gateway）和 IP 寄存器。
- 优先级（priority）组件。
- 使能（enable）组件。

另外，PLIC 还为每个中断源分配了 ID 参数。

C.3.1　PLIC 中断源之闸口和 IP 寄存器

PLIC 为每个中断源分配了一个闸口，每个闸口都有对应的中断等待寄存器，其功能如下。

- 闸口将不同触发类型的外部中断转换成统一的内部中断请求。
- 对于同一个中断源而言，闸口保证一次只发送一个中断请求（interrupt request）。中断请求由闸口发送后，硬件将会自动将对应的 IP 寄存器置 1。
- 闸口发送一个中断请求后则启动屏蔽，如果此中断没有处理完成，则后续的中断将会被闸口屏蔽。

C.3.2　PLIC 中断源之编号

PLIC 为每个中断源分配了独一无二的编号（ID）。ID 编号 0 被预留，表示"不存在的中断"，因此有效的中断 ID 从 1 开始。

例如，假设某 PLIC 的硬件实现支持 1024 个 ID，则 ID 应为 0～1023。其中，除 0 被预留（表示"不存在的中断"）之外，编号 1～1023 对应的中断源接口信号线可以用于连接有效的外部中断源。

C.3.3 PLIC 中断源之优先级

对于 PLIC 的每个中断源，开发人员均可以设置特定的优先级。

每个中断源的优先级寄存器应该是存储器地址映射的可读可写寄存器，于是开发人员可以为其配置不同的优先级。

PLIC 架构理论上可以支持任意多个优先级，在硬件实现中，你可以选择具体的优先级个数。例如，假设硬件实现中设置优先级寄存器的有效位为 3 位，则它可以支持 0～7 这 8 个优先级。

数字越大，优先级越高。

优先级 0 意味着"不可能中断"，相当于将此中断源屏蔽。这是因为 PLIC 的每个中断目标均可以具有特定的优先级阈值，只有中断源的优先级高于此阈值，中断才能够发送给中断目标。由于阈值最小为 0，因此中断源的优先级 0 不可能高于任何设定的阈值，即意味着"不可能中断"。

C.3.4 PLIC 中断源之中断使能

PLIC 为每个中断目标的每个中断源分配了一个中断使能寄存器。

IE 寄存器应该是存储器地址映射的可读可写寄存器，开发人员可以对其编程。

- 如果 IE 寄存器配置为 0，则意味着此中断源对应的中断目标被屏蔽。
- 如果 IE 寄存器配置为 1，则意味着此中断源对应的中断目标打开。

C.4 PLIC 中断处理机制

C.4.1 PLIC 中断通知机制

对于每个中断目标而言，PLIC 对其所有中断源进行仲裁要依据一定的原则。

对于每个中断目标来说，只有满足下列所有条件的中断源才能参与仲裁。

- 中断源对于该中断目标的使能位（IE 寄存器）必须为 1。
- 中断源的优先级（优先级寄存器的值）必须大于 0。
- 中断源必须由闸口发送（IP 寄存器的值为 1）。
- 从所有参与仲裁的中断源中选择优先级最高的中断源，作为仲裁结果。如果参与仲裁的多个中断源具有相同的优先级，仲裁时则选择 ID 最小的中断源。
- 如果仲裁出的中断源优先级高于中断目标的优先级阈值，则发出最终的中断通知；

否则，不发出最终的中断通知。

经过仲裁之后，如果对中断目标发出中断通知，则为该中断目标生成一个电平触发的中断信号。若中断目标对应一个 RISC-V Hart 的机器模式，则该中断信号的值将会反映在其 mip 寄存器中的 MEIP 域。

C.4.2　PLIC 中断响应机制

对于每个中断目标而言，如果收到了中断通知，且决定对该中断进行响应，则需要向 PLIC 发送中断响应（interrupt claim）消息。本节介绍 PLIC 定义的中断响应机制。

PLIC 实现一个存储器地址映射的可读寄存器，中断目标可以通过对此寄存器进行读操作，达到中断响应的目的。作为反馈，此读操作将返回一个 ID，表示当前仲裁出的中断源对应的中断 ID。中断目标可以通过此 ID 得知它需要响应的具体外部中断源，如果返回的中断 ID 为 0，则表示无中断请求。

PLIC 接收到中断响应的寄存器读操作且返回了中断 ID 之后，硬件自动将对应中断源的 IP 寄存器清零。

注意：此中断源的 IP 寄存器清零后，PLIC 仍可以重新仲裁其他中断源，选出下一个最高优先级的中断源，因此 PLIC 有可能会继续向该中断目标发送新的中断通知。

中断目标可以将该中断目标的优先级阈值设置到最大，即屏蔽掉所有的中断通知。但是该中断目标仍然可以对 PLIC 发起中断响应的寄存器读操作，PLIC 依然会返回当前仲裁出的中断源对应的中断 ID。

C.4.3　PLIC 中断完成机制

对于中断目标而言，如果彻底完成了某个中断源的中断处理操作，则需要向 PLIC 发送中断完成（interrupt completion）消息。PLIC 定义的中断完成机制如下。

- PLIC 实现一个存储器地址映射的可写寄存器，中断目标可以通过对此寄存器进行写操作达到中断完成的目的。此写操作需要写入一个中断 ID，以通知 PLIC 完成了此中断源的中断处理操作。
- PLIC 接收到中断完成的寄存器写操作后（写入中断 ID），硬件自动解除对应中断源的闸口屏蔽。只有解除闸口屏蔽，此中断源才能经过闸口发起下一次中断请求（才能重新将 IP 寄存器置 1）。

C.4.4　PLIC 中断完整流程

综上所述，对于每个中断源的中断而言，其完整流程如图 C-3 所示。

如果闸口没有被屏蔽，则中断源由闸口发起中断请求。闸口发送一个中断请求后，硬件自动将其对应的 IP 寄存器置 1；PLIC 硬件将为对应中断源的闸口启动屏蔽，后续的中断将会被闸口屏蔽住。

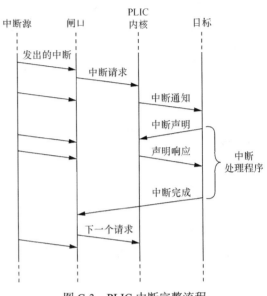

图 C-3 PLIC 中断完整流程

按照中断仲裁机制，如果经过 PLIC 硬件仲裁后选中了该中断源，且其优先级高于中断目标的阈值，PLIC 则向中断目标发出中断通知。

中断目标收到中断通知后，如果决定响应此中断，则使用软件向 PLIC 发起中断响应的读操作。作为响应反馈，PLIC 返回该中断源的中断 ID。同时，硬件自动将其对应的 IP 寄存器清零。

中断目标收到中断 ID 之后，可以通过此 ID 得知它需要响应的具体外部中断源。然后进入该外部中断源对应的具体中断服务程序（interrupt service routine）中并进行处理。

待彻底完成了中断处理之后，中断目标使用软件向 PLIC 发起"中断完成"的写操作，写入要完成的中断 ID。同时，PLIC 硬件将解除对应中断源的闸口屏蔽，允许它发起下一次新的中断请求。

C.5 PLIC 寄存器小结

综上所述，PLIC 需要支持的若干种存储器地址映射的寄存器如下。
- 每个中断源的中断等待寄存器（只读）。
- 每个中断源的优先级寄存器（可读可写）。
- 每个中断目标对应的中断源的中断使能寄存器（可读可写）。
- 每个中断目标的阈值寄存器（可读可写）。
- 每个中断目标的中断响应寄存器（可读）。
- 每个中断目标的中断完成寄存器（可写）。

RISC-V 架构文档并没有为上述寄存器定义明确的存储器地址，而是交给硬件实现者自定义。因此硬件设计人员可以按照所处 SoC 的不同情况分配具体的存储器映射地址。以蜂鸟 E203 SoC 为例，其 PLIC 的寄存器地址映射表如图 C-4 所示。

PLIC 理论上可以支持多个中断目标。由于蜂鸟 E203 处理器是一个单核处理器，且仅实现了机器模式，因此仅用到 PLIC 的目标 0，图 C-4 中的目标 0 即蜂鸟 E203 处理器核。

图 C-4 中，源 1 的优先级到源 1023 的优先级对应每个中断源的优先级寄存器（可读可写）。虽然每个优先级寄存器对应一个 32 位的地址区间（4 字节），但是优先级寄存器的有效位可以只有几位（其他位固定为 0）。假设硬件实现中优先级寄存器的有效位为 3 位，则它可以支持 0～7 这 8 个优先级。

图 C-4 中，等待数组的开头到等待数组的结尾对应每个中断源的 IP 寄存器（只读）。由于每个中断源的 IP 仅有一位宽，而每个寄存器对应一个 32 位的地址区间（4 字节），因此每个寄存器可以包含 32 个中断源的 IP。

地址	寄存器描述
0x0C00 0000	保留的
0x0C00 0004	源1的优先级
0x0C00 0008	源2的优先级
⋮	⋮
0x0C00 0FFC	源1023的优先级
0x0C00 1000	等待数组的开头
⋮	
0x0C00 107C	等待数组的末尾
0x0C00 2000	
⋮	使能目标0
0x0C00 207C	
0x0C20 0000	目标0的优先级阈值
0x0C20 0004	目标0声明/完成

图 C-4　蜂鸟 E203 SoC 中 PLIC 的寄存器地址映射表

按照此规则，等待数组的开头对应的寄存器包含中断源 0～31 的 IP 寄存器值，其他依次类推。每 32 个中断源的 IP 被组织在一个寄存器中，总共有 1024 个中断源，因此需要 32 个寄存器，其地址为 0x0C00 1000～0x0C00 107C。

图 C-4 中，使能目标 0 对应每个中断源的中断使能寄存器（可读可写）。与 IP 寄存器同理，由于每个中断源的 IE 仅有一位宽，而每个寄存器对应一个 32 位的地址区间（4 字节），因此每个寄存器可以包含 32 个中断源的 IE。

按照此规则，对于目标 0 而言，每 32 个中断源的 IE 被组织在一个寄存器中，总共 1024 个中断源，因此需要 32 个寄存器，其地址为 0x0C00 2000～0x0C00 207C。

图 C-4 中，目标 0 的优先级阈值对应目标 0 的阈值寄存器（可读可写）。

虽然每个阈值寄存器对应一个 32 位的地址区间（4 字节），但是阈值寄存器的有效位个数应该与每个中断源的优先级寄存器有效位个数相同。

图 C-4 中，"目标 0 声明/完成"对应目标 0 的中断响应寄存器和中断完成寄存器。

对于每个中断目标而言，由于中断响应寄存器为可读寄存器，中断完成寄存器为可写寄存器，因此将二者合为一个寄存器，二者共享同一个地址，变成一个可读可写的寄存器。

C.6 总结与比较

对 ARM 的 Cortex-M 或 Cortex-A 系列比较熟悉的读者，想必会了解 Cortex-M 系列定义的嵌套向量中断控制器（Nested Vector Interrupt Controller，NVIC）和 Cortex-A 系列定义的

通用中断控制器（General Interrupt Controller，GIC）。这两种中断控制器的功能都非常强大，但是非常复杂。

相比而言，RISC-V 架构定义的 PLIC 则非常简单，这反映了 RISC-V 架构力图简化硬件的设计理念。此外，RISC-V 架构也允许处理器设计者定义其自有的中断控制器，因此你可以从很多开源或商用的 RISC-V 处理器 IP 中看到其他非标准的中断控制器身影。例如，芯来科技研发的 Nuclei 系列商用 RISC-V 处理器 IP 中使用的改进型内核局部中断控制器（Enhanced Core Local Interrupt Controller，ECLIC），该中断控制器相较蜂鸟 E203 处理器中所实现的 PLIC 而言，具备更加强大的功能。感兴趣的读者可以访问芯来科技官方网站，查询 Nuclei 系列内核数据手册，本书在此不详述。

附录 D　存储器模型背景

本附录将对存储器模型（memory model）的相关背景知识进行简介。请注意，由于存储器模型是计算机体系结构中非常晦涩的一个概念，而本书力图做到通俗易懂，因此对于存储器模型的介绍难免有失精准之处，关于其更严谨的学术定义，读者可以自行查阅其他资料。

D.1　为何要有存储器模型的概念

本节先介绍为何要有存储器模型这个概念，也即存储器模型要解决什么问题。

在最早期，处理器都是单核的。当只有单核执行软件程序时，存储器读写指令的执行是很好理解的。处理器对存储器读写操作的结果会严格和程序顺序（Program-Order）定义的结果一致，也就是说，处理器会严格按照顺序逐条地执行其汇编指令。

理论上来讲，对于和存储器访问地址有相关性的指令（如前一条指令写某个存储器地址，之后另一条指令读该存储器地址），它们的执行顺序一定不能颠倒，否则会造成结果错误。而对于与存储器访问地址没有相关性的指令（如前一条指令写某个存储器地址，之后另一条指令读另外一个存储器地址），它们的执行顺序可以颠倒，不会影响最终的执行结果，不会造成结果错误。

基于上述原理，一方面，编译器可以对程序生成的汇编指令流中的指令顺序进行适当改变，从而在某些情况下优化性能（如在某些有数据相关性的指令中间插入一些后序没有数据相关性的指令）；另一方面，处理器核的硬件在执行程序时可以动态地调整指令的执行顺序，从而提高处理器的性能。

但是，随着技术的进步和发展，处理器设计进入多核时代，情况变得微妙起来。假设不同的处理器核需要同时访问共享的存储器地址区间，对共享的数据区间进行读写。由于不同的处理器核在执行程序时存在着很多种随机性和不确定性，因此它们访问共享存储器地址区间的先后顺序也存在着随机性和不确定性，从而造成多核程序的执行结果不可预知。这种不可预知性就会给软件开发造成困扰，导致运行多核程序的系统不稳定。

指令集架构（ISA）是衔接底层硬件和高层软件的一个抽象层，该抽象层定义了任何软件程序员需要了解的硬件信息。为了能够向上层软件明确地指出多核程序访问共享数据的结果，在指令集架构中便引入了存储器模型的概念。

D.2　存储器模型定义的内容

存储器模型又称存储器一致性模型（memory consistency model），用于定义系统中对存储器访问需要遵守的规则。只要软件和硬件都明确遵循存储器模型定义的规则，就可以保证多核程序能够得到确切的运行结果。

存储器模型往往是现代 ISA 很重要的一部分，因此使用高级语言的程序员、设计编译器的软件工程师、处理器硬件设计人员都需要了解其所使用 ISA 的存储器模型。

下面以 3 种代表性的存储器模型——按序一致性模型（sequential consistency model）、松散一致性模型（relaxed consistency Model）和释放一致性模型（release consistency model）为例进行介绍。

D.2.1　按序一致性模型

按序一致性模型就是"严格按序"模型。如果处理器的指令集架构符合按序一致性模型，那么在多核处理器上执行的程序就好像在单核处理器上顺序执行一样。例如，系统有两个处理器核，分别是 Core 0 和 Core 1。Core 0 执行了 A、B、C、D 这 4 条存储器访问指令，Core 1 执行了 a、b、c、d 这 4 条存储器访问指令。对于程序员而言，基于按序一致性模型的系统执行这 8 条指令的效果就好像在一个 Core 上顺序执行了 A、a、B、b、C、c、D、d，或者是 A、B、a、b、C、c、D、d，还可以是 A、B、C、D、a、b、c、d。总之，只要同时符合 Core 0 和 Core 1 的指令执行顺序（即单独从 Core 0 的角度看，其指令执行顺序必须是 A→B→C→D，单独从 Core 1 的角度看，其指令执行顺序必须是 a→b→c→d）的任意组合，就是合法的组合。

综上，我们可以总结出按序一致性模型的两条规则。

- 各个处理器核按照其顺序来执行指令，执行完一条指令后，执行下一条指令，不能够改变存储器访问指令的顺序（即便访问的是不同的存储器地址）。
- 从全局来看，每一个存储器写操作都需要能够被系统中的所有处理器核同时观测到。就好像处理器系统（包括所有的处理器核）和存储系统之间有一个开关，一次只会连接一个处理器核和存储系统，因此对存储器的访问都是原子的、串行化的。

按序一致性模型是最简单和直观的存储器模型，但这限制了 CPU 硬件和编译器的优化，从而影响了整个系统的性能，于是便有了松散一致性模型。

D.2.2　松散一致性模型

松散一致性模型就是"松散"模型。对于不同存储器地址的访问指令，单核处理器理论上是可以改变其执行顺序的。松散一致性模型允许多核系统中的单核改变其存储器访问指令（必须访问的是不同的地址）的执行顺序。

由于松散一致性模型解除了束缚，因此系统的性能更加好。如果多核程序无所束缚地执行，结果就会变得完全不可预知。为了能够限定处理器的执行顺序，便引入了特殊的存储器屏障（memory fence）指令。fence 指令用于屏障数据存储器访问的执行顺序，如果在程序中添加了一条 fence 指令，则能够保证在 fence 指令之前的所有指令进行的数据访存结果必须比在 fence 指令之后的所有指令进行的数据访存结果先被观测到。通俗地讲，fence 指令就像一堵屏障一样，在 fence 指令之前的所有数据存储器访问指令必须比该 fence 指令之后的所有数据存储器访问指令先执行。

通过将松散一致性模型和存储器屏障指令相结合，你便可以达到性能和功能的平衡。例如，在不关心存储器访问顺序的场景下，系统可以达到高的性能，而在某些关心存储器访问顺序的场景下，软件程序员可以明确使用存储器屏障指令来约束指令的执行顺序。

D.2.3　释放一致性模型

释放一致性模型进一步支持"获取-释放"（acquire-release）机制，其核心要点如下。
- 定义一种释放（release）指令，它仅屏障其之前的所有存储器访问操作。
- 定义一种获取（acquire）指令，它仅屏障其之后的所有存储器访问操作。

由于获取和释放指令仅屏障一个方向，因此相比 fence 指令更加松散。

D.3 节将结合一个具体的应用实例帮助读者进一步理解"获取-释放"机制和上述不同模型的差异。

D.2.4　存储器模型小结

为了通俗易懂，前几节以处理器核为单位介绍了存储器模型的概念，强调了存储器模型在多核系统中的重要性。

但是，现今的处理器设计技术突飞猛进，早已经突破了多核的概念，在一个处理器核中设计多个硬件线程的技术也早已成熟。例如，硬件超线程（hyper-threading）技术便是指在一个处理器核中实现多组线程，每组线程有自己独立的寄存器组等与上下文相关的资源，但是大多数的运算资源被所有硬件线程复用，因此面积效率很高。在这样的硬件超线程处理器中，一个核内的多个线程同样存在着与多核系统类似的存储器模型问题。

经过多年的发展，除本附录介绍的 3 种模型之外，还有众多不同的存储器模型。本书限于篇幅，在此不一一列举，感兴趣的读者请自行查阅。

D.3 存储器模型应用实例

在多核软件开发中经常有需要进行同步（synchronization）的场景，一个需要进行同步的典型双核场景如下。

Core 0 要写入一段数据到某地址区间中，然后通知 Core 1 将此段数据读走。

为了完成上述功能，程序员开发了一个多核应用程序，预期如下。

- Core 0 和 Core 1 二者以一个共享的全局变量作为旗语。程序的全局变量在硬件上的本质是在存储器中分配一个地址，保存该变量的值，Core 0 和 Core 1 都能够访问该地址。
- Core 0 完成了写数据的操作之后，便将此共享变量视为一个"特殊的数值"。
- Core 1 则不断地在监测此共享变量的值，一旦它监测到了"特殊的数值"，就可以安全地将数据从地址区间中读出。

Core 0 的程序写入数据，设置旗语。

Core 1 的程序监测旗语，若监测到旗语的"特殊的数值"，就读取数据。

从上述描述可以看出，为了能够准确地实现交互数据的功能，Core 0 中写入数据和设置旗语的指令的执行顺序一定不能发生改变。同样，Core 1 中监测旗语和读取数据指令的执行顺序也一定不能发生改变。

在使用按序一致性模型的多核系统中，执行顺序一定能够得到保证，因此程序的执行结果能够满足程序员的预期。

但是在基于松散一致性模型的系统中，由于数据和旗语所处的存储器地址不一样，因此理论上其执行顺序是可以改变的。编译器或者处理器硬件本身可能会优化，使得程序最终的执行结果可能并不像程序员期望的那样。在基于松散一致性模型的系统中，你必须在程序中插入存储器屏障指令，对该过程的描述如下。

- Core 0：写入数据→插入 fence 指令→设置旗语。
- Core 1：监测旗语→监测到旗语的"特殊的数值"→插入 fence 指令→读取数据。

由于 fence 指令能够屏障其前后的存储器访问指令而不会导致执行顺序的改变，因此能够保证程序的执行结果满足程序员的预期。

但是经过进一步观察，你可以发现如下规律。

- 如果有一条指令能够将"插入 fence 指令"和"设置旗语"合二为一,那么理论上只需要屏障其之前的存储器访问操作即可(无须屏障其之后的操作)。
- 同理,如果有一条指令能够将"监测旗语"和"插入 fence 指令"合二为一,那么理论上只需要屏障其之后的存储器访问操作即可(而无须屏障其之前的操作)。
- 假设能够做到上述两点,由于只需要屏蔽一个方向,因此可以进一步提高性能。

因此为了能够进一步地提高性能,使用释放一致性模型中的获取-释放的机制,相关的操作如下。

- Core 0:写入数据→释放旗语。
- Core 1:获取旗语→获取旗语发现"特殊的数值"→读取数据。

由于释放操作屏障了其之前的存储器访问指令,获取操作屏障了其之后的存储器访问指令,因此这同样可以保证程序的执行结果满足程序员的预期。

至此,上述问题终于完美解决。

D.4 RISC-V 架构的存储器模型

存储器模型不仅适用于多核场景,还适用于多线程场景。在描述存储器模型时,如果笼统地使用"处理器核"的概念进行描述会有失精确,因此在 RISC-V 架构的文档中严谨地定义了 Hart 的概念,用于表示一个硬件线程。

RISC-V 架构明确规定在不同 Hart 之间使用松散一致性模型,并相应地定义了存储器屏障指令(fence 和 fence.i),用于屏障存储器访问的顺序。另外,RISC-V 架构定义了可选的(非必需的)存储器原子操作指令,用于进一步支持释放一致性模型。

附录 E 存储器原子操作指令背景

本附录将结合多线程"锁"的示例对存储器原子操作指令的应用背景进行简介。请注意，由于"锁"是多线程编程中比较晦涩的一个概念，而本书力图做到通俗易懂，因此对于"锁"的介绍难免有失精准之处。关于其更严谨的学术定义，读者可以自行查阅其他资料。

E.1 上锁问题

在多核软件开发中经常有需要进行上锁的场景，此处的"锁"是指软件中定义的功能命名，多核软件中存在着多种不同的锁（如 spin_lock 和 mutex_lock 等）。一个需要"上锁"的典型三核（如 Core 0、Core 1 和 Core 2）场景共享一个数据区间，但是一个时刻只有一个核（Core）能够独占此数据区间，因此 Core 0、Core 1 和 Core 2 需要竞争，竞争的策略如下。

- Core 0、Core 1 和 Core 2 三者使用一个共享的全局变量作为"锁"。程序的全局变量在硬件上表示在存储器中分配一个地址空间，用于保存该变量的值，Core 0、Core 1 和 Core 2 都能够访问该地址空间。若锁中的值为 0，表示当前共享数据区空闲，没有被任何一个核独占。若锁中的值为 1，表示当前共享数据区被某个核独占。
- 某个核每次独占共享数据区并完成了相关的操作后，便会释放数据区，通过向锁中写入数值 0 将其释放。
- 没有独占数据区的核会不断地读锁中的值，判别它是否空闲。一旦发现锁空闲，便会向锁中写入数值 1，进行"上锁"，试图独占共享数据区。

如果使用普通的读（Load）和写（Store）指令分别对存储器进行读与写操作，那么第一次读（发现锁空闲）和下一次写（写入数值并 1 上锁）之间存在着时间差，并且是两次分立的操作，不同的核发出的读写操作可能彼此交织在一起，可能出现下述这种情况。

- 数据区空闲之后，两个核（Core 1 和 Core 2）均读到了锁的值（0），于是认为自己可以独占数据区，并向锁中写入数值 1。
- 按照规则，只有一个核能够独占此共享区，但是此时两个核都以为自己取得了共享区的独占权，从而造成程序的运行结果不正确。

E.2 通过原子操作解决上锁问题

上一节介绍了多核上锁时面临的竞争问题。为了解决该问题，如果能够引入一种原子操作，让第一次读操作（发现锁空闲）和下一次写（写入数值 1）操作成为一个完整的整体，其间不被其他核的访问所打断，那么便可以保证一次只能有一个核上锁成功。

为了支持原子操作，ARM 架构早期引入了原子交换（swp）指令。该指令同时将存储器中的值读出至结果寄存器，并将另一个源操作数的值写入存储器中相同的地址，实现通用寄存器中值和存储器中值的交换。在第一次读操作之后，硬件便将总线或者目标存储器锁定，直到第二次写操作完成之后才解锁，其间不允许其他的核访问，这便是在 AHB 总线中开始引入"Lock"信号以支持总线锁定功能的由来。

有了 swp 指令和总线锁定功能，每个核便可以使用 swp 指令进行上锁，步骤如下。

（1）使用 swp 指令将锁中的值读出，并向锁中写入数值 1。该过程为一个原子操作，读和写操作之间其他核不会访问锁。

（2）对读取的值进行判断，如果发现锁中的值为 1，则意味着当前锁正在被其他的核占用，上锁失败，因此继续回到步骤（1），重复读；如果发现锁中的值为 0，则意味着当前锁已经空闲，同时由于 swp 指令也以原子操作的方式向其写入了数值 1，因此上锁成功，可以进行独占。

原子指令操作除解决上锁问题之外，还可以解决很多其他的问题，本书在此不做一一赘述。

E.3 通过互斥操作解决上锁问题

上一节介绍了使用原子操作指令解决多核上锁时面临的竞争问题，但是原子操作指令也存在着弊端。它会将总线锁定，导致其他的核无法访问总线，在核数众多且频繁抢锁的场景下，这会造成总线长期被锁的情况，严重影响系统的性能。

因此 ARM 架构之后又引入了一种新的互斥（exclusive）类型的存储器访问指令来替代 swp 指令，其核心要点如下。

- 定义一种互斥读（load-exclusive）指令。该指令与普通的读指令类似，对存储器执行一次次读操作。
- 定义一种互斥写（store-exclusive）指令。该指令与普通的写指令类似，但是它不一定能够成功执行。该指令会向其结果寄存器写回操作成功或失败的标志，如果执行失败，意味着没有真正写入存储器。

- 在系统中实现一个监测器（monitor）。该监测器能够保证只有当互斥读和互斥写指令成对地访问相同的地址，且互斥读和互斥写指令之间没有任何其他的写操作（来自任何一个线程）访问过同样的地址，互斥写指令才会执行成功。

为了实现上述功能，系统中监测器的硬件实现机理略显复杂。为了不使读者陷入理解复杂问题的泥潭，本书在此将其略过，不加详述，感兴趣的读者可以自行查阅其他资料。

互斥读指令执行的存储器读操作和互斥写（store-exclusive）指令执行的存储器写操作之间并不会将总线锁定，因此并不会造成系统性能的下降。这是与原子操作指令最大的不同。

为了区别出普通的读/写和互斥读/互斥写指令发起的存储器访问操作，需要使用特殊的信号。这也是 AXI 总线中引入了互斥属性信号的缘由。

有了互斥读指令、互斥写指令和系统监测器的支持，每个核便可以使用互斥读指令和互斥写指令进行上锁，步骤如下。

（1）使用互斥读指令将锁中的值读出。

（2）对读取的值进行判断。如果锁中的值为 1，意味着当前锁正在被其他的核占用，继续回到步骤（1）重复读；如果锁中的值为 0，意味着当前锁已经空闲，进入步骤（3）。

（3）使用互斥写指令向锁中写入数值 1，试图对其进行上锁，然后对该指令的返回结果（成功还是失败的标志）进行判断。如果返回结果表示该互斥写指令执行成功，意味着上锁成功；否则，意味着上锁失败。

由于第一次读和第二次写之间并没有将总线锁定，因此其他的核也可能访问锁。其他核也可能发现锁中的值为 0，继而向锁中写入数值 1，试图上锁，但系统中的监测器会保证只有先进行互斥写的核才能成功，后进行互斥写的核会失败，从而保证每一次只能有一个核成功上锁。

E.4 RISC-V 架构的相关指令

RISC-V 架构的基本指令集（必选的）并没有包括原子操作指令和互斥指令，但是可选的"A"扩展指令子集支持这两种指令。

附录 F RISC-V 指令编码列表

本附录截取自 RISC-V 指令集文档（riscv-spec-v2.2.pdf）。

RV32I 指令编码如表 F-1 所示。

表 F-1 RV32I 指令编码

imm[31:12]				rd	0110111	lui
imm[31:12]				rd	0010111	auipc
imm[20:10:1|11|19:12]				rd	1101111	jal
imm[11:0]		rs1	000	rd	1100111	jalr
imm[12|10:5]	rs2	rs1	000	imm[4:1|11]	1100011	beq
imm[12|10:5]	rs2	rs1	001	imm[4:1|11]	1100011	bne
imm[12|10:5]	rs2	rs1	100	imm[4:1|11]	1100011	blt
imm[12|10:5]	rs2	rs1	101	imm[4:1|11]	1100011	bge
imm[12|10:5]	rs2	rs1	110	imm[4:1|11]	1100011	bltu
imm[12|10:5]	rs2	rs1	111	imm[4:1|11]	1100011	bgeu
imm[11:0]		rs1	000	rd	0000011	lb
imm[11:0]		rs1	001	rd	0000011	lh
imm[11:0]		rs1	010	rd	0000011	lw
imm[11:0]		rs1	100	rd	0000011	lbu
imm[11:0]		rs1	101	rd	0000011	lhu
imm[11:5]	rs2	rs1	000	imm[4:0]	0100011	sb
imm[11:5]	rs2	rs1	001	imm[4:0]	0100011	sh
imm[11:5]	rs2	rs1	010	imm[4:0]	0100011	sw
imm[11:0]		rs1	000	rd	0010011	addi
imm[11:0]		rs1	010	rd	0010011	slti
imm[11:0]		rs1	011	rd	0010011	sltiu
imm[11:0]		rs1	100	rd	0010011	xori
imm[11:0]		rs1	110	rd	0010011	ori
imm[11:0]		rs1	111	rd	0010011	andi

续表

0000000	shamt	rs1	001	rd	0010011	slli
0000000	shamt	rs1	101	rd	0010011	srli
0100000	shamt	rs1	101	rd	0010011	srai
0000000	rs2	rs1	000	rd	0110011	add
0100000	rs2	rs1	000	rd	0110011	sub
0000000	rs2	rs1	001	rd	0110011	sll
0000000	rs2	rs1	010	rd	0110011	slt
0000000	rs2	rs1	011	rd	0110011	sltu
0000000	rs2	rs1	100	rd	0110011	xor
0000000	rs2	rs1	101	rd	0110011	srl
0100000	rs2	rs1	101	rd	0110011	sra
0000000	rs2	rs1	110	rd	0110011	or
0000000	rs2	rs1	111	rd	0110011	and
0000	pred	succ	00000	000	00000	0001111	fence
0000	0000	0000	00000	001	00000	0001111	fence.i
000000000000		00000	000	00000	1110011	ecall
000000000001		00000	000	00000	1110011	ebreak
csr		rs1	001	rd	1110011	csrrw
csr		rs1	010	rd	1110011	csrrs
csr		rs1	011	rd	1110011	csrrc
csr		zimm	101	rd	1110011	csrrwi
csr		zimm	110	rd	1110011	csrrsi
csr		zimm	111	rd	1110011	csrrci

环境调用与断点如表 F-2 所示。

表 F-2 环境调用与断点

000000000000	00000	000	00000	1110011	ecall
000000000001	00000	000	00000	1110011	ebreak

陷阱返回指令如表 F-3 所示。

表 F-3 陷阱返回指令

0000000	00010	00000	000	00000	1110011	uref
0001000	00010	00000	000	00000	1110011	sret
0011000	00010	00000	000	00000	1110011	mret

中断管理指令如表 F-4 所示。

表 F-4　中断管理指令

0001000	00101	00000	000	00000	1110011	wfi

RV32M 指令编码如表 F-5 所示。

表 F-5　RV32M 指令编码

0000001	rs2	rs1	000	rd	0110011	mul
0000001	rs2	rs1	001	rd	0110011	mulh
0000001	rs2	rs1	010	rd	0110011	mulhsu
0000001	rs2	rs1	011	rd	0110011	mulhu
0000001	rs2	rs1	100	rd	0110011	div
0000001	rs2	rs1	101	rd	0110011	divu
0000001	rs2	rs1	110	rd	0110011	rem
0000001	rs2	rs1	111	rd	0110011	remu

RV32A 指令编码如表 F-6 所示。

表 F-6　RV32A 指令编码

00010	aq	rl	00000	rs1	010	rd	0101111	lr.w
00011	aq	rl	rs2	rs1	010	rd	0101111	sc.w
00001	aq	rl	rs2	rs1	010	rd	0101111	amoswap.w
00000	aq	rl	rs2	rs1	010	rd	0101111	amoadd.w
00100	aq	rl	rs2	rs1	010	rd	0101111	amoxor.w
01100	aq	rl	rs2	rs1	010	rd	0101111	amoand.w
01000	aq	rl	rs2	rs1	010	rd	0101111	amoor.w
10000	aq	rl	rs2	rs1	010	rd	0101111	amomin.w
10100	aq	rl	rs2	rs1	010	rd	0101111	amomax.w
11000	aq	rl	rs2	rs1	010	rd	0101111	amominu.w
11100	aq	rl	rs2	rs1	010	rd	0101111	amomaxu.w

RV32F 指令编码如表 F-7 所示。

表 F-7　RV32F 指令编码

imm[11:0]		rs1	010	rd	0000111	flw
imm[11:5]	rs2	rs1	010	imm[4:0]	0100111	fsw

rs3	00	rs2	rs1	rm	rd	1000011	fmadd.s

续表

rs3	00	rs2	rs1	rm	rd	1000111	fmsub.s
rs3	00	rs2	rs1	rm	rd	1001011	fnmsub.s
rs3	00	rs2	rs1	rm	rd	1001111	fnmadd.s
0000000		rs2	rs1	rm	rd	1010011	fadd.s
0000100		rs2	rs1	rm	rd	1010011	fsub.s
0001000		rs2	rs1	rm	rd	1010011	fmul.s
0001100		rs2	rs1	rm	rd	1010011	fdiv.s
0101100		00000	rs1	rm	rd	1010011	fsqrt.s
0010000		rs2	rs1	000	rd	1010011	fsgnj.s
0010000		rs2	rs1	001	rd	1010011	fsgnjn.s
0010000		rs2	rs1	010	rd	1010011	fsgnjx.s
0010100		rs2	rs1	000	rd	1010011	fmin.s
0010100		rs2	rs1	001	rd	1010011	fmax.s
1100000		00000	rs1	rm	rd	1010011	fcvt.w.s
1100000		00001	rs1	rm	rd	1010011	fcvt.wu.s
1110000		00000	rs1	000	rd	1010011	fmv.x.w
1010000		rs2	rs1	010	rd	1010011	feq.s
1010000		rs2	rs1	001	rd	1010011	flt.s
1010000		rs2	rs1	000	rd	1010011	fle.s
1110000		00000	rs1	001	rd	1010011	fclass.s
1101000		00000	rs1	rm	rd	1010011	fcvt.s.w
1101000		00001	rs1	rm	rd	1010011	fcvt.s.wu
1111000		00000	rs1	000	rd	1010011	fmv.w.x

RV32D 指令编码如表 F-8 所示。

表 F-8　RV32D 指令编码

imm[11:0]			rs1	011	rd	0000111	fld
imm[11:5]		rs2	rs1	011	imm[4:0]	0100111	fsd
rs3	01	rs2	rs1	rm	rd	1000011	fmadd.d
rs3	01	rs2	rs1	rm	rd	1000111	fmsub.d
rs3	01	rs2	rs1	rm	rd	1001011	fnmsub.d
rs3	01	rs2	rs1	rm	rd	1001111	fnmadd.d
0000001		rs2	rs1	rm	rd	1010011	fadd.d

续表

0000101	rs2	rs1	rm	rd	1010011	fsub.d
0001001	rs2	rs1	rm	rd	1010011	fmul.d
0001101	rs2	rs1	rm	rd	1010011	fdiv.d
0101101	00000	rs1	rm	rd	1010011	fsqrt.d
0010001	rs2	rs1	000	rd	1010011	fsgnj.d
0010001	rs2	rs1	001	rd	1010011	fsgnjn.d
0010001	rs2	rs1	010	rd	1010011	fsgnjx.d
0010101	rs2	rs1	000	rd	1010011	fmin.d
0010101	rs2	rs1	001	rd	1010011	fmax.d
0100000	00001	rs1	rm	rd	1010011	fcvt.s.d
0100001	00000	rs1	rm	rd	1010011	fcvt.d.s
1010001	rs2	rs1	010	rd	1010011	feq.d
1010001	rs2	rs1	001	rd	1010011	flt.d
1010001	rs2	rs1	000	rd	1010011	fle.d
1110001	00000	rs1	001	rd	1010011	fclass.d
1100001	00000	rs1	rm	rd	1010011	fcvt.w.d
1100001	00001	rs1	rm	rd	1010011	fcvt.wu.d
1101001	00000	rs1	rm	rd	1010011	fcvt.d.w
1101001	00001	rs1	rm	rd	1010011	fcvt.d.wu

在 RVC 指令中，第 0 编码象限的指令清单如表 F-9 所示。

表 F-9　RVC 指令中第 0 编码象限的指令清单

15 14 13	12 11 10	9 8 7	6 5 4	3	2	1 0	
000	0			0		00	非法指令
000	nzuimm[5:4|9:6|2|3]			rd'		00	c.addi4spn$_{(RES,\ nzuimm=0)}$
001	uimm[5:3]	rs1'	uimm[7:6]	rd'		00	c.fld$_{(RV32/64)}$
001	uimm[5:4|8]	rs1'	uimm[7:6]	rd'		00	c.lq$_{(RV128)}$
010	uimm[5:3]	rs1'	uimm[2|6]	rd'		00	c.lw
011	uimm[5:3]	rs1'	uimm[2|6]	rd'		00	c.flw$_{(RV32)}$
011	uimm[5:3]	rs1'	uimm[7:6]	rd'		00	c.ld$_{(RV64/128)}$
100	—	—	—	—		00	保留的
101	uimm[5:3]	rs1'	uimm[7:6]	rs2'		00	c.fsd$_{(RV32/64)}$
101	uimm[5:4|8]	rs1'	uimm[7:6]	rs2'		00	c.sq$_{(RV128)}$
110	uimm[5:3]	rs1'	uimm[2|6]	rs2'		00	c.sw
111	uimm[5:3]	rs1'	uimm[2|6]	rs2'		00	c.fsw$_{(RV32)}$
111	uimm[5:3]	rs1'	uimm[7:6]	rs2'		00	c.sd$_{(RV64/128)}$

在 RVC 指令中，第 1 编码象限的指令清单如表 F-10 所示。

表 F-10　RVC 指令中第 1 编码象限的指令清单

15 14 13	12	11 10	9 8	7 6	5	4 3 2	1 0	
000	0		0			0	01	c.nop
000	nzimm[5]		rs1/rd≠0			nzimm[4:0]	01	c.addi(HINT, nzuimm=0)
001	imm[11|4|9:8|10|6|7|3:1|5]						01	c.jal(RV32)
001	imm[5]		rs1/rd≠0			imm[4:0]	01	c.addiw(Rv64/128; RES, rd=0)
010	imm[5]		rd≠0			imm[4:0]	01	c.li(HINT,rd=0)
011	nzimm[9]		2			nzimm[4|6|8:7|5]	01	c.addi16sp(RES, nzuimm=0)
011	nzimm[17]		rd≠{0,2}			nzimm[16:12]	01	c.lui(RES, nzimm=0; HINT, rd=0)
100	nzuimm[5]	00	rs1'/rd'			nzuimm[4:0]	01	c.srli(RV32 NSE, nzuimm[5]=1)
100	0	00	rs1'/rd'			0	01	c.srli64(RV128; RV32/64 HINT)
100	nzuimm[5]	01	rs1'/rd'			nzuimm[4:0]	01	c.srai(RV32 NSE, nzuimm[5]=1)
100	0	01	rs1'/rd'			0	01	c.srai64(RV128; RV32/64 HINT)
100	imm[5]	10	rs1'/rd'			imm[4:0]	01	c.andi
100	0	11	rs1'/rd'	00		rs2'	01	c.sub
100	0	11	rs1'/rd'	01		rs2'	01	c.xor

在 RVC 指令中，第 2 编码象限的指令清单如表 F-11 所示。

表 F-11　RVC 指令中第 2 编码象限的指令清单

15 14 13	12	11 10	9 8	7 6	5	4 3 2	1 0	
000	nzuimm[5]		rs1/rd≠0			nzuimm[4:0]	10	c.slli (HINT, rd=0; RV32 NSE, nzuimm[5]=1)
000	0		rs1/rd≠0			0	10	c.slli64(RV128; RV32/64 HINT; HINT, rd=0)
001	uimm[5]		rd			uimm[4:3|8:6]	10	c.fldsp(RV32/64)
001	uimm[5]		rd≠0			uimm[4|9:6]	10	c.lqsp(RV128; RES, rd=0)
010	uimm[5]		rd≠0			uimm[4:2|7:6]	10	c.lwsp(RES, rd=0)
011	uimm[5]		rd			uimm[4:2|7:6]	10	c.flwsp(RV32)
011	uimm[5]		rd≠0			uimm[4:3|8:6]	10	c.ldsp(RV64/128; RES, rd=0)
100	0		rs1≠0			0	10	c.jr(RES, rs1=0)
100	0		rd≠0			rs2≠0	10	c.mv(HINT, rl=0)
100	1		0			0	10	c.ebreak
100	1		rs1≠0			0	10	c.jalr
100	1		rs1/rd≠0			rs2≠0	10	c.add (HINT, rd=0)
101	uimm[5:3|8:6]					rs2	10	c.fsdsp(RV32/64)
101	uimm[5:4|9:6]					rs2	10	c.sqsp(RV128)
110	uimm[5:2|7:6]					rs2	10	c.swsp
111	uimm[5:2|7:6]					rs2	10	c.fswsp(RV32)
111	uimm[5:3|8:6]					rs2	10	c.sdsp(RV64/128)

续表

15	14	13	12	11	10	9	8	7	6	5	4	3	2	1	0	
	100			0		11		rs1'/rd'		10		rs2'		01		c.or
	100			0		11		rs1'/rd'		11		rs2'		01		c.and
	100			1		11		rs1'/rd'		00		rs2'		01		c.subw(RV64/128; RV32 RES)
	100			1		11		rs1'/rd'		01		rs2'		01		c.addw(RV64/128; RV32 RES)
	100			1		11		—		10		—		01		保留的
	100			1		11		—		11		—		01		保留的
	101		imm[11|4|9:8|10|6|7|3:1|5]												01		c.j
	110		imm[8|4:3]					rs1'		imm[7:6|2:1|5]					01		c.beqz
	111		imm[8|4:3]					rs1'		imm[7:6|2:1|5]					01		c.bnez

在以上 3 个表中，注意最右侧一列的部分标注。其中 RES 表示这种编码是预留的，用于未来扩展；NSE 表示这种编码是预留的，用于非标准扩展；HINT 表示这种编码是预留的，作为微架构的指示，在硬件中可以选择将其实现为 NOP。

附录 G RISC-V 伪指令列表

RISC-V 伪指令和实际指令如表 G-1 所示。

表 G-1   RISC-V 伪指令和实际指令

伪 指 令	实 际 指 令	说 明
rdinstret[h] rd	csrrs rd, instret[h], x0	读已完成指令计数器
rdcycle[h] rd	csrrs rd, cycle[h], x0	读时钟周期计数器
rdtime[h] rd	csrrs rd, time[h], x0	读实时时间
csrr rd, csr	csrrs rd, csr, x0	读 CSR
csrw csr, rs	csrrw x0, csr, rs	写 CSR
csrs csr, rs	csrrs x0, csr, rs	CSR 置位
csrc csr, rs	csrrc x0, csr, rs	CSR 清零
csrwi csr, imm	csrrwi x0, csr, imm	读立即数后，写 CSR
csrsi csr, imm	csrrsi x0, csr, imm	读立即数后，置位 CSR
csrci csr, imm	csrrci x0, csr, imm	读立即数后，CSR 清零
frcsr rd	csrrs rd, fcsr, x0	读 FP 控制与状态寄存器
fscsr rd, rs	csrrw rd, fcsr, rs	交换 FP 控制与状态寄存器
fscsr rs	csrrw x0, fcsr, rs	写 FP 控制与状态寄存器
frrm rd	csrrs rd, frm, x0	读 FP 舍入模式
fsrm rd, rs	csrrw rd, frm, rs	交换 FP 舍入模式
fsrm rs	csrrw x0, frm, rs	写 FP 舍入模式
fsrmi rd, imm	csrrwi rd, frm, imm	读立即数后，交换 FP 舍入模式
fsrmi imm	csrrwi x0, frm, imm	读立即数后，写 FP 舍入模式
frflags rd	csrrs rd, fflags, x0	读 FP 异常标志位
fsflags rd, rs	csrrw rd, fflags, rs	交换 FP 异常标志位
fsflags rs	csrrw x0, fflags, rs	写 FP 异常标志位
fsflagsi rd, imm	csrrwi rd, fflags, imm	读立即数后，交换 FP 异常标志位
fsflagsi imm	csrrwi x0, fflags, imm	读立即数后，写 FP 异常标志位
la rd, symbol	auipc rd, symbol [31: 12] addi rd, rd, symbol [11: 0] auipc rd, symbol[31:12]	加载地址
1{b|h|w|d} rd, symbol	1{b|h|w|d} rd, symbol[11: 0](rd) auipc rt, symbol [31: 12]	读取全局变量

续表

伪 指 令	实 际 指 令	说 明
s{b|h|w|d} rd, symbol, rt	s{b|h|w|d} rd, symbol[11: 0](rt) auipc rt, symbol [31: 12]	存储全局变量
fl{w|d}rd, symbol, rt	fl{w|d} rd, symbol [11: 0](rt) auipc rt, symbol [31:12]	读取浮点全局变量
fs{w|d} rd, symbol, rt	fs{w|d} rd, symbol [11: 0](rt)	存储浮点全局变量
nop	addi x0, x0, 0	无操作
li rd, immediate	*Myriad sequences*	加载立即数
mv rd, rs	addi rd, rs, 0	复制寄存器
not rd, rs	xori rd. rs, -1	按位取反
neg rd, rs	sub rd, x0, rs	求补码
negw rd, rs	subw rd, x0, rs	求字的补码
sext.w rd, rs	addiw rd, rs, 0	扩展有符号字
seqz rd, rs	sltiu rd, rs, 1	在寄存器 rs 中的值等于零时置位
snez rd, rs	sltu rd, x0, rs	在寄存器 rs 中的值非零的情况下置位
sltz rd, rs	slt rd, rs, x0	在寄存器 rs 中的值小于零的情况下置位
sgtz rd, rs	slt rd, x0, rs	在寄存器 rs 中的值大于零的情况下置位
fmv.s rd, rs	fsgnj.a rd, rs, rs	复制单精度浮点寄存器中的值
fabs.s rd, rs	fsgnjx.s rd, re, rs	求单精度浮点数的绝对值
fneg.s rd, rs	fsgnjn.s rd, rs, rs	单精度浮点数取反
fmv.d rd, rs	fsgnj.d rd, rs, rs	复制双精度浮点寄存器中的值
fabs.d rd, rs	fsgnjx.d rd, rs, rs	求双精度浮点数的绝对值
fneg.d rd, rs	fsgnjn.d rd, rs, rs	对双精度浮点数取反
beqz rs, offset	beq rs, x0, offset	若寄存器 rs 中的值等于 0，跳转
bnez rs, offset	bne rs, x0, offset	若寄存器 rs 中的值非零，跳转
blez rs, offset	bge x0, re, offeet	若寄存器 rs 中的值小于等于 0，跳转
bgez rs, offset	bge rs, x0, offset	若寄存器 rs 中的值大于或等于 0，跳转
bltz rs, offset	blt rs, x0, offset	若寄存器 rs 中的值小于 0，跳转
bgtz rs, offset	blt x0, rs, offset	若寄存器 rs 中的值小于 0，跳转
bgt rs, rt, offset	blt rt, rs, offset	若寄存器 rs 中的值大于寄存器 rd 中的值，跳转
ble re, rt, offset	bge rt, rs, offset	若寄存器 rs 中的值小于或等于寄存器 rd 中的值，跳转
bgtu rs, rt, offset	bltu rt, rs, offset	若寄存器 rs 中的值大于寄存器 rd 中的值且无符号，跳转
bleu rs, rt, offset	bgeu rt, rs, offset	若寄存器 rs 中的值小于或等于寄存器 rd 中的值且无符号，跳转
j offset	jal x0, offset	跳转
jal offset	jal x1, offeet	跳转并链接
jr rs	jalr x0, rs, 0	寄存器跳转
jalr rs	jalr x1, rs, 0	跳转并链接寄存器

续表

伪 指 令	实 际 指 令	说 明
ret	jalr x0, x1, 0	从子程序返回
call offset	auipc x6, offset[31:121	调用
	jalr x1, x6, offset[11:0]	
tail offset	auipc x6, offset[31:12]	尾调用
	jalr x0, x6, offset[11:0]	
fence	fence iorw, iorw	同步内存和 I/O